胡海燕 | 编著

逯海勇

苗 蕾

Interior Design
for Architecture:
Thinking, Designing, Drafting

筑室内设计

思维、设计与制图

第三版

化学工业出版社

·北京·

内容简介

在建筑室内设计工作中，设计思维与表达是成功设计的重要途径与关键环节。本书从建筑室内设计的基本原理和理念出发，详尽论述建筑室内设计的思维方法、设计表现以及设计图纸的绘制。内容包括：建筑室内设计基本原理，建筑室内设计思维与表达，建筑室内设计工程制图的基本知识，建筑室内设计平面布置图的绘制，建筑室内设计顶棚平面图的绘制，建筑室内设计立面图的绘制，建筑室内设计节点详图的绘制，建筑室内设计设备工程图的绘制，建筑室内设计透视图的绘制，建筑室内设计竣工图的绘制，设计说明、图纸图表、图纸目录的编制，以及大量建筑室内设计工程实例等。

全书重点突出实际操作和实践步骤，并提供详尽实用的技术资料，还附有成套的设计图纸案例。本次第三版在原有基础上新增了大量内容，包括更多生动案例。本书既可作为广大建筑设计和建筑装饰设计人员的自学指导用书，也可作为环境艺术专业、建筑专业、室内设计专业、建筑装饰专业师生的教学参考书或教材。

图书在版编目（CIP）数据

建筑室内设计：思维、设计与制图 / 胡海燕，逯海勇，苗蕾编著. -- 3 版. -- 北京：化学工业出版社，2025. 4. -- ISBN 978-7-122-47337-0

Ⅰ. TU238

中国国家版本馆 CIP 数据核字第 20256V3A32 号

责任编辑：朱　彤　　　　　装帧设计：刘丽华
责任校对：宋　玮

出版发行：化学工业出版社
　　　　　（北京市东城区青年湖南街 13 号　邮政编码 100011）
印　　装：北京捷迅佳彩印刷有限公司
787mm×1092mm　1/16　印张 19¼　字数 524 千字
2025 年 9 月北京第 3 版第 1 次印刷

购书咨询：010-64518888　　　售后服务：010-64518899
网　　址：http://www.cip.com.cn
凡购买本书，如有缺损质量问题，本社销售中心负责调换。

定　　价：89.00 元

第三版前言

《建筑室内设计——思维、设计与制图》第三版是根据我国现行《房屋建筑室内装饰装修制图标准》(JGJ/T 244—2011)和行业发展的更新趋势,针对室内设计专业的特点和要求,以及编者多年来的教学和实践经验编写而成的。

本书在保持系统性和科学性的基础上,引入室内设计、装饰技术及学科前沿的新知识、新成果,旨在拓宽读者知识面,提升实践能力、创新能力及设计分析与计算机技术的融合能力;力求做到强基础、重应用,实现继承与创新的并重,理论与实践的统一,充分展现科学性、时代性和实践性。

第三版修订的主要内容包括:对第1章1.6节部分内容进行了删减,如灯具选择等;对1.7节室内设计未来发展趋势进行了修改;对第2章2.1节部分内容进行了修改,并删除了部分插图;对第3章3.6节内容进行了修改,增加了图纸排版内容;按照新规范对第4章至第9章等章节全面修改了插图中的符号、标注、数据;还增加了新案例。本次修订力求做到科学性与实用性、先进性与针对性的统一,循序渐进、深入浅出、简明易懂。本书在阐述室内设计原理的同时,着重介绍制图基本概念和基本方法,特别注意培养读者的动手能力,每一种设计都建立在完善的技术基础之上,以完整的技术、思维方法和详尽的步骤来充分体现室内设计的精髓。在编写过程中,还安排了大量实例,供读者学习、借鉴和临摹。本书既可作为广大建筑设计和建筑装饰设计人员的自学指导用书,也可作为环境艺术专业、建筑专业、室内设计专业、建筑装饰专业师生的教学参考书和教材。

全书由胡海燕、逯海勇、苗蕾编著。具体分工如下:逯海勇编写第1章～第3章;胡海燕编写第4章、第5章、第9章、第10章、第12章;苗蕾编写第6章～第8章;孙燕对第11章的编写提供了宝贵的支持和帮助。本书在编写和出版过程中得到了化学工业出版社的大力支持,在此表示衷心感谢!

尽管作者对本书进行了认真修改,但书中难免存在不足之处,真诚希望各位专家、学者和广大读者给予批评和指正。

编著者

2024 年 12 月

目 录

第1章 建筑室内设计基本原理

1.1 建筑室内设计的概念界定

1.1.1 设计的概念

设计（design）是一个经常使用的概念，有多种解释。事实上，设计是寻求解决问题的方法与过程，是在有明确目的引导下的有意识创造，是对人与人、人与物、物与物之间关系问题的求解，是生活方式的体现，也是知识价值的体现。

设计总体表现为：创意构思（意匠）、计划、草图等。因此，设计是人为的思考过程，其以满足人的需求为最终目标。作为现代的设计概念来讲，设计更是综合社会的、经济的、技术的、心理的、生理的、人类学的、艺术的各种形态的多元的美学活动。

1.1.2 建筑设计的概念

建筑设计（architectural design）是指建筑物在建造之前，设计者按照建设任务，把施工过程和使用过程中存在的或可能发生的问题，事先做好通盘的设想，拟定好解决这些问题的办法、方案，用图纸和文件表达出来。这些图纸和文件作为备料、施工组织工作和各工种在制作、建造工作中互相配合协作的共同依据，便于整个工程得以在预定的投资限额范围内，按照周密考虑的预定方案，统一步调、顺利进行，使建成的建筑物充分满足使用者和社会所期望的各种要求。

广义的建筑设计是指设计一个建筑物或建筑群所要做的全部工作。由于科学技术的发展，在建筑上利用各种科学技术的成果越来越广泛和深入，设计工作常涉及建筑学、结构学以及给水、排水、供暖、空气调节、电气、煤气、消防、防火、自动化控制管理、建筑声学、建筑光学、建筑热工学、工程估算、园林绿化等方面的知识，需要各类科学技术人员的密切协作。而狭义的建筑设计通常是指"建筑学"范围内的工作。它所要解决的问题，包括建筑物内部各种使用功能和使用空间的合理安排，建筑物与周围环境、与各种外部条件的协调配合，内部和外表的艺术效果，各个细部的构造方式，建筑与结构、建筑与各种设备等相关技术的综合协调，以及如何以更少的材料、更少的劳动力、更少的投资、更少的时间来实现上述各种要求。建筑设计的最终目的是使建筑物做到适用、经济、坚固、美观。

1.1.3 室内设计的概念

与建筑设计相比，室内设计（interior design）是一门相对独立的年轻的学科，其自身发展的历史并不太长，对其概念的理解也有种种说法。现简略介绍如下。

有的学者认为："建筑设计与室内设计是一对孪生兄弟，室内设计是建筑设计的继续、深化和发展。室内设计所包含的主要内容有：室内空间设计、室内建筑构件的装修设计、室内陈设品的陈设设计、室内照明和室内绿化这五大部分。"

有的学者认为："室内设计是建筑设计的一部分，是建筑设计中不可分割的组成部分。一座好的建筑物，必须包含着内、外空间设计的两个基本内容。"

还有的学者认为："室内设计是对建筑空间的二次设计，是建筑设计的延续，是建筑设计生活化的再深入。它是对建筑内部围合的空间的重构与再建，使之能适应特定功能的需要，符合使用者的目标要求，是对工程技术、工艺、建筑本质、生活方式、视觉艺术等方面，进行整合的工程设计。"

因此，综合各家之言，可以把室内设计简要理解为对建筑内部空间进行的设计，是为了满足人类生活、工作的物质要求和精神要求，根据建筑物的使用性质、所处环境及其相应的标准，运用物质技术手段及美学原理，在有限的室内空间环境及物质条件下，为提高生活质量而进行的有意识地营造理想化、舒适化的内部空间的设计活动。

建筑室内设计相对室外环境设计而言，是为人们提供居住、生活、工作的相对隐蔽的内部空间。室内设计所涉及的领域非常广泛，其范围不仅仅是指由墙面、地面、吊顶（顶棚）等界面所围合的建筑物内部，还包括汽车、火车、飞机、轮船等交通工具的内部空间。

"室内设计"有别于"室内装饰、室内装潢、室内装修"等概念。相对于"室内设计"而言，后三者均为较狭隘、片面的概念，不能涵盖"室内设计"的总体概念的全部。"室内装饰"与"室内装潢"的差别不大，主要是为了满足视觉艺术要求而对空间内部及围护体表面进行的一种附加的装点和修饰，以及对家具、灯具、陈设的选用配置等。它除了注意空间构图和色调等审美价值外，亦须保持技术和材料的合理性，较多地迎合当下的时尚流行意识；"室内装修"偏重于材料技术、构造做法、施工工艺，乃至照明、通风设备等方面的处理。而室内设计则是以人在室内的生理、行为和心理特点为前提，综合考虑室内环境各种因素来组织空间，包括空间环境质量、空间艺术效果、材料结构和施工工艺等。它运用装修、装饰、家具、陈设、照明、音响、绿化等手段，结合人体工程学、行为科学、视觉艺术心理，从生态学角度对室内空间进行综合性的功能布置及艺术处理。

目前，室内设计已逐渐成为完善整体建筑环境的一个重要组成部分，是建筑设计不可分割的重要内容。它受建筑设计的制约较大，是对建筑设计的继续、深化、发展以及修改和创新，应综合考虑功能、形式、材料、设备、技术、造价等多种因素，既包括视觉环境，也包括心理环境、物理环境、技术构造和文化内涵的营造。它是物质与精神、科学与艺术、理性与感性并重的一门学科。

1.2 建筑室内设计的原则和方法

现代建筑室内设计从设计理念、设计手法到施工阶段，直至在室内环境的使用过程中，即从设计、施工到使用的全过程中，都强调节省资源、节约能源、防止污染、有利于生态平衡以及可持续发展等具有时代特征的基本要求。

1.2.1 建筑室内设计的原则

建筑室内设计应坚持"以人为本"的设计原则，体现对人的关怀，如空间的舒适性、安全性、人情味，对老人、儿童和残疾人的关注等。这里不仅包括功能和使用要求、精神和审美要求以及通过必要的物质技术手段来达到上述两个方面的要求，而且要符合经济原则，各要素间应处于一种辩证而统一的关系。

1.2.1.1 功能和使用要求

结合人体工程学、建筑物理等学科，满足人类对舒适、健康、安全、方便、卫生等方面的要求，包括空间的宜人尺度、照明、采暖、空调、通风、声学、自来水、排污等方面内容，这些属于室内设计的实用层面。设计行为之所以有别于纯粹艺术，就是基于功能原则，任何设计行为都有既定的功能要满足；是否达到这一要求，也是判断设计结果成功与失败的一个先决条件。

1.2.1.2 结构和材料要求

为了满足功能和使用要求，任何设计必须使用可通过技术加工的材料来构建。材料与技术的选择对工程的耐久性和价值体现有着重要影响。而价值与功能并非总是直接相关，比如一把椅子即使使用了不适合的材料，但只要它舒适且实用，就满足了初步的功能需求。

工程的材料使用和建造技术必须适合它的设计用途。耐久与昂贵的材料不一定在每种情形下都很合适，临时建的展览厅与期望保持长久的纪念馆在需求上有所不同。纸杯和金杯可能同样是好的设计作品，只要它们适合其用途且制造精良。

在室内设计中，木地板、抹灰墙以及简单的木家具可能是一种配套适宜的选择，而大理石、花岗岩、皮革和不锈钢则可能适合另一种风格的场景。在每一种情形下，合理地满足需求并适当地选择工艺技术都是至关重要的，这涉及使用各种材料的合理搭配。

1.2.1.3　精神和审美要求

运用审美心理学、环境心理学原理，满足美感以及私密性、领域感或空间控制感等心理要求，通过空间中实体与虚体的形态、尺度、色彩、材质、光线、虚实等表意性因素，来抚慰心灵，创造恰当的风格、氛围和意境，以有限的物质条件创造出无限的精神价值和情感体验，提升空间的艺术质量，激发观者相似的情感体验，这是增强空间的表现力和感染力的审美层面内容。

1.2.1.4　舒适性和安全性要求

各个国家对舒适性的定义各有所异，但从整体上来看，舒适的室内设计离不开充足的阳光、无污染的清新空气、安静的生活氛围、丰富的室内绿化等。阳光可以给人以温暖，满足人们生产、生活的需要；同时，也可以起到杀菌、净化空气的作用。安静的生活氛围可以使人们聚精会神地工作；而室内绿化则可以遮阳、隔声、净化空气、改善室内环境。

安全性是检验建筑室内环境质量是否合格的重要标准。人们在室内环境空间中活动，无论是公共活动区，还是私有活动区，都会担心自己的安全是否有保证。因此，在室内公共场所、半公共场所和私人场所做好安全保卫设计就显得非常重要。合理的空间领域性划分，合理的空间组合处理，不仅有助于密切人与人之间的关系，而且有利于环境的安全保卫。

1.2.2　建筑室内设计的方法

关于建筑室内设计的方法，这里着重从设计者的思考方法来分析，主要有以下三个方面。

1.2.2.1　设计定位

设计定位包括功能定位、时空定位和标准定位。

建筑室内空间的使用性质决定了功能定位的方向。无论是居住空间、办公空间，还是其他性质的空间，都需要满足特定的使用需求，营造出不同的环境氛围。当然在设计时还要根据使用要求设计出与功能相适应的合理的空间组织和平面布局，这就要求设计师对空间进行全面了解，深入分析，以便拿出符合客户要求的设计方案。

时空定位也就是说所设计的室内环境应该具有时代气息和时尚要求。无论是国内还是国外，南方还是北方，城市还是乡镇，都需要考虑所设计的室内环境及其位置所在，以及地域空间环境和地域文化等因素。

至于标准定位，则是指室内设计、建筑装修的总投入和单方造价标准（即核算成每平方米的造价标准），这涉及室内环境的规模，各装饰界面选用的材质品种，所采用设备、家具、灯具、陈设品的档次等。

1.2.2.2　整体与局部的协调统一

在设计室内空间时，应有一个设计的全局观念，这样思考问题和着手设计的起点就高。具体进行设计时，必须根据室内的使用性质，深入调查，收集信息，掌握必要的资料和数据，从最基本的人体尺度、人流动线、活动范围和特点、家具与设备等必需的空间着手，做到从里到外、从外到里，整体与局部的协调统一。

1.2.2.3 立意与构思并重

立意是创新的"灵魂"，没有立意设计就很难有原创性。一个较为成熟的设计构思，往往要求设计师有足够的信息量，留有商讨和思考的时间，因此提倡边构思边动笔，即所谓笔意同步，在设计前期和出方案过程中使立意、构思逐步明确。对于设计师来说，正确、完整地表达出室内环境设计的构思和意图，使建设者和评审人员能够通过图纸、模型、说明等，全面地了解设计意图，是非常重要的。

1.3 建筑室内设计的基本法则

就室内空间而言，一方面要满足人们一定的功能使用要求；另一方面还要满足人们精神感受上的要求。设计师的一项重要任务就是要创造美，创造美的环境。"美"的含义很广泛、很复杂，但是形式美无疑是其中很重要、很直观的一项内容。重视对形式的处理是建筑设计、室内设计乃至工业产品设计与景观设计的共同之处，也是一切造型艺术的重要内容。

由于时代的不同，地域、文化及民族习俗的不同，古今中外的室内设计作品在形式处理方面有很大的差别。具体来说，主要包含以下几个方面的内容。

1.3.1 体量与尺度

在一般情况下，室内空间的体量主要是根据房间的使用功能要求确定的。对于一般的公共活动来讲，过小或过低的空间会使人感到局促或压抑，不适当的尺度感也会损害它的公共性。出于功能要求，公共活动的空间一般都具有较大的面积和高度。某些特殊类型的建筑，如纪念堂或某些大型公共建筑，为了营造宏伟、博大的气氛，室内空间的体量往往可以大大超出一般使用功能的要求。尤其是一些纪念性建筑等，都要求有巨大的空间，这里的功能要求与精神要求是一致的。如人民大会堂的万人大礼堂，要容纳一万人集会，从空间上要达到庄严、博大、宏伟的效果。

在处理室内空间的尺度时，按照功能的性质合理地确定空间的高度具有特别重要的意义。如果尺寸选择不当，过低会使人感到压抑；过高又会使人感到不亲切；另外是相对高度——不单纯着眼于绝对尺寸，而是要联系到空间的面积来考虑。人们从经验中可以体会到，在绝对高度不变的情况下，面积越大的空间越显得低矮。

在室内设计的实践中，往往建筑的空间与体量是限定的或是固定的，这就要求设计师运用室内设计的一些手段来改变或改善既有的空间状态，如采用不同的吊顶形式、选用不同层高的空间进行组合等。

尺度可用来表示物体的大小。建筑空间的尺度对使用者深具影响，尺度的选择不仅涉及功能性，而且随着物体尺度与人们之间的相对比例发生变化，人们的感知也会发生改变。超乎寻常的尺度可以强调空间重点，夸张相邻物体的悬殊尺度，而大小适当的尺度会使空间中的人们看上去既非巨人也非侏儒。空间环境的尺度可从两个方面来分析。

（1）物理尺度（或称绝对尺度）是指由测量工具测出的物体实际尺寸。空间环境的物理尺度往往取决于人体尺度及功能要求，而且不会因周围事物的影响发生改变。

（2）视觉尺度（或称相对尺度）。与比例一样，指的是室内各部件之间的相对关系，是一种"心理尺度"，而并非实际尺寸，这种通过比较而得出的相对尺度更易于被我们（人们）感知。室内空间环境中，门窗、家具、人体等已知要素，以及物体表面的肌理、图案都会影响视觉尺度的建立，从而影响空间感。有人将建筑尺度分为三种类型，即"自然的尺度、超人的尺度"和"亲切的尺度"。所谓"自然的尺度"，是试图让建筑物表现它本身自然的尺寸，使观者就个人对建筑的关系而言，能度量出自身正常的存在。"超人的尺度"，则企图使一个建筑物显得尽可能地大，而且用这样一个方法使个人不会因对比而感觉建筑物小了，它将使建筑物在视觉上增大。"亲切的尺度"，则表示人们希望把建筑物或房间做得比它的实际尺寸明显地小些。此外，纪念性场所，由于需要环境向人们灌输一种崇敬的心理，往往尺寸大得惊人，运用的是一种"超人的尺度"；而居住、休息场所则强调与人的和谐关系，更接近人的体量。

1.3.2　对比与微差

室内空间的功能多种多样，再加上结构类型、家具和设备配套方式、业主爱好等的不同，必然会使室内空间在形式上也呈现出各式各样的差异。这些差异有的是对比，有的则是微差。作为室内设计师来讲，研究的正是如何利用这种对比与微差去创造富有美感的室内空间。

对比指的是要素之间的差异比较显著；微差则指的是要素之间的差异比较微小。当然，这两者之间的界限也很难确定，不能用简单的数学关系加以说明。例如，一系列从小到大连续变化的要素，相邻要素之间由于变化微小，具有连续性，表现出一种微差的关系。如果从中间抽去若干要素，就会使连续性中断。凡是连续性中断的地方，就会产生引人注目的突变。这种突变会表现为一种对比关系，而且突变程度越大，对比就越强烈。

在室内设计中，对比与微差是十分常用的手法。对比可以借彼此之间的烘托来突出各自的特点以求得变化；微差则可以借相互之间的共同性而求得和谐。没有对比，会使人感到单调，但过分强调对比，也可能因失去协调而造成混乱。只有把两者巧妙地结合起来，才能达到既有变化又充满和谐的效果。在室内环境中，对比与微差主要体现在同一性质间的差异上，如大与小、直与曲、虚与实以及不同形状、不同色调、不同质地等。

1.3.3　节奏与韵律

节奏和韵律是由于设计要素在空间与时间上的重复而产生的，这种重复既可能是完全不变的简单重复，也可能是通过微小的变化以增加其复杂性。节奏和韵律是表达动态感觉的重要手段，相同、相似的要素有规律地循环出现，或按一定规律变化，如同利用时间间隔使声音规律化地反复出现强弱、长短变化一样，会造成视线的移动，使人心理情绪有序律动从而感受到节奏。这种律动或急促，或平缓，使空间充满动感和生机。但也应注意过多重复而可能导致的呆板和单调。

在设计实践中，韵律的表现形式很多，比较常见的有连续韵律、渐变韵律、起伏韵律与交错韵律，它们分别能产生不同的节奏感。

连续韵律一般是以一种或几种要素连续、重复地排列形成的，各要素之间保持恒定的距离与关系，可以无止境地连绵延长。连续韵律往往可以给人规整、整齐的强烈印象。

渐变韵律是把连续、重复的要素在某一方面按照一定的秩序或规律逐渐变化，如逐渐加长或缩短、变宽或变窄、增大或减小、变紧密或变稀疏。渐变韵律往往能给人一种循序渐进的感觉，进而产生一定的空间导向性。

渐变韵律如果按一定的规律时而增加，时而减小，有如波浪起伏或者具有不规则的节奏感时，就会形成起伏韵律。这种韵律常常比较活泼而富有运动感。

交错韵律是把连续重复的要素按一定的规律相互交织、穿插而成的韵律。各要素相互制约，一隐一显，表现出一种有组织的变化。这种韵律既有明显的条理性，又因为各要素的穿插而表现出丰富的变化。

韵律在室内设计中的体现十分普遍，我们可以在形体、界面、陈设等方面都感受到韵律的存在。韵律本身所具有的秩序感与节奏感，既可以加强室内环境的整体统一效果，又能够产生丰富的变化，从而体现出多样统一的原则。

1.3.4　层次与渗透

两个相邻的空间，如果在分隔的时候，不是采用实体的墙面把两者完全隔绝，而是有意识地使之互相连通，将可使两个空间彼此渗透，相互因借，从而增强空间的层次感。

中国古典园林建筑中"借景"的处理手法就是这种空间渗透的最好例子。"借"就是把彼处的景物引到此处来，这实质上就是使人的视线能够越出有限的屏障，从这一空间而及于另一空间或更远的地方，从而获得层次丰富的景观。

西方古典建筑，由于大多采用砖石结构，一般都比较封闭，彼此之间区别明显，从视觉上讲也很少有连通的可能。西方近现代建筑，由于技术、材料的进步和发展，特别是由于以框架结构来取代砖石结构，从而为自由灵活地分隔空间创造了极为有利的条件。凭借着这种条件，西方近现代建筑从根本上改变了古典建筑空间组合的概念，通过对空间进行自由灵活的"分隔"的概念代替了传统的把若干个六面体空间连接成为整体的"组合"的概念，这样各部分空间就自然失去了自身的完整独立性，而必然和其他部分空间互相连通、贯穿、渗透，从而呈现出极其丰富的层次变化。"流动空间"的理论正是对这种空间所做的形象概括。

这种"流动空间"的理论也对住宅建筑产生了不少影响，许多建筑师和室内设计师更是把空间的渗透及层次变化当作一种设计的目标来追求。他们不仅利用灵活隔断来使室内空间互相渗透，而且还通过大面积的玻璃幕墙使室内、外空间互相渗透。有的甚至透过一层又一层的玻璃隔断，不仅可在室内看到庭院中的景物，而且还可以看到另一室内空间，乃至更远的自然空间的景色。有些设计不仅考虑到同一层面内若干空间的互相渗透，同时还通过楼梯、夹层的设置和处理，使上下层，乃至许多层空间互相穿插渗透，从而获得丰富的层次变化。

1.3.5 引导与暗示

在一些比较重要的公共空间中，如展示性空间设计，设计师往往把某些重要的空间置于隐蔽处，避免开门见山，一览无余。在这种情况下，需要对人流加以引导或暗示，从而使人们可以遵循一定的途径而达到特定的目标。而这种引导和暗示不同于路标，而是属于空间处理的范畴，运用巧妙、含蓄的空间处理手法，使人在不经意之中沿着一定的方向或路线从一个空间依次地走向另一个空间。

空间的引导与暗示归纳起来有以下几种途径。

（1）以弯曲状的墙面把人流引向某个确定的方向，暗示另一个空间的存在。这种处理手法是以人的心理特点和人流自然地趋向于曲线形式为依据的。它的特点是流畅自然、富有运动感，会使观者产生一种期待感。

（2）利用特殊形式的楼梯或特意设置的踏步，暗示出上层空间的存在。楼梯和踏步通常都具有一种引人向上的吸引力。如大而开敞的直跑楼梯、自动扶梯等，吸引力更为强烈。

（3）利用地面或天花的处理，暗示出前进的方向。通过地面或天花处理形成一种具有强烈方向性或连续性的图案，这也会左右人前进的方向。有意识地利用这种处理手法，将有助于把人流引导至某个确定的目标。

1.4 建筑室内设计与人机工学

1.4.1 人机工学的概念及特点

人机工学是一门新兴的学科，研究的是如何通过建立合理的尺度关系，来营建舒适、安全、健康、科学的生活环境。它也是通过应用人体测量学、人体力学、生理学、心理学等学科的研究方法，对人体结构特征和机能特征进行研究，提供人体各部分的尺寸、重量、体表面积、比例、重心以及人体各部分在活动时的相互关系和可及范围等人体结构特征参数。同时，它还提供人体各部分的出力范围、活动范围、动作速度、动作频率、重心变化以及动作时的习惯等人体机能特征参数，分析人在各种劳动时所经历的生理变化、能量消耗、疲劳机理以及人对各种劳动负荷的适应能力，探讨人在工作中影响心理状态的因素以及心理因素对工作效率的影响等。

人机工学的显著特点是在认真研究人、机、环境三个要素本身特性的基础上，不仅关注个别要素的优良与否，而是将使用"物"的人和所设计的"物"以及人与"物"所共处的环境作为一个整体系统来研究。在人机工学中，将这个系统称为"人-机-环境"系统。在这个系统中，人、机、环境三个要素之间相互作用、相互依存的关系决定着系统的总体性能。室内设计中的人机系统设计理论，就是科学地利用三个要素间的有机联系来寻求建筑与室内围合界面的最优参数。

从建筑室内设计这一范畴来看，在商业空间、酒店空间、办公空间、居住空间等不同类型空间设计中，所有由生产与生活所创造的"物"，在设计时都必须把"人的因素"作为一个重要的条件来考虑。室内家具尺度关系不仅涉及生理学的层面，而且必须兼顾心理学层面，需要符合美学及潮流的设计，也就是应以满足室内人性化的需求为主，在满足基本尺度关系的前提下，探寻更为美观、舒适的空间。

毫无疑问，未来的人性化设计将具有更加全面立体的内涵，它将超越我们过去所局限的、对于人与物关系的认识，向时间、空间、生理感官和心理方向发展；同时，通过现代高科技技术如虚拟现实、互联网等多种数字化手段进行扩展。对使用者状况的设计构想，研究室内设计的可能外观和生活方式，无论在造型上，还是在围合材料设计上，都将使人机交互关系达到"物我统一"的状态。

1.4.2　室内空间常用尺寸

1.4.2.1　家装空间常用尺寸

(1) 衣橱：深度 600～650mm，宽度 400～650mm。

(2) 推拉门：高度 1900～2400mm。

(3) 矮柜：深度 350～450mm，柜门宽度 300～600mm。

(4) 电视柜：深度 450～600mm，高度 600～700mm。

(5) 单人床：宽度 900mm、1050mm、1200mm，长度 1800mm、1860mm、2000mm、2100mm。

(6) 双人床：宽度 1350mm、1500mm、1800mm，长度 1800mm、1860mm、2000mm、2100mm。

(7) 圆床：直径 1860mm、2125mm、2424mm（常用）。

(8) 入户门：宽度 900mm，高度 2000mm。

(9) 室内门：宽度 800～900mm。

(10) 厕所、厨房门：宽度 800mm、900mm，高度 1900mm、2000mm、2100mm。

(11) 窗帘盒：高度 120～180mm；深度，单层布 120mm，双层布 160～180mm（实际尺寸）。

(12) 单人式沙发：长度 800～950mm，深度 850～900mm，坐垫高 350～420mm，背高 700～900mm。

(13) 双人式沙发：长度 1260～1500mm，深度 800～900mm。

(14) 三人式沙发：长度 1750～1960mm，深度 800～900mm。

(15) 四人式沙发：长度 2320～2520mm，深度 800～900mm。

(16) 小型茶几：长方形长度 600～750mm，宽度 450～600mm，高度 380～500mm

（380mm 最佳）。

（17）中型茶几：长方形长度 1200～1350mm，宽度 380～500mm 或者 600～750mm。

（18）正方形茶几：长度 750～900mm，高度 430～500mm。

（19）大型茶几：长方形长度 1500～1800mm，宽度 600～800mm，高度 330～420mm（330mm 最佳）。

（20）圆形茶几：直径 750mm、900mm、1050mm，高度 330～420mm。

（21）方形茶几：宽度 900mm、1050mm、1200mm、1350mm、1500mm，高度 330～420mm。

（22）固定式书桌：深度 450～700mm（600mm 最佳），高度 750mm。

（23）活动式书桌：深度 650～800mm，高度 750～780mm。

（24）餐桌：高度 750～780mm（一般），西式方桌高度 680～720mm，一般方桌宽度 1200mm、900mm、750mm。

（25）长方桌：宽度 800mm、900mm、1050mm、1200mm，长度 1500mm、1650mm、1800mm、2100mm、2400mm。

（26）圆桌：直径 900mm、1200mm、1350mm、1500mm、1800mm。

（27）书架：深度 250～400mm（每一格），长度 600～1200mm。

1.4.2.2 公装空间常用尺寸

（1）墙面尺寸

① 踢脚板：高 80～200mm。

② 墙裙：高 800～1500mm。

③ 挂镜线：高 1600～1800mm（画中心距地面高度）。

（2）餐厅

① 餐桌：高 750～790mm，间距应大于 500mm（其中座椅占 500mm）。

② 餐椅：高 450～500mm。

③ 圆桌直径：二人 500mm，三人 800mm，四人 900mm，五人 1100mm，六人 1100～1250mm，八人 1300mm，十人 1500mm，十二人 1800mm。

④ 方餐桌尺寸：二人 700mm×850mm，四人 1350mm×850mm，八人 2250mm×850mm。

⑤ 餐桌转盘：直径 700～800mm。

⑥ 主通道：宽 1200～1300mm。

⑦ 内部工作道：宽 600～900mm。

⑧ 酒吧台：高 900～1050mm，宽 500mm。

⑨ 酒吧凳：高 600～750mm。

（3）商场营业厅

① 单边双人走道：宽 1600mm。

② 双边双人走道：宽 2000mm。

③ 双边三人走道：宽 2300mm。

④ 双边四人走道：宽 3000mm。

⑤ 营业员柜台走道：宽 800mm。

⑥ 营业员货柜台：厚 600mm，高 800～1000mm。

⑦ 单靠背立货架：厚 300～500mm，高 1800～2300mm。

⑧ 双靠背立货架：厚 600～800mm，高 1800～2300mm。

⑨ 小商品橱窗：厚 500～800mm，高 400～1200mm。

⑩ 陈列地台：高 400～800mm。

⑪ 敞开式货架：厚 400～600mm。

⑫ 放射式售货架：直径 2000mm。

⑬ 收款台：长 1600mm，宽 600mm。

（4）饭店客房

① 标准面积：大 $25m^2$，中 $16\sim18m^2$，小 $16m^2$。

② 床：高 $400\sim450mm$，床靠高 $850\sim950mm$。

③ 床头柜：高 $500\sim700mm$，宽 $500\sim800mm$。

④ 写字台：长 $1100\sim1500mm$，宽 $450\sim600mm$，高 $700\sim750mm$。

⑤ 行李台：长 $910\sim1070mm$，宽 500mm，高 400mm。

⑥ 衣柜：宽 $800\sim1200mm$，高 $1600\sim2000mm$，深 500mm。

⑦ 沙发：宽 $600\sim800mm$，高 $350\sim400mm$，靠背高 1000mm。

⑧ 衣架：高 $1700\sim1900mm$。

（5）卫生间

① 卫生间面积：$3\sim55m^2$。

② 浴缸：长度一般有三种，1220mm、1520mm、1680mm，宽 720mm，高 450mm。

③ 坐便器：$750mm\times350mm$。

④ 冲洗器：$690mm\times350mm$。

⑤ 盥洗盆：$550mm\times410mm$。

⑥ 淋浴器：高 2100mm。

⑦ 化妆台：长 1350mm，宽 450mm。

（6）会议室

① 中心会议室：会议桌边长 600mm。

② 环式高级会议室：环形内线长 $700\sim1000mm$。

③ 环式会议室服务通道：宽 $600\sim800mm$。

（7）交通空间

① 楼梯间休息平台净空：等于或大于 2100mm。

② 楼梯跑道净空：等于或大于 2300mm。

③ 客房走廊高：等于或大于 2400mm。

④ 两侧设座的综合式走廊宽度：等于或大于 2500mm。

⑤ 楼梯扶手：高 $850\sim1100mm$。

⑥ 门的常用尺寸：宽 $850\sim1000mm$。

⑦ 窗的常用尺寸：宽 $400\sim1800mm$（不包括组合式窗子）。

⑧ 窗台高：$800\sim1200mm$。

（8）灯具

① 大吊灯：最小高度 2400mm。

② 壁灯：高 $1500\sim1800mm$。

③ 反光灯槽：最小直径等于或大于灯管直径两倍。

④ 壁式床头灯：高 $1200\sim1400mm$。

⑤ 照明开关：高 1000mm。

（9）办公家具

① 办公桌：长 $1200\sim1600mm$，宽 $500\sim650mm$，高 $700\sim800mm$。

② 办公椅：高 $400\sim450mm$。

③ 沙发：宽 $600\sim800mm$，高 $350\sim400mm$，背面 1000mm。

④ 茶几：前置型 $900mm\times400mm\times400mm$（高），中心型 $900mm\times900mm\times400mm$

（高）、700mm×700mm×400mm（高），左右型600mm×400mm×400mm（高）。

⑤ 书柜：高1800mm，宽1200～1500mm，深450～500mm；书架高1800mm，宽1000～1300mm，深350～450mm。

1.5 建筑室内设计的空间处理与手法

1.5.1 设计内容分类

建筑室内设计可按照功能与审美、技术与艺术的概念进行内容分类。室内使用功能所涉及的内容与建筑的类型以及人的日常生活方式有最直接的关系。按照人类的生活行为模式，建筑室内空间可分为三大类型：居住空间、工作空间、公共空间。每类空间都有明确的使用功能，这些不同的使用功能所体现的内容构成了空间的基本特征。

室内空间能否满足功能与审美需求，在很大程度上取决于技术要素，如屋顶漏水、光照不足、通风不畅等，即使平面功能设计得非常理想，空间形象处理得异常美观，也会让人感到不适。作为完整的室内设计系统，技术含量更高的、由各类空间构件与设备组成的人工环境系统是必不可少的设计内容。

建筑室内设计的内容按照不同的分类法，可以更加细致地概括出室内设计系统的各个层面。

1.5.1.1 按空间使用类型划分

按空间使用类型可将建筑室内空间划分得更细。居住空间在建筑类型上有单体平房、单体楼房、楼房组合庭院以及综合群组等样式；在使用类型上有单间住宅、单元住宅、成套公寓、别墅、成组庄园等形式。工作空间的建筑类型相对简单，一类为办公楼，另一类为厂房或车间。其使用类型则根据功能分区的不同空间来界定。公共空间是内容更为丰富的一类，其建筑形式变化多样，使用类型复杂多元，如商场、饭店、餐厅、酒家、娱乐场所、影剧院、体育馆、会堂、展览馆等。

1.5.1.2 按生活行为方式划分

建筑室内空间设计以人的生活行为方式界定室内整体的空间内容表现，在设计的思维逻辑方面显得更为重要。从上述概念出发，室内空间可以划分为餐饮空间、睡眠空间、休息空间、会谈空间、购物空间、劳作空间、娱乐空间、运动空间等。

1.5.1.3 按空间构成方式划分

室内空间的构成方式受其形态的影响与制约呈现出三种基本形式：静态封闭空间、动态开敞空间、虚拟流动空间。每种形式都有其不同的特征。例如，静态封闭空间是以限定性强的界面围合，展现了私密性，以领域感很强的对称向心形式来达到静态封闭效果；动态开敞空间具有界面围合不完整，外向性强，限定度弱，界面形体对比变化大，具有和周围环境交流渗透的特点；虚拟流动空间是不以界面围合作为限定要素，依靠形体的启示、视觉的联系来划定空间的，这样设计的空间具有视野通透性强、交通无阻隔等特点，保持了最大限度交融与连续的空间，如图1-1～图1-3所示。

1.5.1.4 按空间环境划分

室内空间的环境系统主要由六大部分内容组成，它包括采光与照明系统、电气系统、给水排水系统、供暖与通风空调系统、声学与音响系统、消防系统。通过空间环境划分，有助于设计者从理性的概念出发，分析室内空间的环境系统对使用功能与艺术处理的影响，从而建立科学的设计程序，并确立在设计的不同阶段与环境系统各专业协调矛盾的工作方法。

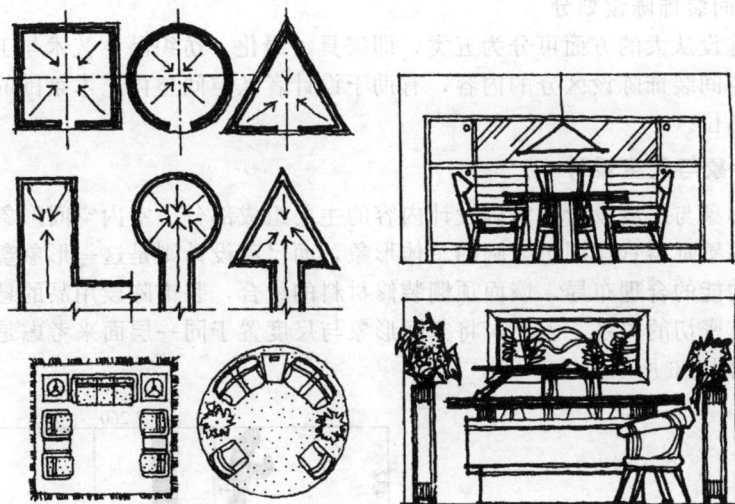

图 1-1　静态封闭空间

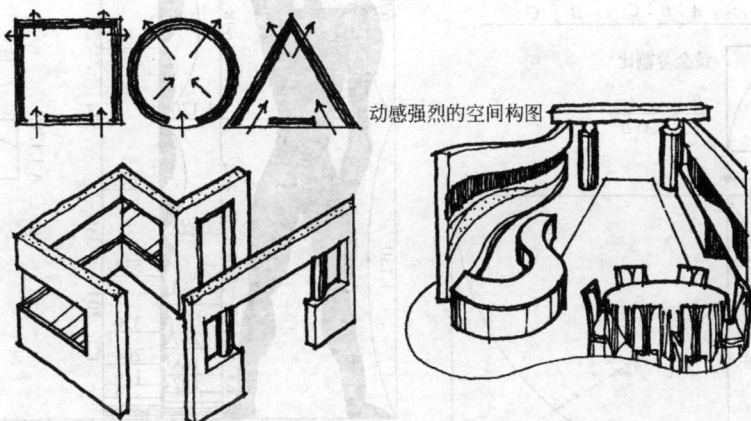

动感强烈的空间构图

图 1-2　动态开敞空间

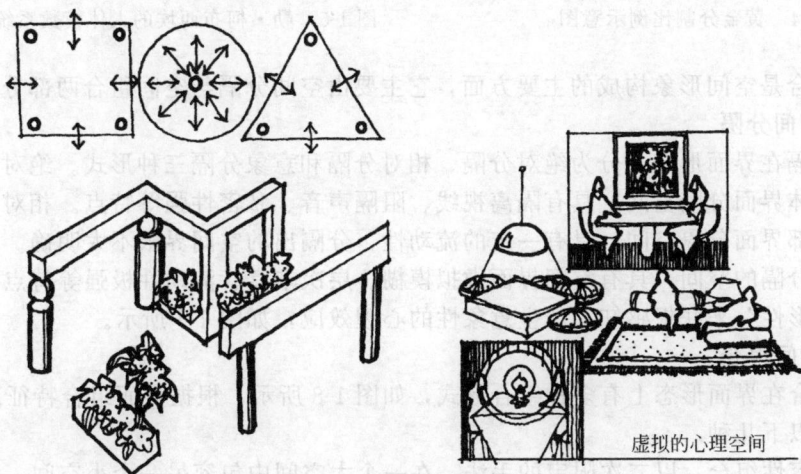

虚拟的心理空间

图 1-3　虚拟流动空间

1.5.1.5　按空间装饰陈设划分

室内空间陈设从大的方面可分为五类，即家具、绿化、纺织品、艺术与工艺品、日常生活用品。明确空间装饰陈设区分的内容，有助于设计者从空间整体艺术氛围的角度出发，提升空间的艺术品位。

1.5.2　空间形象与尺度设计

建筑空间形象与尺度设计是室内设计内容的主要组成部分。室内空间形象是空间形态界面围合通过人的感觉器官作用于大脑的总体形象，而尺度设计则是这一形象塑造的基础。平面布局中实体功能的合理布局，墙面顶棚装修材料的组合，装饰陈设用品的悬挂与摆放，都与尺度的比例有密切的关系。因此，将空间形象与尺度置于同一层面来考虑是合乎逻辑关系的，如图1-4～图1-6所示。

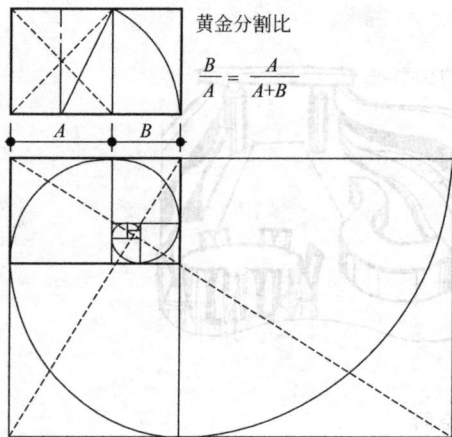

图1-4　黄金分割比例示意图

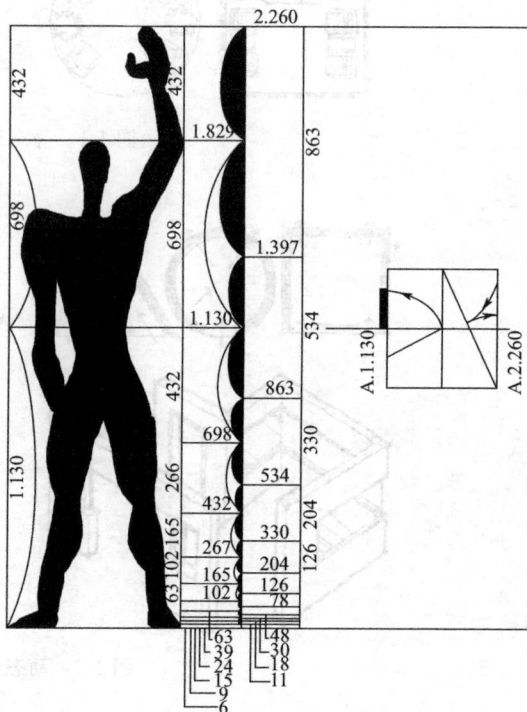

图1-5　勒·柯布西埃的人体模数系统分析

界面围合是空间形象构成的主要方面，它主要由空间分隔与空间组合两部分组成。

1.5.2.1　空间分隔

空间分隔在界面形态上分为绝对分隔、相对分隔和意象分隔三种形式。绝对分隔是以限定度高的实体界面分隔空间，具有隔离视线、阻隔声音、私密性强等特点。相对分隔是以限定度低的局部界面分隔空间，具有一定的流动性，分隔出的空间界限不太明确。意象分隔是非实体界面分隔的空间，具有空间界面虚拟模糊、层次丰富、流动性极强等特点，可通过人的"视觉完形性"来联想感知，产生意象性的心理效应，如图1-7所示。

1.5.2.2　空间组合

空间组合在界面形态上有多种组合形式，如图1-8所示，根据界面组合特征现将空间组合形式分为以下几种。

（1）包容性组合。以二次限定的手法，在一个大空间中包容另一个小空间，称为包容性组合。

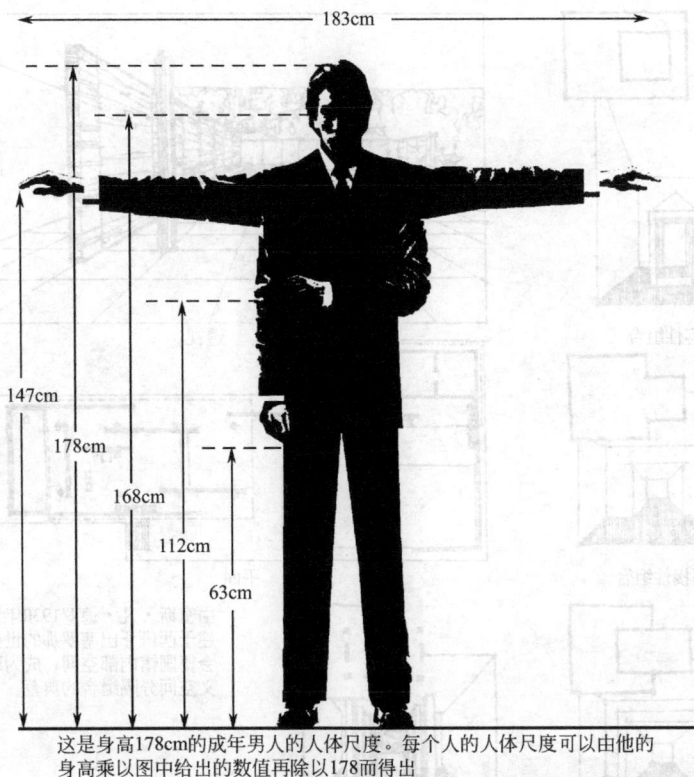

这是身高178cm的成年男人的人体尺度。每个人的人体尺度可以由他的
身高乘以图中给出的数值再除以178而得出

图 1-6　人体尺度

（2）邻接性组合。两个不同形态的空间以对接的方式进行组合，称为邻接性组合。

（3）穿插性组合。以交错嵌入的方式进行空间的组合，称为穿插性组合。

（4）过渡性组合。以空间界面交融渗透的限定方式进行组合，称为过渡性组合。

（5）综合性组合。综合自然及内外空间要素，以灵活通透的流动性空间处理进行组合，称为综合性组合。

1.5.3　空间界面与装饰设计

建筑空间的实体界面通过设计与装饰活动实现其外在审美价值，并通过各种质地细腻、色彩柔和的材料进行封装，使空间的实体界面适合于人在近距离观看和触摸。

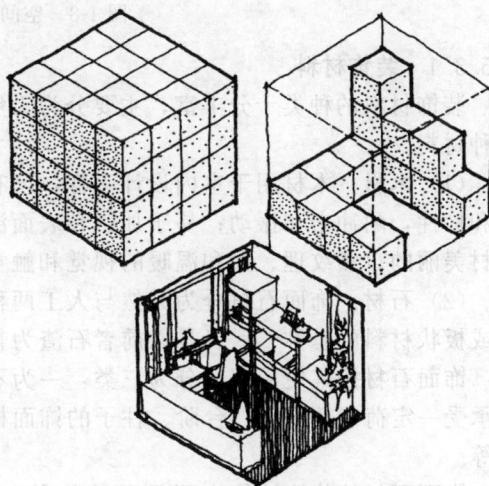

图 1-7　实体界面与虚体界面的关系

装饰需要合理的选材并依照一定的比例尺度。因此，空间构图具有十分重要的意义。室内界面装饰的空间构图，首先必须服从于人们所能接受的尺度比例，同时还要符合建筑构造的限定要求。在满足以上的基础要素之后，运用造型艺术的规律，从空间整体的视觉形象出发，来组织合理的空间构图。

从技术的层面来讲，结构和材料是室内空间构图界面处理的基础。而理想的结构与材料，其本身也具备朴素自然的美。

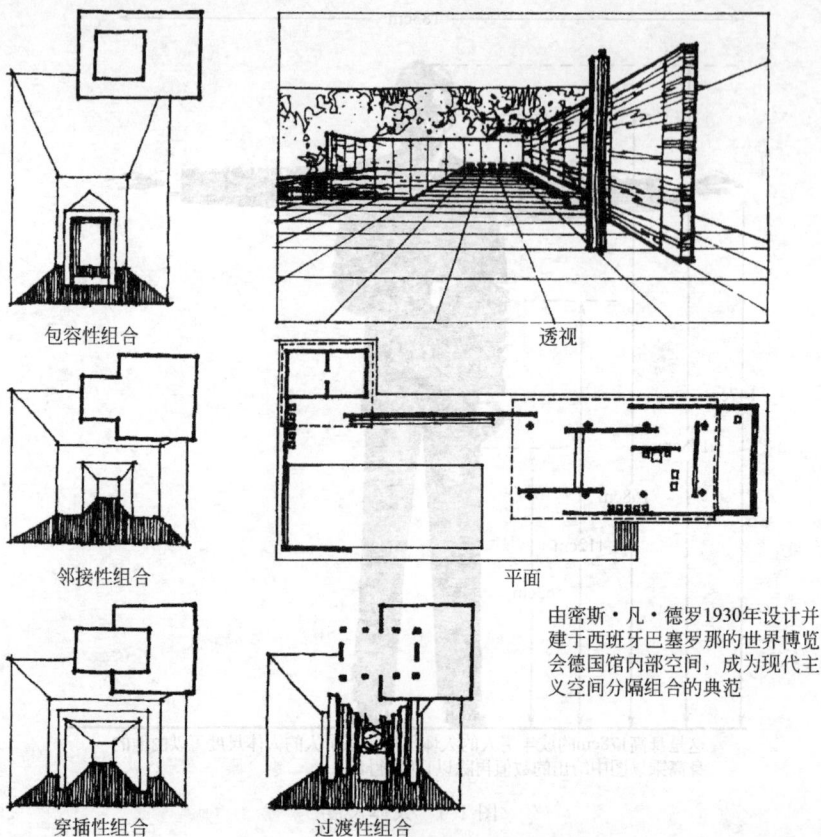

包容性组合

透视

邻接性组合

平面

穿插性组合

过渡性组合

由密斯·凡·德罗1930年设计并建于西班牙巴塞罗那的世界博览会德国馆内部空间，成为现代主义空间分隔组合的典范

图1-8 空间界面的组合形式

1.5.3.1 装饰材料

装饰材料的种类十分丰富，主要分为天然材料与人工合成材料两大类，最常用的是以下几种材料。

（1）木材。木材用于室内设计工程，已有悠久的历史。它材质轻、强度高；有较佳的弹性和韧性，耐冲击和振动；易于加工和表面涂饰，对电、热和声音有高度的绝缘性；特别是木材美丽的自然纹理、柔和温暖的视觉和触觉是其他材料所无法替代的。

（2）石材。饰面石材分为天然与人工两种。前者指从天然岩体中开采出来并经加工成块状或板状材料的总称。后者是以前者石渣为骨料制成的板块总称。

饰面石材按其使用部位分为三类：一为不承受任何机械荷载的内、外墙的饰面材料；二为承受一定荷载的地面、台阶、柱子的饰面材料；三为自身承重的大型纪念碑、塔、柱、雕塑等。

饰面石材的装饰性能主要是通过色彩、花纹、光泽以及质地、肌理等反映出来的；同时，还要考虑其可加工性。

（3）金属。金属具有好的导电、导热和可锻性能，如铁、锰、铝、铜、铬、镍、钨等。

合金是由两种以上的金属，或者金属与非金属所组成的具有金属性质的物质，如钢是铁和碳所组成的合金，黄铜是铜和锌的合金。黑色金属是以铁为基本成分（化学元素）的金属及合金；有色金属的基本成分不是铁，而是其他金属，例如铜、铝、镁等金属和其他合金。

金属材料在装修设计中分为结构承重材料与饰面材料两大类。色泽突出是金属材料的最大特点。钢、不锈钢及铝材具有现代感，而铜材较华丽、优雅，铁材则显得古拙、厚重。

（4）玻璃。玻璃有光泽，硬度高，经久耐磨，能承受一定的压力，易于洗刷。目前市场上的品种、规格越来越多，主要应用在门窗、隔断、电视架、梳妆台、茶几、书架、圆桌、装饰柜等设施上。

（5）塑料。塑料是以合成或天然的高分子有机化合物为基本成分，在加工过程中可注塑成型且产品最后能保持形状不变的材料。这种材料在一定的高温和高压下具有流动性，可制成各式制品，在常温、常压下制品能保持其形状不变。

塑料质量轻，成型工艺简便，物理、力学性能良好，抗腐蚀性和电绝缘性较好。缺点是耐热性和刚性比较低，长期暴露于大气中会出现老化现象。

（6）陶瓷。陶瓷是陶器与瓷器两大类产品的总称。陶器通常有一定的吸水率，表面粗糙无光、不透明，敲之声音粗哑，有无釉与施釉两种。瓷器坯体细密，基本不吸水，半透明，有釉层，比陶器烧结度高。

材料是装饰设计的基础。随着科技发展，新型材料不断涌现。设计者需要注意材料市场的变化，掌握不同材料的应用规律，从而促进室内设计水平的提高。

1.5.3.2　装饰设计要素与处理手法

（1）形体与过渡。界面形体的变化是空间造型的根本，通过两个界面不同的过渡处理造就了空间的个性。室内的界面形体是以不同的形式处于同一空间不同位置的，需要通过不同的过渡手法进行处理。

（2）质感与光影。材料的质感变化是界面处理最基本的手法，利用采光和照明投射于界面的不同光影，成为营造空间氛围最主要的手段。

质感的肌理越细腻，则光感越强，界面的色彩亮度越高。不同质感的界面，在光照下会产生不同的视觉效果。

（3）色彩与图案。在界面处理上，色彩和图案是依附于质感与光影变化的，不同的色彩和图案赋予界面鲜明的装饰个性，从而影响整个空间。

在室内空间中色彩的变化与质感有密切的关系，由于天然材料本身色彩种类的限制，以及室内界面色彩的中性基调，一般的室内色彩总是处于较为含蓄的高亮度的中性含灰色系，质感一般倾向于毛面的亚光系列。

图案是界面本身所采用材料的纹样处理，这种处理主要应考虑纹样的类型、风格，单个纹样尺寸的大小以及线型的倾向与整体空间的关系。

（4）变化与层次。界面的变化与层次是依靠结构、材料、形体、质感、光影、色彩、图案等要素的合理搭配构成的。

1.6　建筑室内照明设计

1.6.1　照明设计基本原理

通常光可以分为人造光和自然光。我们之所以能够看到客观世界中斑驳陆离、瞬息万变的景象，是因为有眼睛接收物体直射、反射或散射的光。光是人类眼睛所能观察到的电磁辐射，这部分电磁波的波长范围在紫光的 $0.39\mu m$ 到红光的 $0.77\mu m$ 之间，而可见光的光谱只是电磁波谱中的一部分。

1.6.1.1　照明质量

认识基本的光度单位，对于进行室内设计的照明计算十分必要。在光环境的设计过程中，经常需要计算这些物理量以保证光环境质量的要求。这些基本的物理量包括光通量、亮度、照度、眩光、显色性等因素。

（1）光通量。光通量是指人眼所能感觉到的辐射功率，用来表示光源发出光能的多少。

它是光源的一个基本参数，单位是流明（lm）。

（2）亮度。亮度是指发光体在视线方向单位面积上的发光强度，单位是坎德拉/平方米（cd/m²），也称尼特（nt）。在光度单位中，亮度是唯一能直接引起眼睛视感觉的量。

（3）照度。照度是指光源落在被照面上，单位面积上所得到的光通量，也就是光通量的平面密度，单位是流明/平方米（lm/m²），也称勒克斯（lx）。照明和采光标准中，常用照度来衡量照明和采光质量的优劣。

（4）眩光。眩光是指视野内出现过高亮度或过大的亮度对比所造成的视觉不适或视力减退的现象。例如，在白天看太阳，由于它的亮度太大，眼睛无法适应，睁不开眼；再如，在晚上看路灯，明亮的路灯衬上漆黑的夜空，黑白对比太强，同样感到刺眼。

根据其产生的原因，可采取以下办法来控制眩光现象的发生。

① 限制光源亮度或降低灯具表面亮度。对光源可采用磨砂玻璃或乳白玻璃的灯具，亦可采用透光的漫射材料将灯泡遮蔽。

② 可采用保护角较大的灯具。

③ 合理布置灯具位置和选择适当的悬挂高度。灯具的悬挂高度增加后，眩光的作用就减少；若灯与人的视线间形成的角度大于40°时，眩光现象也就大大减弱了。当然，这种方式通常受房屋层高的限制，并且灯提得过高对工作面照度也不利，所以通常应与选用较大保护角的灯具结合使用。

④ 适当提高环境亮度，减小亮度对比，特别是减小工作对象和它直接相邻背景间的亮度对比。

⑤ 采用无光泽的材料。

（5）光源的显色性。光源的种类很多，其光谱特性各不相同，因而同一物体在不同光源的照射下，将会显现出不同的颜色，这就是光源的显色性。通常，人们习惯于在日光下分辨色彩，所以在比较显色性时通常以日光或接近日光光谱的人工光源作为标准光源，将显色指数定为100。与标准光谱越近的光源，其显色指数越高，见表1-1。在需要正确辨别颜色的场所，可以采用合适光谱的多种光源混合照明。

表 1-1 常用照明灯具的显色指数（Ra）

灯具类型	显色指数(Ra)	灯具类型	显色指数(Ra)
白炽灯	97	高压汞灯	20～30
卤钨灯	95～99	高压钠灯	20～25
白色荧光灯	55～85	LED白光	95～98
日光色灯	75～94		

研究表明，色温的舒适感与照度水平有一定的相关关系，在很低照度下，舒适光色是接近火焰的低色温光色；在偏低或中等照度下，舒适光色是接近黎明和黄昏的色温略高的光色；而在较高照度下，舒适光色是接近中午阳光或偏蓝的高色温天空光色，见表1-2。

表 1-2 光源色表分组

色表分组	色表特征	相关色温/K	适用场所举例
Ⅰ	暖	<3300	客房、卧室、病房、酒吧、餐厅
Ⅱ	中间	3300～5300	办公室、教室、阅览室、诊室、检验室
Ⅲ	冷	>5300	高照度场所

（6）阴影。在工作物体或其附近出现阴影，会造成视觉的错觉现象，增加视觉负担，影响工作效率，在设计中应予以避免。一般可采用扩散性灯具或在布灯时通过调整光源位置、增加光源数量等措施加以解决。

（7）照度的稳定性。供电电压的波动使照度发生变化，从而影响视觉功能，故应控制灯端电压不低于额定电压的下列值：白炽灯和卤钨灯为97.5％，气体放电灯为95％。如果达不到上述要求，可将照明供电电源与有冲击负荷的供电线路分开，也可考虑采取稳压措施。

1.6.1.2　光的种类

照明用光随灯具品种和造型不同，会产生不同的光照效果。所产生的光线，可分为直射光、反射光和漫射光三种。

（1）直射光。直射光是光源直接照射到工作面上的光，直射光的照度高，电能消耗少。为了避免光线直射人眼产生眩光，通常需用灯罩相配合，把光集中照射到工作面上，其中直接照明有广照型、中照型和深照型三种。

（2）反射光。反射光是利用光亮的镀银反射罩作为定向照明，使光线受下部不透明或半透明的灯罩的阻挡，光线的全部或一部分反射到天棚和墙面，然后再向下反射到工作面。这类光线柔和，视觉舒适，不易产生眩光。

（3）漫射光。漫射光是利用磨砂玻璃罩、乳白玻璃罩，或特制的格栅，使光线形成多方向的漫射，或者是由直射光、反射光混合而成的光线。漫射光的光质柔和，而且艺术效果颇佳。

在室内照明中，上述三种光线有不同的用处，由于它们之间不同比例的配合，就产生了多种照明方式。

1.6.1.3　照明方式

根据光通量的空间分布状况，照明方式可分为五种。

（1）直接照明方式。光线通过灯具射出，其中90％～100％的光通量到达假定的工作面上，这种照明方式为直接照明。此种照明方式具有强烈的明暗对比，能造成有趣生动的光影效果，可突出工作面在整个环境中的主导地位。但是，由于亮度较高，应防止眩光的产生，如图1-9（a）所示。

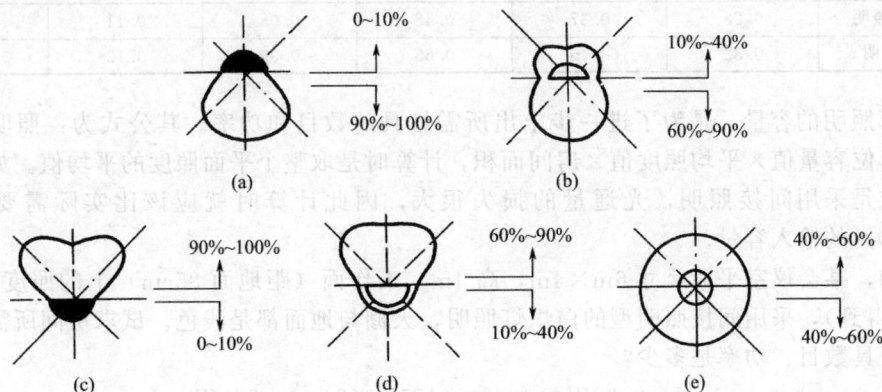

图1-9　照明方式

（2）半直接照明方式。半直接照明方式是半透明材料制成的灯罩罩住灯泡上部，60％～90％以上的光线使之集中射向工作面，10％～40％被罩光线又经半透明灯罩扩散而向上漫射，其光线比较柔和。这种灯具常用于较低房间的一般照明。由于漫射光线能照亮平顶，使房间顶部高度增加，因而能产生较高的空间感，如图1-9（b）所示。

（3）间接照明方式。间接照明方式是将光源遮蔽而产生的间接光的照明方式，其中90%~100%的光通量通过天棚或墙面反射作用于工作面，10%以下的光线则直接照射工作面。通常有两种处理方法：一种是将不透明的灯罩装在灯泡的下部，光线射向平顶或其他物体上反射成间接光线；另一种是把灯泡设在灯槽内，光线从平顶反射到室内成为间接光线。这种照明方式单独使用时，需注意不透明灯罩下部的浓重阴影。通常和其他照明方式配合使用，才能取得特殊的艺术效果，如图1-9（c）所示。

（4）半间接照明方式。半间接照明方式和半直接照明相反，把半透明的灯罩装在灯泡下部，60%以上的光线射向平顶，形成间接光源，10%~40%部分光线经灯罩向下扩散。这种方式能产生比较特殊的照明效果，使较低矮房间有增高的感觉。也适用于住宅中小空间部分，如门厅、过道等，通常在学习的环境中采用这种照明方式最为相宜，如图1-9（d）所示。

（5）漫射照明方式。漫射照明方式是利用灯具的折射功能来控制眩光，将光线向四周扩散漫射。这种照明大体上有两种形式：一种是光线从灯罩上口射出，经平顶反射，两侧从半透明灯罩扩散，下部从格栅扩散；另一种是用半透明灯罩把光线全部封闭而产生漫射。这类照明光线性能柔和、视觉舒适，适于卧室，如图1-9（e）所示。

1.6.2 室内照明设计计算

照明计算方法是极其复杂的，对于室内设计人员来说，只掌握一种较粗略的计算方法就可以了。精确的计算方法很多，室内设计人员对此有所了解即可。在照明设计的最初阶段通常采用"单位容量法"进行估算。以下介绍单位容量值的含义：单位容量值就是指在 $1m^2$ 的被照面积上产生 $1lx$ 的照度值所需的瓦（W）数。光源输入单位容量值见表1-3。

表1-3　光源输入单位容量值　　　　　　　　　　　单位：$W/m^2 \cdot lx$

光源	白炽灯			荧光灯、汞闪光灯、充气灯		
天棚	浅色	浅色	暗色	浅色	浅色	暗色
墙面	浅色	暗色	暗色	浅色	暗色	暗色
直接照明	0.16	0.18	0.20	0.05	0.06	0.06
半直接照明	0.20	0.24	0.28	0.06	0.07	0.08
均匀漫射照明	0.24	0.30	0.37	0.07	0.09	0.11
半间接照明	0.28	0.37	0.48	0.08	0.11	0.13
间接照明	0.32	0.46	0.63	0.09	0.13	0.19

计算照明的容量，是为了进一步求出所需灯具的数目和功率。其公式为：照明总容量（W）＝单位容量值×平均照度值×房间面积，计算时是取整个平面照度的平均值。如果房间较多，或是采用间接照明，光通量的损失很大，因此计算时就应该比实际需要多计算20%~50%的输入容量。

例如，某会议室平面尺寸 6m×4m，高 4m，工作面（距地面 85cm）上的照度为 125lx（可查表得到），采用间接照明型的白炽灯照明，天棚与地面都是浅色。试求房间所需照明总容量和灯具数目、功率是多少？

$$N = 0.32W/m^2 \cdot lx \times 125lx \times 24m^2 = 960W$$

光通量的损耗按 20%计算：

$$960W \times 20\% = 192W$$
$$960W + 192W = 1152W$$

这样确定房间应安装功率为 200W 的白炽灯 6 个（两排，每排 3 个），即可满足 125lx 的照度要求。

　　根据房间的用途，可按照国际标准或我国国家标准来确定房间照度值。一些常用的标准照度值见表 1-4～表 1-6。

表 1-4　居住建筑标准照度值

房间或场所		参考平面及其高度	照度标准值/lx	显色指数(Ra)
起居室	一般活动	0.75m 水平面	100	80
	书写、阅读		300[①]	80
	一般活动	0.75m 水平面	75	80
	床头、阅读		150[①]	80
餐厅		0.75m 水平面	150	80
厨房	一般活动	0.75m 水平面	100	80
	操作台	台面	150[①]	80
卫生间		0.75m 水平面	100	80

① 宜用混合照明。

表 1-5　图书馆建筑、办公建筑、商业建筑、旅馆建筑、学校建筑、博览建筑标准照度值

建筑类别	房间或场所		参考平面及其高度	照度标准值/lx	显色指数(Ra)
图书馆建筑	书库		0.25m 垂直面	50	80
	陈列厅、目录厅、出纳室、工作间、一般阅览室		0.75m 水平面	300	80
	重要图书阅览室、老年阅览室、善本室		0.75m 水平面	500	80
办公建筑	普通办公室、会议室		0.75m 水平面	300	80
	接待室、前台		0.75m 水平面	300	80
	文件整理、复印室、发行室		0.75m 水平面	300	80
	高档办公室、设计室		0.75m 水平面	500	80
	营业厅		0.75m 水平面	300	80
	资料、档案室		0.75m 水平面	200	80
商业建筑	一般商店、超市营业厅		0.75m 水平面	300	80
	高档商店、超市营业厅		0.75m 水平面	500	80
	收款台		台面	500	80
旅馆建筑	客房	一般活动区	0.75m 水平面	75	80
		床头	0.75m 水平面	150	80
		写字台	台面	300	80
		卫生间	0.75m 水平面	150	80
	中餐厅		0.75m 水平面	200	80
	厨房		台面	200	80
	洗衣房		0.75m 水平面	200	80
	休息厅		地面	200	80
	门厅、总服务台		地面	300	80
	客厅层走廊		地面	50	80

续表

建筑类别	房间或场所	参考平面及其高度	照度标准值/lx	显色指数(Ra)
学校建筑	教室、实验室	桌面	300	80
	美术教室	桌面	500	80
	教室黑板	黑板面	500	80
博览建筑	一般展厅	地面	200	80
	高档展厅	地面	300	80
	对光特别敏感的展品	展品面	50	80
	对光敏感的展品	展品面	150	80~90
	对光不敏感的展品	展品面	300	80~90

注：1. 高于 6m 的展厅 Ra 可降低到 60。辨色要求较高的场所，Ra 不应低于 90。

2. 陈列室一般照明应按展品照度值的 20%～30% 选取。

表 1-6　交通建筑、公共场所标准照度值

建筑类别	房间或场所		参考平面及其高度	照度标准值/lx	显色指数(Ra)
交通建筑	售票台		台面	500	80
	问讯处		0.75m 水平面	200	80
	候车(机、船)室	普通	地面	150	80
		高档	地面	200	80
	中央大厅、售票大厅		地面	200	80
	海关护照检查		工作面	500	80
	安全检查		地面	300	80
	换票、行李托运		0.75m 水平面	300	80
	行李认领、到达大厅、出发大厅		地面	200	80
	通道、连接区、扶梯		地面	150	80
	有棚站台		地面	75	80
	无棚站台		地面	50	80
公共场所	门厅	普通	地面	100	60
		高档	地面	200	80
	走廊、流动区域	普通	地面	50	60
		高档	地面	100	80
	楼梯、平台	普通	地面	30	60
		高档	地面	75	80
	自动扶梯		地面	150	60
	卫生间	普通	地面	75	60
		高档	地面	150	80
	电梯厅	普通	地面	75	60
		高档	地面	150	80
	休息室		地面	100	80
	储藏室、仓库		地面	100	60
	车库	停车间	地面	75	60
		检修间	地面	200	60

续表

建筑类别	房间或场所		参考平面及其高度	照度标准值/lx	显色指数（Ra）
影剧院建筑	门厅		地面	200	80
	观众厅	影院	0.75m 水平面	100	80
		剧院	0.75m 水平面	200	80
	观众休息厅	影院	地面	150	80
		剧院	0.75m 水平面	200	80
	排演厅		地面	300	80
	化妆室	一般活动区	0.75m 水平面	150	80
		化妆台	1.1m 高处垂直面	500	80

1.6.3　室内照明设计

室内照明设计和灯具的选择安排与室内的其他因素一样，需要在设计之初就予以充分考虑。因而，灯具的形式同样可以成为室内空间组成元素的一部分，对形成或强调空间氛围起到了举足轻重的作用。

1.6.3.1　室内照明设计的作用

在室内环境中，获得充足的日照能保证人们尤其是老人、病人及婴儿身心健康，能保证室内空气卫生洁净，改善室内小气候，提高居住舒适度。室内照明不仅弥补了日照不足，为人们提供良好的光照条件，还有组织空间、烘托气氛、增添情趣等功能，而且能引起人们心理上的注意和联想。利用不同的光源和居室墙面、地面、家具颜色的和谐配合，可以构成各种各样的艺术环境。

（1）创造室内的气氛。光的亮度和色彩是决定气氛的主要因素。光的刺激能影响人的情绪。一般来说，亮的房间比暗的房间更为刺激，但是这种刺激必须和空间所应具有的气氛相适应。适度愉悦的光能激发和鼓舞人心，柔弱的光令人轻松且心旷神怡。光的亮度也会对人心理产生影响，私密性要求相对较高的谈话区照明，可以将亮度减少到功能强度的 1/5。光线弱的灯和位置布置较低的灯，能使周围产生较暗的阴影，使天棚显得较低，房间显得更亲切。

室内的气氛也由于不同的光色而变化。餐厅、咖啡馆和娱乐场所，常用暖色，如粉红色、浅紫色，使整个空间具有温暖、欢乐、活跃的气氛，使人的皮肤、面容显得更健康、更美丽。家庭的卧室也常常因采用暖色光而显得更加温暖和睦。冷色光也有许多用处，特别是在夏季，青色、绿色的光就使人感觉凉爽。应根据不同气候、环境和建筑的氛围要求来确定光色。

灯光的不同颜色能够营造出室内环境的不同基调。蓝色基调，配以蓝色的灯具、淡蓝色的灯光，再配以浅色的家具，使人有身临蓝色海洋的感觉，让人有舒适感，具有消除烦躁、增添静雅的功效。绿色基调，辅以绿色的灯具、绿色的灯光，配上栗色或橄榄色的家具，则会造成置身于绿荫丛中的气氛，给人以宁静、凉爽感。土黄色基调，把灯具、灯光设计成富有大地感的土黄色，给人以稳重、广阔感，对面积小的房间特别合适，宜用于春秋季。淡黄色基调，将淡黄色的墙和橙色的灯具、灯光和浅色的家具组合在一起，使人有阳光感，给人以温暖的感觉，这种光环境特别适用于冬天。

（2）加强空间感和立体感。不同的空间效果，可以通过光的作用充分表现出来。室内空间的开敞性与光的亮度成正比，亮的房间感觉要大一点，暗的房间感觉要小一点。充满房间的漫射光，也使空间有无限感，而直接光能加强物体的阴影，提升空间的立体感。

利用光的作用，既可以加强希望注意的地方，也可以削弱不希望被注意的地方，从而进一步使空间得到完善和净化。许多商店为了突出新产品，用亮度较高的光重点照明该产品；而相应削弱了次要部位，获得良好的照明艺术效果。

大范围的照明，如天棚、支架照明，常常以其独特的组织形式吸引人。商场以连续的带形照明，在使空间更显舒展的同时，还可以起到引导人流的作用。酒吧用环形吊饰，造型与家具布置相对应，使空间富丽堂皇。光环境设计的关键不在于个别灯管、灯泡本身，而在于组织和布置。因此，室内照明的重点常常选择在天棚上，而且常常结合建筑结构，或结合柱子产生的遮挡、光影，着重体现建筑内部的空间感。

（3）光影艺术与装饰照明。自然界的光影由太阳光来安排，而室内的光影艺术靠设计师来创造。光的形式可以从尖利的小针点到漫无边际的无定形式，我们应利用各种照明装置，在恰当的部位，以生动的光影效果来丰富室内的空间，既可以表现光为主，也可以表现影为主，还可以光影同时表现。

1.6.3.2　室内照明的基本原则

（1）最大限度地采用自然光。与人造光相比，自然光更加舒适。在必须使用人造光时，尽量选用节能型灯具，同时确保照明方式符合视觉和人体工学要求。

（2）不同的功能区配光的要求不同。照明设计为功能服务，应注意每个功能区的特点。还应注意配光中的冷暖关系，日光灯为冷光，白炽灯和石英灯为暖光。如果室内空间全部为冷光，会使人感到寒冷。全部使用白炽灯则照度不足，艺术效果也缺乏对比。

（3）配光要主次分明、重点突出。分清主次，辅助光源应衬托主光源，使其突出。天花板配光则应根据吊顶平面造型来决定光源是明装还是暗藏。

（4）注重照度的比差。对比手法在设计中尤为重要，有对比才显趣味性。如在咖啡厅、酒吧中，工作区照度高，座位区照度低，墙面聚光灯照射的光影比差也很大。

（5）注意灯具的外观造型。不同造型的灯具与室内环境结合起来，可以形成不同风格的室内情调和环境气氛。

1.6.3.3　室内照明设计的程序

建筑室内照明设计的程序分成以下步骤，具体叙述如下。

（1）明确照明设施的目的与用途。进行照明设计首先要确定此照明设施的目的与用途，是办公室、会议室、教室、餐厅，还是舞厅。如果是多功能房间，还要把各种用途列出，以便确定满足要求的照明设备。

（2）光环境构思及光通量分布的初步确定。在照明目的明确的基础上，确定光环境及光能分布。如舞厅，要有刺激兴奋的气氛，要采用变幻的光、闪耀的照明；教室，则要有宁静舒适的气氛，要做到均匀的照度与合理的亮度，避免眩光。

（3）照明方式的选择。一般来说，对整个房间总是采取一般照明方式，而对工作面或需要突出的物品采用局部照明。例如，办公室往往用荧光灯作一般照明，而在办公桌上设置台灯作局部照明；展览馆中整个大厅采用一般照明，而对展品用射灯作局部照明。因此，房间用途确定后，照明方式也就随之确定。

（4）光源的选择。各种光源在功率、光色、显色性等方面各有特长，可用在不同的照明工程中，详见 1.6.1.1 照明质量中的相关内容。

（5）灯具的选择。在照明设计中选择灯具时，应综合考虑以下几点。

① 灯具的光特性　灯具效率、配光、利用系数、表面亮度、眩光等。

② 经济性　价格、光通比、电消耗、维护费用等。

③ 灯具使用的环境条件　是否要防爆、防潮、防震等。

④ 协调性　灯具的外形与建筑物及室内环境是否协调等。

1.7　建筑室内设计的发展趋势

随着装饰行业的迅猛发展，室内设计已经成为一个深受关注的职业，也因此呈现出新的发展趋势。

1.7.1　提倡以人为本，重视人性关怀

以人为本是室内设计永恒的主题，未来的室内设计也将延续和升华这一主题。设计师要围绕人们的生活习性、爱好以及风俗等进行"量体裁衣"的人性化设计。

在室内设计中，首先应该重视的是人性关怀。由于现代室内设计考虑问题的出发点和最终目标都是为人服务，以满足人们生活、工作、休息与娱乐等的需要，因此为人们创造理想的、能够让人感受到关怀和尊重的室内空间环境至关重要。此外，室内空间一旦形成，还能启发、引导甚至在一定程度上改变人们的生活方式和行为习惯，因而室内设计应该始终把人对室内环境的需求（包括物质和精神两个方面）放在设计的首位。

其次，就是创造理想的物理环境，如在对通风、制冷、采暖、照明等方面进行仔细探讨后，还应注意到安全、卫生等因素。在满足了这些要求之外，还要进一步注意到人们心理情感的需要，这是在设计中更难解决也更富有挑战性的任务。

此外，现代室内设计需要综合地处理人与环境、人际交往等多项关系。在为人服务的前提下，它需要综合解决使用功能、经济效益、舒适美观等种种要求。在设计及实施的过程中，还会涉及材料、设备、定额、法规以及与施工管理的协调等诸多问题。因此，可以认为现代室内设计是一项综合性很强的系统工程。

1.7.2　倡导生态化、环保化设计

室内设计必须倡导生态化、环保化，这是 21 世纪室内设计所面临的迫切课题。如何保护人类赖以生存的自然环境，维持生态平衡，并减少地球资源与能源的消耗，无疑是室内设计将要面对的重要任务。同时，室内设计发展的生态化、环保化主要涵盖两个方面的内容：首先是设计师必须要有环境意识，应尽可能节约自然资源，减少垃圾产生；其次，在设计中应尽可能地创造绿色室内环境。不仅要广泛运用绿色建材，还要利用各种设计手段让人们最大限度地亲近自然，这符合可持续发展与绿色设计对室内设计提出的更高要求。室内设计生态化发展趋势主要表现在以下几个方面。

（1）倡导适度消费，反对奢华主义。在室内设计中应倡导适度消费的理念，即倡导现代节约型的生活方式，反对奢华和铺张浪费，强调把生产和消费维持在资源和环境的承受能力范围内，以维护其发展的持续性，并展现出一种崭新的生态文化价值取向。

（2）注重生态美，遵循生态规律和美的法则。在室内设计传统审美中融入生态因素，即在设计中强调自然生态美，欣赏质朴、简洁、而不刻意雕琢。同时，又强调人类在遵循生态规律和美的法则的基础上，运用科技手段使室内绿色景观与自然相融合，形成生态美学的新追求。

（3）倡导节约和循环利用。在室内设计中要注重自然资源及材料的合理利用。在室内空间组织、装饰装修、软装设计中应尽可能多地利用自然元素和天然材质，以创造自然、质朴的生活与工作环境。同时，还要注重对常规能源与不可再生资源的节约和回收利用，应按"绿色设计"的理念来进行未来的室内设计，这是室内设计得以持续发展的基本手段，也是未来室内生态设计的基本特征。

1.7.3　重视运用当代新技术

现代技术的运用是当代室内设计中的一种重要趋向。科学技术的进步将会深刻影响未来

室内设计的发展，促使人们价值观和审美观的改变。面向未来的室内设计，必须充分重视并积极运用当代新技术的成果，使之达到最佳声、光、色、形的匹配效果。在室内设计领域，当代设计师正尝试着运用各种方法探讨室内设计与人体工程学、视觉照明学、环境心理学等学科之间的关系；尝试新材料和新工艺的运用，以及最新的计算机技术去表达设计。总而言之，高技术正表现出与生态设计理念相结合的趋势，出现了如双层立面、太阳能技术、地热利用、智能化通风控制等新技术。

在新材料方面，可以采用环保材料、环保技术，如木质材料的防甲醛技术，地面天然石材的防辐射技术等。还应采用先进施工技术，并定期进行室内环境检测。室内空气中的甲醛主要来源于各种胶黏剂、涂料、防水剂、化纤制品、墙纸、泡沫塑料等。各种人造板（刨花板、纤维板、胶合板）因为使用了胶黏剂，所以可能会向室内空气中长时间释放甲醛。如果室内空气中的甲醛长期超标，将对眼、鼻、支气管等产生强烈的刺激作用，使人感到周身不适、头痛、眩晕和恶心，严重时甚至可能引发鼻癌。

在新结构方面，主要体现在采用新型轻钢、轻型木结构、工程塑料等新结构体系来取代笨重的钢筋混凝土、砖石、重型钢结构等。轻型新结构体系的优势在于造价低、装配和运输方便、利于普及，尤其是旧材料通过新结构体系的应用，也成为了当前的一个发展趋势。

在新设备和新工艺方面，则采用大规模工厂化加工、现场装配的施工方式，充分利用工厂设备先进、机械化加工、速度快、质量高、产品误差小及易于拼装的特点，进行现场装配的流水化施工。这种新工艺对于室内设计标准的控制、装饰成本的降低、施工工艺的便捷都起到了积极的促进作用，使室内设计的实施和管理变得更加简单和高效。

就我国的国情而言，要有选择地把国外的科技与中国实际情况相结合，以推动国内室内设计科技的进步。同时，将人文、艺术、自然与现代科技融合起来，应用在人们的生活环境中，如智能型办公室、智能型住宅、智能型娱乐环境等，它们正在并逐渐将成为未来室内设计的总体发展趋势。

1.7.4 注重多元化发展

多元化是时代发展的必然结果，是实现行业体制创新的核心内容之一。当今的室内设计态势，从观念到手法都出现了多元化、多层次、多角度的交融，并促使室内设计风格流派也呈现出多元化发展的趋势。其中，室内设计中的古典样式会继续受到相当一部分人的喜爱，因当今的材料工艺不同于古代，这种风格样式会明显地得以简化。后现代主义流派还会不断出现新的支流，如"超级平面美术"会利用它的色彩绘饰手法，大量用于旧场所的改造，并在与其他造型艺术作品结合中增添人情味，从而逐渐得以普及。绿色流派必将发展形成设计流派中的主流，发展过程中还会派生出支流，以深化室内的绿色设计。而新现代主义重视功能，强调理性的合理成分以及对室内设计的多元化改良、发展和完善，均将推动室内设计领域多元化新局面、新趋势的不断涌现。

此外，流行时尚也将对未来室内设计的多元发展起到重要的推动作用。就室内设计而言，时尚不仅仅意味着满足人们对新鲜事物的好奇，更意味着创新。为此，未来的室内设计应把握时尚的价值体系和发展脉搏，通过想象力和创造力来引导消费者并塑造时尚的消费市场。当然，室内设计绝不仅是为了制造一个可供使用的商品那么简单，而是为了使人们能够不断地感受到时尚的魅力。

事实上，众多流派的纷争并无绝对正确与谬误之分，它们都有其存在的依据和理由。与其争论各流派纷争的谁是谁非，还不如在承认各自相对合理性的前提下，重点探索各种观点的适应条件与范围，这将对室内设计的发展更有意义。只有达到多元与个性的统一，才能达到"珠联璧合、相得益彰"的境界，才能促进室内设计创作的真正繁荣。

1.7.5　尊重历史文脉的延续

现代主义设计曾经出现过一种否定传统、否定历史的思潮，这种思潮不承认过去的事物与现在会有某种联系，认为当代人可以脱离历史而随意地任意行事。随着时代的推移，人们已经认识到这种脱离历史、脱离现实生活的世界观是不成熟且是有欠缺的。人们认识到，历史是不可割断的，我们只有研究事物的过去、了解它的发展过程、领会它的变化规律和趋势，才能更全面地了解今天的状况，也才能有助于我们预见到事物的未来，否则就可能陷于凭空构想的境地。因此，在 20 世纪 60 年代之后，设计师们开始重视并倡导在设计中尊重并融入历史文脉，使人类社会的发展具有历史延续性，这种趋势一直延续至今。

尊重历史的设计思想要求设计师在设计时，尽量把时代感与历史文脉有机地结合起来，尽量通过现代技术手段使古老传统重新活跃起来，力争将时代精神与历史文脉有机地融于一体。这种设计思想无论是在建筑设计，还是在室内设计领域都得到了广泛体现，在室内设计领域还往往表现得更为突出。特别是在生活居住、旅游休息和文化娱乐等室内空间中，带有乡土风味、地方风格、民族特点的空间往往比较容易受到人们的欢迎。因此，室内设计师应特别注意突出各地方的历史文脉和传统特色，使地方特色在室内设计中得到充分展现。

1.7.6　强调多学科、多领域跨界合作

跨界合作（crossover）指的是两个不同领域的合作；现在更多时候，它代表一种新锐的生活态度和审美方式。跨界合作不是简单的折中或混合，而是强调各方结合之后撞击出新的火花，大胆颠覆常规界限，以创造出全新的效果。

室内设计是在一定时代背景下发生的所有与设计有关的综合因素共同作用的反映。不同的时代背景可以提供不同的设计原动力。比如，现在的数码艺术启示人们以数码的形式和思维方式来创造空间；具体到室内设计，也带来了观念的冲击与发展。设计者要学会通过更多的途径，站在更多的角度去处理设计中的问题，比如空间与人、空间与社会等。通过各个设计领域的交叉应用，可以找到各种技术及思维方式的结合。

如果室内设计师能够以一种多维度的视角去思考和对待室内设计，开拓思路，关注自身与周围的联系，就能够真正地推动室内设计向更好的未来前行。

第2章 建筑室内设计思维与表达

2.1 设计思维与表达的目的

2.1.1 设计思维与表达的目的与意义

设计思维的核心是对如何实现设计目标的科学设计方法途径进行探求。真正的设计应该是创造，而不是模仿。从这种意义上讲，设计的历史也是一部创造发明的历史。因此，应充分发挥人的积极因素、开发人的创造力并对设计思维进行表达。设计思维与表达是设计成功的重要设计途径与环节，要想把预想变为视觉图形符号，就必须通过设计思维与表达来完成。建筑师、设计师要实现设计使命和目标，就必须掌握正确的表达方式与技巧，以现代科技和经济为基础，从人类生活及环境综合的观点来思考设计问题。换言之，设计的真正使命是提高生存环境质量，满足人类新的需要，从而创造人们新的生活方式。这就需要建筑师与设计师一方面要有较全面的专业知识和不断进取的态度，另一方面要掌握熟练技能与表达技巧，才能使设计思维驰骋于思想与现实、科学与美学、抽象与具体的世界之中，把想象的东西转化为可视的形象符号，以各种造型的手段和技巧，来传达建筑师与设计师的设计思想，搭起理想与现实之间的桥梁，把想象变为可视的图形，这就是艺术思维与表达的目的所在。

2.1.2 思想观念和文化修养对设计思维的影响

思想观念是人们对事物的主观与客观认识的系统化，是反映在人的意识中经过思维活动而产生的结果，也是人类一切行为的基础。文化修养是对人文文化、科技文化中的部分学科有了解、研究、分析、掌握的能力或素养，可以独立思考、剖析、总结并得出自己的世界观、价值观的一种能力。设计思维作为设计的一个过程，它首先基于对特定信息、概念、内容、含义、情感、思想等的深入理解和分析，然后在此基础上进行构思，并寻找合适的视觉形象和表现方式。在寻觅过程中，应不断提炼并具体化视觉形象，使其具备创新潜质，而这个思维过程就需要有良好的文化修养和思想观念，这才是符合一名合格的室内设计师的真正标准。

作为一名合格的室内设计师，首先要养成良好的思想观念。思想观念的形成会对设计师的思维方式产生深远的影响，而思维方式的差异又会影响思想观念的形成，二者相辅相成。设计师个人的生活经历及特定的社会文化传统、时代精神造就了其潜在的心理结构，形成了自己独特的感受方式，并积累了相应的经验，这些也促成了其思想观念。思想观念一方面来自于生活经历的概括、归纳，但更多的是受到外在主体的各种理论的影响，这时的思想虽然不一定系统，但已进入理性阶段。新的思想会对设计创作起到积极的作用，使思维方式更为开放。

设计的创新要求我们不断更新观念，才有可能产生新的思维方式、审美心理和创作手法。不少室内设计师受到自己单一的知识结构的局限，设计思维方式仍然习惯于在已有的知识结构中寻找，而缺少思维的创造性。也许我们尚未注意到今天所处的位置，我们需要的，不是思想或认知上的进步，而是观念上、文化上的进步，这是推动我们不断前行的关键。

其次，作为一名合格的室内设计师还要具备良好的文化修养。良好的文化修养来自于正确的思想观念，如果设计思想观念落后，就会造成后续的设计创新不够。文化修养是思维表达的坚实基础，是因人而异的。建筑师、设计师的文化修养及其作品的质量与其本人的表达能力是密切相关的。从某种意义上讲，设计师的思维能力、综合能力、对其民族或地域文化的感悟能力以及时代感，都是个人整体修养的体现。文化修养的高低，直接影响着设计思维的层次、能力和结构。同时，设计思维也限定了表现思维的走向和状态。可见，表现思维活动和思维方式，在一定程度上依赖于文化本身；这种密切关系，也反映出一定的文化形态与文化风格对表现思维的制约。虽然，东西方的文化存在着差异，但东西方文化的相互影响与渗透是必然的。有意识地去学习他国或他乡的经验，自觉地去了解、比较东西方设计语言上的共性与个性，从思维方法到表达方式，甚至表现手段广泛地进行比较与学习，显然是有益的。

对建筑室内设计而言，个性与民族性、地方性密切相关，这是提升对传统的设计思维方式、构造技术等认识的关键。在学习传统和了解地方文化之后，一个优秀的设计师在表达自己对现实生活的理解时，往往能在设计中表现出一种与自己文化传统紧密相连、独具匠心的精神。在这方面，老一辈设计师，无论是东方的还是西方的，还是其他地区的，都有着杰出的表现。

2.2　建筑室内设计思维的方法

建筑室内设计在所有的设计门类中是综合性较强的学科，因此它的思维模式显然具有自身鲜明的特征，正是这种思维特征构成了室内设计程序的特有模式。因此，系统分析构成室内设计思维的特征是十分必要的。

2.2.1　建筑室内设计思维的特征

2.2.1.1　设计思维的多元性

抽象思维着重表现在理性的逻辑推理，因此也可称为理性思维；形象思维着重表现在感性的形象推敲，因此也可称为感性思维。

理性思维是一种线性空间模型的思路推导过程。一个概念通过立论可以成立，经过收集不同信息反馈于该点，通过客观的外部研究过程得出阶段性结论，然后进入下一点，如此循序渐进直至最后结果。

感性思维则是一种树形空间模型的形象类比过程。一个题目产生若干概念，而且这些概念可能是完全不同的形态，每一种概念都有发展的希望，可在其中选取符合需要的一种再发展出三个以上新的概念，如此举一反三地逐渐深化，直至最后产生满意结果。

从以上分析，不难看出理性思维与感性思维的区别，如图 2-1 所示。理性思维基于从点到点的空间模型，其方向性极为明确，目标也十分明显，由此得出的结论往往具有准确性。使用理性思维进行的科学研究项目的最后正确答案只能是一个。而感性思维从一点到多点的空间模型，方向性极不明确，目标也就具有多样性，而且每一个目标都有成立的可能。由于其结果十分含混，因此使用感性思维进行的艺术创作，其优秀的标准是多元化的。

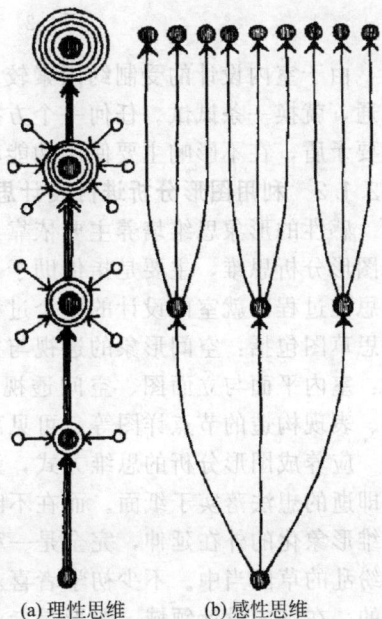

(a)理性思维　　(b)感性思维

图 2-1　理性思维与感性思维模型分析

就室内设计空间艺术本身而言，感性的形象思维占据了主导地位。但是，相关的功能技术性门类，则需要逻辑性很强的理性抽象思维。因此，对于室内设计而言，其丰富的形象思维和缜密的抽象思维必须兼而有之、相互融合，可见室内设计思维的方法具有多元性特征，如图2-2所示。

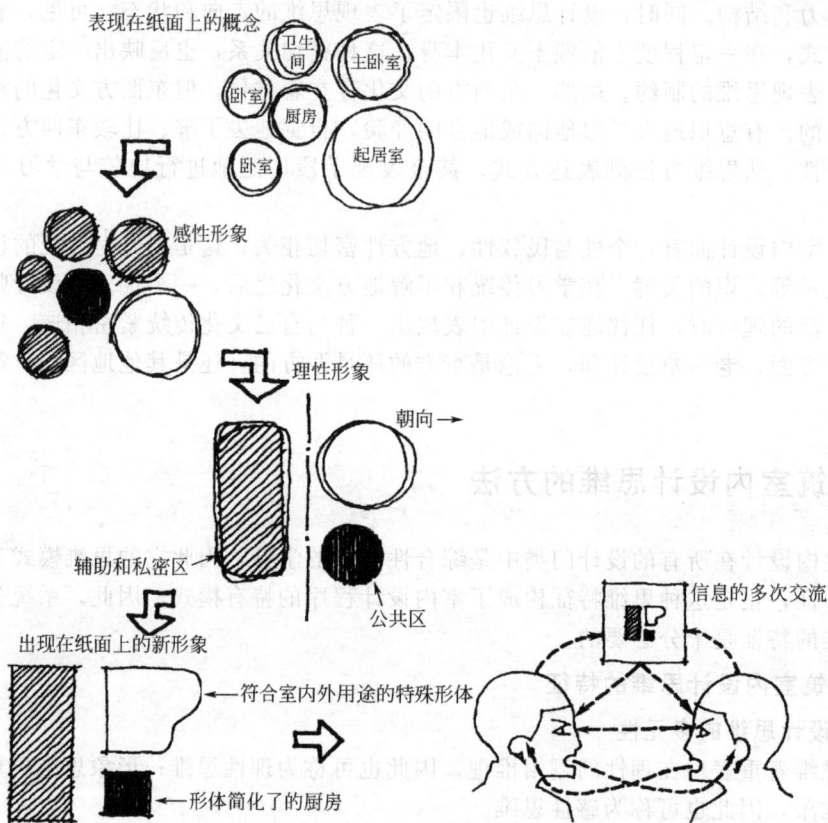

图 2-2　通过两种思维形式所得的图形效果

由于室内设计的受制约因素较多，因此在设计思维过程中，不能死钻牛角尖，一条路走不通，就换一条试试。任何一个方案都可能有这样或那样的缺点。所以，设计者要善于解决主要矛盾，在不影响主要使用功能和艺术效果的情况下适当调整。

2.2.1.2　利用图形分析进行设计思维

感性的形象思维培养主要依靠设计者自身，同时应建立起科学的图形分析思维方式。所谓图形分析思维，主要是指借助于各种工具绘制不同类型的形象图形，并对其进行设计分析的思维过程。就室内设计的整个过程来讲，几乎每一个阶段都离不开绘图。概念设计阶段的构思草图包括：空间形象的透视与立面图、功能分析的坐标线框图。方案设计阶段的图纸包括：室内平面与立面图、空间透视与轴测图。施工图设计阶段的图纸包括：装修的剖立面图、表现构造的节点详图等。可见离开图纸进行设计思维几乎是不可能的。

应养成图形分析的思维方式，无论在设计的哪个阶段，设计者都要习惯于用笔将自己一闪即逝的想法落实于纸面。而在不断的图形绘制过程中，又会触发新的灵感。这是一种大脑思维形象化的外在延伸，完全是一种个人的辅助思维形式，优秀的设计往往就诞生在这种看似纷乱的草图当中。不少初学者喜欢用口头的方式表达自己的设计意图，这样是很难被人理解的。在室内设计领域，图形是专业沟通的最佳语汇，因此掌握图形分析思维方式就显得格外重要，如图2-3、图2-4所示。

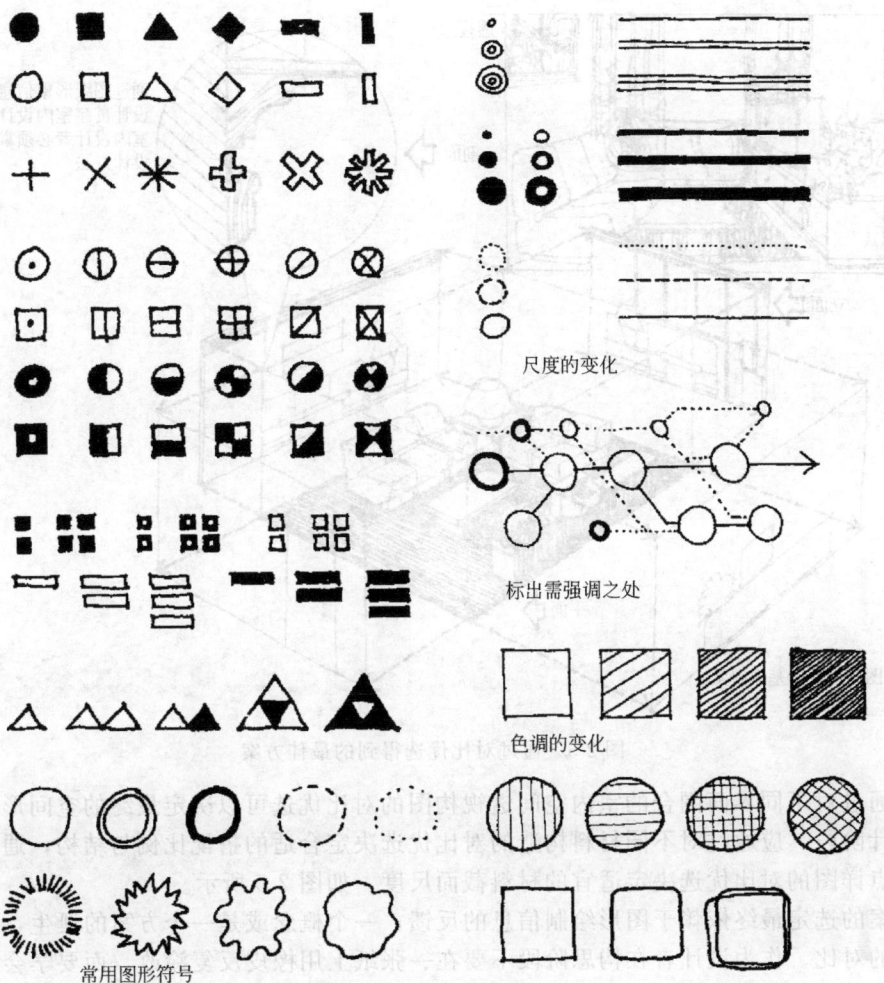

尺度的变化

标出需强调之处

色调的变化

常用图形符号

图 2-3　基本图形符号

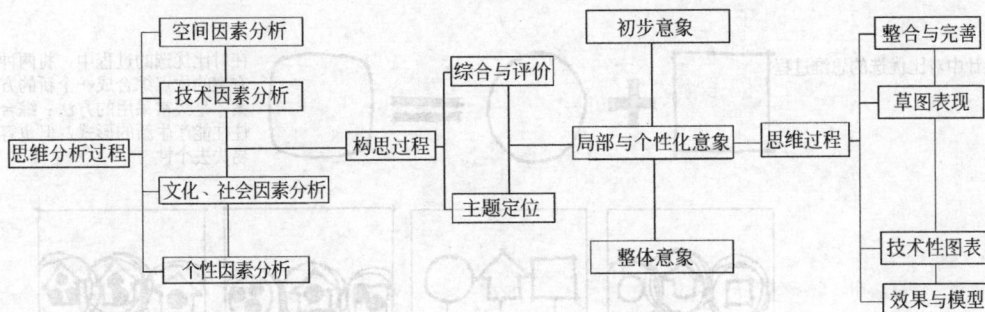

图 2-4　思维程序的结构过程

2.2.1.3　多元图形的对比优选

选择是对纷繁客观事物的提炼与优化，合理的选择是任何科学决策的基础。就室内设计而言，方案的选定体现于多元图形的对比，多元图形的对比优选是建立在综合、多元的思维渠道以及图形分析的思维方式之上的。在概念设计的阶段，应通过对多个具象图形空间形象的对比优选来决定设计发展的方向，通过抽象几何线平面图形的对比优选决定设计的使用功能。在方案设计阶段，通过正投影制图方式绘制不同平面图的对比优选可以决定最佳的功能

透视

剖面

通过图纸形象信息交流完成的
设计贯穿室内设计的全过程，
室内设计者必须掌握图形思维
设计方法

立面

平面

室内空间图形表现的基本要素

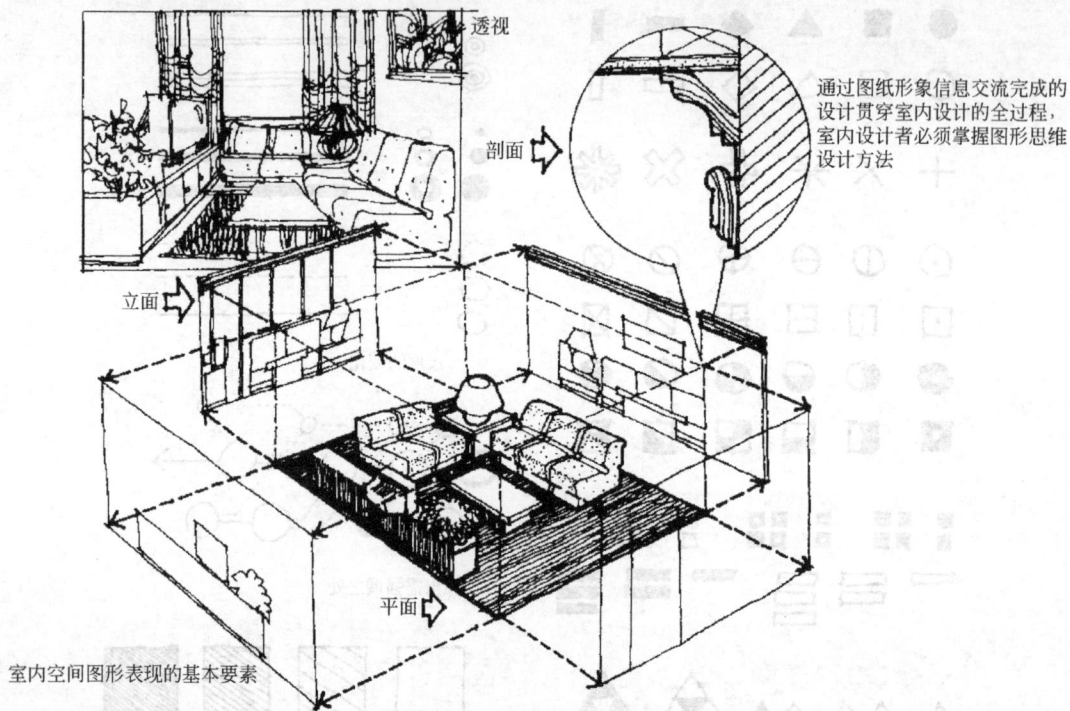

图 2-5　通过对比优选得到的最佳方案

分区；通过对不同界面围合的室内空间透视构图的对比优选可以决定最终的空间形象。在施工图设计阶段，应通过对不同材料构造的对比优选决定合适的搭配比例与结构，通过对不同比例节点详图的对比优选决定适宜的材料截面尺度，如图 2-5 所示。

　　方案的选定最终依赖于图形绘制信息的反馈，一个概念或是一个方案的诞生，必须靠多种形象的对比。作为设计者在构思阶段不要在一张纸上用橡皮反复涂改，而要学会使用半透明的拷贝纸，不停地拷贝和修改自己的想法，每一个想法都要切实地落实于纸面，不要随意扔掉任何一张看似纷乱的草图。通过积累、对比、优选，好的方案就可能产生，如图 2-6 所示。

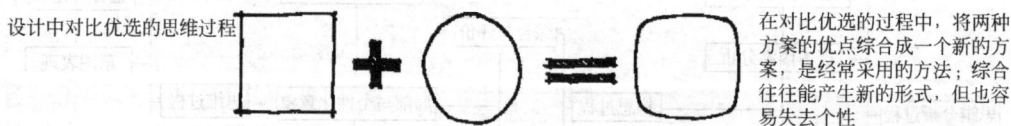

设计中对比优选的思维过程

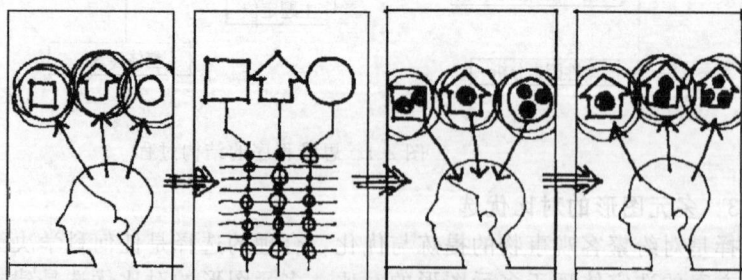

在对比优选的过程中，将两种
方案的优点综合成一个新的方
案，是经常采用的方法；综合
往往能产生新的形式，但也容
易失去个性

一个设计项目，构思出
不同概念的形象方案

经过功能分析，对方
案进行评价和比较

每一个方案都会有自身
的优缺点与取舍

精心推敲后做出的决定，
又会产生新的问题，从
而开始下一轮构思循环

图 2-6　对比优选的思维过程分析

30

2.2.2　建筑室内设计思维的方法

2.2.2.1　从设计过程中寻找创意途径

　　谈到设计的思维方法，人们常归结为调查分析、设计创意、确定正稿、调整修改、制作完成几个步骤。事实上，室内设计思维方法蕴含着一种独特与富有创造力的思维方式。其中，草图是将创意表现为可视的符号图形，为确立正稿奠定了基础。至于调整修改则是精益求精、锦上添花，使整个创意更加完美，如图 2-7、图 2-8 所示。在这个过程中，创意代表着独特的主意、个性化的点子。草图不仅仅是设计中的一种程序、一个过程，尽管今天人们都在讲"把过程看得比结果更重要"，可是一到具体问题时，对过程真正含义的理解还会出现偏差。

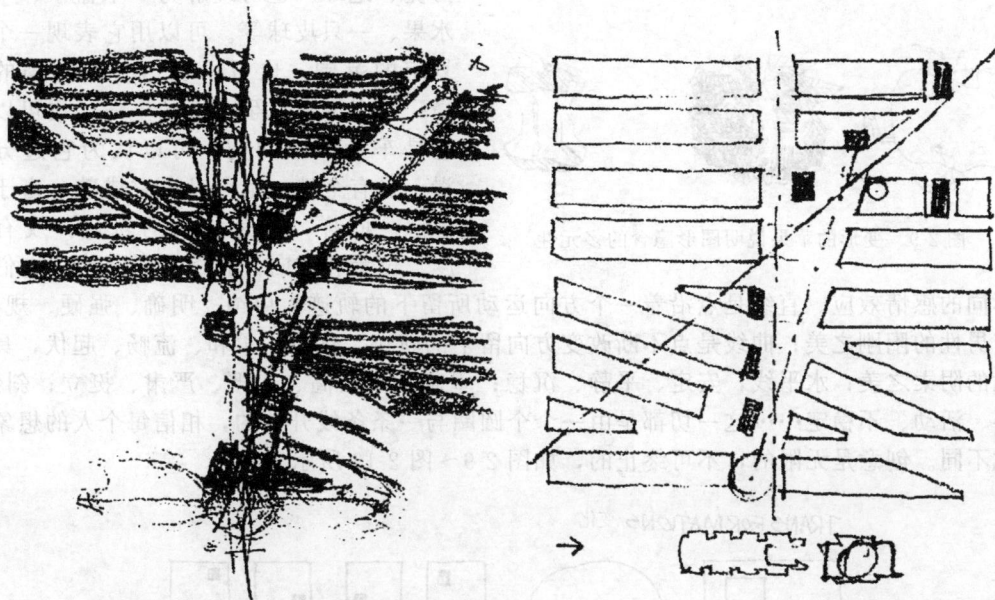

从图示可以看出，建筑正试图捕捉对基地的整体认识。
这种分析和试探性的工作成为构思前期的铺垫

图 2-7　TACOMA CAMPUS MASTER 平面图（Moore Ruble Yudell 事务所）

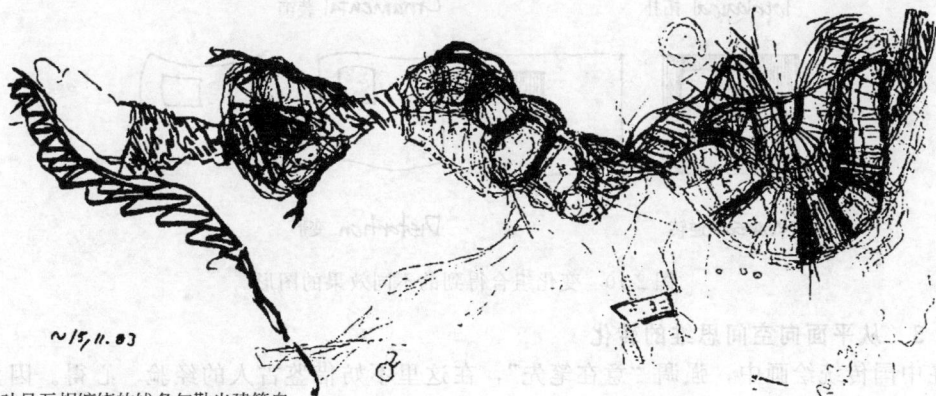

流动且互相缠绕的线条勾勒出建筑自
由且有机的形态，这种模糊的概念草
图本身就有一种生长的活力

图 2-8　芬兰总统官邸总体意象草图（Raili/Reima Pietila 事务所）

2.2.2.2　从基本图形中引发创意思维

　　任何一个面、一个点、一条线，甚至是一种声音、一种味道都可能发展、演变成一个具

图 2-9　变形的苹果说明图形隐含的多元性

有丰富内涵、实用性很强的设计作品。因为人们用于创造的思维模式十分丰富，诸如形象思维、逻辑思维、发散思维、集合思维、激荡思维、逆向思维等，这些模式又相互融合，互为补充，可谓灵活多样，无拘无束。更何况大脑本身就具有天马行空的思维功能，关键是如何去运用它。比如，当画出一个圆圈时，可认为是太阳、月亮、地球，也可理解为一个盘子、一种水果、一只皮球等。可以用它表现一个被划定的范围，也可以表达一种圆满的心情；可以说它是孕育着的生命，也可以说它是车轮滚滚向前；可以认为它过分圆滑，没有个性；也可以说它成熟，富于包容感。同样，线是移动的轨迹。线有长度、位置和方向，有直线和曲线，它们给

人不同的感情效应。直线是点沿着一个方向运动所留下的轨迹，单纯、明确、强硬、规整，具有男性的阳刚之美；曲线是点不断改变方向留下的轨迹，优雅、柔和、流畅、起伏，具有女性的阴柔之美；水平线，安定、平静、沉稳；垂直线，崇高、庄严、严肃、挺立；斜线，动摇、活动、不稳定……这一切都是由一个个圆圈与一条条线开始的，相信每个人的想象又与此不同。创意是无限的，不可终止的，如图 2-9～图 2-13 所示。

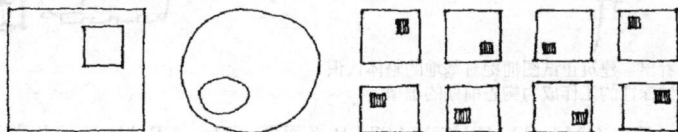

TRANSFORMATIONS 变化

Topological 拓扑　　　Ornamental 装饰

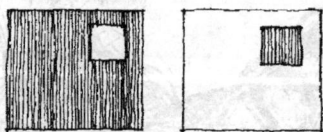 

Reversal 逆转　　　Distortion 变形

图 2-10　变化组合得到的不同效果的图形

2.2.2.3　从平面向空间思维的转化

在中国传统绘画中，强调"意在笔先"，在这里不妨借鉴古人的经验、心得。因为这与本节要讨论的"平面"与"空间"的思维转化问题似乎有某种对应的关系。

"意在笔先"中的"意"，可以从两个方面认识：第一，表现对象已经由设计师进行了深入设计，作为表现者只是将设计师的设计之"意"加以表现，在这种情况下，要求表现者与设计者之间应有良好的沟通，表现者充分了解设计师的心中之"意"以后，再利用自身的技巧将其最大限度地还原在受众面前；第二，设计师自己作为表现者去表达自己设计的作品，

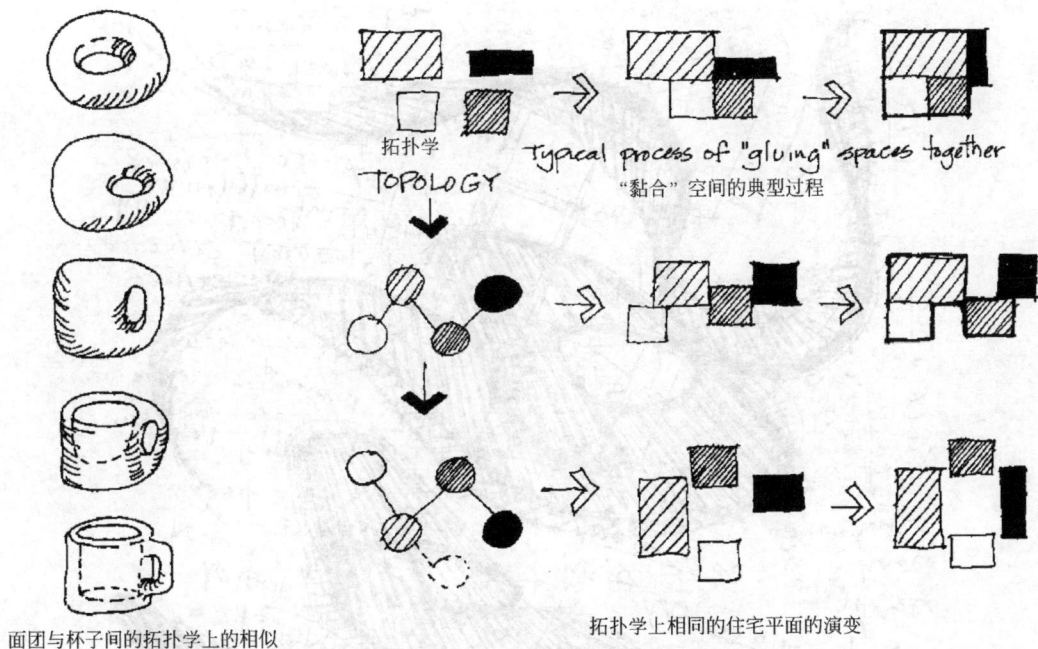

拓扑学
TOPOLOGY

Typical process of "gluing" spaces together
"黏合"空间的典型过程

面团与杯子间的拓扑学上的相似　　　　　　　　　　　　拓扑学上相同的住宅平面的演变

图 2-11　从拓扑学演变的角度引发的创意形态

图 2-12　直线形式的空间思考

这在设计的过程中是十分普遍的。因为设计师需要将自己的思维转化成图像，以使自己更进一步地分析、判断设计作品的优劣，为下一步设计提供一个比较好的依据。

也就是说，在强调动笔之前要先动脑子，脑子中形成了"意"，胸中有了"竹"，表现则成了一种"水到渠成"的事情。在室内设计方案的平面图中，要时时把握住空间的特点，每一处形体、每一种功能的转换以三维的形象在思维中出现，这样平面布局就不仅仅是二维的点线的关系，它的每一条线段及其所呈现出来的内容都是一种空间形象。具备这样的设计意识，不但能有

33

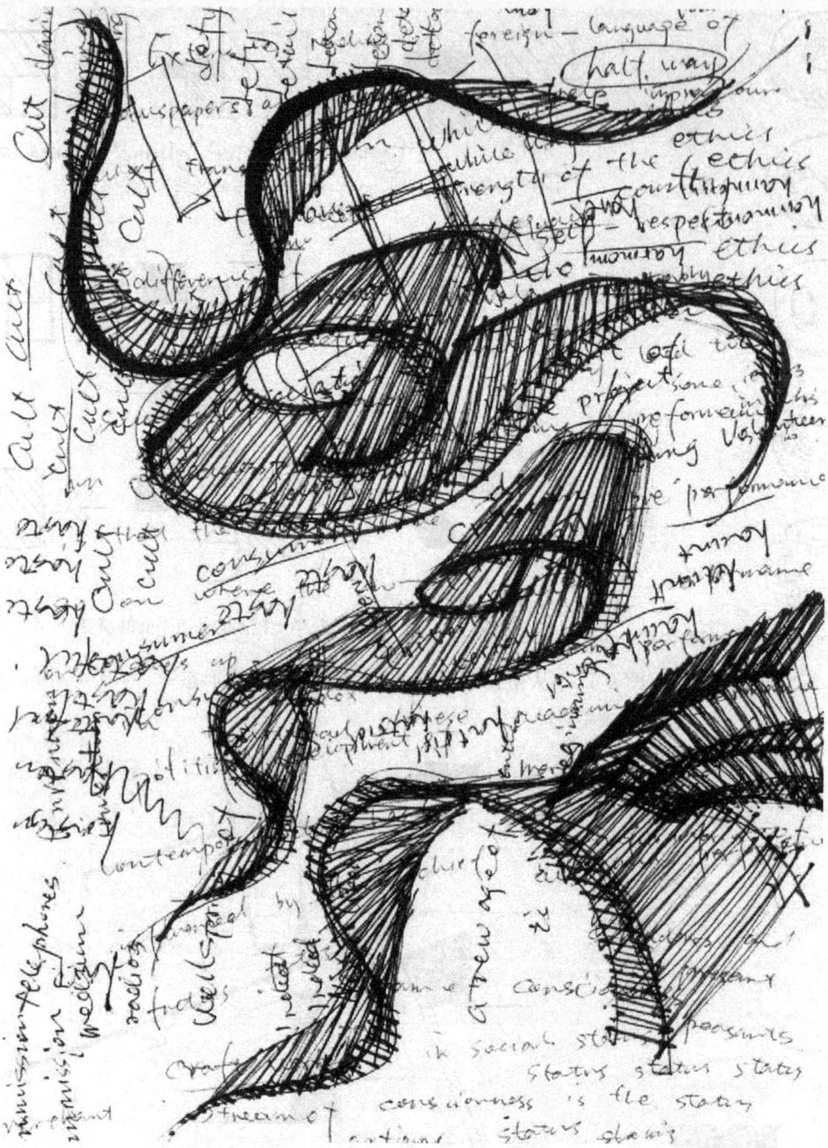

图 2-13　曲线形式的空间思考

效提高设计水准，也为更好地表现设计意图提供了良好的基础，如图 2-14、图 2-15 所示。

2.2.2.4　设计思维的图像化

设计思维过程的特征决定了思维信息的多元层面，如果将这种个人信息以图像方式呈现于纸面，则会产生很好的交流性的思维图像。而在这一类图像中，技法看上去并不是那么重要，而表达图像的思维信息量恰恰是最重要的。

用图像方式记载自己的思维过程往往是令人兴奋的，同时又是充满神秘感与不确定性的。有时候，手中的笔可能随着心思不知去向，有时候又可能在自己设置的迷宫中整理出一条捷径，而这时往往令人期待。手握画笔遵循这种不定性的思维方式以简单随意的线条组织、勾勒，会形成一幅富有荒诞意味的建筑图像，楼梯似乎在扭曲中变化成了另一种物体，在空间中翻转、飘荡，从某种意义上展现出空间的无限性；或者干脆以折纸式的感觉表达空间的无限性问题，使这些形体有机结合。思维就是在这种转换、演化的过程中得以训练，如图 2-16～图 2-18 所示。

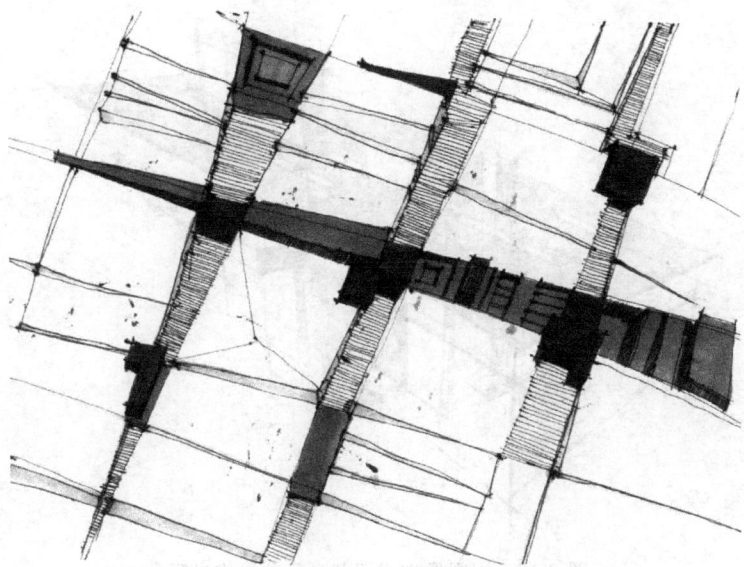

图 2-14　用图像记录思维空间中构建的形体关系

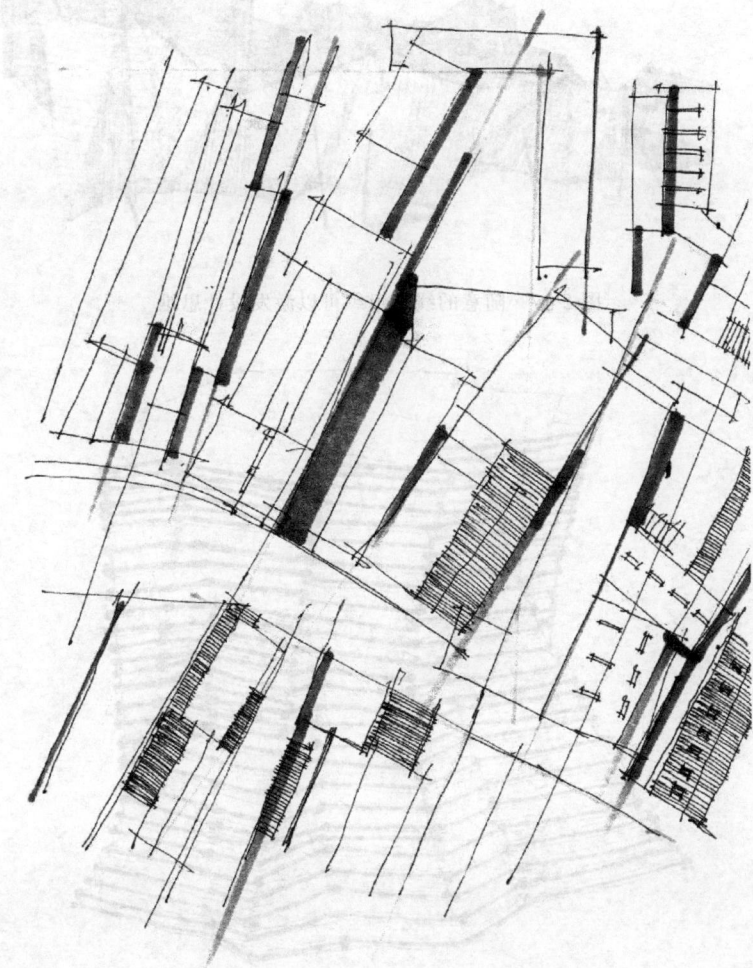

图 2-15　通过线的组织体会空间的秩序

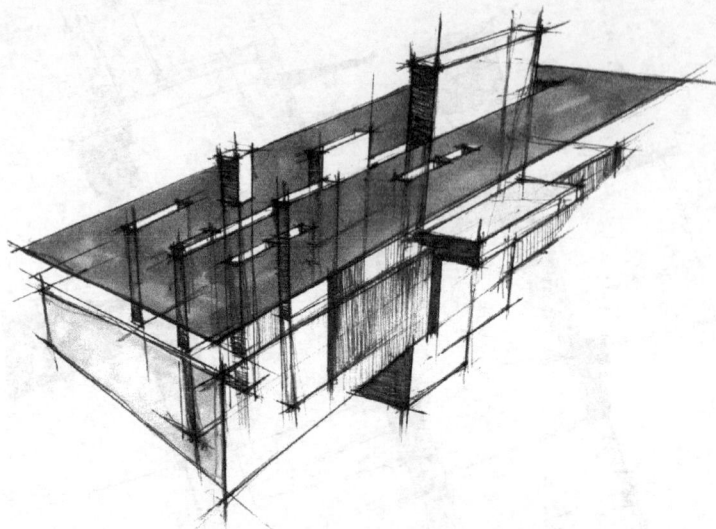

图 2-16　用图像方式记载自己的思维过程

图 2-17　随意的线条组织可以激发设计思维

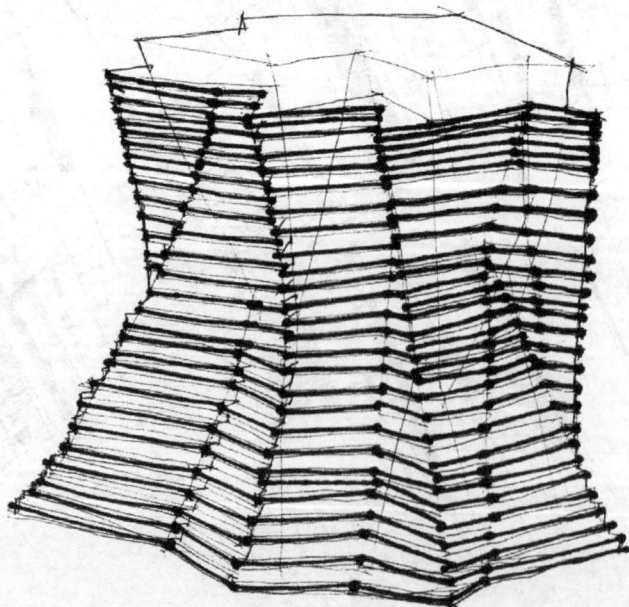

图 2-18　不经意的处理往往使形体充满无限的想象

2.3　建筑室内设计思维的表达

2.3.1　建筑室内设计的思维表达特征

　　室内设计图形思维实际上是从视觉思考到图解思考的过程。视觉思考是一种应用视觉产物的思考方法，这种思考方法在于观看、想象和作画，当思考以速写想象的形式从外部化成为图形时，视觉思维就转化为图形思维，视觉的感受就转换为图形的感受。图解思考是一种交流的过程，是一种自我交谈，在交谈中创作者与设计草图相互交流，交流过程涉及纸面的速写形象、眼、脑和手，这是一个图解思考的循环过程；通过眼、脑、手和速写四个环节的相互配合，在从纸面到眼睛再到大脑，然后返回纸面的信息循环中，通过对交流环节的信息进行添加、删减、变化，从而选择理想的构思。在这种图解思考中，信息通过循环的次数越多，变化的机遇也就越多，提供选择的可能性越丰富，最后的构思自然也就越完美，如图 2-19～图 2-21 所示。

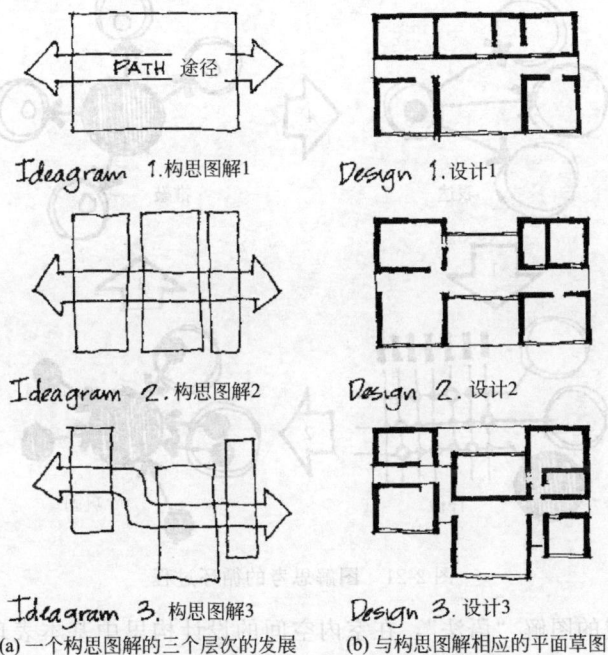

Ideagram 1.构思图解1　　Design 1.设计1

Ideagram 2.构思图解2　　Design 2.设计2

Ideagram 3.构思图解3　　Design 3.设计3

(a) 一个构思图解的三个层次的发展　　(b) 与构思图解相应的平面草图

图 2-19　构思图解的发展过程

　　建筑室内设计图解思考方法有其自己特定的基本图解语言。这是一种为设计者个人所采用的抽象图解符号，这种图解符号主要用于设计的初期阶段。当约定俗成的符号成为能够正确记录任何程度的抽象信息的语言时，这种符号就成为设计者之间相互交流和合作的图解语言。

　　图解语言的语法规律与它要表达的专业内容有直接的关系。就室内设计的图解语言来讲，其语法是由图解词汇"本体、相互关系、修饰"等概念组成的。本体的相互关系符号多以单体的几何图形表示，如方、圆、三角等；在设计中本体一般为室内功能空间的标识，如餐厅、舞厅、办公室等。相互关系的符号以多种类型的线条或箭头表示，在设计中一般为室内功能空间双向关系的标识。修饰的符号多为本体符号的强调，如重复线条、填充几何图形等，在设计中一般为区分空间个性或同类显示的标识。

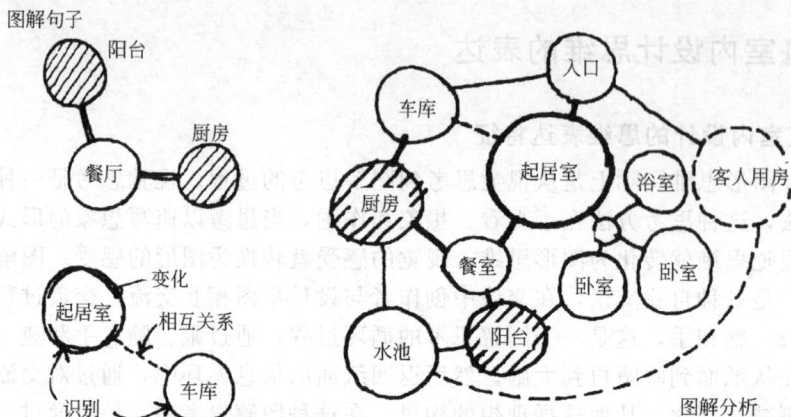

图 2-20 通过对交流环的信息进行添加、删减、变化，从而选择理想的构思

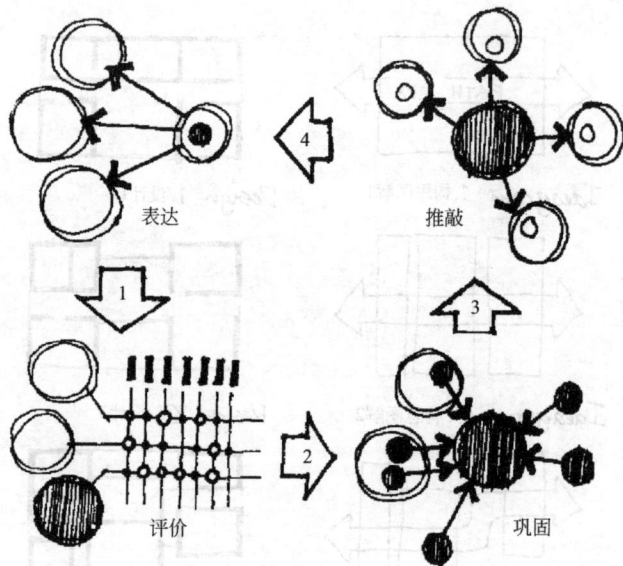

图 2-21 图解思考的循环过程

　　由图解词汇组成的图解"语法"，在室内空间的设计构思中基本表现为四种形式：位置法、相邻法、同类法、综合法。位置法以本体的位置作为句型，本体之间的关系采用暗示网格表示，具有较强的坐标程序感。在设计构思中常以此法推敲单体功能空间在整体空间中的合理位置程序。相邻法以本体之间的距离作为手段，本体之间关系的主次和疏密以彼此间的距离表示。距离的增大暗示不存在关系。在设计构思中常以此法推敲单体功能空间在整体空间中相互位置的交通距离。同类法以本体的组群作为手段，本体以色彩或者形体之类的共同特征进行分组，在设计构思中常以此法推敲空间使用功能或环境系统的类型分配。综合法是以上三种图解语法组合形成的变体。

　　当然图解"语法"只是在室内设计的概念或方案设计初期经常运用的一般"语法"。设计者完全可以根据自己的习惯创造新的"语法"。在图形思维中并没有严格的图解限定，只要能够启发和表现设计的意图，采用任何图解思考的方式都是可以的，如图 2-22、图 2-23 所示。

2.3.2　建筑室内设计的思维表达方式

　　构思阶段的主要表达方式有草图表达、模型表达和计算机表达。

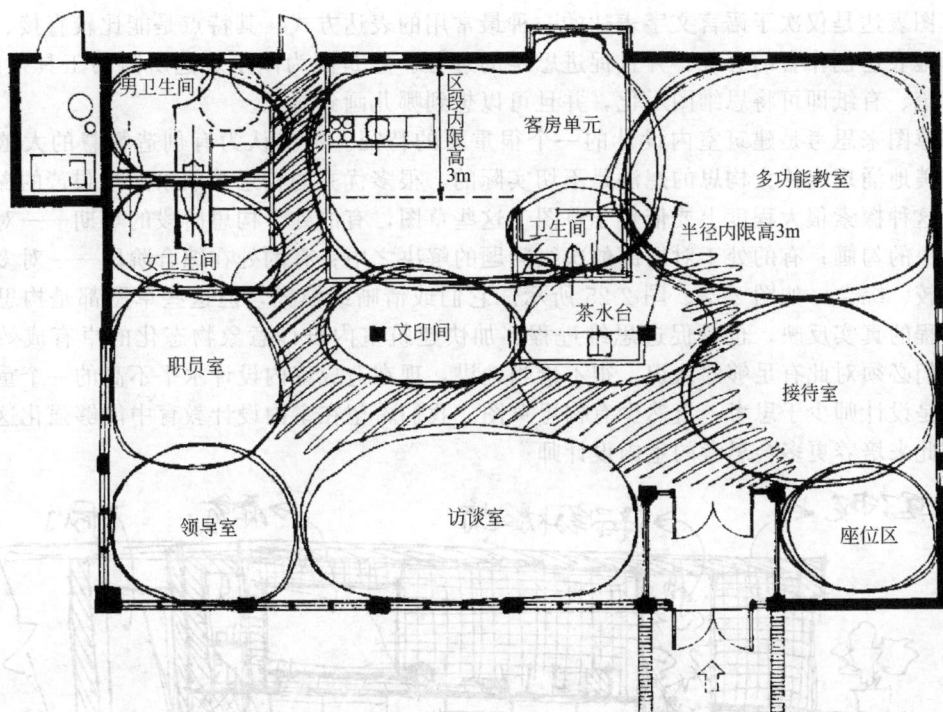

图 2-22　通过泡泡图完成空间功能分隔

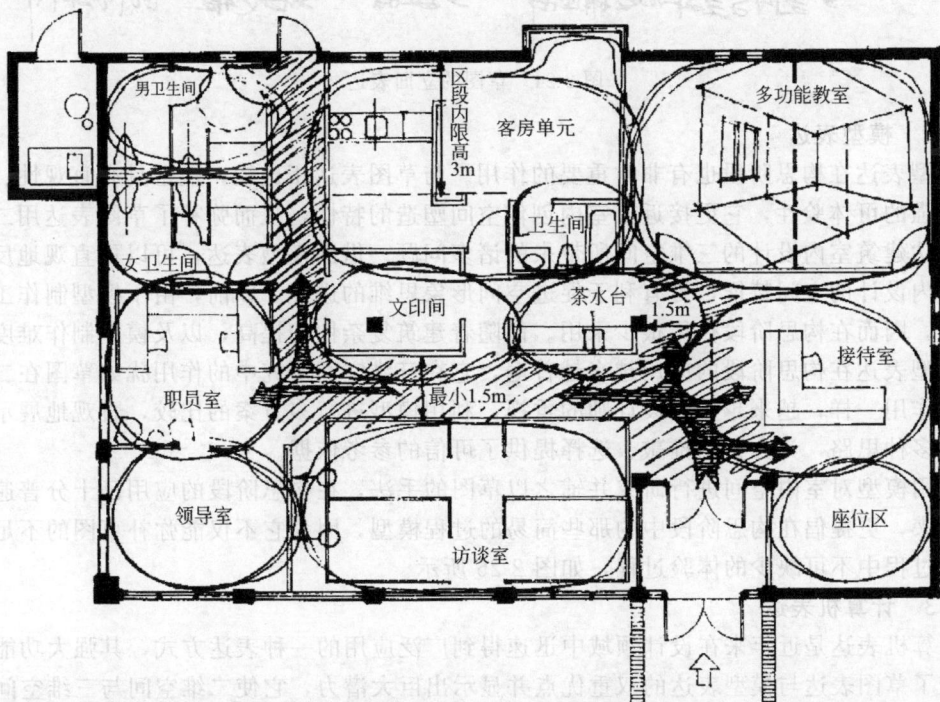

图 2-23　通过图解使空间功能分隔进一步完善

2.3.2.1　草图表达

草图表达是仅次于语言文字表达的一种最常用的表达方式，其特点是能比较直接、方便和快速地表达创作者的思维，并且促进思维的进程。这是因为图示表达所需的工具很简单，只要有笔、有纸即可将思维图示化，并且可以想到哪儿画到哪儿。

用草图来思考是建筑室内设计的一个很重要的特征。那些认为有创造智慧的大脑会即时、完美地涌现出伟大构思的想法是不切实际的，很多优秀的构思必须以大量艰苦的探索为基础，这种探索很大程度上要依赖于草图。这些草图，有的处于构思阶段的早期——对总体空间意象的勾画；有的处于对局部的次级问题的解决之中；有的处在综合阶段——对多个方案做比较、综合，如图 2-24、图 2-25 所示。它们或清晰或模糊，但这些草图都是构思阶段思维过程的真实反映，也是促进思维进程、加快建筑室内设计意象物态化的卓有成效的工具，人们必须对此有足够的认识。很不恰当地讲，现在造成室内设计水平不高的一个重要原因，就是设计师少于思考，自然少有构思草图。我们希望在室内设计教育中能够强化这种意识，以此来培养更多会思考的室内设计师。

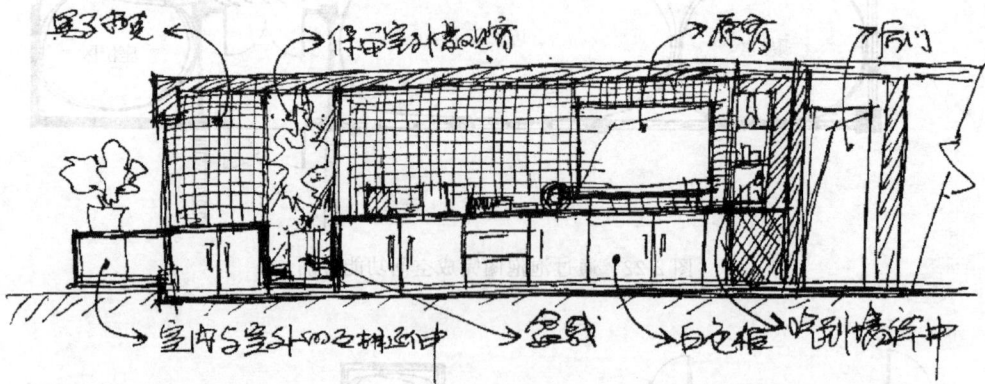

图 2-24　草图的立面表达

2.3.2.2　模型表达

模型表达在构思阶段也有非常重要的作用。与草图表达相比较，模型具有直观性、真实性和较强的可体验性，它更接近于室内创作空间塑造的特性，从而弥补了草图表达用二维空间来表达建筑室内设计的三维空间所带来的诸多问题。借助模型表达，可以更直观地反映出建筑室内设计的空间特征，更有利于促进空间形象思维的进程。以前，由于模型制作工艺比较复杂，因而在构思阶段往往很少采用。但随着建筑复杂性的提高，以及模型制作难度的降低，模型表达在构思阶段的应用越来越普遍，它在三维空间研究中的作用犹如草图在二维空间中的作用一样，越来越受到设计师的重视。利用模型进行多方案的比较，直观地展示了设计者的多种思路，为方案的推敲、选择提供了可信的参考依据。

利用模型对室内空间进行研究并辅之以草图的手法，在构思阶段的应用已十分普遍。在人们看来，更提倡在构思阶段中的那些简易的过程模型，因为它不仅能弥补草图的不足，也是思维过程中不可缺少的体验过程，如图 2-26 所示。

2.3.2.3　计算机表达

计算机表达是近年来在设计领域中迅速得到广泛应用的一种表达方式，其强大功能使得它结合了草图表达与模型表达的双重优点并显示出巨大潜力，它使二维空间与三维空间得以有机融合。尤其在构思阶段多方案的比较、推敲中，利用计算机可以将室内空间做多种处理与表现，可以从不同观察点、不同角度对其进行任意察看，还可以模拟真实环境和动态画面，使得建筑空间的形体关系、空间感觉等一目了然。与草图表达和模型表达相比较，计算

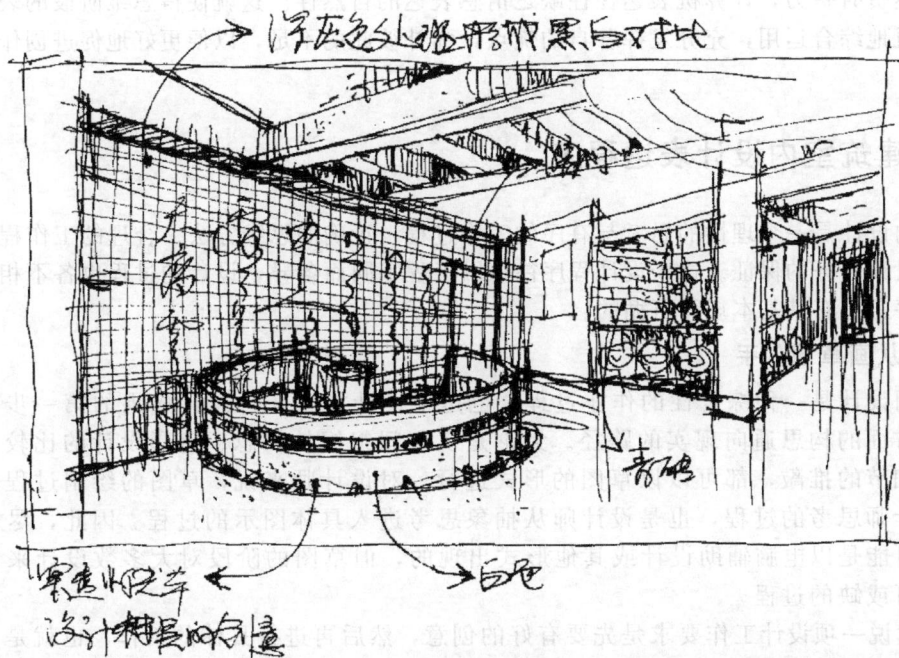

图 2-25 草图的透视表达

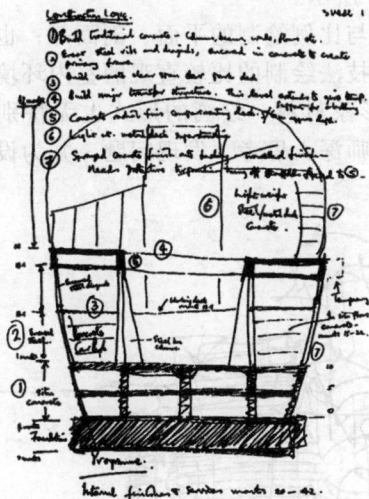

图 2-26 库哈斯为利布吉海运站制作的模型

机表达可以节省大量机械性劳动的时间，从而使得构思阶段的效率大大提高，有效地推进思维的进程。当然，正如前面提到过的问题，人的思维过程在用计算机表达的"转移"过程中是很复杂的，计算机表达的前期投入也非常大，只有在完成前期的准备时，它的效用才会发挥出来，这需要设计师根据实际情况，有选择地把握。不可否认，计算机表达是多种表达方式中最有发展前途的一种，其优越性有待于进一步开发。

总之，草图表达、模型表达和计算机表达是构思阶段的三种主要的表达方式。它们各有特点，对构思阶段的思维进程有不可缺少的作用。但各自也有欠缺，如草图表达直观性差，模型表达费时费力，计算机表达往往缺乏情感表达的自然性。这就使得思维阶段的表达要将三者有机地综合运用，充分发挥各自的优点，弥补彼此的不足，以便更好地促进创作思维向前推进。

2.4 建筑室内设计表达程序

室内设计是一个理性的思考与有序的工作过程。正确的思维方法、合理的工作程序是顺利完成设计任务的保证。这个设计程序往往因工程不同而各异，设计的过程也各不相同，但设计程序还是有其基本规律可循的。

2.4.1 从画草图入手

草图设计是一种综合性的作业过程，也是把设计构思变为设计成果的第一步，同时也是各方面的构思通向现实的路径。无论是从空间组织的构思、色彩设计的比较，或者是装修细节的推敲，都可以以草图的形式进行。对设计师来说，草图的绘制过程，实际上是设计师思考的过程，也是设计师从抽象思考进入具体图示的过程。因此，尽管设计的成果可能是以电脑辅助设计或其他形式出现的，但草图的阶段对大多数设计来说都是一个不可或缺的过程。

虽然说一项设计工作要求是先要有好的创意，然后再进行具体的工作，也就是说有了"想法"后再动笔，所谓"意在笔先"。但在日常的设计工作中，一个好的构思一开始并不是非常完整，往往只是一个粗略的想法。只有在设计的深入思考过程中，好的构思才能不断地深化、完善。因此不能要求设计师在考虑构思面面俱到后才动手设计。实际上，草图的绘制过程就是这样一个辅助思考的过程，如图 2-27～图 2-32 所示。

设计师的草图有多种形式，可以是以较严格的尺度与比例绘制的平面、剖面等；也可以是完全以符号、线条等表示的分析图；甚至是借助透视技法绘制的比较直观的室内环境分析图。这一阶段的草图主要是供设计师自己分析与思考形象材料，绘画的形式也无特别的限定，关键是能在草图中表达设计的重点，能够帮助设计师深入思考、发现问题，并为设计的深入提供形象的依据。

图 2-27　弗兰克·盖里构思的古根海姆博物馆草图

图 2-28　弗兰克·盖里构思的荷兰国际办公大楼草图

图 2-29　弗兰克·盖里构思的纽约时代公司总部草图

图 2-30　弗兰克·盖里构思的纽约某咖啡馆草图

图 2-31　弗兰克·盖里构思的西班牙某葡萄酒厂旅馆草图

从草图开始，设计师就应当对室内的功能区分、设计的形式与风格、家具的形式与布置、装修细节及材料等进行统一的构思，确定大致的空间形式、尺寸及色彩等主要因素。

2.4.2　形成初步方案

在绘制草图的基础上，设计师可以通过各种方法的比较、推敲、权衡，对设计的初步方案进行深入细化和修改。在这个阶段中，与委托方的沟通是必需的。设计者应当通过各种方式，完整地向委托方表达出自己的设计构思与意图并征得对方的认可。如果在设计构思上与委托方有较大的差距，则应当尽力寻求共识，达成一致的意见。因为，任何一个成功的设计，都是被双方认可后才有可能成为现实。

在这个阶段的后期，所有的图纸在经过修改和核准后，应当按适当的比例绘制成正式的图纸。按照设计的要求，室内设计方案的文件通常包括原始平面图、各室内平面布置图、各

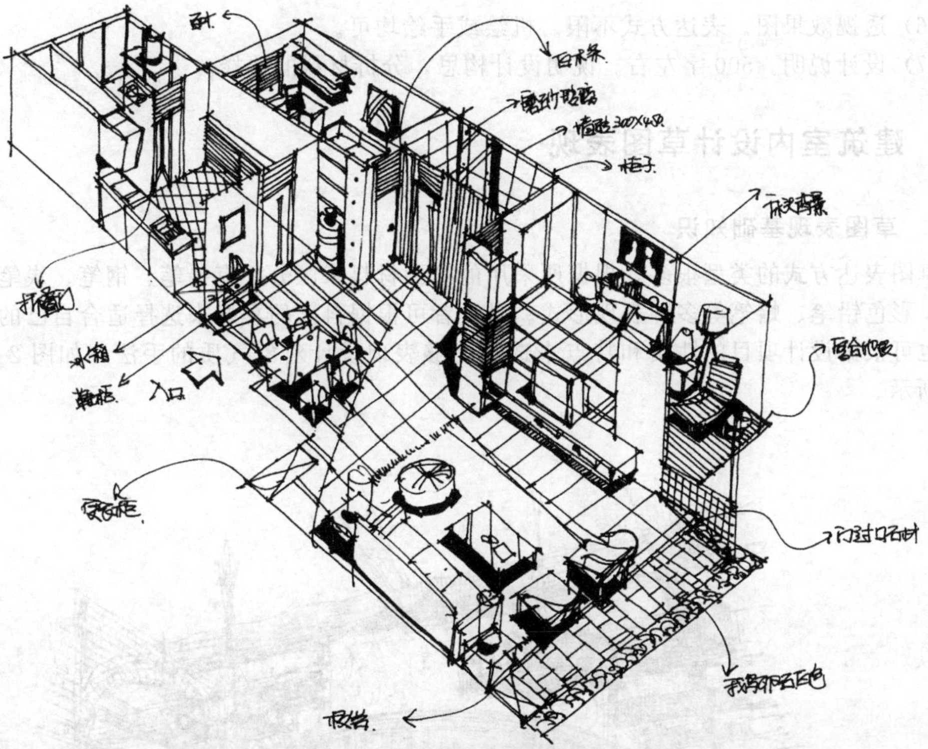

图 2-32　通过轴测图的形式来表达设计者的创意

室内不同方向立面图和剖面图、吊顶平面图、节点详图、室内透视效果图、必要的分析及示意图、设计说明与造价概算。

　　通常这一阶段的工作成果可通过图纸的形式，按要求装订成统一规格的文本或文件，包括 A3 或 A4 尺寸的图纸。效果图及主要的平面图纸还可能装裱成较大幅面的版面，以供有关人员在会议或其他场合观看。

2.4.3　设计方案的表达

　　室内设计的表达是一种图示的表达，根据不同的设计对象及不同的阶段，可分别采用不同的表现方式来表达设计的结果。通常表达的方式有如下几种。

　　方案设计图通常包括总平面布置图、总地面铺装图、总顶棚布置图、各空间立面图、构造节点详图、透视效果图等。

　　(1) 总平面布置图。通常表示出各房间或功能区的名称、尺寸、家具、陈设及设备等；图纸名称；索引符号、标高；尺寸标注；图框及标题栏；比例一般采用 1∶100。

　　(2) 总地面铺装图。通常表示出室内地面铺设的规格尺寸及构造做法等；地面标高；图纸名称及比例；材料及尺寸标注；图框及标题栏；比例一般采用 1∶100。

　　(3) 总顶棚布置图。通常表示出顶棚的标高、尺寸和构造做法；顶棚的灯具、设备类型、规格，必要时绘制出节点剖面图；图纸名称；标高；材料及尺寸标注；图框及标题栏；比例一般采用 1∶100。

　　(4) 各空间立面图。通常表示出室内房间的各立面尺寸及构造做法；必要时绘制出剖面图；图纸名称；材料及尺寸标注；图框及标题栏；比例一般采用 1∶100 或 1∶50。

（5）构造节点详图。根据需要绘制。注明索引位置、尺寸、构造做法；图纸名称及比例；材料及尺寸标注；图框及标题栏；比例一般采用1：30或1：10。

（6）透视效果图。表达方式不限。机绘或手绘均可。

（7）设计说明。500字左右。说明设计构思，分析材料的选择。

2.5 建筑室内设计草图表现

2.5.1 草图表现基础知识

草图表达方式的类型很多，根据所采用的绘画材料来区分，有铅笔、钢笔、炭笔、钢笔淡彩、彩色铅笔、蜡笔等多种表现形式。设计者可根据自己的喜好来选择适合自己的表达方式，也可根据设计项目的性质和特点来选择能够表现设计对象气质的手法，如图2-33～图2-41所示。

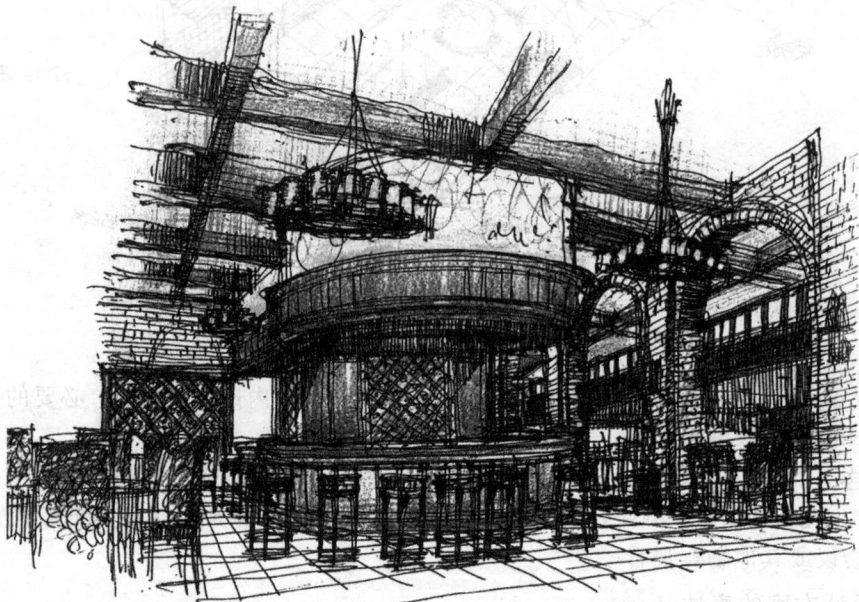

图 2-33 以彩色铅笔为媒介表现的草图形式

手绘的方式对于设计者的绘画基本功要求比较高，不仅要在设计上有独到之处，还要注意从艺术欣赏角度给人以美的感受。俗话说"拳不离手，曲不离口"，要达到一定的绘图造诣，离不开勤奋的基本功练习。室内设计手绘草图的重要性，就如同素描老师提及的画速写的重要性一般，只有手中的画笔游刃有余，才能使自己的想法充分地展现。一张优秀的草图表达，不但闪烁着设计师的灵感与智慧，能很好地表达设计者的创作理念，同时也能使阅读的人随之产生审美共鸣，明确设计意图，赏心悦目地走进设计师的世界。

草图表现的工具虽然种类繁多，但设计师应选用自己得心应手的材料和工具，要不惜花费时间来尝试应用不同的工具。许多建筑师仅用软铅笔或者彩色铅笔或两者兼用便取得良好的效果。由于每个人的兴趣和意图不同，所以设计师应尽力为自己的图解思考找到简单而有效的表现手段。

图 2-34　以马克笔为媒介表现的草图形式（一）

图 2-35　以马克笔为媒介表现的草图形式（二）

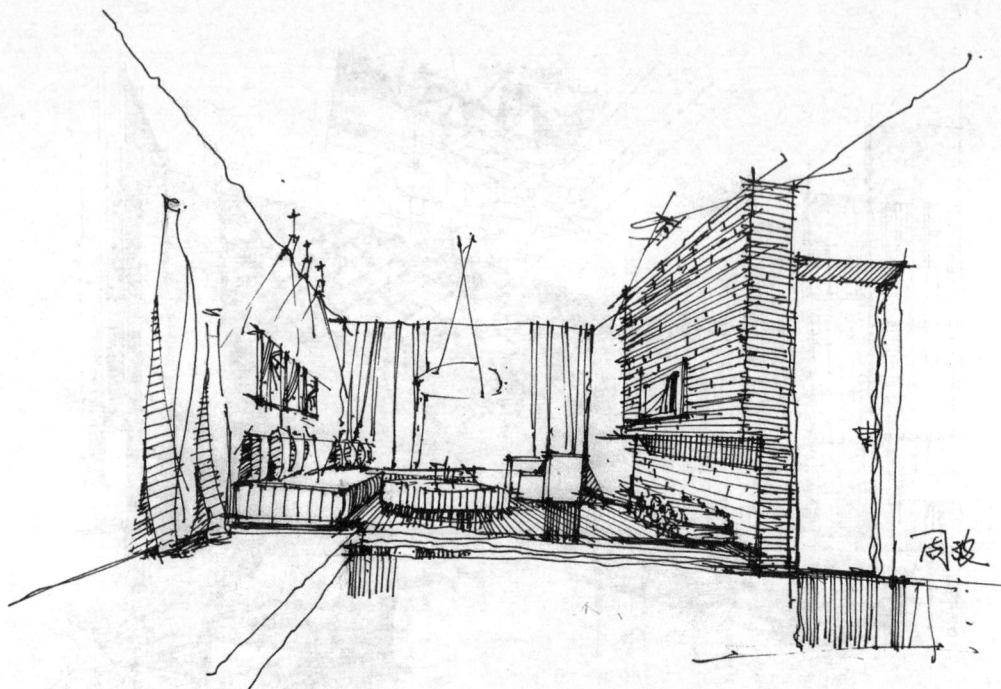

图 2-36　以钢笔为媒介表现的草图形式（一）

图 2-37　以钢笔为媒介表现的草图形式（二）

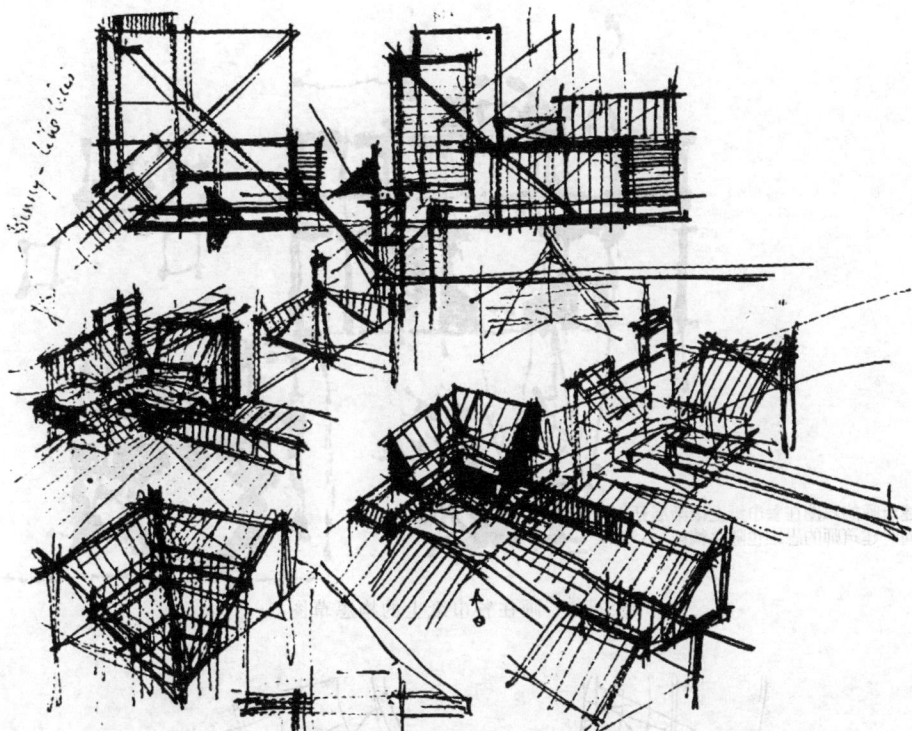

图 2-38　戴维·斯蒂格利兹绘制在餐巾纸背后的西格勒住宅区构思草图

开放性草图大多表达的是一种意象，这幅室内草图提供的既有空间形态，又有具体装饰形式的意向，但都处于一种模糊状态

图 2-39　朱哈·列维斯卡构思的室内草图

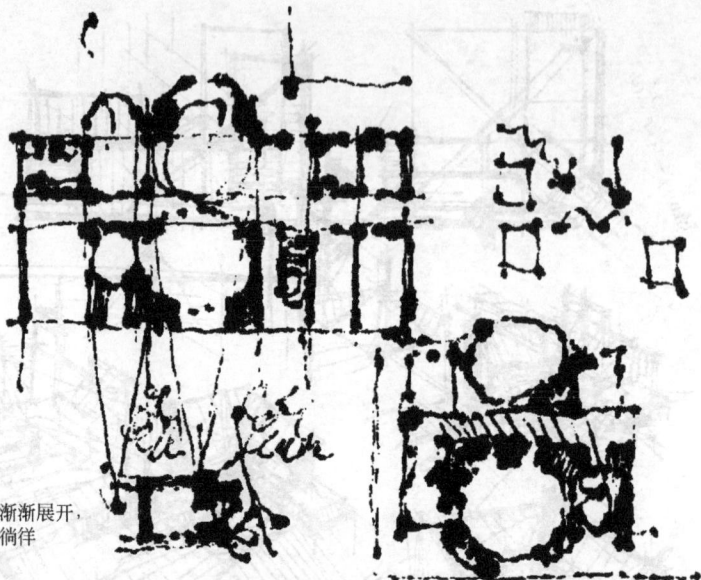

建筑师的草图在餐巾纸上渐渐展开，
同时建筑师的思维也随之徜徉

图 2-40　画在餐巾纸上的构思草图

图 2-41　马里奥·博塔构思的某现代艺术博物馆草图

为了获得良好的效果，绘图工具还须配上合适的画纸。虽然大多数纸张都适用于墨水笔，但无孔、表面光滑的纸张效果更为清晰适用。复印纸是草图表现中使用较为广泛的一种，最常用的是 A4 和 A3 型号的普通复印纸。这种纸的质地适宜铅笔、钢笔、炭笔、彩色铅笔等多种绘图工具表现，而且价格便宜，比较适合在练习中使用。

绘制表现性草图的方法多种多样，下面列举三种常用的设计草图表现方法，以供读者学习时参考。

（1）炭笔＋彩色铅笔＋复印纸。炭笔具有硬笔的特性，既可绘出坚挺的线条，又可绘出物体的块面，当绘制草图时，通常将炭笔削尖，画出光滑挺拔的线条，也可将炭笔倾斜，用侧锋画出块面；彩色铅笔具有价格便宜、色彩淡雅、对比柔和的特点。将这两种工具合用，能充分发挥各自特性，相互配合，巧妙运用，可产生极具表现力及感染力的快速表现草图，如图 2-42 所示。

图 2-42　用炭笔＋彩色铅笔绘制的草图

作图步骤是先用炭笔画出建筑的素描明暗效果，特别是暗部的深色一定要画充分，宁可过之，不可不及。第一次上彩色铅笔不宜太重，大面积色彩变化可用手指抹匀，精细部位则可用纸擦笔涂抹，这样处理既可表现出色彩明暗变化的退晕效果，又可增强彩色铅笔在纸上的附着力，以及彩色铅笔与炭笔之间的衔接与过渡。画面的大效果出来后，只要在局部用明度高的彩色铅笔提出高光或反光即可。

（2）钢笔＋淡彩＋水彩纸。钢笔主要是以线条来表现设计对象，线条除具有刚柔、粗细之分，还凝聚了绘画者的情感及用意；淡彩是用水彩着色，色彩清朗明快，表现效果优雅秀美，如图 2-43 所示。

作图步骤是先用钢笔画出墨线轮廓和明暗素描底稿，之后进行着色。着色大多以淡雅、调和的色彩关系为主，笔触也都整体而均匀，不强调以色彩和笔触去刻画物体。完成后的画面墨线轮廓清晰、明暗对比强烈，有些近似于彩色铅笔着色的效果或有色纸素描的特点。

（3）炭笔＋白粉＋有色纸。这一表现方法是用炭笔在有色纸上勾勒线条或画阴影，并且可反复修改、涂擦。一旦定稿，就可在底稿上通过白粉提出高光，并且对平面及透视的形体

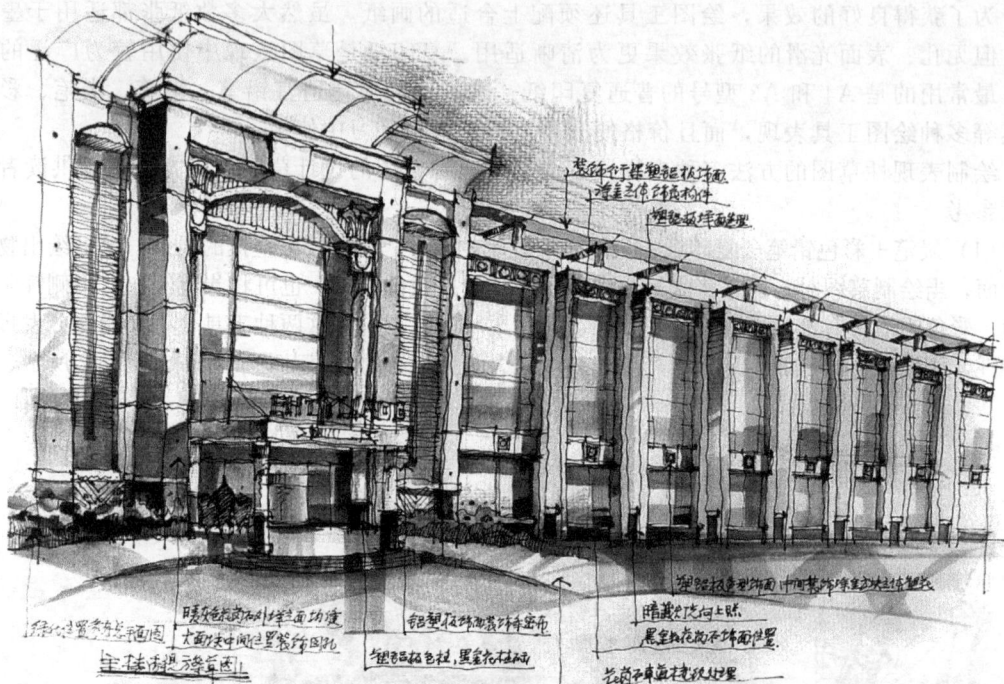

图 2-43　用钢笔＋淡彩绘制的草图

轮廓进行加工，从而完成草图表现，如图 2-44 所示。

　　这一方法的好处是设计底稿不求一次成型，可以反复涂改。着色是这一技法的重点，通过明暗色调的细微变化，达到表现层次、质感、光影、体积的目的。这一技法的另一特殊方法是可在画面上有意留出部分有色纸的"空白"，留白得当，可以使表现图精神亮丽。

　　无论选用哪一类草图表达，工具的选择都远远没有技法应用的决策重要，因为不管是钢

图 2-44　用炭笔＋白粉绘制的草图

笔还是炭笔，还是其他媒介，工具的介入只是起到表达画面不同效果的作用。当然从某种程度上说，干净明快的画面更有利于表达设计意图，也有利于体现意向草图的艺术性。

2.5.2　功能分析草图表现

设计中对空间功能的分析是从平面的角度进行的，是采取图形分析的思维方式，通过平面图由粗到细、由抽象到具体的绘制，经过多轮次逐步深入的对比优选而进行的。通常将这个过程称为平面功能分析。

室内设计作为建筑设计的一部分，很多项目是针对原有建筑使用性质的改变所产生的功能方面的问题，因此室内设计是通过适宜的形式和技术手段来解决这些问题。而平面功能分析就是在建筑内部界定空间中进行的一种解决问题的方式，它是根据人的行为特征，将室内空间的使用基本表现为"动"与"静"两种形态。具体到一个特定的空间，动与静的形态又转化为交通面积与实用面积，可以说室内设计的平面功能分析主要就是研究交通与实用之间的关系，它涉及位置、形体、距离、尺度等时空要素。研究分析过程中依据的图形就是平面功能布局的草图表现，这些设计草图将围绕着使用功能的中心问题而展开思考，其中包括对室内的功能分区、交通流线、空间使用方式、人数容量、布局特点等诸方面的问题进行研究。这一类草图表达多采用较为抽象的设计符号集合，在图面上配合文字、数据等综合形式加以体现，如图 2-45 所示。

采用这种抽象草图表现的主要作用在于帮助设计师将平面功能分析的问题和思考的方案

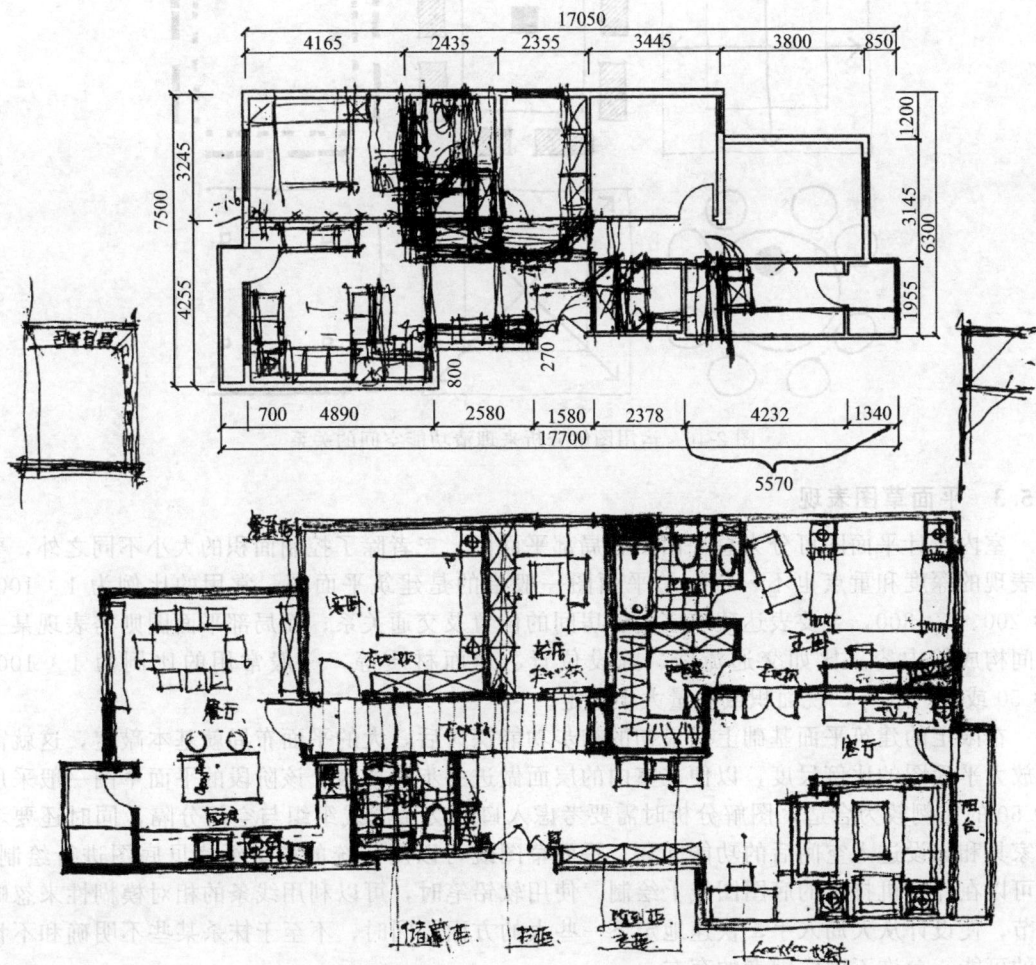

图 2-45　通过"动"与"静"两种形态得出平面功能草图

信息直接记录下来。抽象草图必须简单、清晰才有效。如果包含的信息太多以致无法一目了然，草图就失去了其有效性。当然还要能提供足够的信息，并且能勾勒出具有特征的设想。在分析问题和设计进程中，可以将草图张贴在墙面上供全组人员研讨、交流，这样就能即时地展示设计小组的最新设想。

平面功能布局草图表现所采用的图解思考语言是建立在抽象图形符号之上的图形分析法。它运用图解分析，如泡泡图、系统图等来理清功能空间的关系，还包括平面的功能分区、交通流线、家具位置、陈设装饰、设备安装等。各种因素作用于同一空间，所产生的矛盾是多方面的。如何协调这些矛盾，使平面功能得到最佳配置，是平面功能布局草图表现的主要课题。必须通过绘制大量的草图，经过反复的对比才能得出理想的平面，如图 2-46 所示。

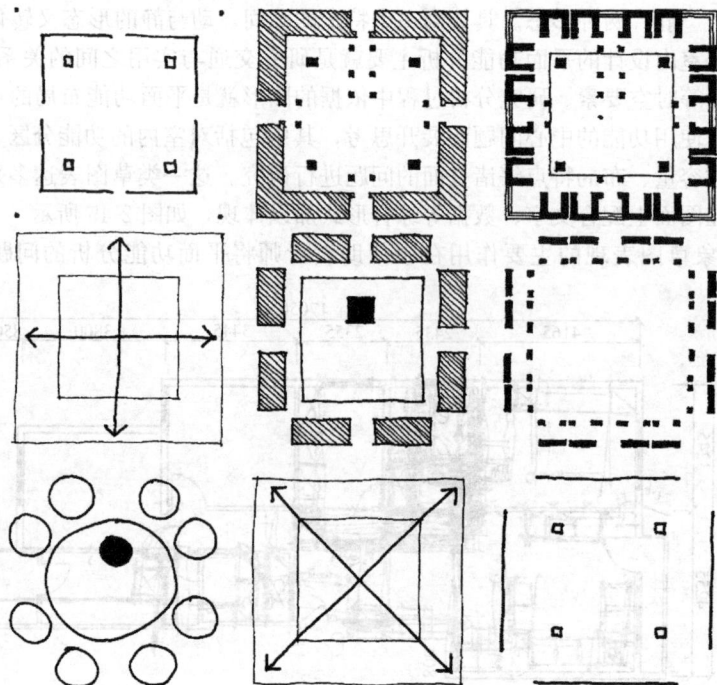

图 2-46　运用图解分析来理清功能空间的关系

2.5.3　平面草图表现

室内设计平面图可分为总平面图和局部平面图。二者除了控制面积的大小不同之外，要求表现的深度和重点也不一样。总平面图一般指的是建筑平面图，常用的比例为 1：100、1：200、1：300，主要表达建筑室内各房间的位置及交通关系；而局部平面图则需表现某一空间构成的内容，比如交通流线、陈设位置、地面材质等，一般常用的比例为 1：100、1：50 或 1：20 等，视面积或体量大小而定。

在限定的建筑平面基础上做最初的初步功能探讨后，大的平面布局就基本敲定，这就需要放大平面图的比例尺度，以便在室内的层面做进一步的推敲。该阶段的平面草图一般采用 1：50 的比例较为合适，图解分析时需要考虑入口的交通流线组织与空间分隔，同时还要考虑家具和陈设进入空间后的功能问题。平面草图既可以用传统的硫酸纸拷贝底图进行绘制，也可以在计算机打出的底图图线上绘制。使用软铅笔时，可以利用线条的相对模糊性来忽略细节，使设计从大局入手，快速地定下一些大的方面；同时，不至于抹杀某些不明确和不肯定的可能，允许不确定因素的存在。

具体平面草图表现画法的第一步，用粗线画墙身轮廓，清楚地表示出墙身开口；第二步，添加门、窗、家具和其他细部；第三步，画阴影，以显示各个平面和物体的相对高度。一般习惯，投影线按 45°角画，向右上方。阴影线长度根据需要而定，表示出家具、墙身等的相对高度。最后，画上色彩、质感或花纹，进一步表现空间的特性。

当室内平面布局基本完成后，就可利用半透明性的硫酸纸，将其蒙在前一张草图上进行勾画。勾画的过程也是对设计发展的甄别、选择、排除和肯定的过程，既保留已经肯定下来的内容，又可以看出设计的进程。这时画出的平面草图就是对方案进行最终抉择的主要依据。

随着设计过程的深入，对精度的要求越来越高，这时平面草图才成为真正的设计方案。显而易见，在平面功能分析阶段，利用草图可以促进设计的进程，也是更容易掌握的方法，如图 2-47～图 2-54 所示。

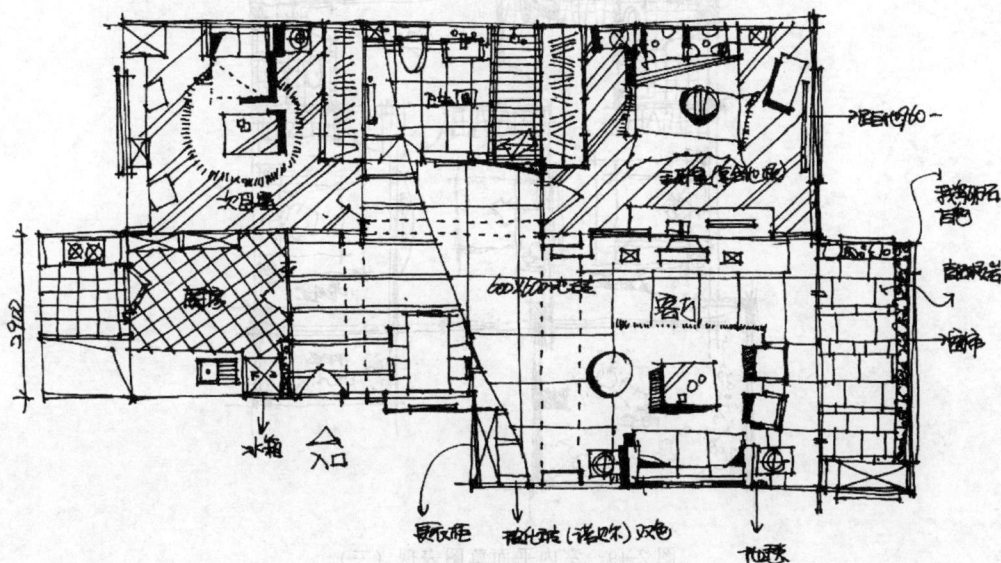

图 2-47　室内平面草图表现（一）

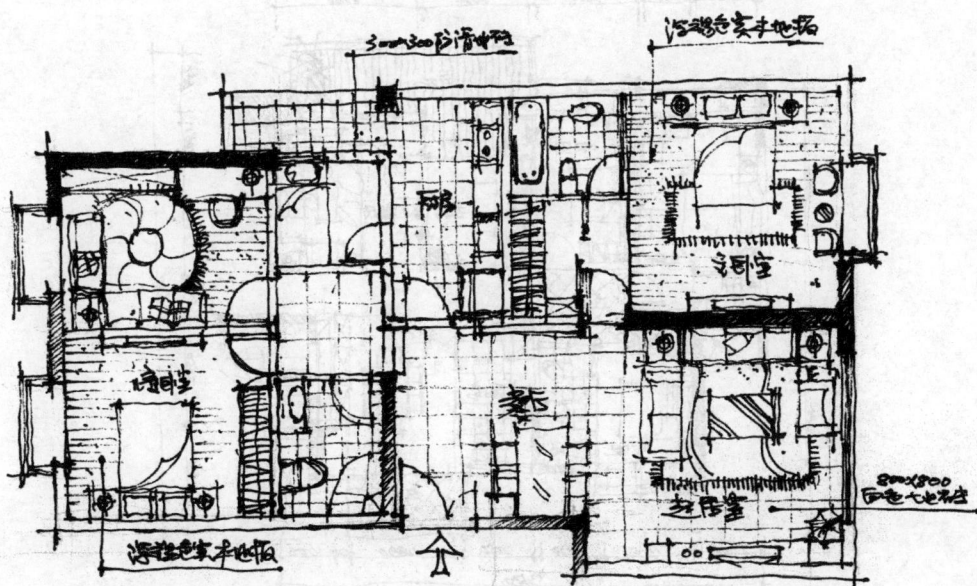

图 2-48　室内平面草图表现（二）

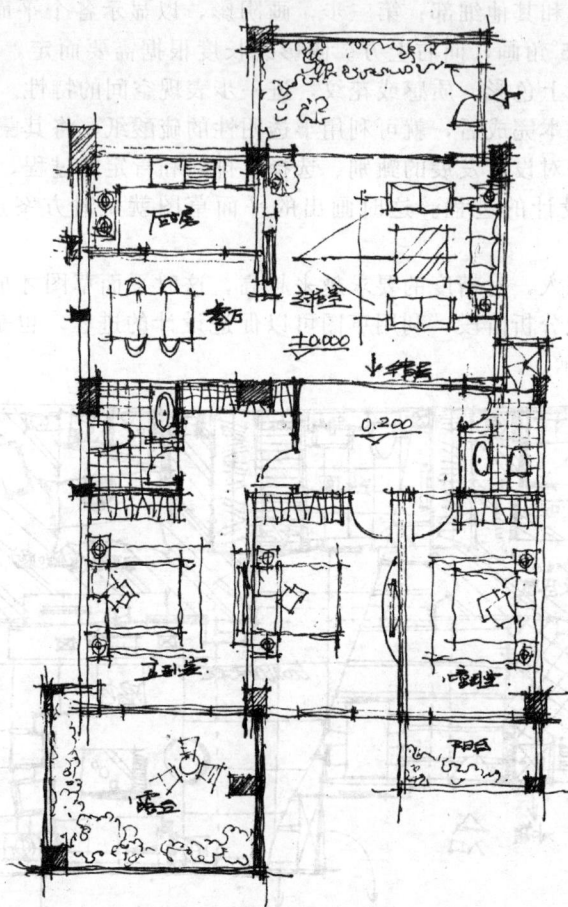

图 2-49　室内平面草图表现（三）

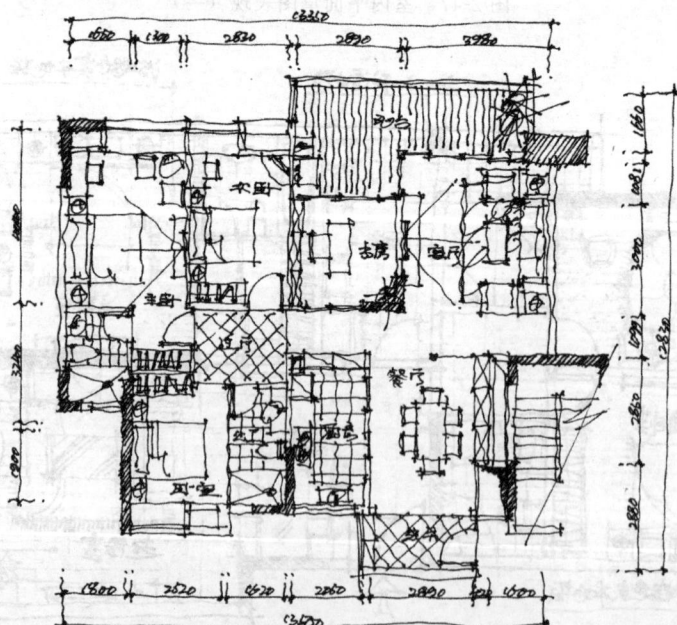

图 2-50　室内平面草图表现（四）

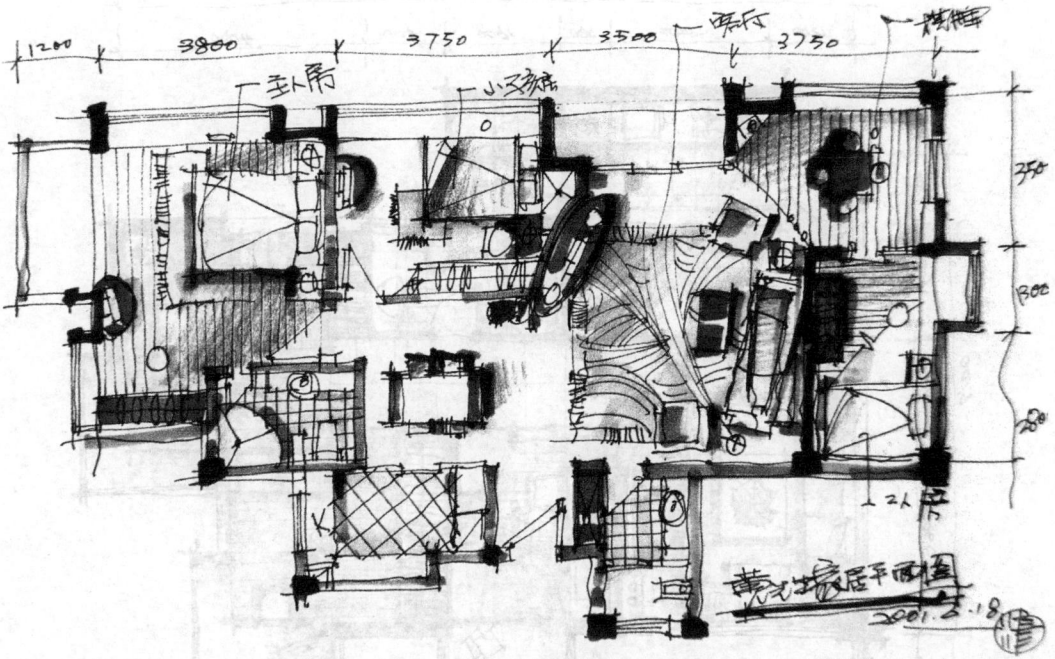

图 2-51　室内平面草图表现（五）

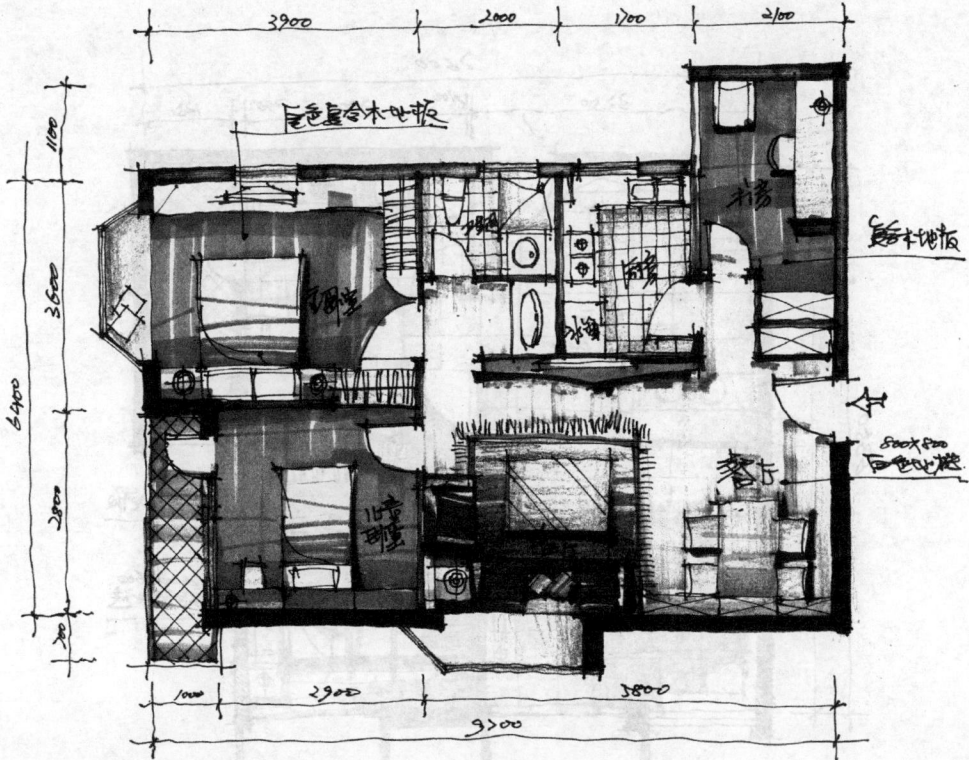

图 2-52　室内平面草图表现（六）

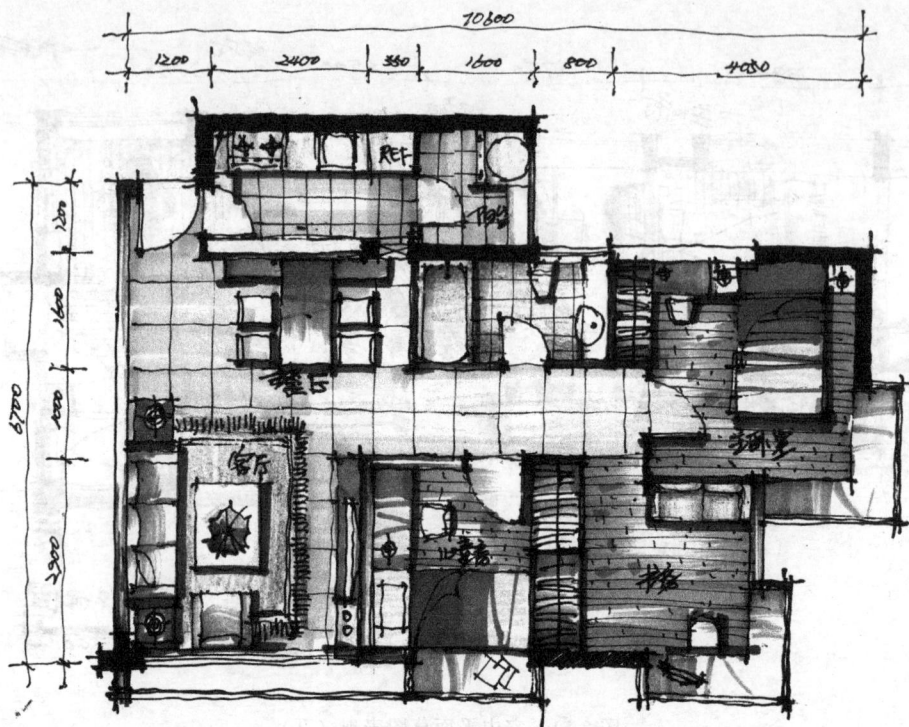

图 2-53　室内平面草图表现（七）

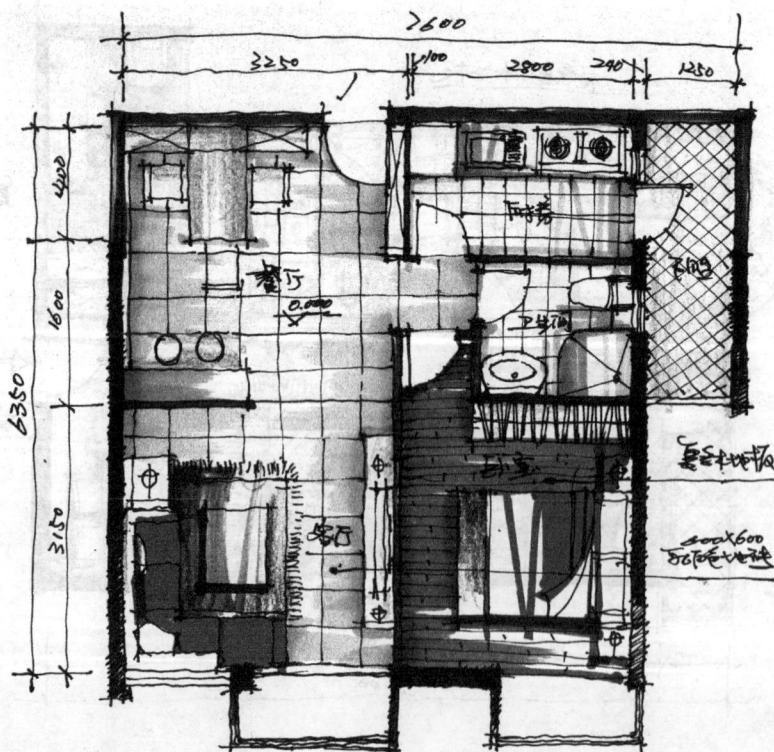

图 2-54　室内平面草图表现（八）

2.5.4　立面草图表现

如果说室内平面图形是对空间进行理性的功能与布局分析，那么立面图形则更多地注重对环境空间的感性视觉造型分析。立面图形的设计元素包括构思、构图和造型效果，比如风格样式、比例尺度、色彩搭配、材质选择，以及内在的构造关系等。

画立面图形最好对应于平面图形（采用上下相对或拷贝均可），既快又准。如果要求更精细的立面图形，还可通过比例放大后再进行刻画。立面图常用比例尺一般为 1∶25、1∶30 或 1∶50，如图 2-55 所示。

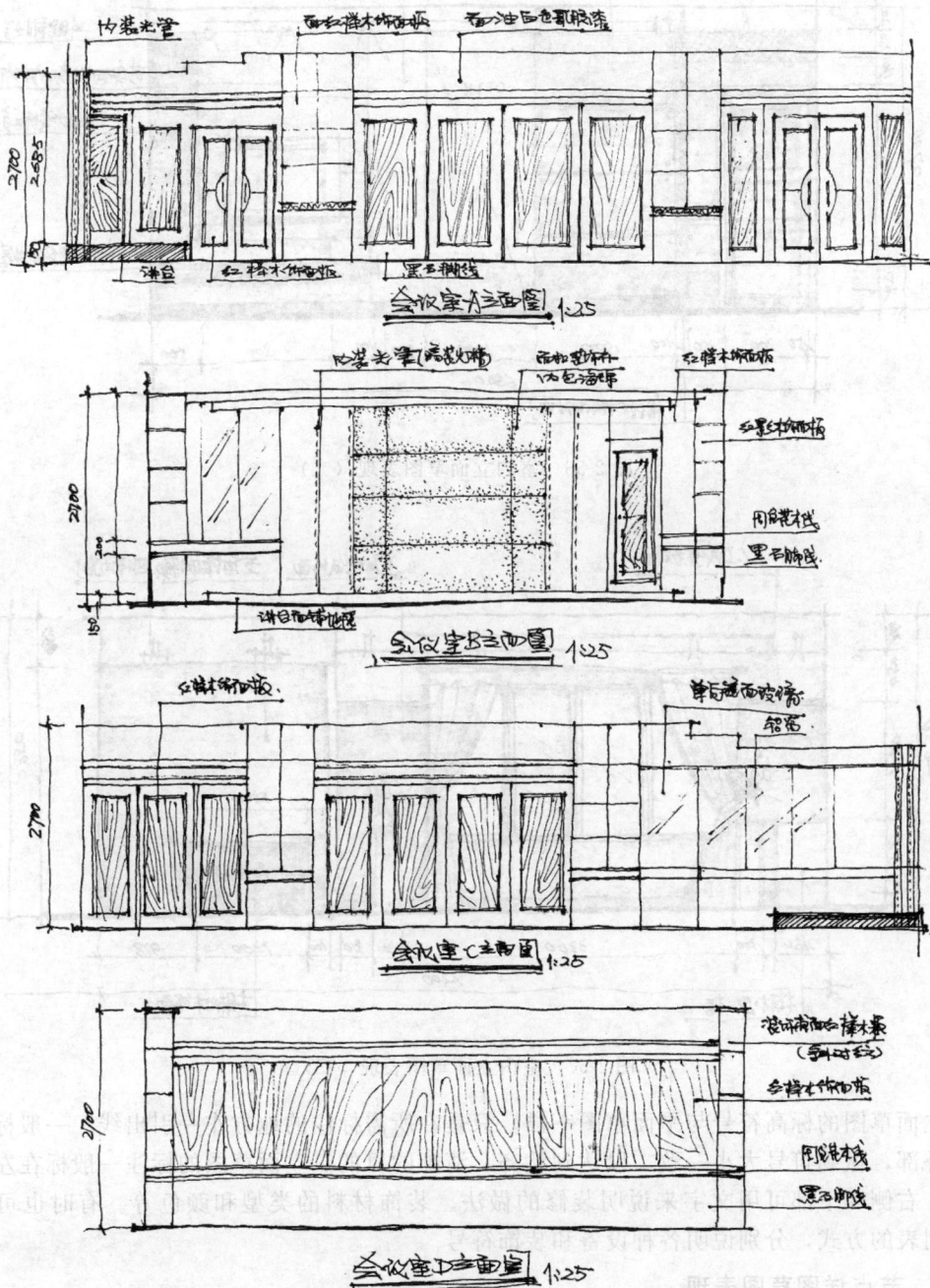

图 2-55　室内立面草图表现（一）

59

立面图形的线型组织尤为重要，主体轮廓用较粗的线来描绘，其内部的线型可按空间层次关系分出中线、细线。同时，还应处理好前后造型之间的线型层次，忌讳粗、中、细不分和前后景物外形线的不当吻合。如遇巧合，也应设法改变线型、适当移位，或者断开。立面图形线的组织还可按照疏密、曲直、深浅或变化线型、利用肌理效果等对比手法，以达到层次分明、图形清晰的效果，如图2-56～图2-57所示。

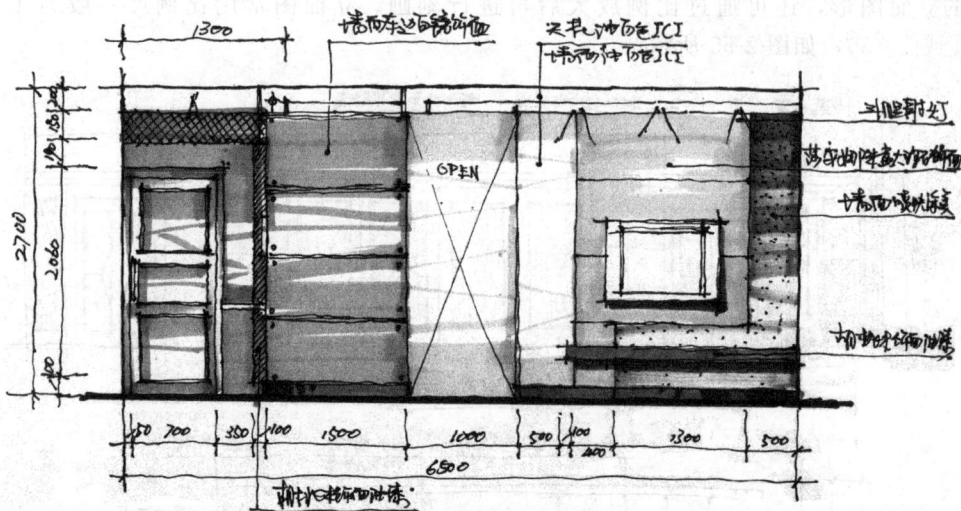

图2-56　室内立面草图表现（二）

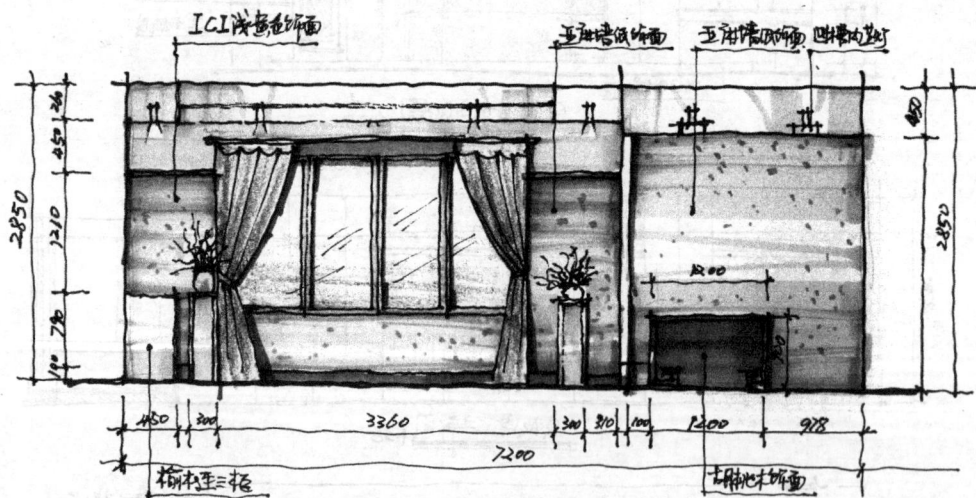

图2-57　室内立面草图表现（三）

立面草图的标高符号与平面草图一样，只是在所需标注的地方作一引出线。一般标注在图形外部，做到符号大小一致，以达到整齐、清晰的目的。立面草图的标注一般标在左侧和上部。右侧和下部可用文字来说明装修的做法、装饰材料的类型和颜色等。有时也可用图例、列表的方式，分别说明各种设备和装饰符号。

2.5.5　节点详图草图表现

详图是室内设计工程图中不可缺少的部分。因为平面图、立面图、剖面图和顶棚平面图的比例尺均为 1∶50、1∶100、1∶200 等，无法把所有的要素都画清楚，因此，必须用更大的比例绘制某些部件、构件、配件和细部的详图。常说的详图大致有两类：一类是把平面图、立面图、剖面图中的某些部分单独抽出来，用更大的比例画出图样，成为所谓的局部放大图或大样图；另一类是综合使用多种图样，完整地反映某些部件、构件、配件、节点或家具、灯具的构造，成为所谓的构造详图或节点图。

在一个室内设计工程中，需要画多少详图、画哪些部位的详图，要根据工程的大小、复杂程度而定。一般工程，应有以下详图：墙面详图、柱面详图、吊顶详图、建筑构配件详图、设备设施详图等。

节点详图草图是设计师探讨空间造型的过程，同时也为下一步结构设计提供依据。室内设计造型需要通过对物体进行剖切分析，选择恰当的部位做详图分析，以准确表述平面图、立面图造型中一些重要部位的内部构造或支撑形式。

正如立面图对应平面图一样，节点详图草图一般也都结合立面图来画，只是对节点部位应严格按制图学的要求用符号表示出来。节点详图草图还可借助必要的文字说明交代一些图形无法完全表述的内容，如功能、材料、色彩、做法等。图面还要善于运用规范性和共识性的图例来表述设计内容，如图 2-58 所示。

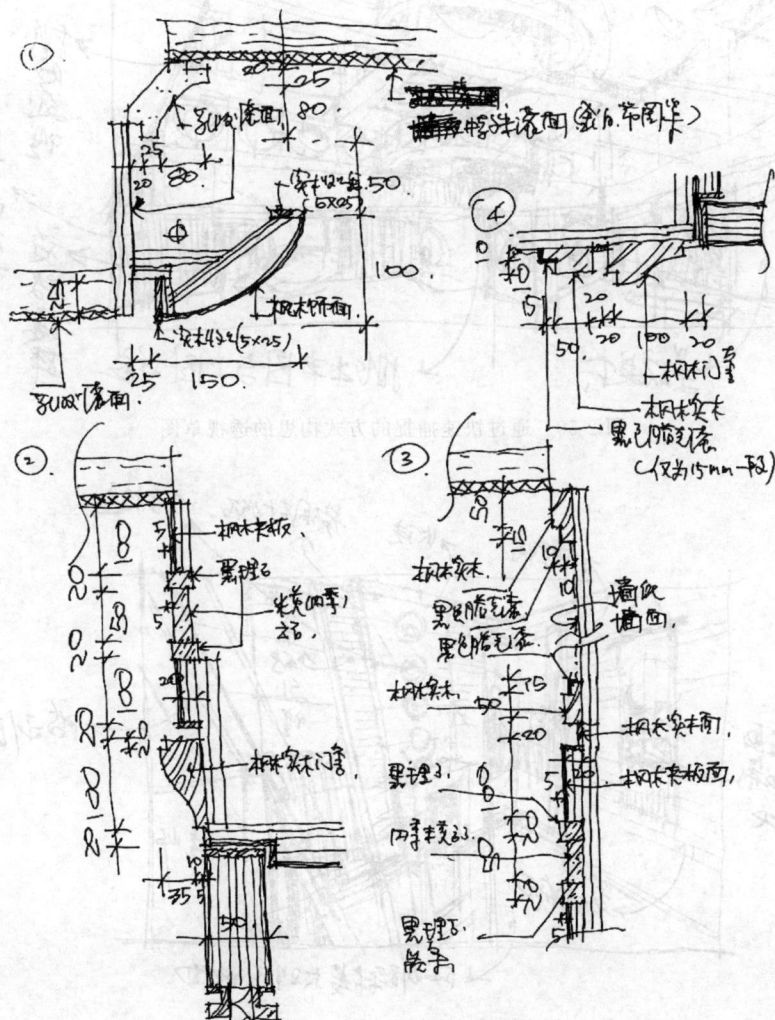

图 2-58　节点详图草图

2.5.6 透视草图表现

透视草图是在平面图、立面图较完善的基础上，设计师根据设计和作图需要，利用透视原理所绘制的各种非正式图纸，即以非正式、个性化的手绘形式进行表现，能够说明设计意图和构思，以帮助设计工作顺利进行。它是设计师自我交流的"内部语言"，也是设计过程中不可或缺的部分。

透视草图有如下主要特征。

（1）快速性。透视草图抛开了许多细节和绘图工具的束缚，因此在绘图过程中，能够最大限度地捕捉脑海中的闪亮点，将"灵感"快速记录下来。有了最初的"灵感"才能快速对各个部分（局部）进行推敲、完善以及多个方案的对比，从而得到理想的设计方案，如图2-59、图 2-60 所示。

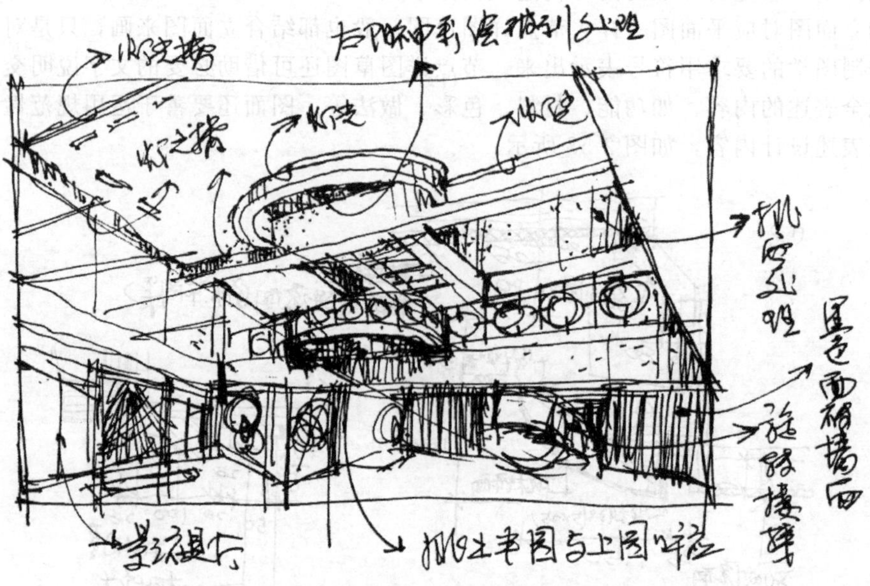

图 2-59　通过快速捕捉的方式构思的透视草图

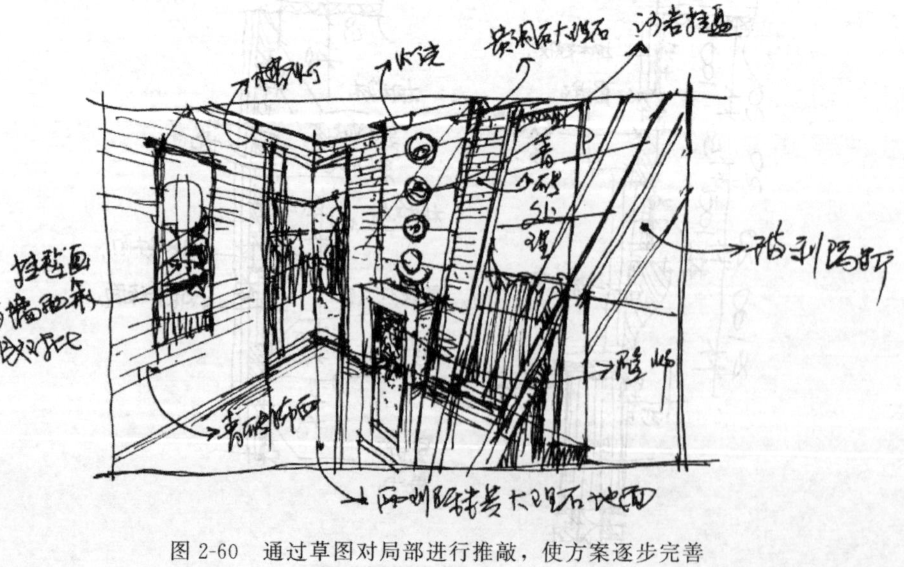

图 2-60　通过草图对局部进行推敲，使方案逐步完善

（2）不确定性。设计是一个形象思维的过程，因此，对于一项设计在确定方案以前，需要一个较为周全、系统的设计过程，最后才能确定方案。在最初的构思阶段，需要勾画草图，把设计思想记录下来。然后对这些方案草图要进行理顺、分析、取其精华，最后才能将这些精华综合起来，形成较为完整的设计草案。这个方案设计过程，从头至尾每个环节都需要草图来完成。方案确定了以后，就可以用精确的线条来制作施工图、透视图。这个过程完全体现了整个设计意图的发展。

（3）说明性。设计师出方案图时，尤其是效果图，不是把每个空间都完全反映出来，而有时仅具有代表性。特别是在施工现场给有关人员讲解的时候，为了将设计方案更全面地体现出来，光凭语言表述是远远不够的，而设计草图这时就成为设计师工作的重要表述语言，它可以将设计上的诸多问题讲清楚，如功能、风格、材料、施工工艺等。所以，设计师可以在任何时间、地点都可以进行形象说明。

根据表现手段，最常见的草图表现方式是铅笔草图与钢笔草图。

（1）铅笔草图。是指运用较软的绘图铅笔或专业草图铅笔绘制的草图。这类草图粗犷、流畅，特别适合于绘制初步草图或大空间的室内环境。用铅笔绘制草图的速度较快，能够表达出流畅的思维和捕捉到脑海中转瞬即逝的灵感，如图 2-61 所示。

图 2-61　运用较软绘图铅笔绘制的透视草图

（2）钢笔草图。是指运用钢笔绘制的草图。绘制这类草图时，首先要保证钢笔出水的流畅性。这类草图适宜于表现更加深入细致的层次以及小范围的设计和细部。正式草图更多采用钢笔草图的方式进行表达，因为钢笔草图明暗对比强烈，不易模糊，保持持久，实际应用也比较广泛，如图 2-62 所示。

图 2-62　运用钢笔绘制的透视草图

第3章　建筑室内设计工程制图的基本知识

3.1　制图工具介绍与使用方法

一套完备的绘图工具，可以使设计者的工作更准确、效率更高，达到事半功倍的效果。因此，熟练掌握各种绘图工具和仪器的使用有助于提高绘制图样的质量，使图样更加赏心悦目。设计者或制图员没必要将所有的制图工具都一一备齐，通常应选购有助于提高工作质量和工作效率的工具。目前绘图工具的种类很多，本节仅介绍在建筑室内设计中常用的工具和仪器。

3.1.1　图板、丁字尺、三角板

（1）图板。图板是用来铺设、固定纸张，并绘制图样的工具。因此，图板的板面要平整，边缘要光滑平直，特别是图板左侧的边缘作为丁字尺使用的导边，更应平直。

（2）丁字尺。丁字尺由一个直尺和一个垂直于直尺的尺头组成，尺头与直尺被牢固地固定在一起。使用丁字尺时，尺头应紧贴图板的左侧边。用一只手扶住尺头，将尺推到适当的位置固定，另一只手则沿直尺画线，如图3-1、图3-2所示。

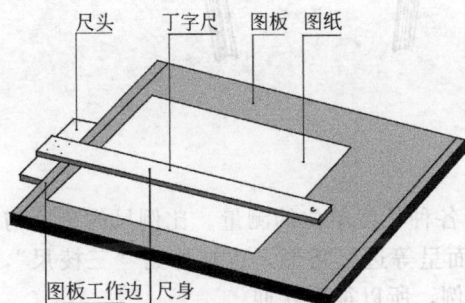

图 3-1　图板与丁字尺

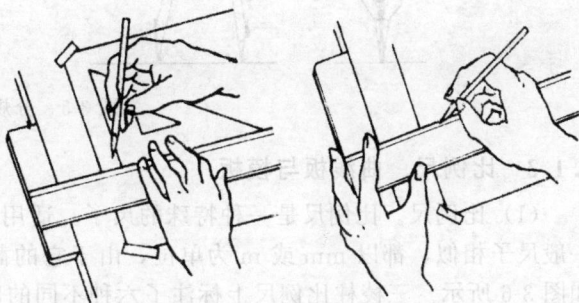

图 3-2　丁字尺的用法

（3）三角板。三角板是有三条边且两条边相互垂直的绘图工具。三角板通常用于绘制直线和斜线，与丁字尺搭配则可绘制垂直线和不同角度的斜线，如图3-3所示。常用的三角板因其组成角度的大小而得名，有45°三角板、30°三角板、60°三角板。有的三角板在一侧的边缘有凹槽，这种带凹槽的三角板是用来画墨线的。板的凹槽不会贴在纸面上，当墨线笔沿着板边画线时，不会溢墨污染图样。

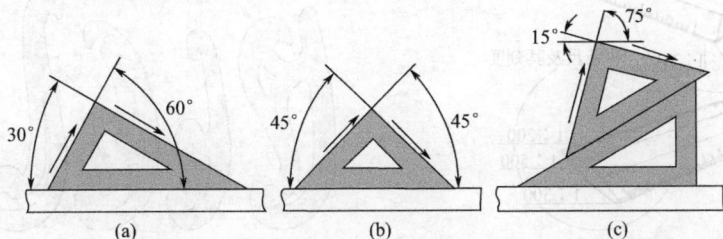

图 3-3　三角板

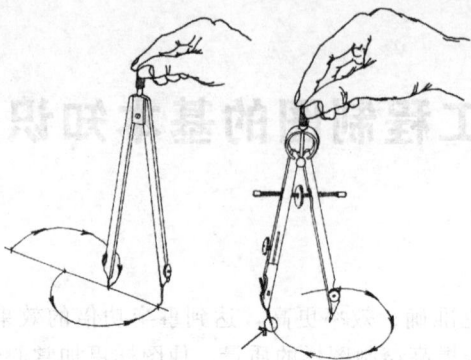

图 3-4　圆规及用法

3.1.2　圆规与分规

（1）圆规。圆规是用来绘制圆和圆弧的。圆规通常被固定成倒 V 字形。一条腿上固定着一个针尖，另一条腿上则固定着一个持铅器（或一个专门的部件用来固定安装水笔）。使用圆规时，先在图样上标记圆心位置和半径长度，然后将圆规的针脚置于圆心，而将铅笔或墨线笔的笔尖放在标好的半径点上。而后握住圆规的顶帽，旋转圆规就可以画圆了，如图 3-4 所示。从一般的习惯来讲，顺时针画圆更容易一些。

（2）分规。分规是用来量取尺寸和等分线段的。分规与圆规一样被固定成倒 V 字形，不同的是分规两条腿上均固定着针尖。分规在使用时应两尖并拢，还应检查两尖是否平齐。分规等分线段的方法，如图 3-5 所示。

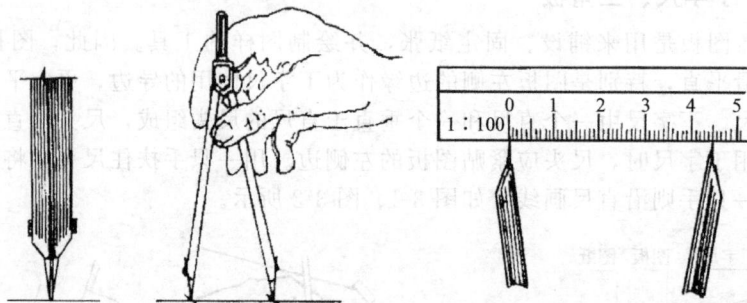

图 3-5　分规

3.1.3　比例尺、曲线板与模板

（1）比例尺。比例尺是一种特殊的尺子，适用于各种长度单位的测量。比例尺的刻度与一般尺子相似，都以 mm 或 m 为单位，由于它的截面呈等边三角形，也被称为"三棱尺"，如图 3-6 所示。三棱柱比例尺上标注了六种不同的比例，所以很受欢迎。

（2）曲线板。曲线板是用来绘制不规则曲线的一种模板。曲线板由很多常用的曲线轮廓组成，是一种很好用的绘制曲线工具，如图 3-7 所示。设计者利用曲线板可以绘制各种需要的曲线：找出曲线板上与所需要的不规则曲线吻合的部分，沿曲线板描出这段复杂曲线，然后将曲线修改圆滑。

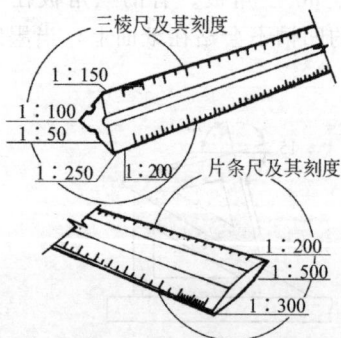

图 3-6　比例尺

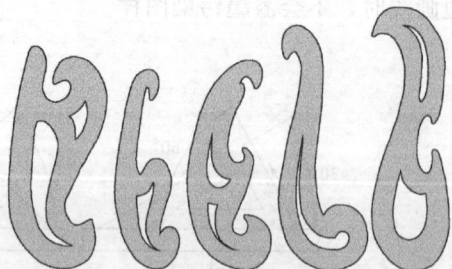

图 3-7　曲线板

（3）模板。模板是一种预置有建筑结构和室内设计时常用符号、形状和图案的辅助绘图工具，如图 3-8 所示。利用模板可以快捷地画出圆、矩形以及窗、门、电子元件、洁具、家具等图例符号，使用模板可以提高制图的速度和精确度。

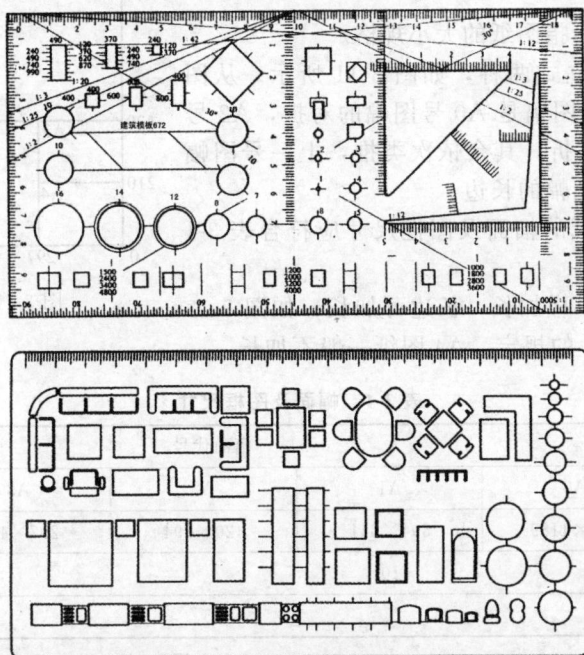

图 3-8 模板

3.1.4 铅笔与针管笔

（1）铅笔。铅笔是绘制图样最基本也是最主要的工具。依据铅芯的硬度，可将铅笔分为硬铅与软铅，硬铅用字母 H 代表，软铅用字母 B 代表。铅芯越软，画出的图线颜色越深。对于大多数的制图工作来讲，根据绘制线型的需要，细实线和草稿线使用 H、2H 铅笔；粗实线常用 B、2B 铅笔。书写字体采用 HB 铅笔。铅芯的软硬度分为 6 个等级，如图 3-9 所示。

（2）针管笔。针管笔也称绘图笔，如图 3-10 所示。专业绘图笔都有一个管式笔头，里面有一个控制墨水流出的细金属丝。绘图笔所画线的粗细与管式笔头的粗细有关。管式笔头的宽度是根据线宽的规定制定的。在使用专用制图笔时，务必要注意把笔头拧紧，防止墨水阻塞笔尖。

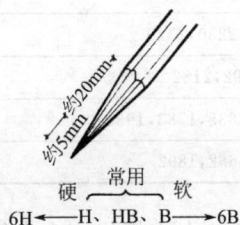

图 3-9 铅笔

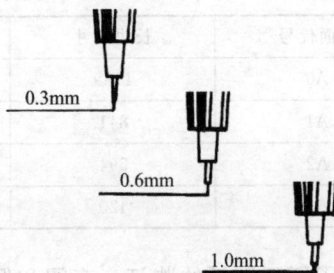

图 3-10 针管笔

3.2 图幅、线型、比例、图层的设置

3.2.1 图幅与图框

图幅即图纸幅面，指图纸的大小规格。

图幅分为横式和立式两种，如图 3-11 所示。从图 3-11 可以看出，A1 号图幅是 A0 号图幅的对折，A2 号图幅是 A1 号图幅的对折，其余依次类推，上一号图幅的短边，即是下一号图幅的长边。

室内设计工程图纸的幅面及图框尺寸应符合表 3-1 的规定。

图纸的短边一般不应加长，长边可加长，如图 3-12 所示，但应符合表 3-2 的规定。A4 图纸一般不加长。

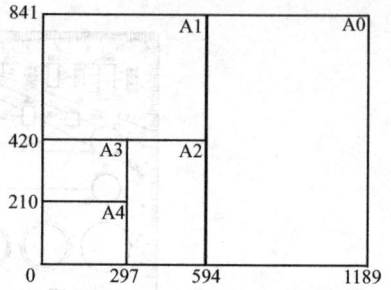

图 3-11 图纸幅面

表 3-1 幅面及图框尺寸   单位：mm

尺寸代号	幅面代号				
	A0	A1	A2	A3	A4
$b \times l$	841×1189	594×841	420×594	297×420	210×297
c		10			5
a		25			

注：b 与 l 分别表示图幅短边与长边的尺寸，短边与长边之比为 $1:\sqrt{2}$；c 代表图框线与幅面线间距离；a 代表图框线与装订边间距离。

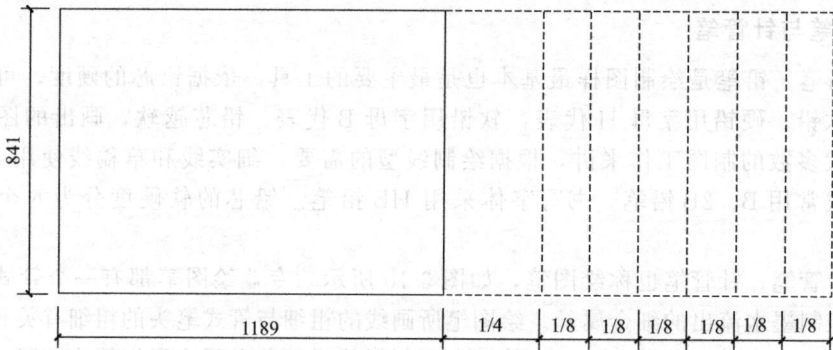

图 3-12 图纸长边加长

表 3-2 图纸长边加长尺寸   单位：mm

幅面代号	长边尺寸	长边加长后尺寸
A0	1189	1486,1635,1783,1932,2080,2230,2378
A1	841	1051,1261,1471,1682,1892,2102
A2	594	743,891,1041,1189,1338,1486,1635,1783,1932
A3	420	630,841,1051,1261,1471,1682,1892

为了便于图纸的装订、查阅和保存，满足图纸现代管理要求，图纸的大小规格应力求统一。图纸四周应画图框，用以界定图纸中的绘图范围。图框用粗实线画出。图纸以短边作为

垂直边称为横式，以短边作为水平边称为立式。A0～A3 图纸宜横式使用；必要时，也可立式使用。图框横式右边距图纸边和上下边距图纸边为 10mm，左边距图纸边为 25mm，作装订用，如图 3-13、图 3-14 所示。图框立式图纸如图 3-15、图 3-16 所示。

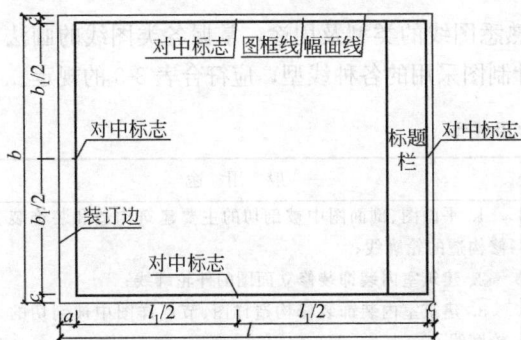

图 3-13　A0～A3 横式幅面（一）

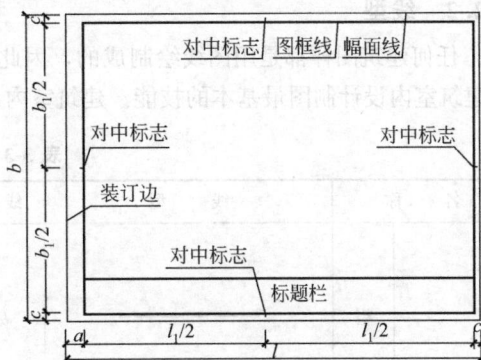

图 3-14　A0～A3 横式幅面（二）

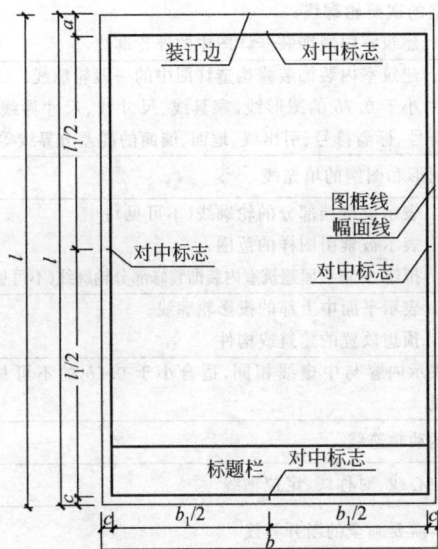

图 3-15　A0～A3 立式幅面（一）

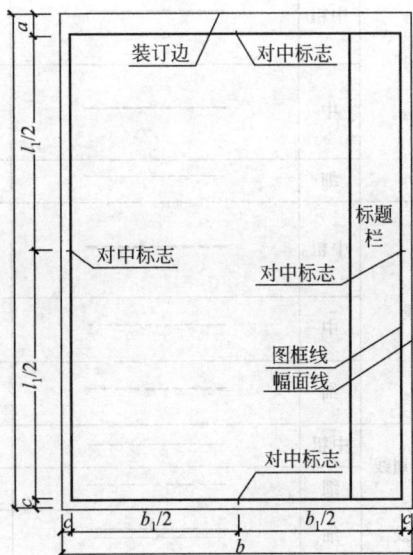

图 3-16　A0～A3 立式幅面（二）

　　一个工程设计中，每个专业所使用的图纸，不宜多于两种幅面，不含目录及表格所采用的 A4 幅面。

　　每张图样规定都要在图框内画出标题栏。标题栏应根据工程的需要选择并确定其内容、尺寸、格式及分区。标题栏可横排，也可竖排；涉外工程的标题栏内，各项主要内容的中文下方应附有外文，设计单位的上方或左方，应加"中华人民共和国"字样；鉴于当前各设计单位标题栏的内容增多，有时还需要加入外文的实际情况，提供了两种标题栏尺寸供选用；30～50mm 一般用于横式图幅，40～70mm 一般用于立式图幅，如图 3-17 所示。

30~50	设计单位名称区	注册师签章区	项目经理区	修改记录区	工程名称区	图号区	签字区	会签栏

图 3-17　横式标题栏

为了避免因签字过于潦草而难以识别，保留了签字区应包含实名列和签名列的规定。同时，随着计算机技术的发展，越来越多的电子图作为最终设计成品发行，电子签名也逐渐得到应用。

3.2.2 线型

任何建筑图样都是用图线绘制成的，因此，熟悉图线的类型及用途，掌握各类图线的画法，是建筑室内设计制图最基本的技能。建筑室内设计制图采用的各种线型，应符合表 3-3 的规定。

表 3-3　常用线型

名　　称		线　　型	线宽	一　般　用　途
实线	粗		b	1. 平面图、剖面图中被剖切的主要建筑构造和装饰装修构造的轮廓线； 2. 建筑室内装饰装修立面图的外轮廓线； 3. 建筑室内装饰装修构造详图、节点详图中被剖切的轮廓线； 4. 平面图、立面图、剖面图的剖切符号
	中粗		$0.7b$	1. 平面图、立面图、剖面图中被剖切的建筑和装饰装修构造的次要轮廓线； 2. 建筑室内装饰装修详图中的外轮廓线
	中		$0.5b$	1. 建筑室内装饰装修构造详图中的一般轮廓线； 2. 小于 $0.7b$ 的图形线、家具线、尺寸线、尺寸界线、索引符号、标高符号、引出线、地面、墙面的高差分界线等
	细		$0.25b$	图形和图例的填充线
虚线	中粗		$0.7b$	1. 表示被遮挡部分的轮廓线（不可见）； 2. 表示被索引图样的范围； 3. 拟建、扩建房屋建筑室内装饰装修部分轮廓线（不可见）
	中		$0.5b$	1. 表示平面中上部的投影轮廓线； 2. 预想放置的建筑或构件
	细		$0.25b$	表示内容与中虚线相同，适合小于 $0.5b$ 的不可见轮廓线
单点长划线	中粗		$0.7b$	运动轨迹线
	细		$0.25b$	中心线、对称线、定位轴线
折断线	细		$0.25b$	不需要画全的断开界线
波浪线	细		$0.25b$	1. 不需要画全的断开界线； 2. 构造层次的断开界线； 3. 曲线形构件的断开界线
点线	细		$0.25b$	制图需要的辅助线
样条曲线	细		$0.25b$	1. 不需要画全的断开界线； 2. 制图需要的引出线
云线	中		$0.5b$	1. 圈出被索引图样的范围； 2. 标注材料的范围； 3. 标注需要强调、变更或改动的区域

画线时应该注意的问题如下。

（1）同一图纸中，比例尺相同的图样，同一类线型粗细应该相同。

（2）图线不得与文字、数字或其他符号相重叠。当不可避免时，应优先保证文字和数字的清晰。

（3）相互平行的图例线，其净间隙或线中间隙不宜小于 0.2mm。

（4）虚线、单点长划线或双点长划线的线段长度和间隔，宜各自相等。

（5）单点长划线或双点长划线，当在较小图形中绘制有困难时，可用实线代替。

（6）单点长划线或双点长划线的两端，不应是点。点划线与点划线交接点或点划线与其他图线交接时，应是线段交接。

（7）虚线与虚线交接或虚线与其他图线交接时，应是线段交接。虚线为实线的延长线时，不得与实线相接，见表 3-4。

表 3-4　图线交接方式

交　接　方　式	正　确	错　误
两直线相交		
两线相切处,不应使线加粗		
各种线相交时,交点处不应有空隙		
实线与虚线相接		
圆的中心线应出头,中心线与虚线圆的相交处不应有空隙		

图线的宽度 b，宜从下列线宽系列中选取：1.4mm、1.0mm、0.7mm、0.5mm、0.35mm、0.25mm、0.18mm、0.13mm。各图样可根据复杂程度与比例大小，先选定基本线宽 b，再按表 3-5 选用相应的线宽组。绘制较简单的图样时，可采用两种线宽的线宽组，其线宽比宜为 $b : 0.25b$。

表 3-5　线宽组

线　宽　比	线宽组/mm			
b	1.4	1.0	0.7	0.5
$0.7b$	1.0	0.7	0.5	0.35
$0.5b$	0.7	0.5	0.35	0.25
$0.25b$	0.35	0.25	0.18	0.13

注：1. 需要微缩的图纸，不宜采用 0.18mm 及更细的线宽。

2. 同一张图纸内，各个不同线宽组中的细线，可统一采用较细的线宽组的细线。

图纸的图框线、标题栏线的宽度，可采用表 3-6 列出的宽度。

表 3-6　图框线、标题栏线的宽度　　　　　　　　　　　　　　　单位：mm

幅面代号	图框线	标题栏外框线	标题栏分格线
A0、A1	b	$0.5b$	$0.25b$
A2、A3、A4	b	$0.7b$	$0.35b$

3.2.3　比例

比例是表示图样尺寸与物体尺寸的比值，在工程制图中注写比例能够在图纸上反映物体的实际尺寸。

　　绘制图样时，一般应选用规定的比例，尽量采用原值比例，同一物体的各个视图应采用相同的比例，一般在标题栏中填写。图样不论采用何种比例，在标注尺寸时，应按物体的实际尺寸标注。

　　比例的符号为"："，比例应以阿拉伯数字表示，如 $1:1$、$1:2$、$1:100$ 等。

　　比例宜注写在图名的右侧，字的基准线应取平；比例的字高宜比图名的字高小一号或二号，如图 3-18 所示。特殊情况下也可自选比例，这时除应注出绘图比例外，还必须在适当位置绘制出相应的比例尺。

二层平面图　　$1:150$

图 3-18　比例的注写

　　图样的比例应根据图样用途与被绘对象的复杂程度选取。房屋建筑室内装饰装修制图中常用比例宜为 $1:1$、$1:2$、$1:5$、$1:10$、$1:15$、$1:20$、$1:25$、$1:30$、$1:40$、$1:50$、$1:75$、$1:100$、$1:150$、$1:200$。

　　绘图所用的比例，应根据房屋建筑室内装饰装修设计的不同部位、不同阶段的图纸内容和要求，从表 3-7 中选用。

表 3-7　各部位常用图纸比例

比　例	部　位	图　纸　内　容
$1:200\sim1:100$	总平面、总顶面	总平面布置图、总顶棚平面布置图
$1:100\sim1:50$	局部平面、局部顶棚平面	局部平面布置图、局部顶棚平面布置图
$1:100\sim1:50$	不复杂的立面	立面图、剖面图
$1:50\sim1:30$	较复杂的立面	立面图、剖面图
$1:30\sim1:10$	复杂的立面	立面放样图、剖面图
$1:10\sim1:1$	平面及立面中需要详细表示的部位	详图
$1:10\sim1:1$	重点部位的构造	节点图

3.3　符号标注、文字标注、尺寸标注

3.3.1　符号标注

　　图纸上有多种符号。常用符号有剖切符号、索引符号与详图符号、引出线和其他符号等。

3.3.1.1　剖切符号

　　剖切符号有剖视的剖切符号和断面的剖切符号两种。

　　剖视的剖切符号应符合下列规定。

　　(1) 剖视的剖切符号应由剖切位置线、投射方向线和索引符号组成。剖切位置线位于图样被剖切的部位，以粗实线绘制，长度宜为 $8\sim10\text{mm}$；投射方向线平行于剖切位置线，由细实线绘制，一段应与索引符号相连，另一段长度与剖切位置线平行且长度相同。绘制时，剖视剖切符号不应与其他图线相接触，如图 3-19 所示。也可采用国际统一和常用的剖视方法，如图 3-20 所示。

　　(2) 剖切位置应能反映物体构造特征和设计需要标明部位。

　　(3) 剖切符号应标注在需要表示装饰装修剖面内容的位置上。

　　(4) 局部剖面图（不含首层）的剖切符号应标注在被剖切部位的最下面一层的平面图上。

　　(5) 剖视的方向由图面中剖切符号表示。

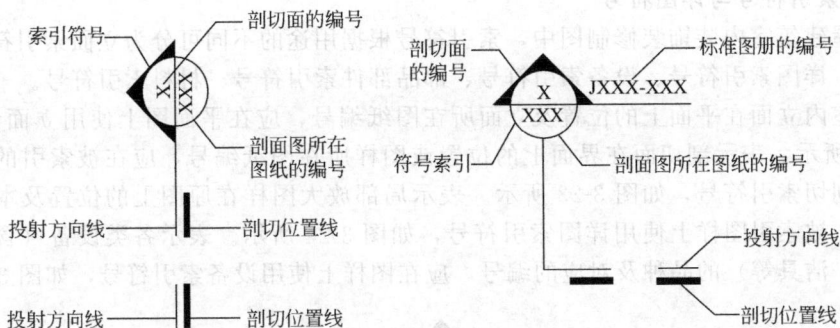

图 3-19　剖视剖切符号

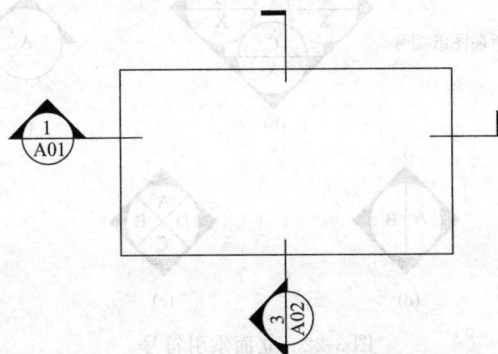

图 3-20　国际统一和常用的剖视符号

（6）剖视的剖切符号的编号宜采用阿拉伯数字或字母，编写顺序按剖切部位在图样中的位置由左至右、由下至上编排，应注写在索引符号内。

（7）建（构）筑物剖面图的剖切符号宜注在±0.000 标高的平面图上。

断面的剖切符号应符合下列规定。

（1）断面的剖切符号应由剖切位置线、引出线及索引符号组成。剖切位置线应以粗实线绘制，长度宜为 8～10mm。引出线由细实线绘制，连接索引符号和剖切位置线。

（2）断面的剖切符号的编号宜采用阿拉伯数字或字母，编写顺序按剖切部位在图样中的位置由左至右、由下至上编排，应注写在索引符号内，如图 3-21 所示。

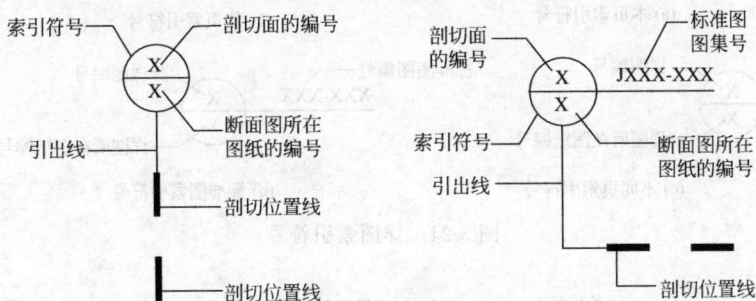

图 3-21　断面剖切符号

（3）剖切符号应标注在需要表示装饰装修剖面内容的位置上。

（4）剖面图或断面图，如与被剖切图样不在同一张图内，应在剖切位置线的另一侧注明其所在图纸的编号，也可以在图上集中说明。

3.3.1.2 索引符号与详图符号

在房屋建筑室内装饰装修制图中，索引符号根据用途的不同可分为立面索引符号、剖切索引符号、详图索引符号、设备索引符号、部品部件索引符号、材料索引符号。

表示室内立面在平面上的位置及立面所在图纸编号，应在平面图上使用立面索引符号，如图 3-22 所示。表示剖切面在界面上的位置或图样所在图纸编号，应在被索引的界面或图样上使用剖切索引符号，如图 3-23 所示。表示局部放大图样在原图上的位置及本图样所在页码，应在被索引图样上使用详图索引符号，如图 3-24 所示。表示各类设备（含设备、设施、家具、洁具等）的品种及对应的编号，应在图样上使用设备索引符号，如图 3-25 所示。

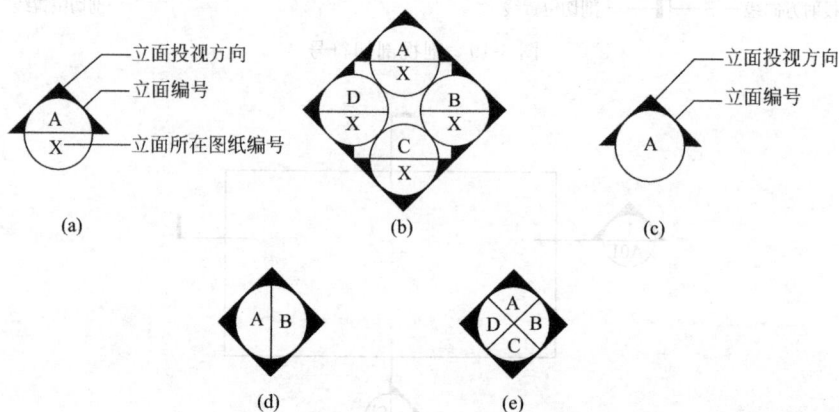

图 3-22　立面索引符号

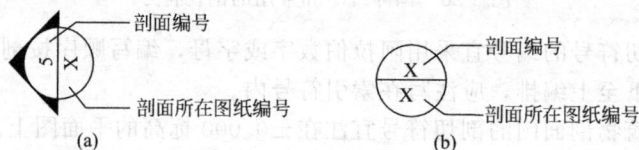

图 3-23　剖切索引符号

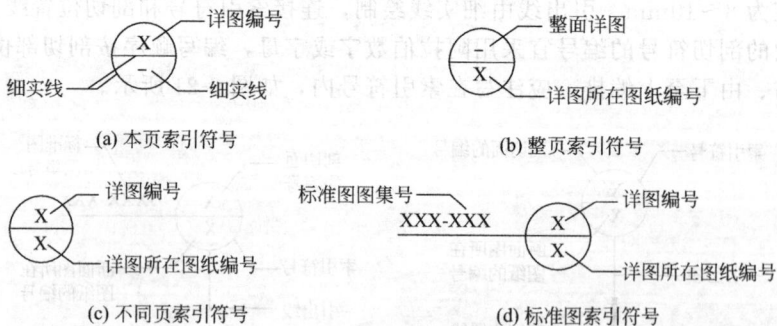

(a) 本页索引符号　　(b) 整页索引符号

(c) 不同页索引符号　　(d) 标准图索引符号

图 3-24　详图索引符号

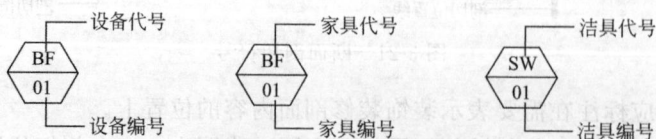

图 3-25　设备索引符号

索引符号应按下列规定编写。

（1）立面索引符号由圆圈、水平直径组成，圆圈及水平直径应以细实线绘制。根据图面比例，圆圈直径可选择 8～10mm。圆圈内注明编号及索引图所在页码。立面索引符号附以三角形箭头，三角形箭头方向同投射方向，但圆圈中水平直径、数字及字母（垂直）的方向不变，如图 3-26 所示。

（2）剖切索引符号和详图索引符号均由圆圈、直径组成，圆圈及直径应以细实线绘制。根据图面比例，圆圈直径可选择 8～10mm。圆圈内注明编号及索引图所在页码。剖切索引符号附以三角形箭头，三角形箭头方向与圆圈中直径、数字及字母（垂直于直径）的方向保持一致，并且一起随投射方向而变，如图 3-27 所示。

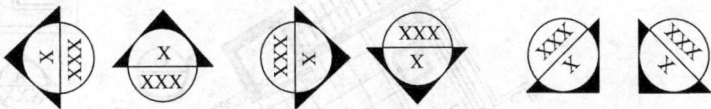

图 3-26　立面索引符号　　　　　　　　　　　图 3-27　剖切索引符号

（3）索引图样时，应以引出圈将被放大的图样范围完整圈出，并且由引出线连接引出圈和详图索引符号。图样范围较小的引出圈以圆形中粗虚线绘制；范围较大的引出圈以有弧角的矩形中粗虚线绘制，也可以云线绘制，如图 3-28 所示。

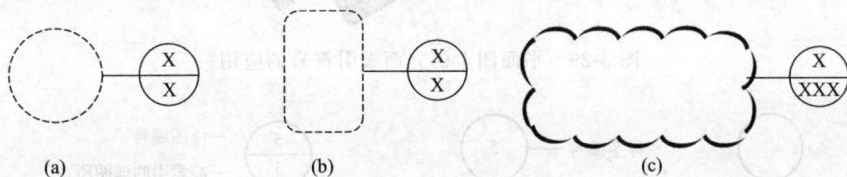

(a)　　　　　　　　　　(b)　　　　　　　　　　(c)

图 3-28　索引符号

（4）设备索引符号由正六边形、水平内径线组成，正六边形、水平内径线应以细实线绘制。根据图面比例，正六边形长轴可选择 8～12mm。正六边形内应注明设备编号及设备品种代号。

索引符号的编号应按下列规定编写。

（1）引出图如与被索引图在同一张图纸内，应在索引符号的上半圆中用阿拉伯数字或字母注明该索引图的编号，在下半圆中间画一段水平细实线。

（2）引出图如与被索引的详图不在同一张图纸内，应在索引符号的上半圆中用阿拉伯数字或字母注明该详图的编号，在索引符号的下半圆中用阿拉伯数字或字母注明该详图所在图纸的编号。数字较多时，可加文字标注。

（3）在平面图中采用立面索引符号时，应采用阿拉伯数字或字母为立面编号代表各透视方向，应以顺时针方向排序，如图 3-29 所示。

详图的位置和编号，应以详图符号表示。详图符号的圆，应以直径为 14mm 粗实线绘制，如图 3-30（a）所示。详图应按下列规定编号。

① 详图与被索引的图样同在一张图纸内时，应在详图符号内用阿拉伯数字注明详图的编号，如图 3-30（b）所示。

② 详图与被索引的图样不在同一张图纸内，应用细实线在详图符号内画一水平直径，在上半圆中注明详图编号，在下半圆中注明被索引的图纸的编号，如图 3-30（c）所示。

3.3.1.3　引出线

室内装饰施工图在图样较少、内容较多、标注困难的情况下，常用引出线把需要说明的

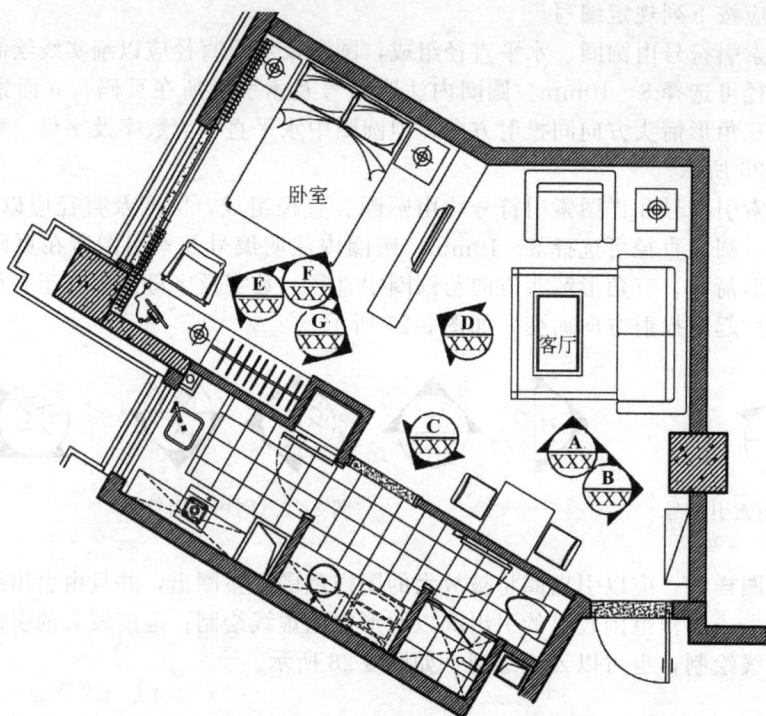

图 3-29 平面图上的立面索引符号的应用

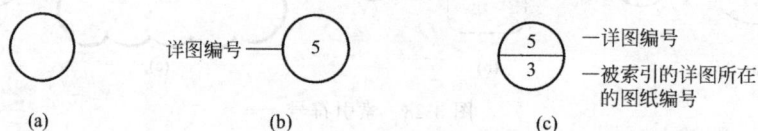

图 3-30 详图符号

内容引出注写在图样之外。引出线的绘制应注意以下几点。

（1）引出线应以细实线绘制，宜采用水平方向的直线、与水平方向成 30°、45°、60°、90°的直线，或经上述角度再折为水平线。文字说明宜注写在水平线的上方，如图 3-31（a）所示。也可注写在水平线的端部，如图 3-31（b）所示。索引详图的引出线，应与水平直径线相连接，如图 3-31（c）所示。

（2）同时引出几个相同部分的引出线，宜互相平行，如图 3-32（a）所示。也可画成集中于一点的放射线，如图 3-32（b）所示。

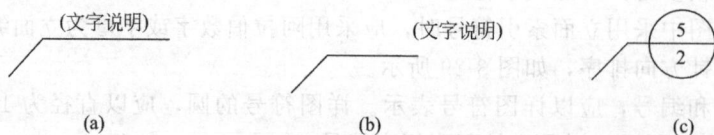

图 3-31 引出线

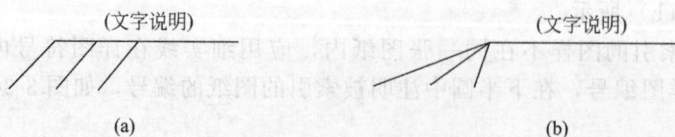

图 3-32 共同引出线

（3）多层构造或多层管道共用引出线，应通过被引出的各层或各部位，并且用圆点示意对应位置。文字说明宜注写在水平线的上方，或注写在水平线的端部，说明的顺序应由上至下，并且应与被说明的层次相互一致；如层次为横向排序，则由上至下的说明顺序应与由左至右的层次相互一致，如图 3-33 所示。

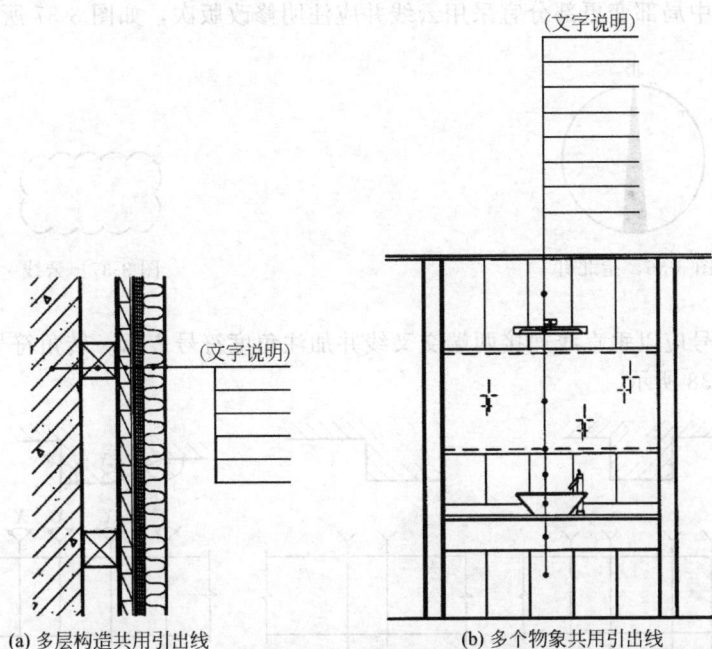

(a) 多层构造共用引出线　　　　(b) 多个物象共用引出线

图 3-33　多层构造引出线

3.3.1.4　其他符号

（1）对称符号。由对称线和分中符号组成。对称线应用细单点长划线绘制；分中符号应用细实线绘制。采用平行线分中符号时，平行线用细实线绘制，其长度宜为 6～10mm，每对的间距宜为 2～3mm。对称线垂直平分于两对平行线，两端超出平行线宜为 2～3mm，如图 3-34 所示。

（2）连接符号。应以折断线或波浪线表示需连接的部位。两部位相距过远时，折断线或波浪线两端靠图样一侧应标注大写拉丁字母表示连接编号。两个被连接的图样必须用相同的字母编号，如图 3-35 所示。

A—连接符号

图 3-34　对称符号　　　　　　　　　　图 3-35　连接符号

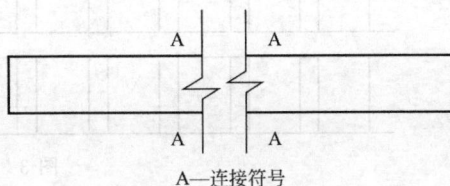

（3）指北针的形状如图 3-36 所示，其圆的直径宜为 24mm，用细实线绘制；指针尾部的宽度宜为 3mm，指针头部应注"北"或"N"字。需用较大直径绘制指北针时，指针尾部宽度宜为直径的 1/8。指北针应绘制在建筑室内装饰设计的第一张平面图上并应位于明显位置。

（4）对图纸中局部变更部分宜采用云线并应注明修改版次，如图 3-37 所示。

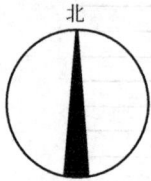

图 3-36　指北针

图 3-37　云线

（5）转角符号应以垂直线连接两端交叉线并加注角度符号表示。转角符号用于表示立面的转折，如图 3-38 所示。

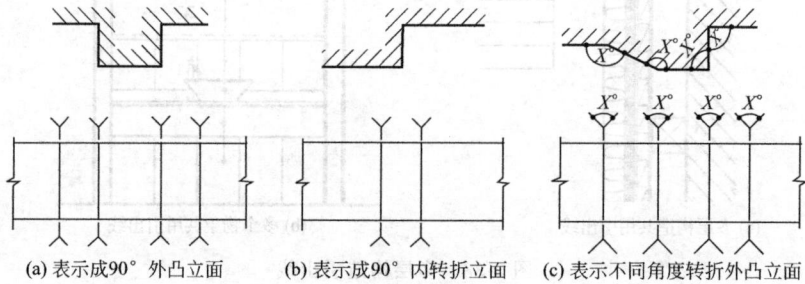

(a) 表示成90°外凸立面　　(b) 表示成90°内转折立面　　(c) 表示不同角度转折外凸立面

图 3-38　转角符号

3.3.2　文字标注

室内设计施工图纸上的字体书写必须做到字体端正，笔画清楚，间隔均匀，排列整齐。字体高度（用 h 表示）的尺寸系列为 3.5mm、5mm、7mm、10mm、14mm、20mm。如果要书写更大的字体，其字高可按比率递增。

3.3.2.1　长仿宋体

长仿宋体是由宋体字演变而来的长方形字体，它的笔画匀称明快、书写方便，因而是工程图纸最常用字体。为了使字大小一致、排列整齐，书写前应事先用铅笔淡淡地打好字格，再进行书写，字格高宽比例一般为 3:2，如图 3-39 所示。为了使字行清楚，行距应大于字距。通常字距约为字高的 1/4，行距约为字高的 1/3。

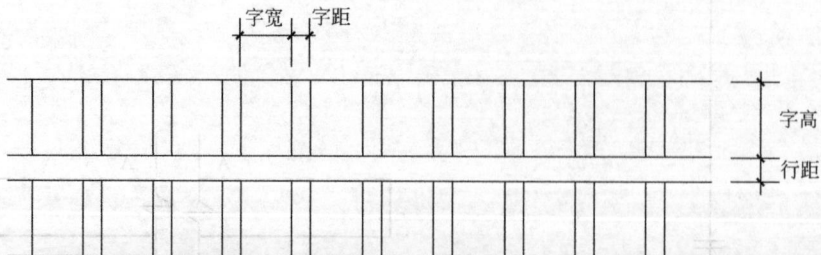

图 3-39　字格

字的大小用字号来表示，字的号数即字的高度，各字号的高度与宽度的关系见表 3-8。

表 3-8　长仿宋体各字号的高度与宽度的关系　　　　　　　单位：mm

表 3-8　长仿宋体各字号的高度与宽度的关系　　　　　　　单位：mm

字高	20	14	10	7	5	3.5
字宽	14	10	7	5	3.5	2.5

图纸中常用的为 10、7、5 三号。如需书写更大的字，其高度应按 $\sqrt{2}$ 的比值递增。汉字的字高应不小于 2.5mm。图样及说明中的简化汉字书写必须符合中华人民共和国国务院正式公布推行的《汉字简化方案》中的规定，长仿宋体如图 3-40 所示，长仿宋体的基本笔画如图 3-41 所示。

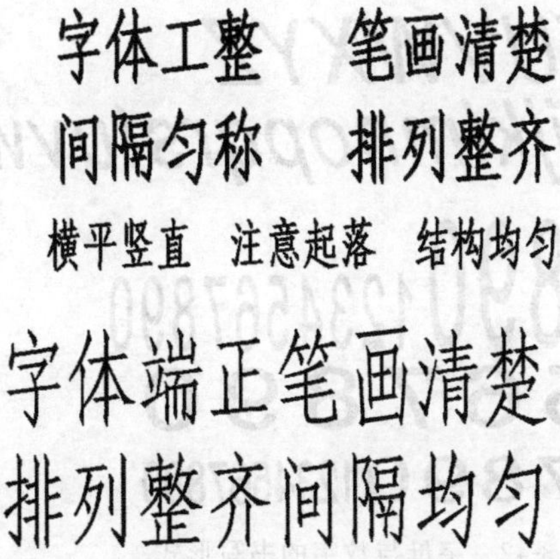

字体工整　　笔画清楚
间隔匀称　　排列整齐
横平竖直　注意起落　结构均匀　填满方格

字体端正笔画清楚
排列整齐间隔均匀

图 3-40　长仿宋体

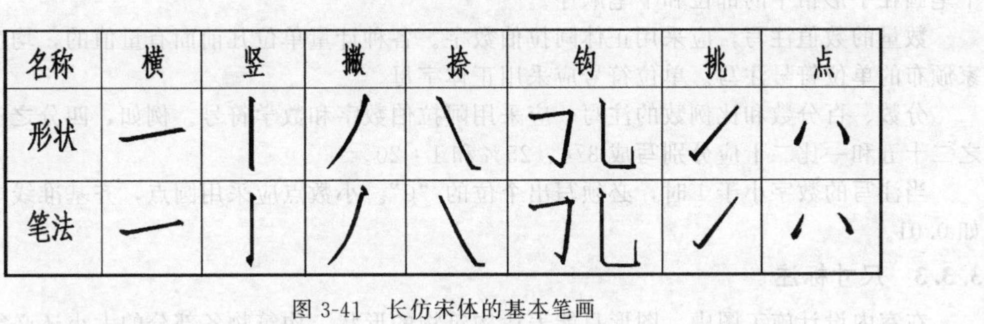

名称	横	竖	撇	捺	钩	挑	点
形状	一	丨	丿	㇏	㇆ㄴ	丿	丷
笔法	一	丨	丿	㇏	㇆ㄴ	丿	丷

图 3-41　长仿宋体的基本笔画

3.3.2.2　字母和数字

拉丁字母、阿拉伯数字与罗马数字的书写与排列，应符合表 3-9 的规定。它们如需写成斜体字，其斜度应是从字的底线逆时针向上倾斜 75°。斜体字的高度与宽度应与相应的直体字相等。它们的字高，应不小于 2.5mm，如图 3-42 所示。

表 3-9　拉丁字母、阿拉伯数字与罗马数字书写规则

书写格式	一般字体	窄字体	书写格式	一般字体	窄字体
大写字母高度	h	h	字母间距	$2h/10$	$2h/14$
小写字母高度（上下均无延伸）	$7h/10$	$10h/14$	上下行基准线最小间距	$15h/10$	$21h/14$
小写字母伸出的头部或尾部	$3h/10$	$4h/14$	词间距	$6h/10$	$6h/14$
笔画宽度	$1h/10$	$1h/14$			

拉丁字母、阿拉伯数字及罗马数字与汉字并列书写时其字高可小一至二号。

拉丁字母和数字的笔画都是由直线或直线与圆弧、圆弧与圆弧组成的。书写时要注意每

ABCDEFGHIJKLMN
OPQRSTUVWXYZ
abcdefghijklmnopqrstuvwxyz

ABCDEFGHIJKLMN
OPQRSTUVWXYZ
abcdefghijklmnopqrstuvwxyz

12345678901234567890
1 2 3 4 5 6 7 8 9 0
12345678901234567890

图 3-42　字母与数字的书写形式

个笔画在字形格中的部位和下笔顺序。

数量的数值注写，应采用正体阿拉伯数字。各种计量单位凡前面有量值的，均应采用国家颁布的单位符号注写。单位符号应采用正体字母。

分数、百分数和比例数的注写，应采用阿拉伯数字和数学符号。例如，四分之三、百分之二十五和一比二十应分别写成 3/4、25％和 1：20。

当注写的数字小于 1 时，必须写出个位的"0"。小数点应采用圆点，齐基准线书写，例如 0.01。

3.3.3　尺寸标注

在室内设计施工图中，图形只能表达构筑物的形状，构筑物各部分的大小还必须通过标注尺寸才能确定。室内施工和构件制作都必须根据尺寸进行，因此尺寸标注是制图的一项重要工作，必须认真细致、准确无误，如果尺寸有遗漏或错误，必将给施工造成困难和损失。注写尺寸时，应力求做到正确、完整、清晰、合理。

现介绍建筑室内制图国家标准中尺寸标注的一些基本规定。

3.3.3.1　尺寸的组成

一个完整的室内设计施工图样尺寸包括尺寸界线、尺寸线、尺寸起止符号和尺寸数字。尺寸组成如图 3-43 所示。

（1）尺寸界线。尺寸界线应用细实线绘制，一般应与被注长度垂直，其一端应离开图样轮廓线不小于 2mm，另一端宜超出尺寸线 2～3mm。图样轮廓线可用作尺寸界线。

（2）尺寸线。尺寸线应用细实线绘制，应与被注长度平行。图样本身的任何图线均不得用作尺寸线。

（3）尺寸起止符号。尺寸起止符号可用中粗斜短线绘制，其倾斜方向应与尺寸界线成为顺时针 45°角，长度宜为 2～3mm；也可用黑色圆点绘制，其直径宜为 1mm。半径、直径、角度与弧长的尺寸起止符号，宜用箭头表示，如图 3-44 所示。

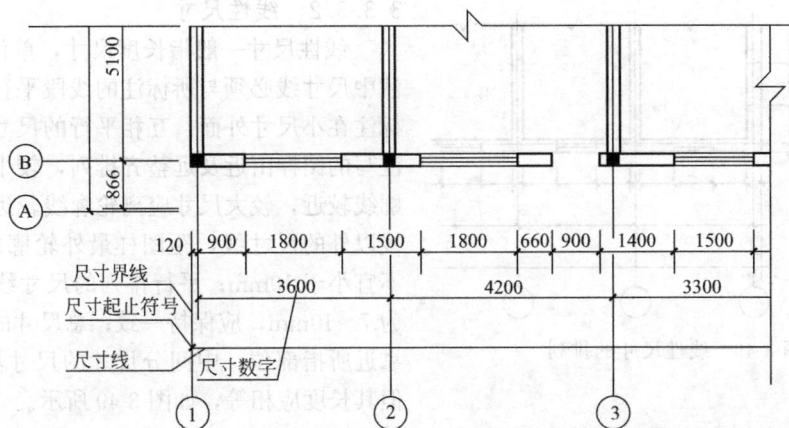

图 3-43　尺寸组成

（4）尺寸数字。尺寸数字，即形体的实际尺寸，与制图采用的比例无关。图样上的尺寸，应以尺寸数字为准，不得从图上直接量取。尺寸单位，除标高及总平面图以 m 为单位外，其他必须以 mm 为单位。

尺寸数字的注写及阅读方向：当尺寸线为水平时，尺寸数字注写在尺寸线上方中部，从左至右顺序阅读；当尺寸线为竖直时，尺寸数字注写在尺寸线的左侧中部，从下至上顺序阅读；当尺寸线为倾斜时，则以阅读方便为准。应尽量避开在图示 30°阴影范围内注写尺寸。

尺寸数字应根据其读数方向注写在靠近尺寸线的上方中部，如果没有足够的位置，首尾尺寸数字可注写在尺寸界线的外侧；中间相邻的尺寸数字，可上下或左右错开注写，也可用引出线注写，如图 3-45 所示。

对于室内设计制图中连续重复的构配件等，当不易标明定位尺寸时，可在总尺寸的控制下，定位尺寸不用数值而用"均分"或"EQ"字样表示，如图 3-46 所示。

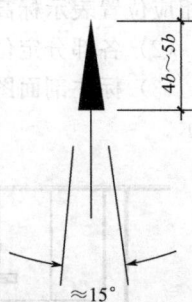

图 3-44　尺寸起止符号

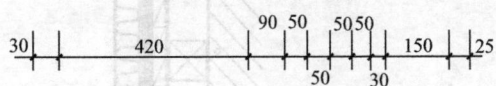

图 3-45　尺寸数字的注写位置

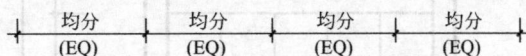

图 3-46　连续重复定位尺寸的标注

尺寸宜标注在图样轮廓线之外，不宜与图线相交，如图 3-47 所示。图线不得穿过尺寸数字；不可避免时，应将穿过尺寸数字的图线断开，如图 3-48 所示。

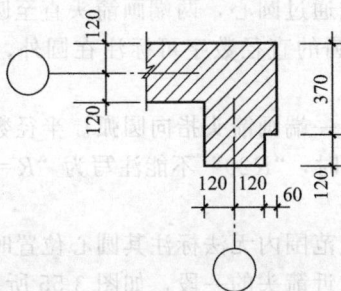

图 3-47　尺寸不宜与图线相交

图 3-48　尺寸数字处图线应断开

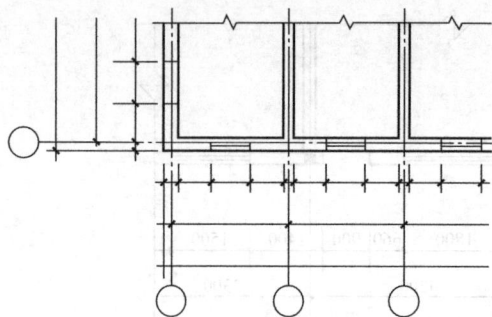

图 3-49　线性尺寸的排列

3.3.3.2　线性尺寸

线性尺寸一般指长度尺寸，单位为 mm。标注中尺寸线必须与所标注的线段平行，大尺寸要标注在小尺寸外面。互相平行的尺寸线，应从被注写的图样由近及远整齐排列，较小尺寸应离轮廓线较近，较大尺寸应离轮廓线较远；图样轮廓线以外的尺寸线，距图样最外轮廓之间的距离，不宜小于 10mm；平行排列的尺寸线的距离，宜为 7～10mm，应保持一致；总尺寸的尺寸界线应靠近所指部位，中间分尺寸的尺寸界线可稍短，但其长度应相等，如图 3-49 所示。

尺寸标注和标高注写，宜符合下列规定。

（1）立面图、剖面图及详图应标注标高和垂直方向尺寸；不易标注垂直距离尺寸时，可在相应位置表示标高，如图 3-50 所示。

（2）各部分定位尺寸及细部尺寸应注写净距离尺寸或轴线间尺寸。

（3）标注剖面图或详图各部位的定位尺寸时，应注写其所在层次内的尺寸，如图 3-51 所示。

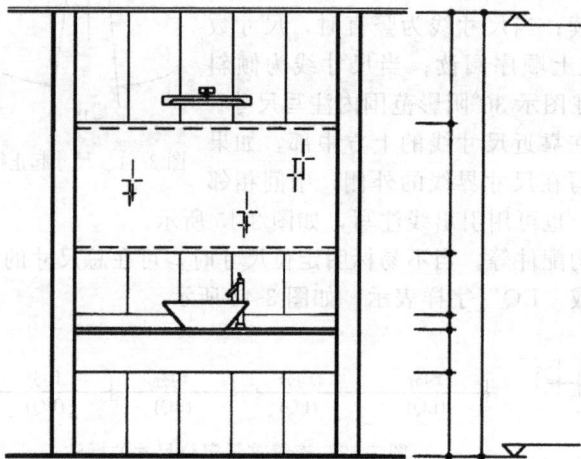

图 3-50　尺寸和标高注写

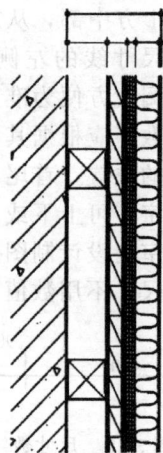

图 3-51　详图尺寸注写

3.3.3.3　直径、半径、球面、角度、弦长、弧长的尺寸标注

（1）直径尺寸。标注圆的直径尺寸时，直径尺寸线通过圆心，两端画箭头直至圆弧，如图 3-52 所示。直径数字前应加注直径符号"ϕ"。较小圆的直径数字可标注在圆外，如图 3-53 所示。

（2）半径尺寸。半径尺寸线应一端从圆心开始，另一端画箭头指向圆弧。半径数字前应加注半径符号"R"，如图 3-54 所示。加注半径符号 R 时，"$R20$"不能注写为"$R=20$"或"$r=20$"。

（3）大圆弧半径尺寸。当圆弧的半径过大或在图纸范围内无法标注其圆心位置时，可采用折线形式。若圆心位置不需注明，则尺寸线可只画靠近箭头的一段，如图 3-55 所示。

（4）小圆弧半径尺寸。对于小尺寸在没有足够的位置画箭头或注写数字时，箭头可画在外面，或用小圆点代替两个箭头；尺寸数字也可采用旁注或引出标注，如图 3-56 所示。

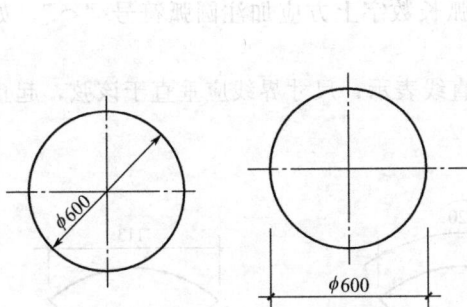

图 3-52　直径尺寸的标注方法

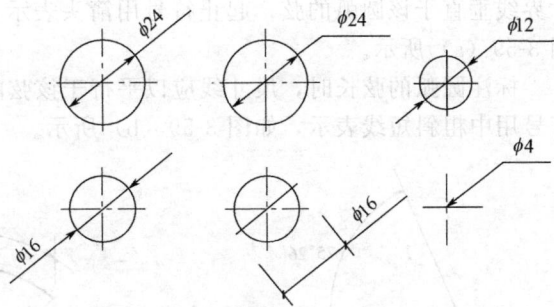

图 3-53　小圆直径尺寸的标注方法

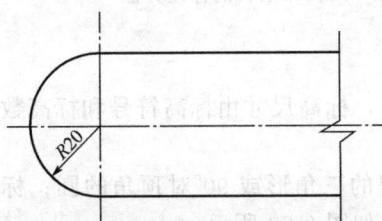

图 3-54　半径尺寸的标注方法

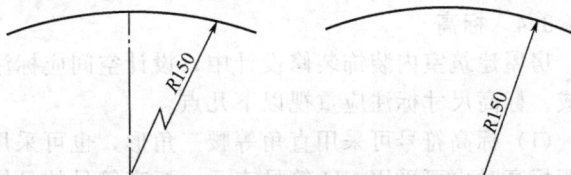

图 3-55　大圆弧半径的标注方法

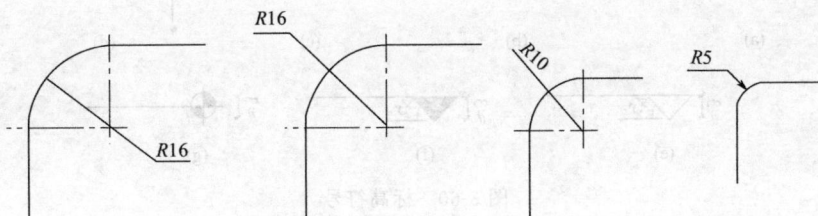

图 3-56　小圆弧半径的标注方法

（5）球面尺寸。标注球面的直径或半径时，应在尺寸数字前分别加注符号"$S\phi$"或"SR"，如图 3-57 所示。

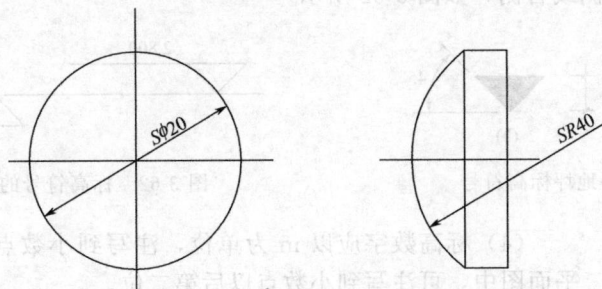

图 3-57　球面尺寸的标注方法

（6）角度尺寸。角度的尺寸线应以圆弧表示。该圆弧的圆心是该角的顶点，角的两条边为尺寸界线。角度的起止符号以箭头表示，如无足够位置画箭头，可用圆点代替；角度尺寸应按水平方向注写，如图 3-58 所示。

（7）弦长和弧长尺寸。标注圆弧的弧长时，尺寸线应以与该圆弧同心的圆弧线表示，尺寸界线垂直于该圆弧的弦；起止符号用箭头表示，弧长数字上方应加注圆弧符号"⌒"，如图 3-59（a）所示。

标注圆弧的弦长时，尺寸线应以平行于该弦的直线表示；尺寸界线应垂直于该弦，起止符号用中粗斜短线表示，如图 3-59（b）所示。

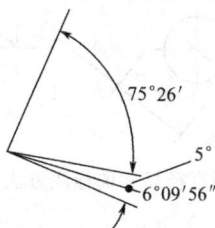

图 3-58　角度尺寸的标注方法

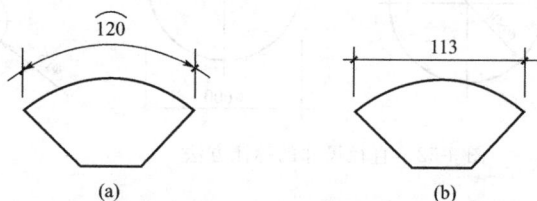

图 3-59　弧长和弦长的标注方法

3.3.3.4　标高

房屋建筑室内装饰装修设计中，设计空间应标注标高，标高尺寸由标高符号和标高数字组成。标高尺寸标注应重视以下几点。

（1）标高符号可采用直角等腰三角形，也可采用涂黑的三角形或 90°对顶角的圆；标注顶棚标高时也可采用 CH 符号表示。标高符号的具体画法如图 3-60 所示。

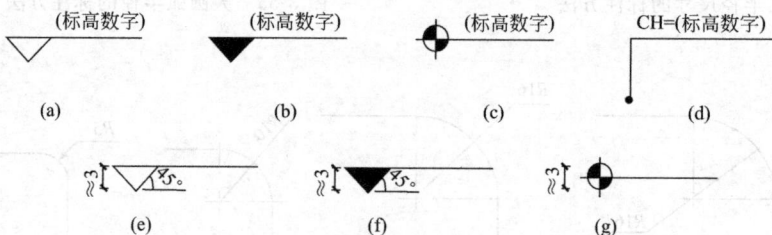

图 3-60　标高符号

（2）总平面图室外地坪标高符号，宜用涂黑的三角形表示，如图 3-61（a）所示，具体画法如图 3-61（b）所示。

（3）标高符号的尖端应指至被注高度的位置。尖端一般应向下，也可向上。标高数字应注写在标高符号的左侧或右侧，如图 3-62 所示。

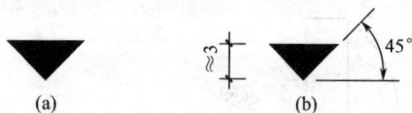

图 3-61　室外地坪标高符号

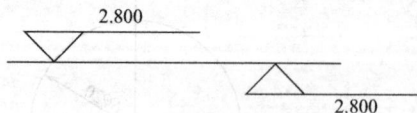

图 3-62　标高符号的尖端指向

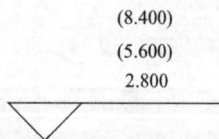

图 3-63　同一位置注写多个标高

（4）标高数字应以 m 为单位，注写到小数点以后第三位。在总平面图中，可注写到小数点以后第二位。

（5）零点标高应注写成±0.000，正数标高不注"＋"，负数标高应注"－"，例如 3.000、－0.600。

（6）在图样的同一位置需表示几个不同标高时，标高数字可按图 3-63 所示的形式注写。

3.3.4　定位轴线

定位轴线用于控制房屋的墙体和柱体。凡是主要的墙体和柱体,都要用轴线定位。房屋的墙体、柱体、大梁或屋架等主要承重结构件的平面图,都要标注定位轴线;对于非承重的隔墙及其他次要承重构件,一般不设定位轴线,而是在定位轴线之间增设附加轴线。

定位轴线,一般采用单点长划线绘制,其端部用细实线画出直径为 8～10mm 的圆圈,圆圈内部注写轴线的编号。平面图上定位轴线的编号,标注在图样的下方与左侧。横向轴线编号应用阿拉伯数字,从左至右顺序编写,纵向轴线编号应用大写的拉丁字母,从下至上顺序编写,但 I、O、Z 三个字母不得用于轴线编号,如图 3-64 所示。组合较复杂的平面图中定位轴线可采用分区编号,如图 3-65 所示。

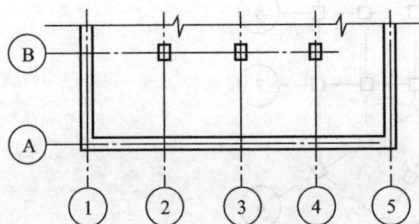

图 3-64　定位轴线的编号顺序

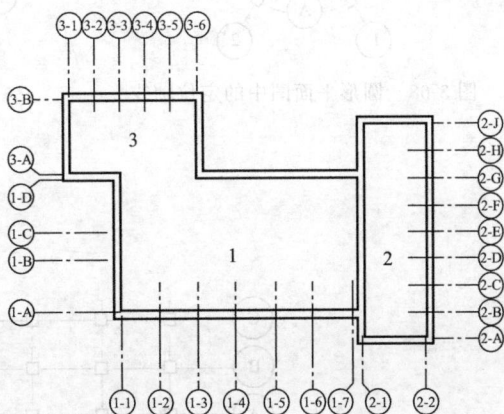

图 3-65　轴线的分区编号

附加定位轴线的编号,应以分数形式按规定编写。两根轴线之间的附加轴线,分母表示前一轴线的编号,分子表示附加轴线的编号,编号宜用阿拉伯数字顺序编写,如图 3-66 所示。图 3-66 (a) 表示 3 号轴线之后附加的第一根轴线;图 3-66 (b) 表示 B 号轴线之后附加的第二根轴线;图 3-66 (c) 表示 2 号轴线之前附加的第一根轴线;图 3-66 (d) 表示 A 号轴线之前附加的第三根轴线。

一个详图适用于几根轴线时,应同时注明有关轴线的编号,如图 3-67 所示。

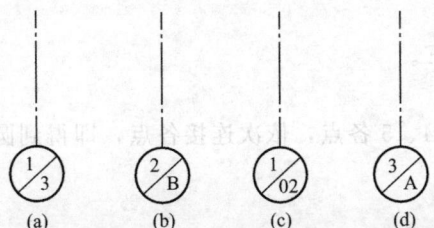

图 3-66　附加轴线的编号

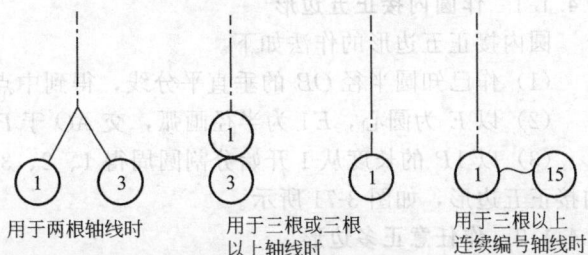

图 3-67　详图的轴线编号

　　圆形与弧形平面图中的定位轴线，其径向轴线应以角度进行定位，其编号宜用阿拉伯数字表示，从左下角或－90°（若径向轴线很密，角度间隔很小）开始，按逆时针顺序编写；其环向轴线宜用大写拉丁字母表示，从外向内顺序编写，如图 3-68、图 3-69 所示。折线形平面图中定位轴线的编号可按图 3-70 所示形式编写。

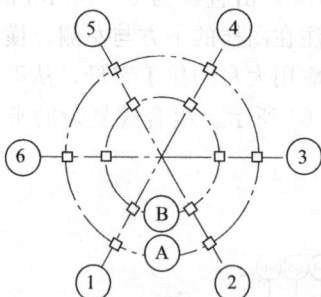

图 3-68　圆形平面图中的定位轴线　　　　图 3-69　弧形平面图中的定位轴线

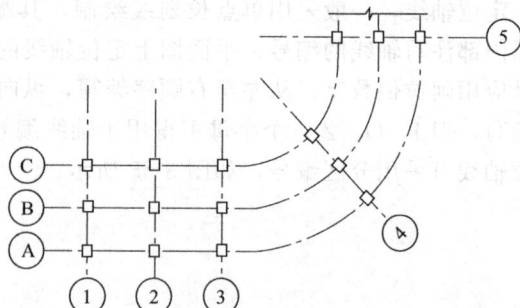

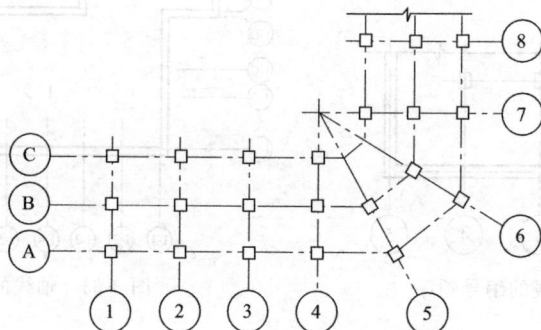

图 3-70　折线形平面图中的定位轴线

3.4　几何作图画法

　　在工程设计绘制图样时，都离不开画各种几何图形，掌握几何作图方法，是快速、准确绘图的基础。本节将介绍一些常用的几何作图法。

3.4.1　正多边形画法

3.4.1.1　作圆内接正五边形

　　圆内接正五边形的作法如下。

　　（1）作已知圆半径 OB 的垂直平分线，得到中点 E。

　　（2）以 E 为圆心，$E1$ 为半径画弧，交 AO 于 P。

　　（3）以 $1P$ 的长度从 1 开始分割圆周得 1、2、3、4、5 各点，依次连接各点，即得到圆内接正五边形，如图 3-71 所示。

3.4.1.2　作任意正多边形

　　以正五边形为例，如图 3-72 所示，作法如下。

　　（1）按预定边数，把已知圆的垂直直径五等分，得到 1、2…5 各等分点。

　　（2）分别以垂直直径上、下两点 O 和 5 为圆心，以圆的直径为半径画弧，交于 S、

T 两点。

（3）过 S、T 分别和等分点中的偶数点（或奇数点）2、4 连线并延长与圆周相交得到 A、B、C、D，连 A、B、C、D、O 完成作图。

此法为近似作图法，适合画边数为十三以内的正多边形。

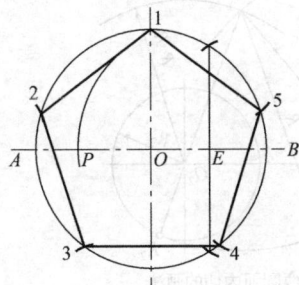

图 3-71　圆内接正五边形画法

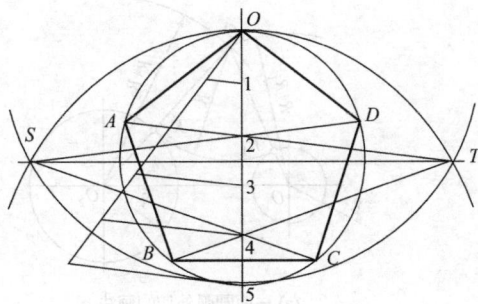

图 3-72　已知圆的内接正多边形

3.4.1.3　已知边长作正多边形

已知边长为 AB，求作一正七边形，如图 3-73 所示，作法如下。

（1）作 AB 的垂直平分线，过 A 或 B 作与 AB 成 45°的斜线交于垂直平分线上的一点 4；以 A 或 B 为圆心，以 AB 长为半径画弧，与垂直平分线交于点 6。

（2）取 6 和 4 的中点 5，以 6 到 5 的距离长沿垂直平分线上 6 点向上截取，可得 7、8、9…点。

（3）以 7 点为圆心，$7A$ 或 $7B$ 长为半径画圆，以 AB 长为半径，从 A 或 B 开始，在圆周上截取各点，连接各点，即为所求正七边形。

3.4.2　黄金比矩形画法

先以矩形的宽为边长画正方形 $ABCD$，画对角线求出中线 EF，连 FD，以 F 为圆心，FD 长为半径画弧，交于 BC 的延长线上得 G 点。BG 即为黄金比矩形的长，如图 3-74 所示。此时 $AB:BG\approx0.618$。

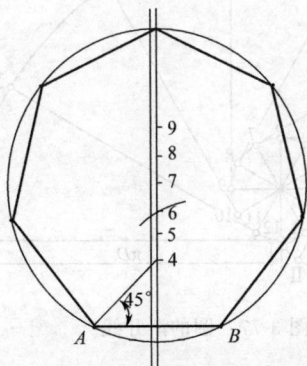

图 3-73　已知边长作正多边形

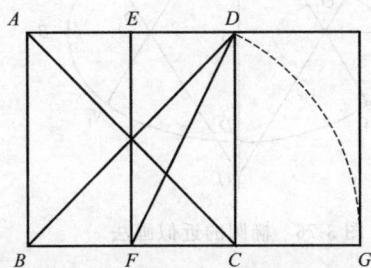

图 3-74　黄金比矩形画法

3.4.3 圆弧画法

圆弧与圆弧的光滑连接，关键在于正确找出连接圆弧的圆心以及切点的位置。

由初等几何知识可知：当两圆弧以外切方式相连接时，连接弧的圆心要用 $R+R_1$ 来确定，如图 3-75（a）所示；当两圆弧以内切方式相连接时，连接弧的圆心要用 $R-R_1$ 来确定，如图 3-75（b）所示。

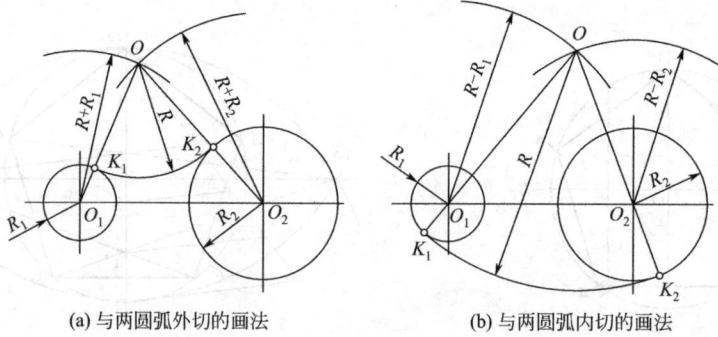

(a) 与两圆弧外切的画法　　(b) 与两圆弧内切的画法

图 3-75　圆弧连接

3.4.4　椭圆和渐开线画法

3.4.4.1　椭圆的近似画法

常用的椭圆近似画法为四圆弧法，即用四段圆弧连接起来的图形近似代替椭圆。如果已知椭圆的长，以及短轴 AB、CD，则其近似画法的步骤如下。

（1）连 AC，以 O 为圆心，OA 为半径画弧，交 CD 延长线于 E，再以 C 为圆心，CE 为半径画弧，交 AC 于 F。

（2）作 AF 线段的中垂线分别交长、短轴于 O_1、O_2，并且作 O_1、O_2 的对称点 O_3、O_4，即求出四段圆弧的圆心，如图 3-76 所示。

3.4.4.2　渐开线的近似画法

直线在圆周上作无滑动的滚动，该直线上一点的轨迹即为此圆（称为基圆）的渐开线。齿轮的齿廓曲线大都是渐开线，如图 3-77 所示。

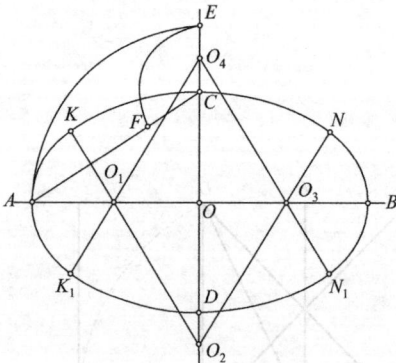

图 3-76　椭圆的近似画法

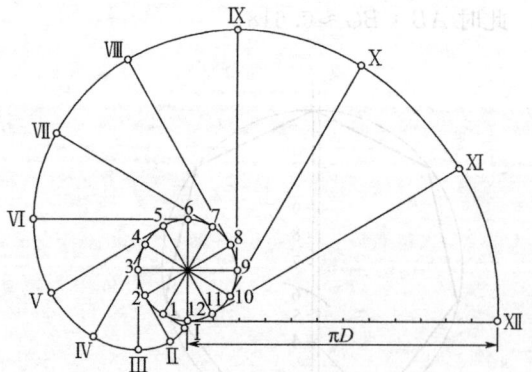

图 3-77　圆的渐开线

其作图步骤如下。

（1）画基圆并将其圆周 n 等分（$n=12$）。

（2）将基圆周的展开长度 πD 也分成相同等份。

(3) 过基圆上各等分点按同一方向作基圆的切线。

(4) 依次在各切线上量取 $\pi D/n$、$2\pi D/n\cdots\pi D$，得到基圆的渐开线。

3.5　图纸深度要求

由于室内设计是在特定的客观条件下进行的多系统综合作业的过程，在工作过程中受到现场情况、专业协调、物资供应、技术差异等因素的影响，不可避免地存在一定的局部、隐性、不可预见的问题。这就需要在过程中给予解决，也就是图纸深化设计。这个阶段的主要任务是：在保持原设计不变的基础上，对过程中出现的问题予以解决。建筑室内设计中图纸的阶段性文件包括方案设计图、扩初设计图、施工设计图、变更设计图、竣工图等。图纸绘制应符合《房屋建筑室内装饰装修制图标准》有关规定，其深度应根据各阶段的要求有所区别。

3.5.1　方案设计图深度要求

方案设计图纸应包括设计说明、平面布置图、顶棚平面图、立面图、剖面图等。

3.5.1.1　平面布置图

方案设计的平面图的绘制应符合下列规定。

(1) 标明房屋建筑室内装饰装修设计的区域位置及范围。

(2) 标明房屋建筑室内装饰装修设计中对原建筑改造的内容。

(3) 标注轴线编号，应使轴线编号与原建筑图相符。

(4) 标注总尺寸及主要空间的定位尺寸。

(5) 标明房屋建筑室内装饰装修设计后的所有室内外墙体、门窗、管道井、电梯和自动扶梯、楼梯、平台和阳台等位置。

(6) 标明主要使用房间的名称和主要部位的尺寸，标明楼梯的上下方向。

(7) 标明主要部位固定和可移动的装饰造型、隔断、构件、家具、陈设、厨卫设施、灯具以及其他配置、配饰的名称和位置。

(8) 标明主要装饰装修材料和部品部件的名称。

(9) 标注房屋建筑室内地面的装饰装修设计标高。

(10) 标注指北针、图纸名称、制图比例以及必要的索引符号、编号。

(11) 根据需要绘制主要房间的放大平面图。

(12) 根据需要绘制反映方案特性的分析图，宜包括功能分区、空间组合、交通分析、消防分析、分期建设等图示。

3.5.1.2　顶棚平面图

顶棚平面图的绘制应符合下列规定。

(1) 标注轴线编号，使轴线编号与原建筑图相符。

(2) 标注总尺寸及主要空间的定位尺寸。

(3) 标明房屋建筑室内装饰装修设计调整过后的所有室内外墙体、管道井、天窗等的位置。

(4) 标明装饰造型、灯具、防火卷帘以及主要设施、设备、主要饰品的位置。

(5) 标明顶棚主要装饰装修材料及饰品的名称。

(6) 标注顶棚主要装饰装修造型位置的设计标高。

(7) 标注图纸名称、制图比例以及必要的索引符号、编号。

3.5.1.3 立面图

立面图的绘制应符合下列规定。

（1）标注立面范围内的轴线和轴线编号，标注立面两端轴线之间的尺寸。

（2）绘制有代表性的立面，标明房屋建筑室内装饰装修完成面的底界面线和装饰装修完成面的顶界面线，标注房屋建筑室内主要部位装饰装修完成面的净高，根据需要标注楼层的层高。

（3）绘制墙面和柱面的装饰装修造型、固定隔断、固定家具、门窗、栏杆、台阶等立面形状和位置，标注主要部位的定位尺寸。

（4）标注主要装饰装修材料和部品部件的名称。

（5）标注图纸名称、制图比例以及必要的索引符号、编号。

3.5.1.4 剖面图

剖面图的绘制应符合下列规定。

（1）一般情况方案设计不绘制剖面图，但在空间关系比较复杂、高度和层数不同的部位可绘制剖面图。

（2）标明房屋建筑室内空间中高度方向的尺寸和主要部位的设计标高及总高度。

（3）若遇有高度控制时，还应标明最高点的标高。

（4）标注图纸名称、制图比例以及必要的索引符号、编号。

3.5.1.5 效果图

效果图应反映方案设计的房屋建筑室内主要空间的装饰装修形态，应符合下列要求。

（1）做到材料、色彩、质地真实，尺寸、比例准确。

（2）体现设计的意图及风格特征。

（3）图面美观，有艺术性。

3.5.2 扩初设计图

规模较大的房屋建筑室内装饰装修工程，根据委托方的要求可绘制扩大初步设计图。扩大初步设计图主要作为深化施工图、工程概算、主要材料和设备的订货依据。扩大初步设计图纸包括设计说明、平面布置图、顶棚平面图、主要立面图、主要剖面图等。

3.5.2.1 平面布置图

平面布置图的绘制应符合下列规定。

（1）标明房屋建筑室内装饰装修设计的区域位置及范围。

（2）标明房屋建筑室内装饰装修中对原建筑改造的内容及定位尺寸。

（3）标明建筑图中柱网、承重墙以及需要装饰装修设计的非承重墙、建筑设施、设备的位置和尺寸。

（4）标明轴线编号，使轴线编号与原建筑图相符。

（5）标明轴线间尺寸及总尺寸。

（6）标明房屋建筑室内装饰装修设计后的所有室内外墙体、门窗、管道井、电梯和自动扶梯、楼梯、平台、阳台、台阶、坡道等位置和使用的主要材料。

（7）标明房间的名称和主要部位的尺寸，标明楼梯的上下方向。

（8）标明固定和可移动的装饰装修造型、隔断、构件、家具、陈设、厨卫设施、灯具以及其他配置、配饰的名称和位置。

（9）标明定制部品部件的内容及所在位置。

（10）标明门窗、橱柜或其他构件的开启方向和方式。

（11）标注主要装饰装修材料和部品部件的名称。

（12）标明建筑平面或空间的防火分区和防火分区分隔位置，以及安全出口位置示意并单独成图（如为一个防火分区，可不注防火分区面积）。

（13）标注房屋建筑室内地面设计标高。

（14）标注索引符号、编号、指北针、图纸名称和制图比例。

3.5.2.2　顶棚平面图

顶棚平面图的绘制应符合下列规定。

（1）标明建筑图中柱网、承重墙以及房屋建筑室内装饰装修设计需要的非承重墙。

（2）标注轴线编号，使轴线编号与原建筑图相符。

（3）标注轴线间尺寸及总尺寸。

（4）标明房屋建筑室内装饰装修设计调整过后的所有室内外墙体、管井、天窗等的位置，注明必要部位的名称，标注主要尺寸。

（5）标明装饰造型、灯具、防火卷帘以及主要设施、设备、主要饰品的位置。

（6）标明顶棚的主要饰品的名称。

（7）标注顶棚主要部位的设计标高。

（8）标注索引符号、编号、指北针、图纸名称和制图比例。

3.5.2.3　立面图

立面图的绘制应符合下列规定。

（1）绘制需要设计的主要立面。

（2）标注立面两端的轴线、轴线编号和尺寸。

（3）标注房屋建筑室内装饰装修完成面的地面至顶棚的净高。

（4）绘制房屋建筑室内墙面和柱面的装饰装修造型、固定隔断、固定家具、门窗、栏杆、台阶、坡道等立面形状和位置，标注主要部位的定位尺寸。

（5）标明立面主要装饰装修材料和部品部件的名称。

（6）标注索引符号、编号、图纸名称和制图比例。

3.5.2.4　剖面图

剖面图的绘制应符合下列规定。

（1）标明剖面所在的位置。

（2）标注设计部位结构、构造的主要尺寸、标高、用材、做法。

（3）标注索引符号、编号、图纸名称和制图比例。

3.5.3　施工设计图

施工设计图纸应包括平面图、顶棚平面图、立面图、剖面图、详图和节点图。其中，平面图包括设计楼层的总平面图、建筑现状平面图、各空间平面布置图、平面定位图、地面铺装图、索引图等。

（1）施工图中的总平面图应符合下列规定。

① 应全面反映房屋建筑室内装饰装修设计部位平面与毗邻环境的关系，包括交通流线、功能布局等。

② 详细注明设计后对建筑的改造内容。

③ 应标明需做特殊要求的部位。

④ 在图纸空间允许的情况下可在平面图旁绘制需要注释的大样图。

（2）施工图中的平面布置图可分为陈设、家具平面布置图、部品部件平面布置图、设备设施布置图、绿化布置图、局部放大平面布置图等。平面布置图的绘制应符合下列规定。

① 陈设、家具平面布置图应标注陈设品的名称、位置、大小、必要的尺寸以及布置中需要说明的问题；应标注固定家具和可移动家具及隔断的位置、布置方向以及柜门或橱门开启方向，标注家具的定位尺寸和其他必要的尺寸。必要时还应确定家具上电器摆放的位置，如电话、电脑、台灯等。

② 部品部件平面布置图应标注部品部件的名称、位置、尺寸、安装方法和需要说明的问题。

③ 设备设施布置图应标明设备设施的位置、名称和需要说明的问题。

④ 规模较小的房屋建筑室内装饰装修设计中陈设、家具平面布置图、设备设施布置图以及绿化布置图可合并。

⑤ 规模较大的房屋建筑室内装饰装修设计中应有绿化布置图，应标注绿化品种、定位尺寸和其他必要尺寸。

⑥ 如果建筑单层面积较大，可根据需要绘制局部放大平面布置图，但须在各分区平面布置图适当位置上绘出分区组合示意图，明显表示本分区部位编号。

⑦ 标注所需的构造节点详图的索引号。

⑧ 当照明、绿化、陈设、家具、部品部件或设备设施另行委托设计时，可根据需要绘制照明、绿化、陈设、家具、部品部件及设备设施的示意性和控制性布置图。

⑨ 图纸的省略：如是对称平面，对称部分的内部尺寸可省略，对称轴部位用对称符号表示，但轴线编号不得省略；楼层标准层可共用同一平面，但需注明层次范围及各层的标高。

（3）施工图中的平面定位图应表达与原建筑图的关系，体现平面图的定位尺寸。平面定位图的绘制应符合下列规定。

① 标注房屋建筑室内装饰装修设计对原建筑或房屋建筑室内装饰装修设计的改造状况。

② 标注房屋建筑室内装饰装修设计中新设计的墙体和管井等的定位尺寸、墙体厚度与材料种类，注明做法。

③ 标注房屋建筑室内装饰装修设计中新设计的门窗洞口定位尺寸、洞口宽度与高度尺寸、材料种类、门窗编号等。

④ 标注房屋建筑室内装饰装修设计中新设计的楼梯、自动扶梯、平台、台阶、坡道等的定位尺寸、设计标高及其他必要尺寸，注明材料及其做法。

⑤ 标注固定隔断、固定家具、装饰造型、台面、栏杆等的定位尺寸和其他必要尺寸，注明材料及其做法。

（4）施工图中的地面铺装图应符合下列规定。

① 标注地面装饰材料的种类、拼接图案、不同材料的分界线。

② 标注地面装饰的定位尺寸、规格和异形材料的尺寸、施工做法。

③ 标注地面装饰嵌条、台阶和梯段防滑条的定位尺寸、材料种类及做法。

（5）房屋建筑室内装饰装修设计需绘制索引图。索引图应注明立面图、剖面图、详图和节点图的索引符号及编号，必要时可增加文字说明以帮助索引。在图面比较拥挤的情况下，可适当缩小图面比例。

（6）施工图中的顶棚平面图应包括装饰装修楼层的顶棚总平面图、顶棚综合布点图、顶棚装饰灯具布置图、各空间顶棚平面图等。

（7）施工图中顶棚总平面图的绘制应符合下列规定。

① 应全面反映顶棚平面的总体情况，包括顶棚造型、顶棚装饰、灯具布置、消防设施及其他设备布置等内容。

② 应标明需做特殊工艺或造型的部位。

③ 标注顶面装饰材料的种类、拼接图案、不同材料的分界线。

④ 在图纸空间允许的情况下，可在平面图旁边绘制需要注释的大样图。

（8）施工图中顶棚平面图的绘制应符合下列规定。

① 应标明顶棚造型、天窗、构件、装饰垂挂物及其他装饰配置和饰品的位置，注明定位尺寸、标高或高度、材料名称和做法。

② 如果建筑单层面积较大，可根据需要单独绘制局部的放大顶棚图，但需在各放大顶棚图的适当位置上绘出分区组合示意图，明显地表示本分区部位编号。

③ 标注所需的构造节点详图的索引号。

④ 表述内容单一的顶棚平面可缩小比例绘制。

⑤ 图纸的省略：如是对称平面，对称部分的内部尺寸可省略，对称轴部位用对称符号表示，但轴线编号不得省略；楼层标准层可共用同一顶棚平面，但需注明层次范围及各层的标高。

（9）施工图中的顶棚综合布点图应标明顶棚装饰装修造型与设备设施的位置、尺寸关系。

（10）施工图中顶棚装饰灯具布置图的绘制应标注所有明装和暗藏的灯具（包括火灾和事故照明灯具）、发光顶棚、空调风口、喷头、探测器、扬声器、挡烟垂壁、防火卷帘、防火挑檐、疏散和指示标志牌等的位置，标明定位尺寸、材料名称、编号及做法。

（11）施工图中立面图的绘制应符合下列规定。

① 绘制立面左右两端的墙体构造或界面轮廓线、原楼地面至装修楼地面的构造层、顶棚面层装饰装修的构造层。

② 标注设计范围内立面造型的定位尺寸及细部尺寸。

③ 标注立面透视方向上装饰物的形状、尺寸及关键控制标高。

④ 标明立面上装饰装修材料的种类、名称、施工工艺、拼接图案、界线。

⑤ 标注所需要构造节点详图的索引号。

⑥ 对需要特殊和详细表达的部位，可单独绘制其局部放大立面图，标明其索引位置。

⑦ 无特殊装饰装修要求的立面可不画立面图，但应在施工说明中或相邻立面的图纸上予以说明。

⑧ 各个方向的立面应绘齐全，但差异小，左右对称的立面可简略，但应在与其对称的立面的图纸上予以说明；中庭或看不到的局部立面，可在相关剖面图上表示，若剖面图未能表示完全时，则需单独绘制。

⑨ 凡影响房屋建筑室内装饰装修设计效果的装饰物、家具、陈设品、灯具、电源插座、通信和电视信号插孔、空调控制器、开关、按钮、消火栓等物体，宜在立面图中绘制出其位置。

（12）施工图中的剖面图应标明平面图、顶棚平面图和立面图中需要清楚表达的部位。剖面图的绘制应符合下列规定。

① 标注平面图、顶棚平面图和立面图中需要清楚表达部分的详细尺寸、标高、材料名称、连接方式和做法。

② 剖切的部位应根据表达的需要确定。

③ 标注所需的构造节点详图的索引号。

（13）施工图应将平面图、顶棚平面图、立面图和剖面图中需要更加清晰表达的部位索引出来，应绘制详图或节点图。

（14）施工图中详图的绘制应符合下列规定。

① 标明物体的细部、构件或配件的形状、大小、材料名称及具体技术要求，注明尺寸和做法。

② 凡在平面图、立面图、剖面图或文字说明中对物体的细部形态无法交代或交代不清的可绘制详图。

③ 标注详图名称和制图比例。

（15）施工图中节点图的绘制应符合下列规定。

① 标明节点处构造层材料的支撑、连接的关系，标注材料的名称及技术要求，注明尺寸和构造做法。

② 凡在平面图、立面图、剖面图或文字说明中对物体的构造做法无法交代或交代不清的可绘制节点图。

③ 标注节点图名称和制图比例。

3.5.4　变更设计图

变更设计图纸应包括变更原因、变更位置、变更内容（或变更图纸）以及变更的文字说明。

3.5.5　竣工图

竣工图的制图深度同施工图，应完整记录施工情况，以满足工程决算、工程维护以及存档的要求。

3.6　图纸版式和构图

3.6.1　排版构图的原则

室内设计表达排版与构图作为设计的重要组成部分，既是设计内容的最终输出与呈现，也是设计的延续和升华。好的排版构图不仅有助于组织并清晰地阐释设计过程，还能为优秀的方案设计锦上添花，在众多方案中脱颖而出。一般的排版构图原则如下。

（1）内容饱满。设计师首先要保证绘制足够数量的能够表达设计过程和成果的图式，以及文字等非图形化语言。当拥有充足的图式素材后，剩下的工作就是如何将素材按照设计逻辑顺序归类分组，然后按照一定的视觉美学原则进行组织，从而形成内容饱满的版面布局。

（2）结构有序。这里的结构包含两部分：一是图面的视觉逻辑，指图式在图面空间上的对位关系；二是内容的组织逻辑，即区分不同内容图式的出场顺序。

（3）突出重点，风格统一。单个图式表达要做到内容简明、要点突出，而同一主题组下的多个图式则需要在统一风格的前提下，突出表达重点，并分清主次层级。可将核心图式置于版面的视觉中心，增大其面积，并相应减小次级图式的面积。也可借助文字的样式和大小将图式等级加以区分，如主标题、副标题、图底标题和正文说明等。

（4）图像为主，文字为辅。设计版面的表达，要坚持文字配合图式的原则，不可喧宾夺主；字体种类不宜过多且需统一；主、副标题与大段的说明性文字可以进行区分，以引导读者的读图顺序；根据图面背景及图面的表达需求，选择恰当的字体颜色。

（5）疏密有致。在满足图面内容饱满丰富的前提下，各类图式不应排列得过于集中紧凑，彼此之间应留有一定空间。一张图纸中，不同尺寸、风格样式和颜色的图式及文字混合在一起时，除了对描述相同问题的图式可以进行分类外，不同图式组团之间需要保持适当的空间间隔，通过留白或添加文字说明，提升信息阅读的舒适度。

3.6.2　图纸排版的方法

　　经过对大量设计排版案例进行比对与研读，有几种图面的分割方式被高频次采用，用于一般类型的室内设计方案表达，分别是工字形、C形、夹心式、上下式及左右对称式版面，如图 3-78 所示。每类版面既具有共性又各具特点，适合不同风格样式的室内设计、建筑设计以及规划设计的表达需求。

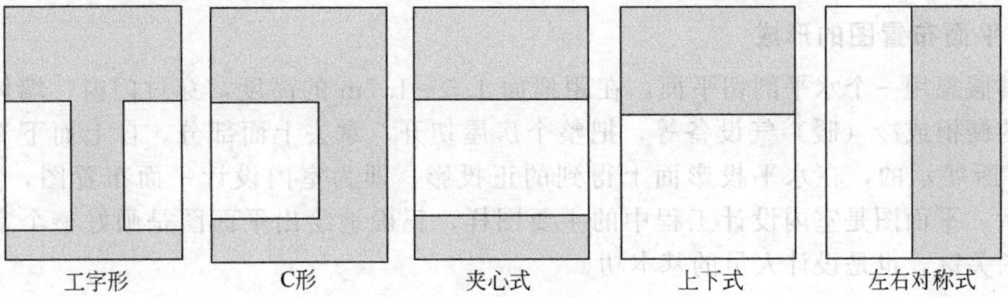

| 工字形 | C形 | 夹心式 | 上下式 | 左右对称式 |

图 3-78　版面的各种类型

第4章　建筑室内设计平面布置图的绘制

4.1　平面布置图绘制的目的与要求

4.1.1　平面布置图的形成

通常假想用一个水平剖切平面，在距地面 1.5～1.7m 的高度，穿过门窗、墙体、柱子或较高的橱柜或冷（暖）气设备等，把整个房屋切开，拿去上面部分。自上而下看，如图 4-1（a）所展示的，在水平投影面上得到的正投影，即为室内设计平面布置图，如图 4-1（b）所示。平面图是室内设计工程中的主要图样，正确地绘出平面图是画好整个室内设计施工图的关键，也是设计人员的基本功。

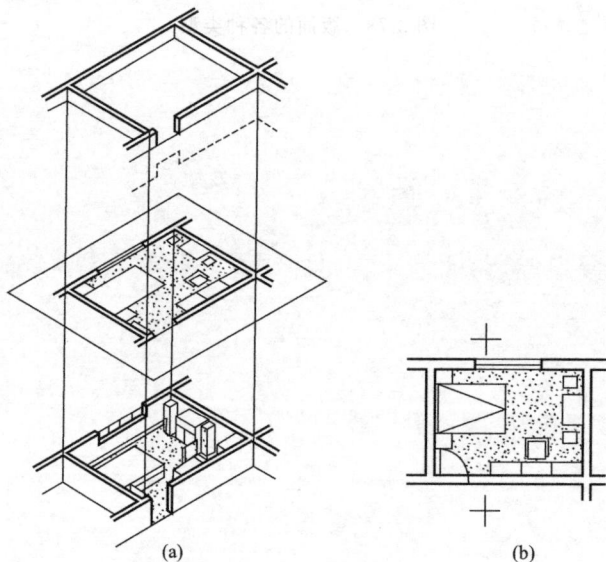

（a）　　　　　　　　　　　　　　　（b）

图 4-1　平面布置图的形成

室内设计中的平面图主要用于表示建筑的平面形状、建筑的构造状况（包括墙体、柱子、楼梯、台阶、门窗的位置等），展示室内的平面关系和室内的交通流线关系，标明室内设施、陈设、隔断的位置以及描述室内地面的装饰情况。室内设计中的平面图有以楼层或区域为范围的平面图，也有以单间房间为范围的平面图。前者侧重表达室内平面与总平面之间的关系，后者侧重表达室内的详细布置和装饰情况。

建筑设计平面图是室内平面设计的基础和依据，在表示方法上，二者既有区别又有联系。图 4-2 所示为某住宅的原建筑设计平面图，其外轮廓标注了三道尺寸，分别为总距离尺寸、轴线距离尺寸、门窗等局部尺寸。建筑设计的平面主要表示室内各房间的位置，表现室内空间中的交通关系等。图 4-3 所示是在建筑设计平面图基础上进行结构调整所做的室内设计平面布置图，其外轮廓只标注两道尺寸，一道为总距离尺寸，另一道为建筑轴线距离尺寸或室内分隔墙的距离尺寸。在建筑平面图中一般不表示详细的家具、陈设、铺地的布置，而在室内设计平面图中必须表现上述物体的位置、大小。此外，在室内设计平面布置图中还需

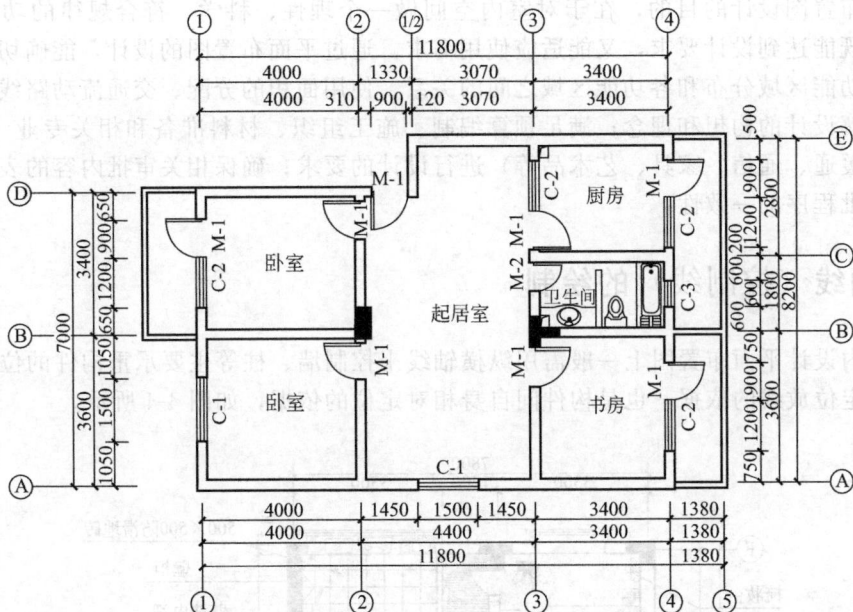

图 4-2 某住宅的原建筑设计平面图

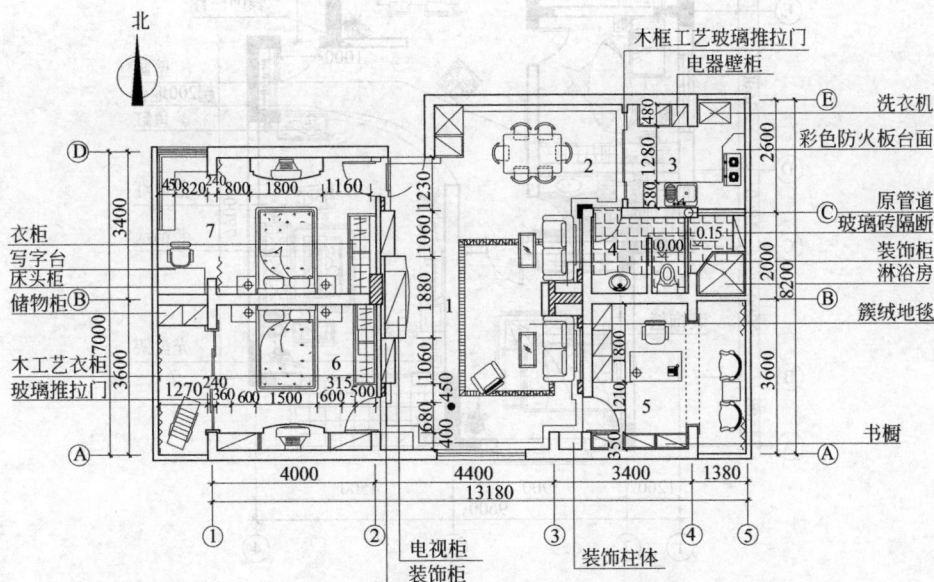

图 4-3 某住宅的室内设计平面布置图

1—起居室；2—餐厅；3—厨房；4—卫生间；5—书房；6—主卧室；7—子女房

要标注有关设施的定位尺寸，这些尺寸主要包括固定隔断、固定家具之间的距离尺寸，有的还标注了铺地、家具、景观小品等尺寸。

4.1.2 平面布置图的绘制目的

平面布置图设计的重点在于进行室内空间设施的规划，清晰地反映各功能区域的安排、流动路线的组织、通道和间隔的设计、门窗的位置、固定和活动家具、装饰陈设品的布置等，设计出一个周到、适用的室内使用空间。

平面布置图设计的目的，在于对室内空间做一个理性、科学、符合规律的功能区域划分，使其既能达到设计要求，又能适应使用需求。通过平面布置图的设计，能确切地掌握室内空间的功能区域分布和各功能区域之间的关系、使用面积的分配、交通流动路线的组织等内容；了解设计的构想和理念；满足预算编制、施工组织、材料准备和相关专业（如电气、给排水、暖通、通信、家具、艺术品等）进行设计的要求；确保相关审批内容的表述清晰和保持与审批程序的一致性。

4.2 轴线（控制线）的绘制

在室内设计平面布置图上一般需用纵横轴线来控制墙、柱等主要承重构件的位置。它既是施工时定位放线的依据，也是构件间自身相对定位的依据，如图 4-4 所示。

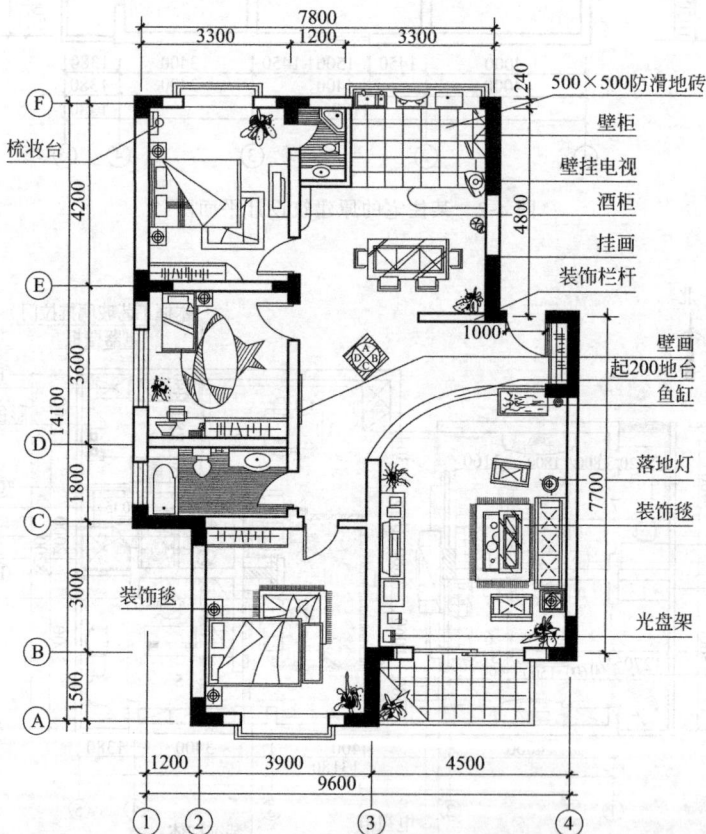

图 4-4 室内设计平面布置图上的纵横轴线

轴线用细点划线表示，端部画圆圈（直径 8～10mm），圆圈内注明编号。一般规定水平方向用阿拉伯数字自左向右依次编号，称为横向定位轴线；竖向编号采用大写拉丁字母自下而上顺序编号，称为纵向定位轴线。按规定，大写字母中 I、O、Z 三个字母不得作为轴线的编号，以免分别与 1、0、2 三个数字混淆。

对于一些与主要承重构件相联系的次要构件，它的定位轴线一般作为附加轴线，编号用分数表示；分母表示前一轴线的编号，分子表示附加轴线的编号，用阿拉伯数字顺序编号，如图 4-5 所示。

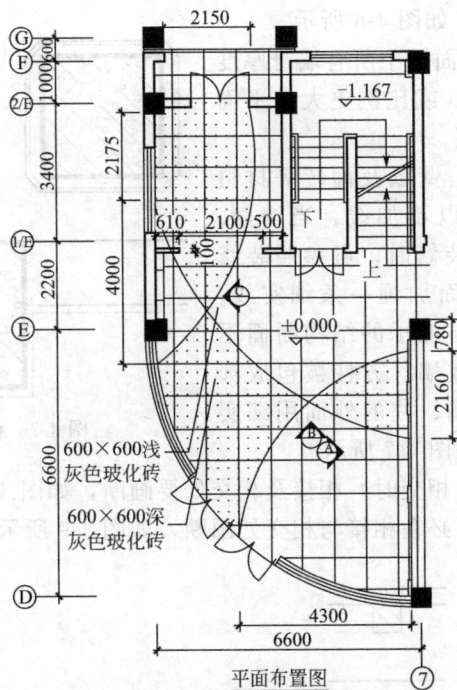

图 4-5　平面图上附加轴线的编号方法

4.3　墙体、门、窗的绘制

4.3.1　墙体与柱体的绘制

在建筑室内设计平面图中，最突出的是被剖切到的墙和柱的断面轮廓线，通常都是用粗实线表示，因为它们都是用假定的水平剖切面剖到的构件。在被剖切的断面内，应在可能的情况下画出材料图例。在 1∶100、1∶200 的平面图中，墙、柱断面内留空面积不大，不便画材料图例，所以往往留出空白，或在透明图纸的背面涂红表示砖砌。而对钢筋混凝土的

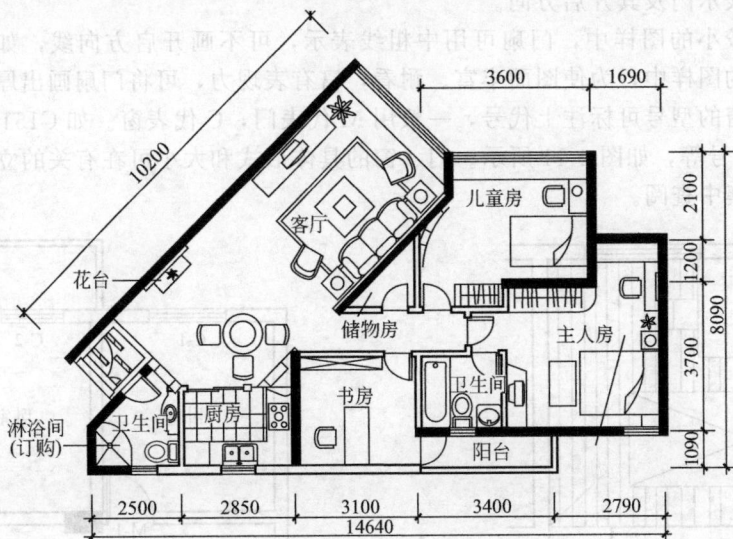

图 4-6　钢筋混凝土墙、柱表示方法

墙、柱断面则用涂黑表示，如图 4-6 所示。

1∶100 或 1∶200 的平面图中所有墙身厚度均不包括粉刷层。在 1∶50 或比例更大的平面图中则用细实线画出粉刷层。

当墙面、柱面用涂料、壁纸及面砖等材料装修时，墙、柱的外面可以不加线。当墙面、柱面用石材或木材等材料装修时，可参照装修层的厚度，在墙、柱的外面加画一条细实线。当墙、柱装修层的外轮廓与柱子的结构断面不同时，如直墙被装修成折线墙、方柱被包成圆柱或八角柱时，一定要在墙、柱的外面用细实线画出装修层的外轮廓，如图 4-7 所示。

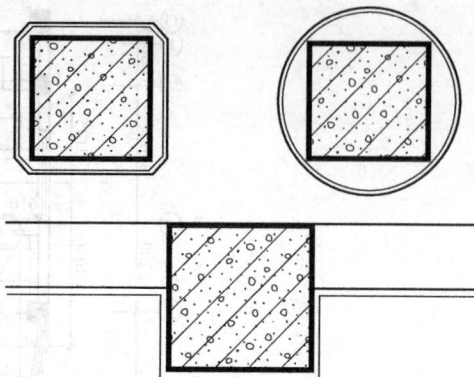

图 4-7 柱面装修层的画法

不同材料的墙体相接或相交时，相接及相交处要画断，如图 4-8 所示。反之，同种材料的墙体相接或相交时，则不必在相接与相交处画断，如图 4-9 所示。

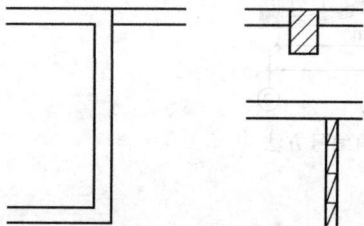

图 4-8 不同材料的墙体相接或相交画法

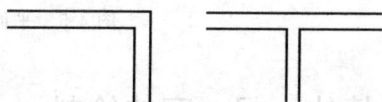

图 4-9 同种材料的墙体相接或相交画法

4.3.2 门与窗的绘制

门、窗平面图按设计位置、尺寸和规定的图例画出，一般采用 1∶100、1∶200 或 1∶50 的比例绘制。其中，门、窗洞口两边的墙是被剖切的，轮廓线用粗实线；窗台是没有剖切的可见轮廓线，用中粗线（0.5b）画出；窗框及窗扇用两条或一条细实线表示；用 45°倾斜的中粗实线表示门及其开启方向。

在比例尺较小的图样中，门扇可用中粗线表示，可不画开启方向线，如图 4-10 所示；在比例尺较大的图样中，为使图面丰富、耐看，富有表现力，可将门扇画出厚度，加画开启方向线。门、窗的型号可标注上代号，一般用 M 代表门，C 代表窗。如 C1515 为窗的型号，M417 为门的型号等，如图 4-11 所示。门、窗的具体形式和大小可在有关的立面图、剖面图及门窗通用图集中查阅。

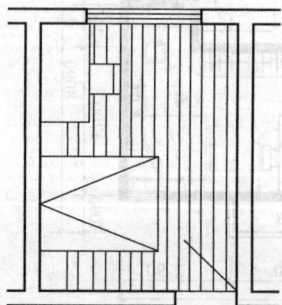

图 4-10 小比例尺的门窗图画法

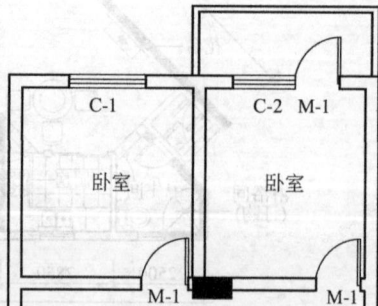

图 4-11 大比例尺的门窗图画法

C-1　　C-2 M-1

卧室　　卧室

M-1　　M-1

4.4　平面布置图的绘制

4.4.1　绘制平面布置图的依据

绘制室内平面布置图的依据是原建筑设计图或现场测绘资料。取得第一手现场资料是平面布置图设计的重要环节。对于现场情况要掌握的是：建筑物的朝向；建筑空间的总体尺寸，梁、柱、门窗等构造尺寸和位置尺寸；建筑物的结构情况；各种设备（如电气、给排水、暖通、煤气、综合布线等）的位置以及建筑物的周边环境状况。

根据勘测的结果，绘制建筑现状图，以此作为平面布置图的设计依据。

4.4.2　平面布置图的绘制内容

平面布置图是室内设计工程图中的主要图样之一，也是几种平面图中内容相对复杂的一种图样。在表现方法上与建筑工程图中的平面图形成方法完全相同，只是表现内容有所侧重，除了要表现建筑实体，包括墙、柱、门、窗等构配件以外，更多要表现室内环境要素，如家具与陈设等。室内平面布置图的范围，以房间内部为主，因此，在多数情况下，均不表示室外的东西，如台阶、散水、明沟与雨篷等。室内平面布置图绘制的内容如下。

(1) 反映楼面铺装构造、所用材料名称及规格、施工工艺要求等。

(2) 反映门窗位置及其水平方向的尺寸。

(3) 反映各房间的分布及形状和大小。

(4) 反映家具及其他设施（如洁具、厨房用具、家用电器、室内绿化等）的平面布置。

(5) 标注各种必要的尺寸，如开间尺寸、装修构造的定位尺寸、细部尺寸及标高等。

(6) 为表示室内立面图在平面图上的位置，应在平面图上用索引符号注明视点位置、方向及立面编号。

4.4.3　室内平面布置图的绘制要点与步骤

绘制建筑室内平面布置图要根据建筑物的规模和设计内容确定图幅和比例，根据建筑设计图纸和现场踏勘结果绘制建筑室内平面布置图，要注意对于不可变动的建筑结构、管道间、管道、配电房、消防设施一定要毫无遗漏地绘制出来，这样能比较清楚地表达室内的建筑配置关系，然后根据设计要求、设计构想将门窗、隔断、装修构造、家具布置等，按顺序完成。

建筑室内平面布置图绘制要点如下。

(1) 平面布置图应采用正投影法按比例绘制。

(2) 平面布置图中的定位轴线编号应与建筑平面图的轴线编号相一致。

(3) 注明地面铺装材料的名称、规格、颜色等。

(4) 平面布置图中的陈设品及用品（如洁具、家具、家用电器、绿化等）应用图例（或轮廓简图）表示，图例宜采用通用图例。图例大小与所用比例大致相符。

(5) 用于指导施工的室内平面布置图，非固定的家具、设施、绿化等可不必画出。固定设施以图例或简图表示。

(6) 要详细表达的部位应画出详图。

(7) 图线线宽的选用与建筑平面图相同。

(8) 需要画详图的部位应画出相应的索引符号。

建筑室内平面布置图绘制步骤如下。

(1) 选比例、定图幅。

(2) 画出建筑主体结构，标注其开间、进深、门窗洞口等尺寸，如图 4-12 (a) 所示。

(3) 画出各功能空间的家具、陈设、隔断、绿化等的形状、位置，如图 4-12 (b) 所示。

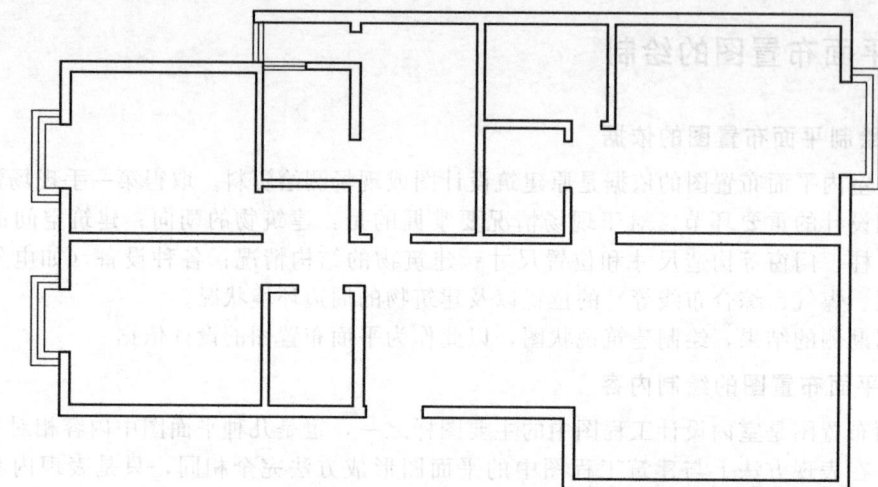

(a)

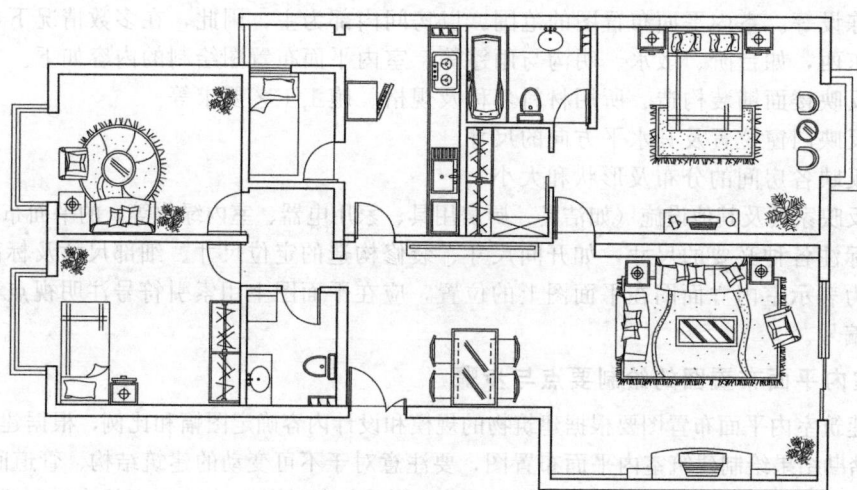

(b)

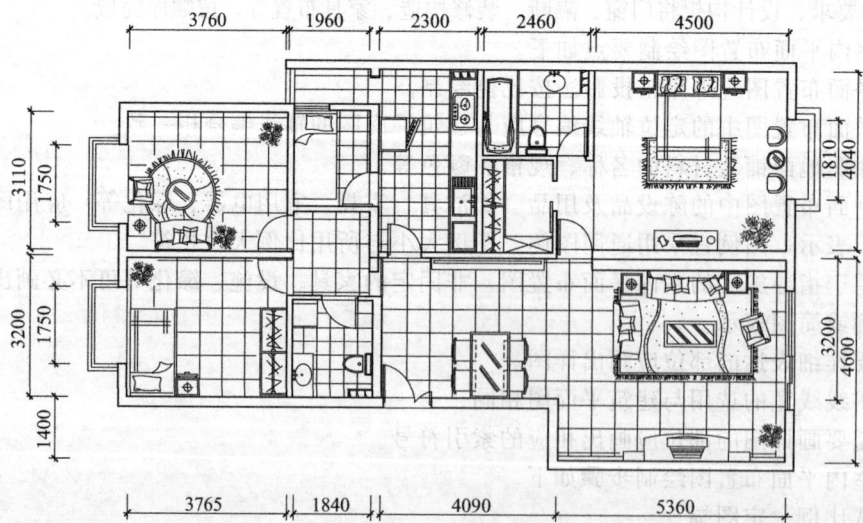

(c)

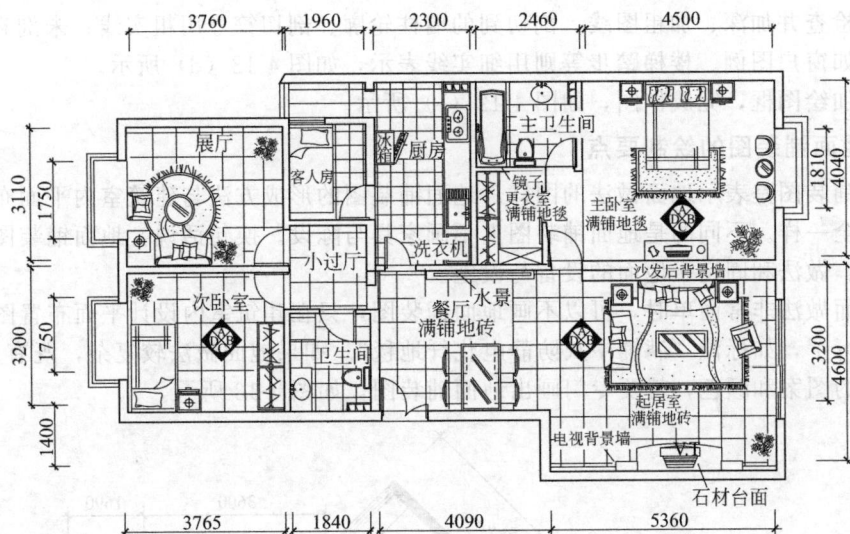

(d)

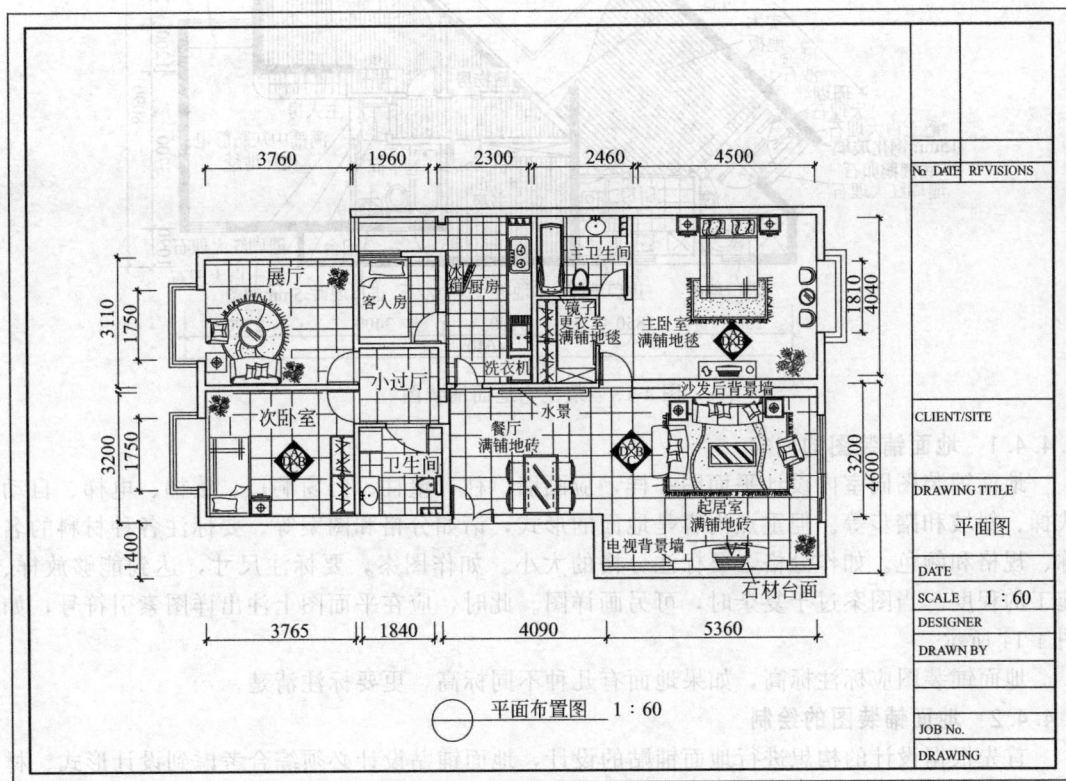

(e)

图 4-12　平面布置图绘图步骤

（4）标注装饰尺寸，如隔断、固定家具、装饰造型等的定形、定位尺寸，如图 4-12（c）所示。

（5）绘制内视投影符号、详图索引符号等。

（6）注写文字说明、图名比例等。

（7）检查并加深、加粗图线。剖切到的墙柱轮廓、剖切符号用粗实线；未剖到但能看到的图线，如窗户图例、楼梯踏步等则用细实线表示，如图4-12（d）所示。

（8）加绘图框，完成作图，如图4-12（e）所示。

4.4.4 地面铺装图的绘制要点

地面铺装图是表示地面做法的图样。地面铺装图的形成方法与建筑室内平面布置图的形成方法完全一样。不同的是地面铺装图上不画家具与陈设。换句话说，地面铺装图上只表示地面材料、做法和固定于地面的设备与设施。

当地面做法非常简单时，可以不画地面铺装图，只在建筑室内设计平面布置图上标注地面做法就行了，如标注"满铺中灰防静电化纤地毯"。如果地面做法较复杂，既有多种材料，又有多变的图案和颜色，就要专门画出地面铺装图，如图4-13所示。

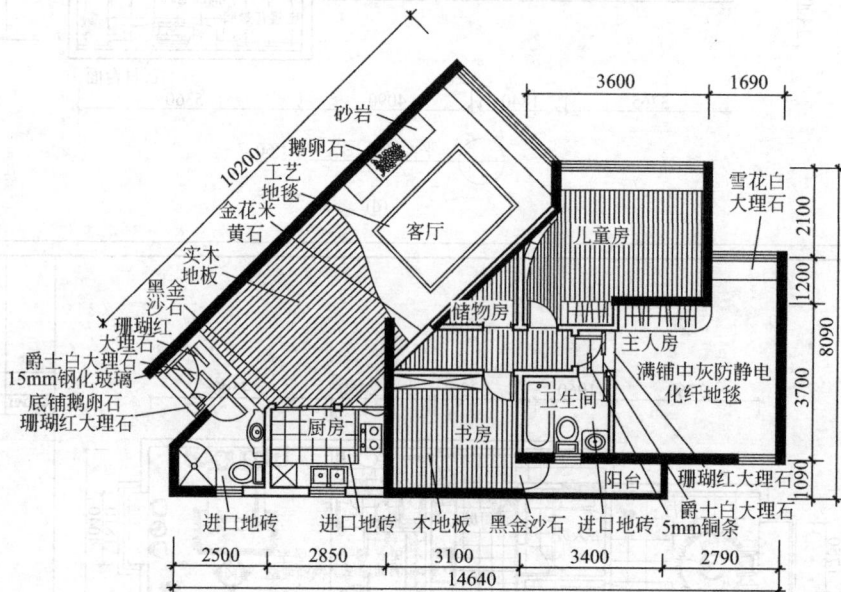

图4-13 某住宅地面铺装图

4.4.4.1 地面铺装图的内容

地面铺装图同室内设计平面图一样，应画墙、柱、壁柱、门窗洞口、楼梯、电梯、自动扶梯、斜坡和踏步等。但重点内容是地面的形式，诸如分格和图案等。要标注各种材料的名称、规格和颜色。如作分格，要标注分格的大小。如作图案，要标注尺寸，达到能够放样、施工的程度。当图案过于复杂时，可另画详图。此时，应在平面图上注出详图索引符号，如图4-14所示。

地面铺装图应标注标高，如果地面有几种不同标高，更要标注清楚。

4.4.4.2 地面铺装图的绘制

首先根据设计的构想进行地面铺贴的设计，地面铺贴设计必须综合考虑到设计形式、材料规格、施工工艺、投资经济性等各方面因素；确定铺贴的定位线和尺寸，也就是说一个铺贴空间里面，基准在哪里，哪一组是调节尺寸，哪些是固定尺寸，原则上每一个铺贴空间都应该留有调节尺寸；还有就是使用材料的种类和这些材料的特性。当所有这些都清晰后，就要在图面上先绘制定位基准线（与现场施工放线相同），然后根据铺贴材料规格按比例绘出分格线。第二步就是根据专业设计在平面图上标注材料注释、尺寸、详图索引符号、标高符号等，如图4-15所示。

104

500×500米黄罗马岗石铺地　　150宽啡网纹罗马岗石镶边

300×300斯米克浅灰色
防滑地砖

300×300斯米克浅灰色
防滑地砖

樱桃木实木地板

樱桃木实木地板

樱桃木实木地板

啡网
纹罗马岗石
米黄
罗马岗石
啡网纹罗马岗石

铺装平面图

① 铺地局部详图

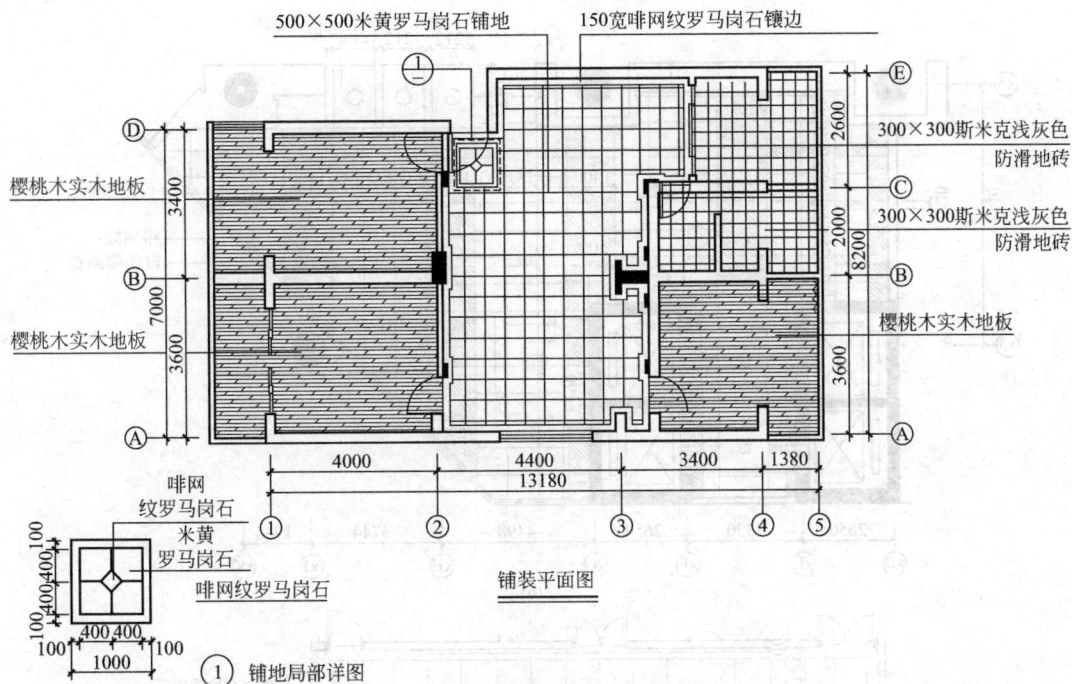

图 4-14　注出详图索引符号的地面铺装图

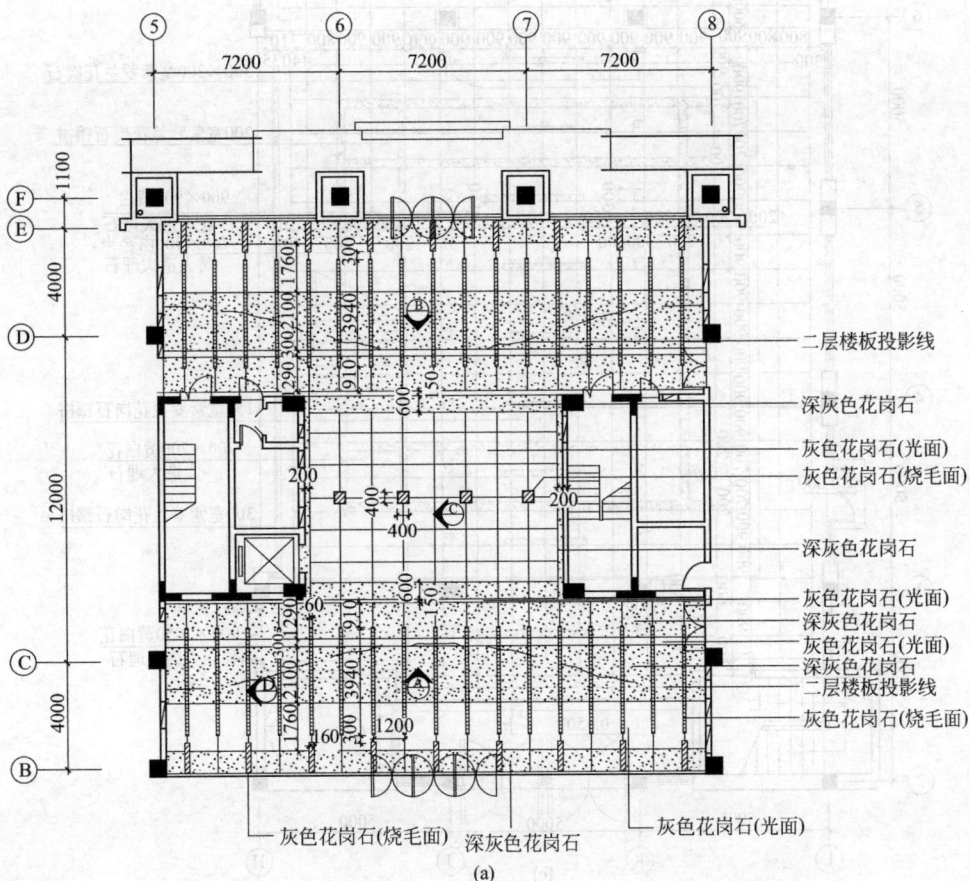

二层楼板投影线

深灰色花岗石
灰色花岗石(光面)
灰色花岗石(烧毛面)

深灰色花岗石

灰色花岗石(光面)
深灰色花岗石
灰色花岗石(光面)
深灰色花岗石
二层楼板投影线
灰色花岗石(烧毛面)

灰色花岗石(烧毛面)　　深灰色花岗石　　　灰色花岗石(光面)

(a)

图 4-15

105

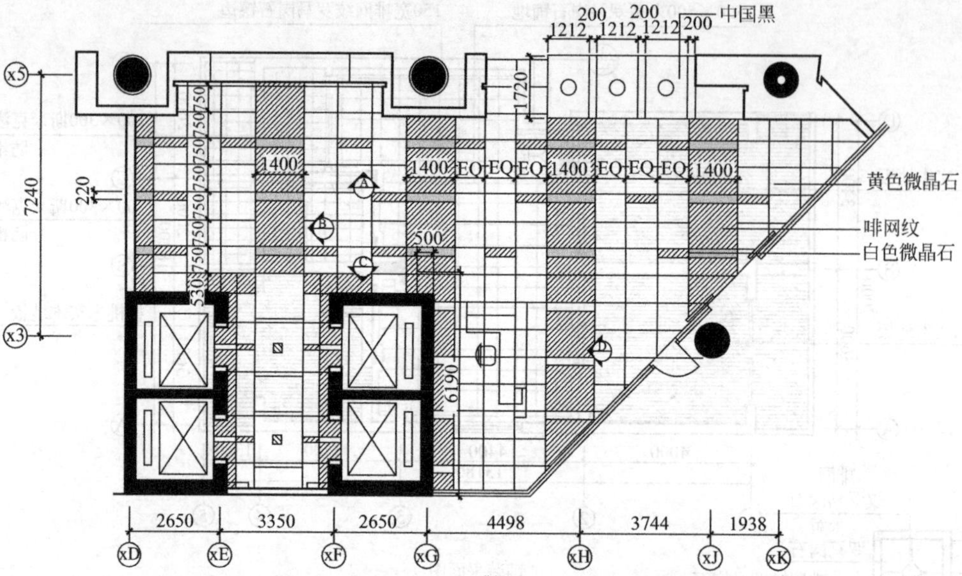

(b)

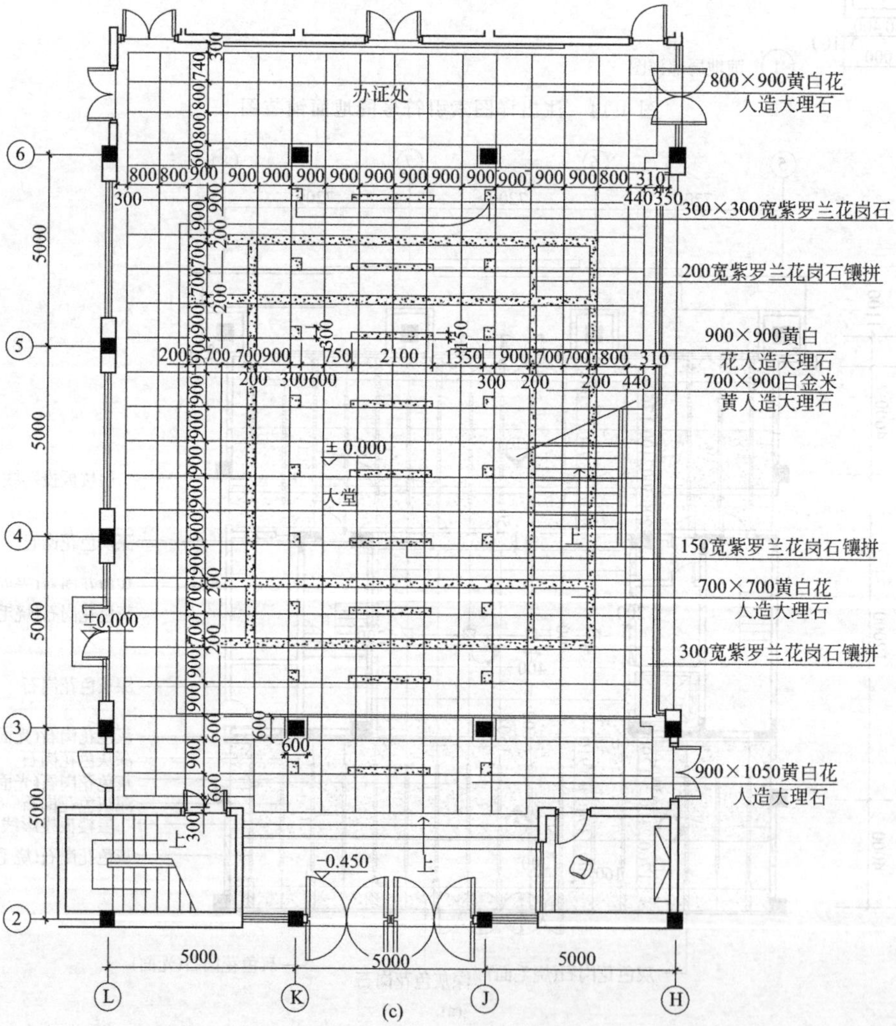

中国黑
200 200
1212 1212 1212 1212 200

黄色微晶石
啡网纹
白色微晶石

1400 EQ EQ EQ 1400 EQ EQ EQ 1400

500

7240
220

x5
x3

2650 3350 2650 4498 3744 1938
xD xE xF xG xH xJ xK

办证处

800×900黄白花
人造大理石

300×300宽紫罗兰花岗石

200宽紫罗兰花岗石镶拼

900×900黄白
花人造大理石
700×900白金米
黄人造大理石

150宽紫罗兰花岗石镶拼

700×700黄白花
人造大理石

300宽紫罗兰花岗石镶拼

900×1050黄白花
人造大理石

大堂

±0.000

±0.000

−0.450

6
5
4
3
2

5000 5000 5000 5000 5000

5000 5000 5000
L K J H

(c)

图 4-15　地面铺装图

106

　　有些地面，图案简单而有规律，只要画出一部分，即可让人了解地面全貌。对于这种地面，可以不制作专门的地面铺装图，只要在室内设计平面布置图中，找一块不被家具、陈设遮挡，又能充分表示地面做法的地方，画出一部分，标注上材料、规格、颜色就行。

4.5　家具、陈设及其他小品的绘制

4.5.1　家具和陈设的绘制

　　这里所说的家具包括可移动的家具和固定家具，即日常生活中使用的桌、椅、床、柜、沙发和家用电器，如电视、冰箱等。这里所说的陈设是指盆花、立灯、盆景和架上雕塑等。

　　在比例尺较小的图样中，可按图例绘制家具与陈设。没有统一图例的，可画出家具与陈设的外轮廓，但应加以简化。在比例尺较大的图样中，可按家具与陈设的外轮廓绘制其平面图，视情况加画一些具有装饰意味的符号，如木纹、织物图案等。图 4-16 是某标准客房平面图，其中的床就加画了床单图案。图 4-17 是某酒店贵宾房平面图。图 4-18 是某酒店包厢平面图，其中的沙发、茶几等也无标准图例，都是按实际设计的式样绘制的。

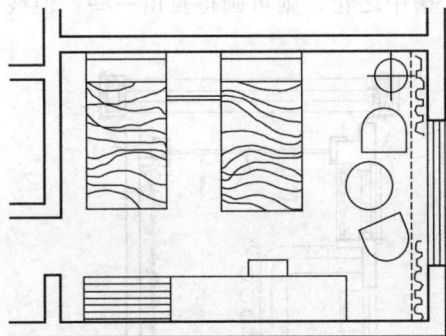

图 4-16　视情况加画具有装饰意味符号
的某标准客房平面图

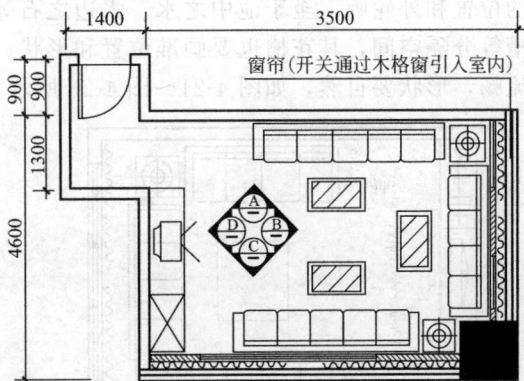

图 4-17　某酒店贵宾房平面图

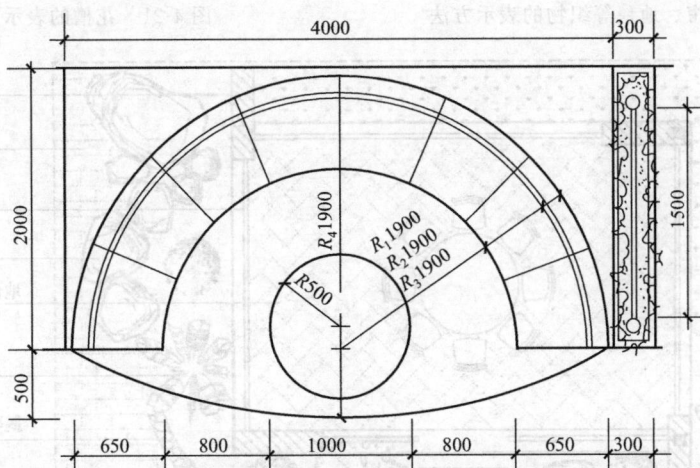

图 4-18　某酒店包厢平面图

　　关于家具和墙面之间是否留出间距的问题，应视图样大小而定。图样小时，可不留缝隙，如图 4-19 （a） 所示；图样大时，可以画出家具与墙以及家具与家具之间的缝隙，如图 4-19 （b） 所示。

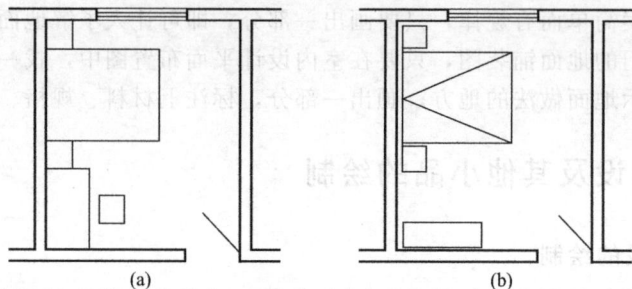

图 4-19　家具、墙面之间缝隙的处理

　　窗帘、地毯等织物，可以不画。但在比例尺较大的平面图中，特别是卧室、客厅、宾馆客房等平面图中，也有画窗帘和地毯的。如用波浪线表示窗帘，用简化了的图案表示工艺地毯等，如图 4-20 所示。

4.5.2　其他小品的绘制

　　室内小品包括假山、水池、喷泉、瀑布、小桥、花坛和树木等。在平面图中，要画准它们的位置和外轮廓，至于池中之水、水边之石等，则可采用示意性的画法。有些厅堂，常用花槽等分隔空间，其花槽也要画准位置和形状；至于槽中之花，则可画得自由一些，但线条要流畅，形状要自然，如图 4-21～图 4-23 所示。

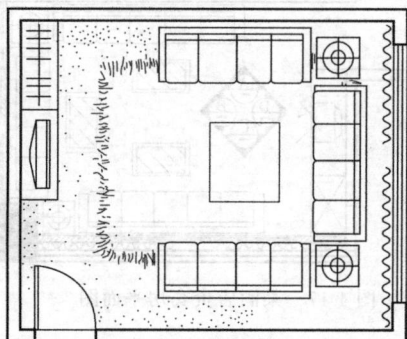

图 4-20　窗帘、地毯等织物的表示方法

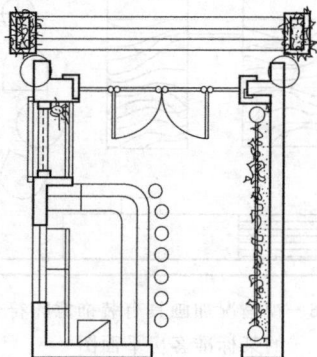

图 4-21　花槽的表示方法

鹅卵石贴面
砖混基础墙
青石板地面

木质栏杆

景观石

地台石拼席纹

美人蕉

鹅卵石道边线

榕树

图 4-22　山石的表示方法

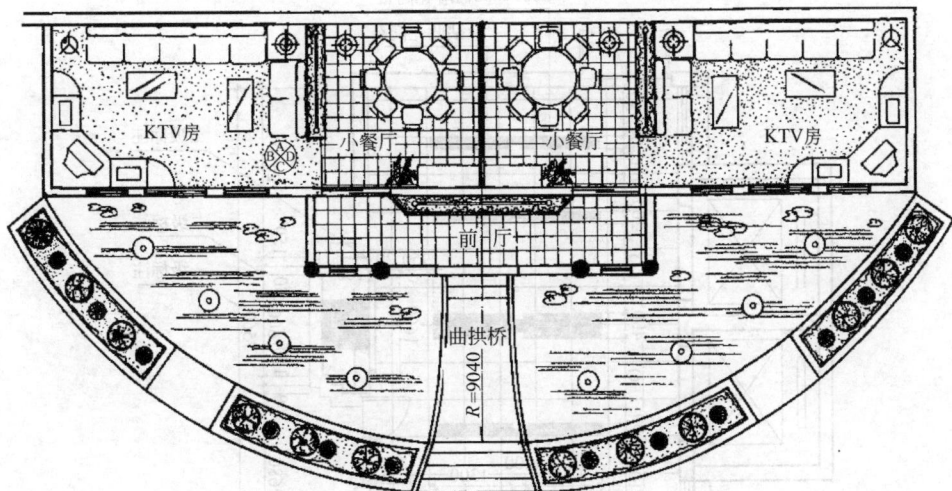

图 4-23　水的表示方法

4.6　尺寸标注、符号标注、文字标注

4.6.1　尺寸标注

室内平面布置图上的尺寸标注一般分布在图形的内外。凡上下、左右对称的平面图，外部尺寸一般标注在图形上方与左侧。不对称的平面图，就要根据具体情况而定，有时甚至图形的四周都要标注尺寸。

室内平面布置图通常按三级标注，即总尺寸、定位尺寸、细部尺寸三种。绘图时，根据设计深度和图纸用途确定所需注写的尺寸。在一般情况下，外部尺寸分二级标注：最外一级是平面的外包总尺寸；里面的一级是墙、柱与门窗洞口的定位尺寸。内部尺寸指的是在室内尚不能用外部尺寸来准确表达的情况下，用内部（净）尺寸作为对图纸尺寸的补充。内部尺寸有些零碎和断续，不够整齐，可直接标注在所需表达图纸的附近。对于有相同内容的尺寸，只要标注有代表性的就可以了。所有尺寸线都用细实线表示，以 mm 为单位，如图 4-24 所示。

4.6.2　符号标注

室内平面图上的符号标注包括立面索引符号、详图索引符号、标高符号、指北针等。

立面索引符号是表示室内立面在平面图上的位置及立面图所在页码，均由圆、水平直径组成，圆及水平直径应以细实线绘制。根据图面比例圆圈直径可选择 8～12mm。圆圈内注明编号及索引图所在页码，编号可采用阿拉伯数字或字母，自图纸上部方向起按平面图中的顺时针方向排序。立面索引符号应附以三角形箭头代表透视方向，三角形方向随透视方向而变，但圆中水平直线、数字及字母的方向不变，如图 4-25 所示。

详图索引符号是表示平面图中表达不清楚的地方。为了绘制放大比例的图样，在平面图中需要放大的部位应绘出详图索引符号，如图 4-26 所示。

标高符号主要表示不同楼地面标高、房间及室外地坪等标高。为了方便编制预算及施工备料，室内平面图上凡是房间有高差时均应用标高符号标出。室内平面图上的标高，首先要确定底层平面上起主导作用的地面为零点标高，即用 $\pm\underline{0.000}$ 来表示。其他水平高度

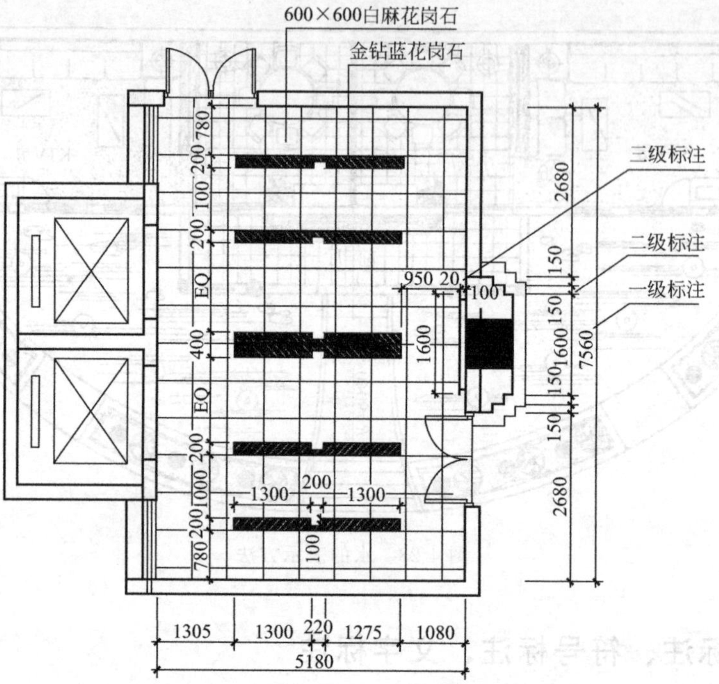

图 4-24 平面图上尺寸标注的表示方法

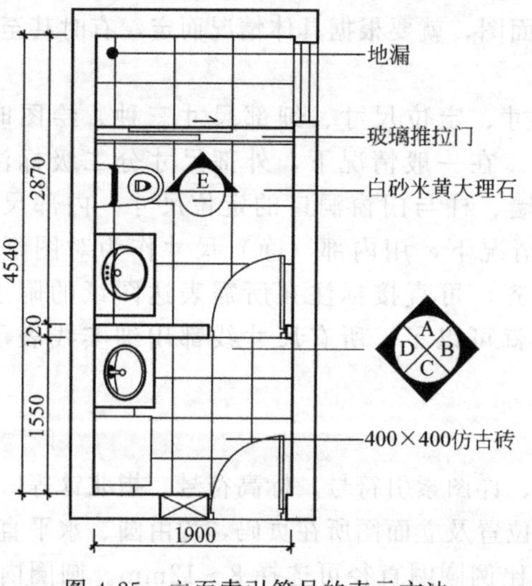

图 4-25 立面索引符号的表示方法

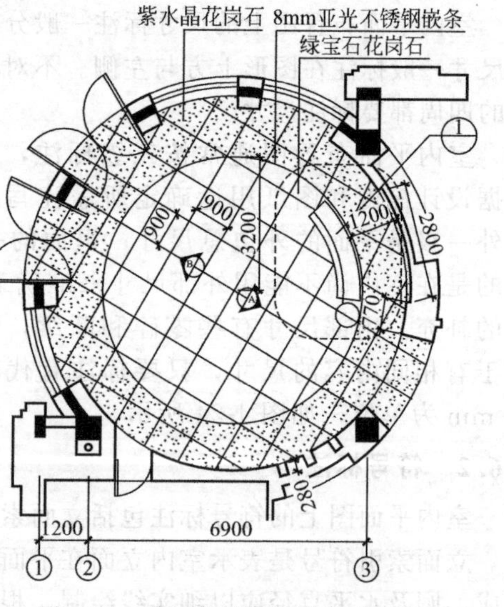

图 4-26 详图索引符号的表示方法

则为其相对标高，低于零点标高者在标高数字前冠以"－"号，高于零点标高者可直接标注标高数字。这些标高数字都要标注到小数点后的第三位，标高数字均采用 m（米）为单位，如图 4-27 所示。

4.6.3 文字标注

文字标注是对室内设计中的材料、施工工艺进行的解释与说明。室内平面图中文字标注的主要内容包括：标注要说明的装修构造的名称；标注主要的地面材料；编写设计说明（包括主要材料选用、主要施工工艺要求、关键尺寸控制、安装尺寸调整）等，如图 4-28 所示。

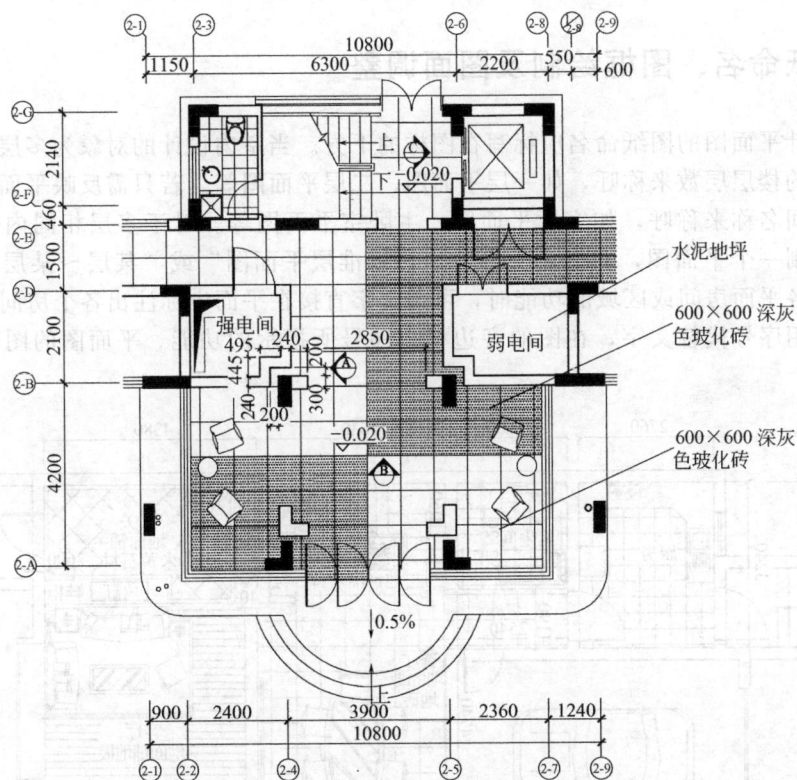

图 4-27　平面图上标高符号的表示方法

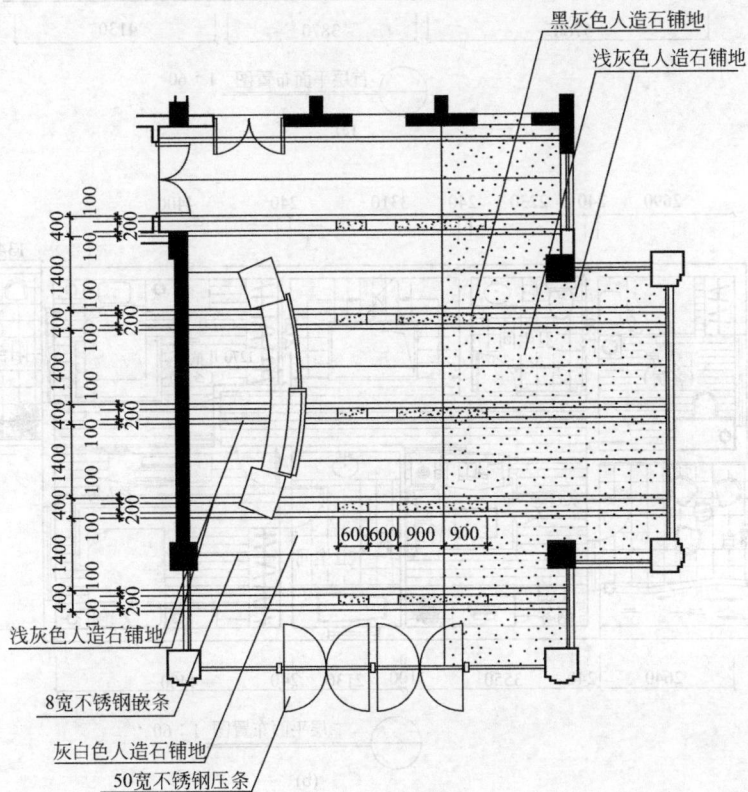

图 4-28　平面图上文字标注的表示方法

4.7 图纸命名、图框绘制及图面调整

室内设计平面图的图纸命名应标写在图样的下方。当室内设计的对象为多层建筑时，可按其所表示的楼层层数来称呼，如一层平面图、二层平面图等。若只需反映平面中的局部空间，可用空间名称来称呼，如客厅平面图、主卧室平面图等。对于多层相同内容的楼层平面，可只绘制一个平面图，在图名上标注出"标准层平面图"或"某层～某层平面图"即可。在标注各平面房间或区域的功能时，可用文字直接在平面中标注出各个房间或区域的功能；也可采用序号代替文字，在图的旁边标出序号所指示的功能。平面图的图纸命名如图4-29所示。

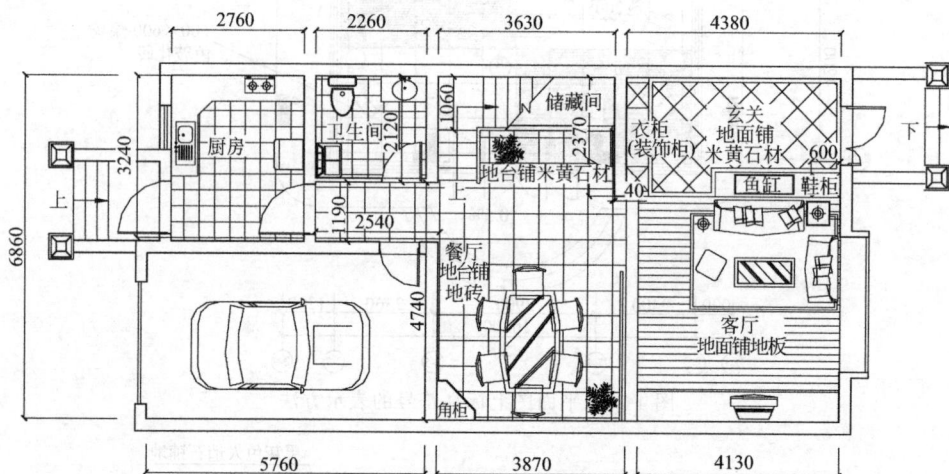

首层平面布置图 1∶60

(a)

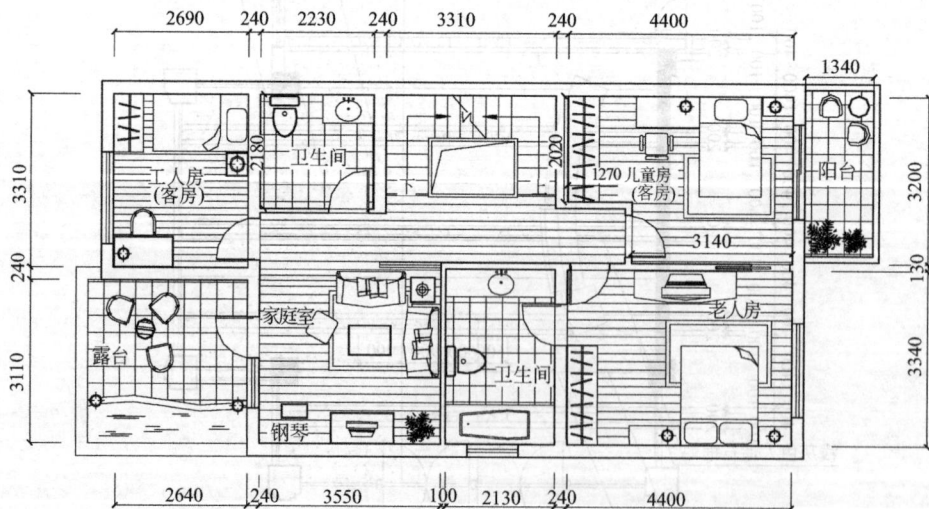

二层平面布置图 1∶60

(b)

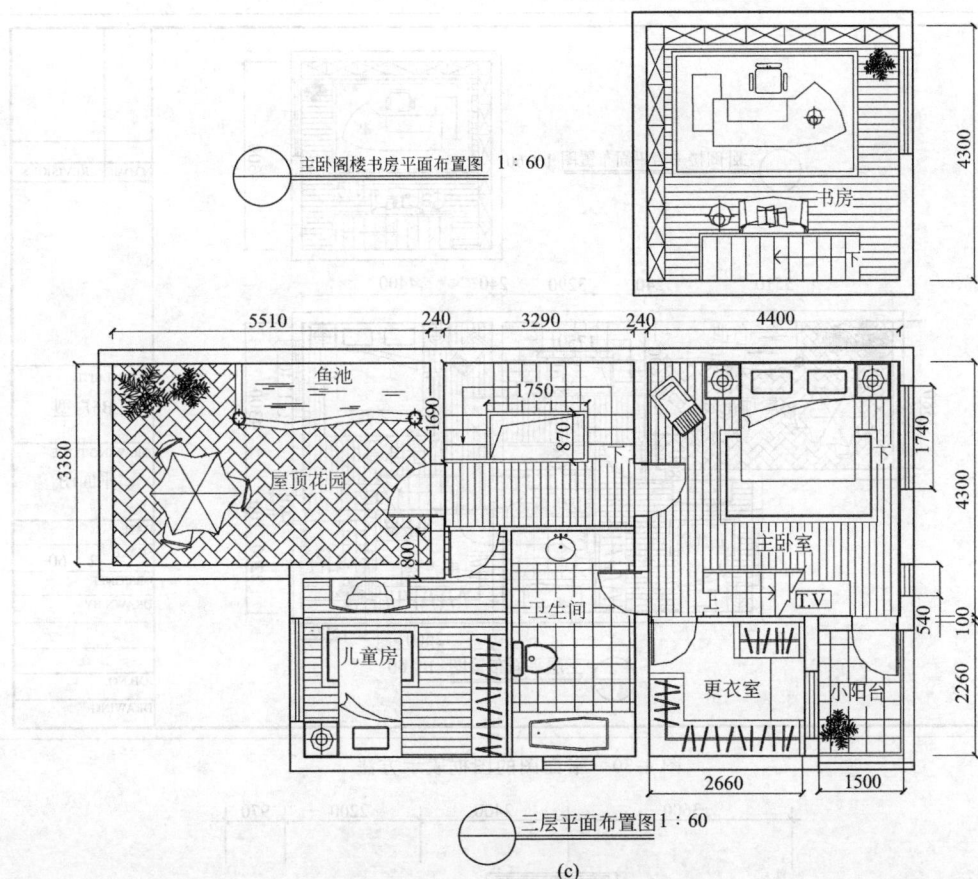

图 4-29　平面图的图纸命名

　　平面图的图框用粗实线绘制。装饰设计中标题栏的内容应包括设计单位名称、工程名称、图纸内容、工程负责人、设计、制图、审核、核对、项目编号、图号、比例、日期等。另外，有些标题栏中还加入设计单位的版权声明。标题栏应根据工程需要选择并确定其尺寸、格式及分区。在以往的建筑设计制图规范中，标题栏一般位于图框的右下角。而室内设计制图中，标题栏的放置位置目前主要有三种：①在图框右下角；②在图框的右侧并竖排标题栏内容，如图 4-30 所示；③在图框的下部并横排标题栏内容。标题栏线的宽度可随图幅大小而有所不同。图框及标题栏的具体绘制方法可参考第 3 章 3.2 所讲的内容。

　　图面调整是对所绘图形的布局位置、比例大小、尺寸标注、符号标注、文字标注、打印线宽进行的整体调整，调整的过程也是对图形进行修整的过程，通过调整和修整使图面效果达到理想程度。

4.8　平面布置图绘制中的常见错误

　　平面布置图是室内设计制图中首先要绘制的，加上其内容繁多，很容易出现一些常识性的错误。现将平面布置图常见的错误与相应的正确画法总结如下。

　　① 平面图中墙体线未加粗，尺寸标注、文字标注不完整或遗漏，如图 4-31 所示。图 4-32 为正确的平面图。

　　② 符号标注不规范，其中错误常见于剖切符号与剖视方向不一致，没有将编号注写在剖视方向线的端部，而是注写在其他地方，甚至是相反方向。

113

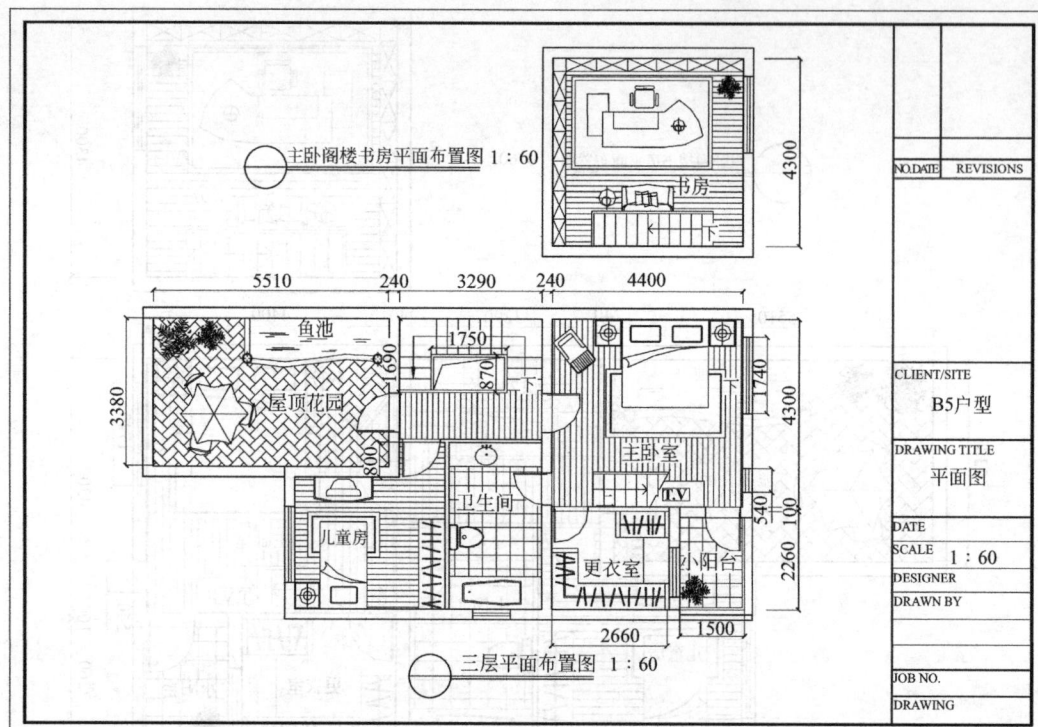

图 4-30　平面图的图框表示方法

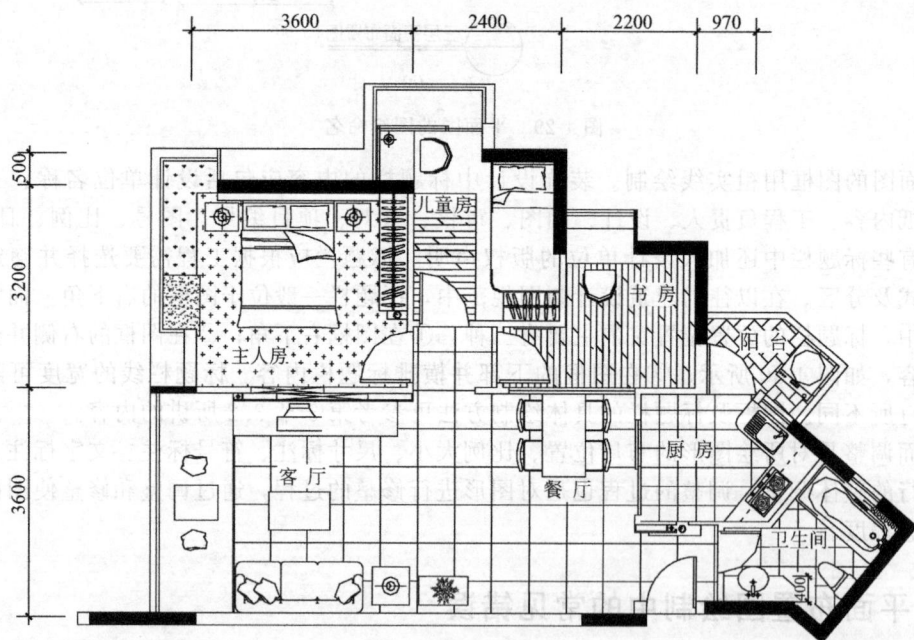

图 4-31　错误的平面图

③ 引出线没有对准索引符号的圆心，误把剖切位置线所在的一方当作剖视方向。

④ 起止符号不一致。在同一张图纸中，甚至在同一套图纸中，应使用统一的起止符号，如用短斜线，就都用短斜线；如用小圆点，就都用小圆点。不宜斜线与圆点混用，使图面显得凌乱。此外，有些图纸上起止符号与尺寸界线成为逆时针的 45°角，这些都是错误的。尺寸标注画法的正与误如图 4-33 所示。

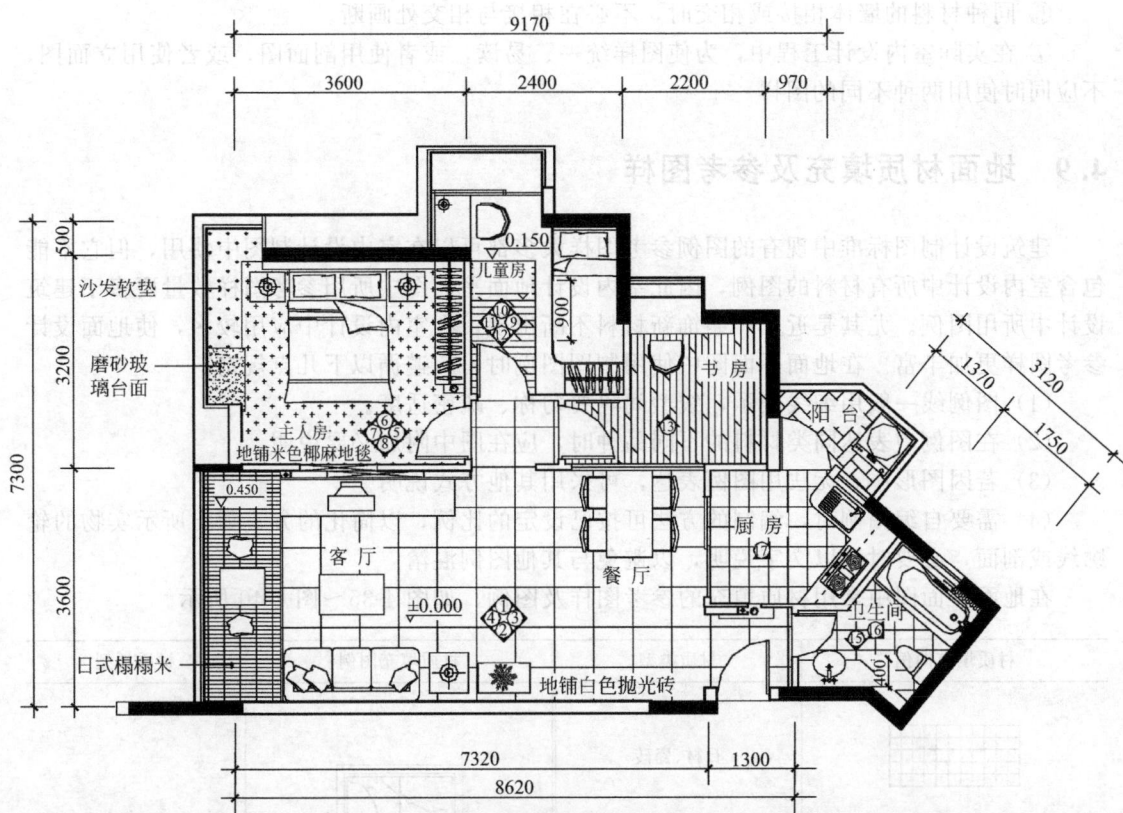

图 4-32　正确的平面图

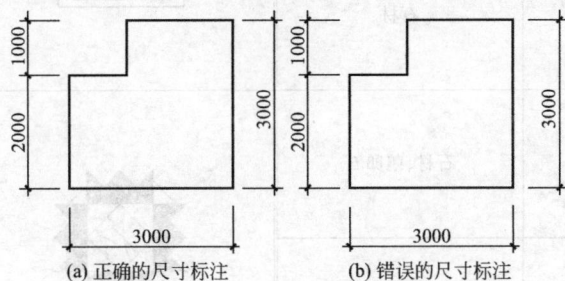

图 4-33　尺寸标注画法的正与误

⑤ 标高常见的弊病有三：一是不是以 m（米）为单位；二是小数点后只取 2 位数；三是在正标高数字前加"＋"号。标高画法的正与误如图 4-34 所示。

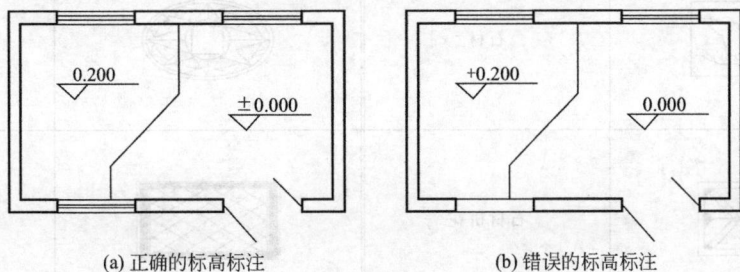

图 4-34　标高画法的正与误

⑥ 同种材料的墙体相接或相交时，不必在相接与相交处画断。

⑦ 在实际室内设计工程中，为使图样统一、易读，或者使用剖面图，或者使用立面图，不应同时使用两种不同的图样。

4.9 地面材质填充及参考图样

建筑设计制图标准中现有的图例参考图样大多都可以在室内设计制图中使用，但它不能包含室内设计中所有材料的图例，因此室内设计地面平面图中所用参考图样数量要多于建筑设计中所用图例。尤其是近几年装饰新材料不断出现，在室内设计中应用较多，使地面设计参考图样更加丰富。在地面平面图中使用制图图例时，应遵循以下几点规定。

（1）图例线一般用细线表示，线型间隔要匀称、疏密适度。

（2）在图例中表达同类材料的不同品种时，应在图中附加必要说明。

（3）若因图形小，无法用图例表达，可采用其他方式说明。

（4）需要自编图例时，编制的方法可按已设定的比例，以简化的方式画出所示实物的轮廓线或剖面，必要时辅以文字说明，以避免与其他图例混淆。

在地面平面图中常用材质填充的参考图样及图例，如图 4-35～图 4-40 所示。

材质填充图例	材质类型	材质填充图例	材质类型
	石材、瓷砖		石材拼花
	石材		石材拼花
	石材、鹅卵石		石材拼花
	石材拼花		
	石材		石材拼花
	石材拼花		石材拼花

(a)

材质填充图例	材质类型	材质填充图例	材质类型
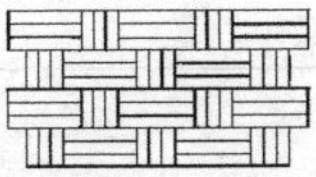	木地板		木地板
	木地板		木地板
	木地板	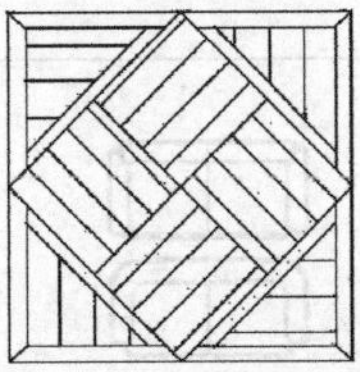	木地板
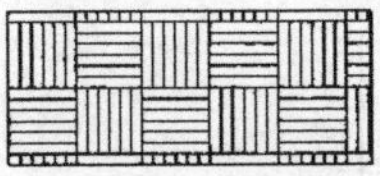	木地板	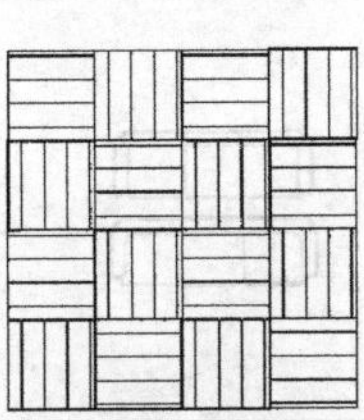	木地板
	地毯		地毯
	地毯		地毯
	镜面		清玻璃
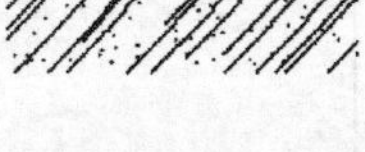	磨砂玻璃	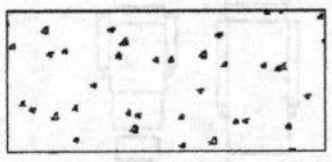	混凝土

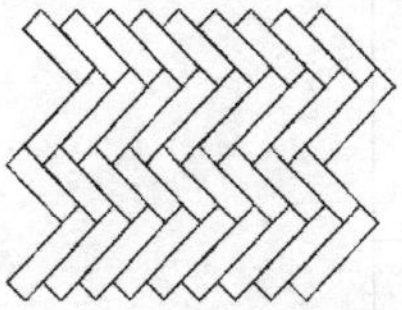

(b)

图 4-35　地面平面图中常用材质填充的参考图样

序号	名称		图例		注解
			标准图例	可参照图例	
1	沙发	单人沙发			
		双人沙发			
		三人沙发			
2	办公桌				1. 立面样式可根据设计自定 2. 其他家具图例根据设计自定
3	椅	办公椅			
		休闲椅			
		躺椅			

(a)

序号	名称		图例		注解
			标准图例	可参照图例	
4	床	单人床	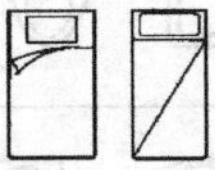	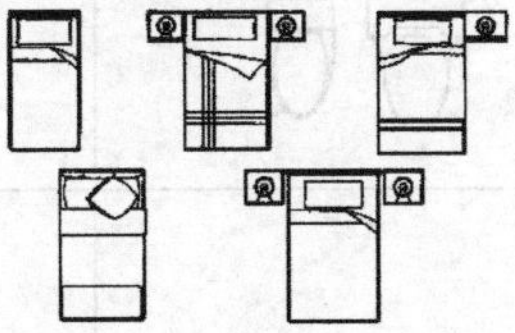	
		双人床	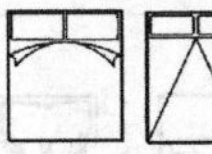	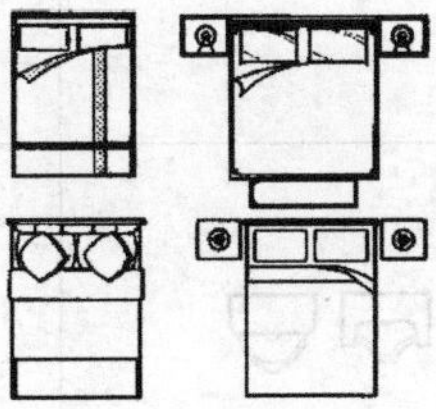	
5	橱柜	衣柜			1. 立面样式可根据设计自定 2. 其他家具图例根据设计自定
		低柜	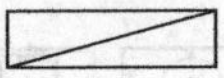		
		高柜			
6	异形沙发			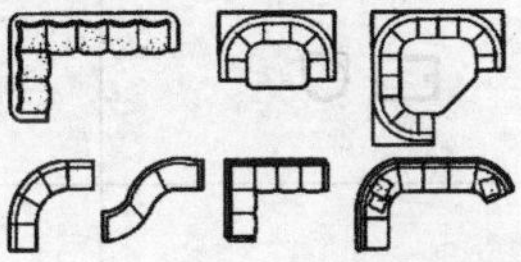	
7	会议桌			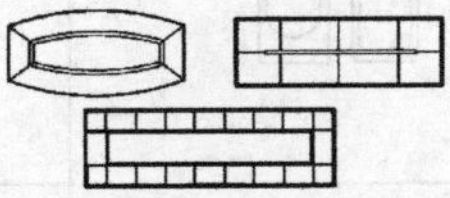	
8	餐椅桌			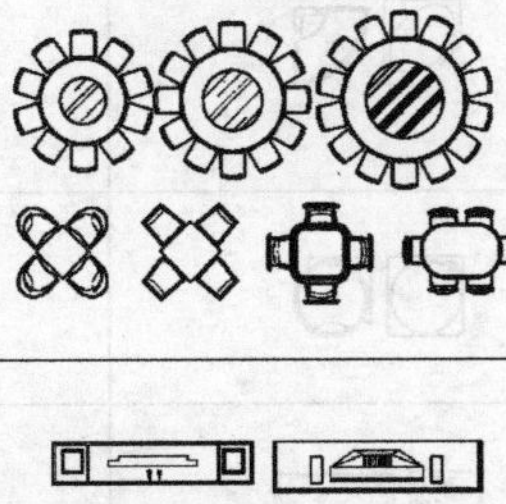	
9	电视柜				

(b)

图 4-36　常用家具图例

119

序号	名称		图例		注解
			标准图例	可参照图例	
1	大便器	坐式	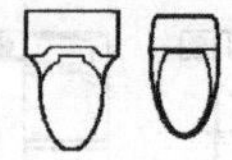		
		蹲式	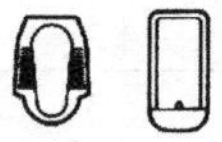	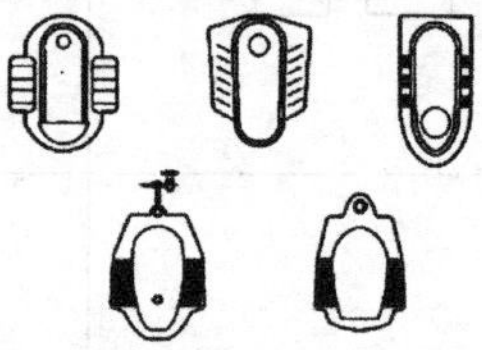	
2	小便器			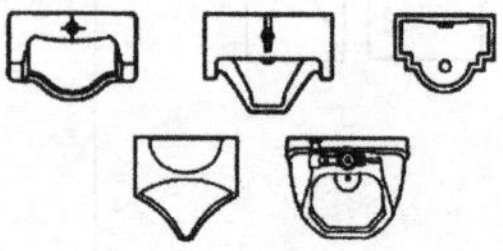	
3	台盆	立式	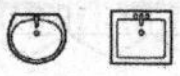	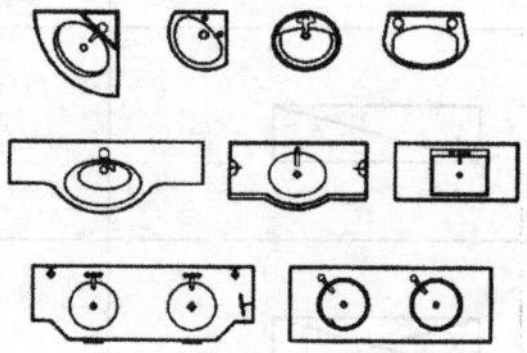	1. 立面样式可根据设计自定 2. 其他洁具图例根据设计自定
		台式	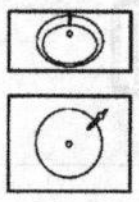		
		挂式			
4	拖把池				
5	浴缸	长方形	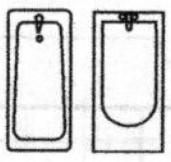	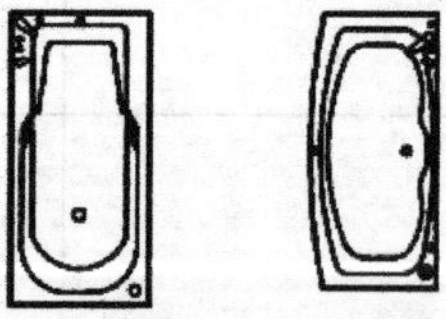	
		三角形	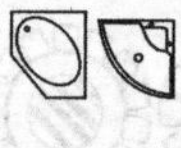	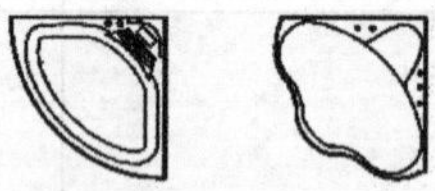	
		圆形		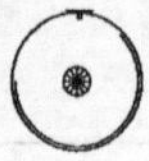	
6	淋浴房			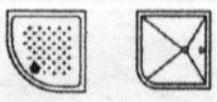	

图 4-37　常用洁具图例

120

序号	名称		图例		注解
			标准图例	可参照图例	
1	阔叶植物				
2	针叶植物				
3	落叶植物				
4	盆景类	树桩类			1. 立面样式可根据设计自定 2. 其他绿化图例根据设计自定
		观花类			
		观叶类			
		山水类			
5	插花类				
6	吊挂类				
7	棕榈植物				
8	水生植物				
9	假山石				
10	草坪				

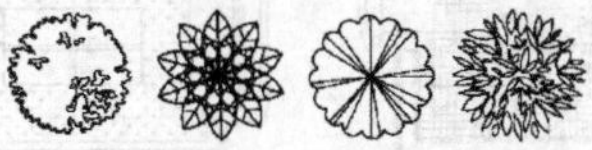

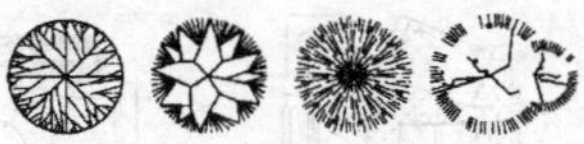

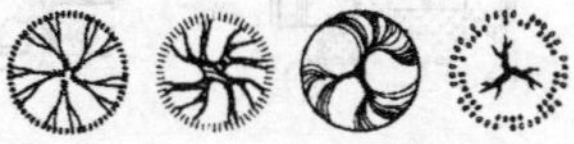

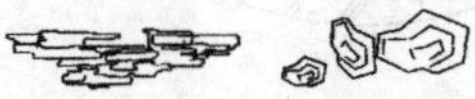

图 4-38　常用绿化图例

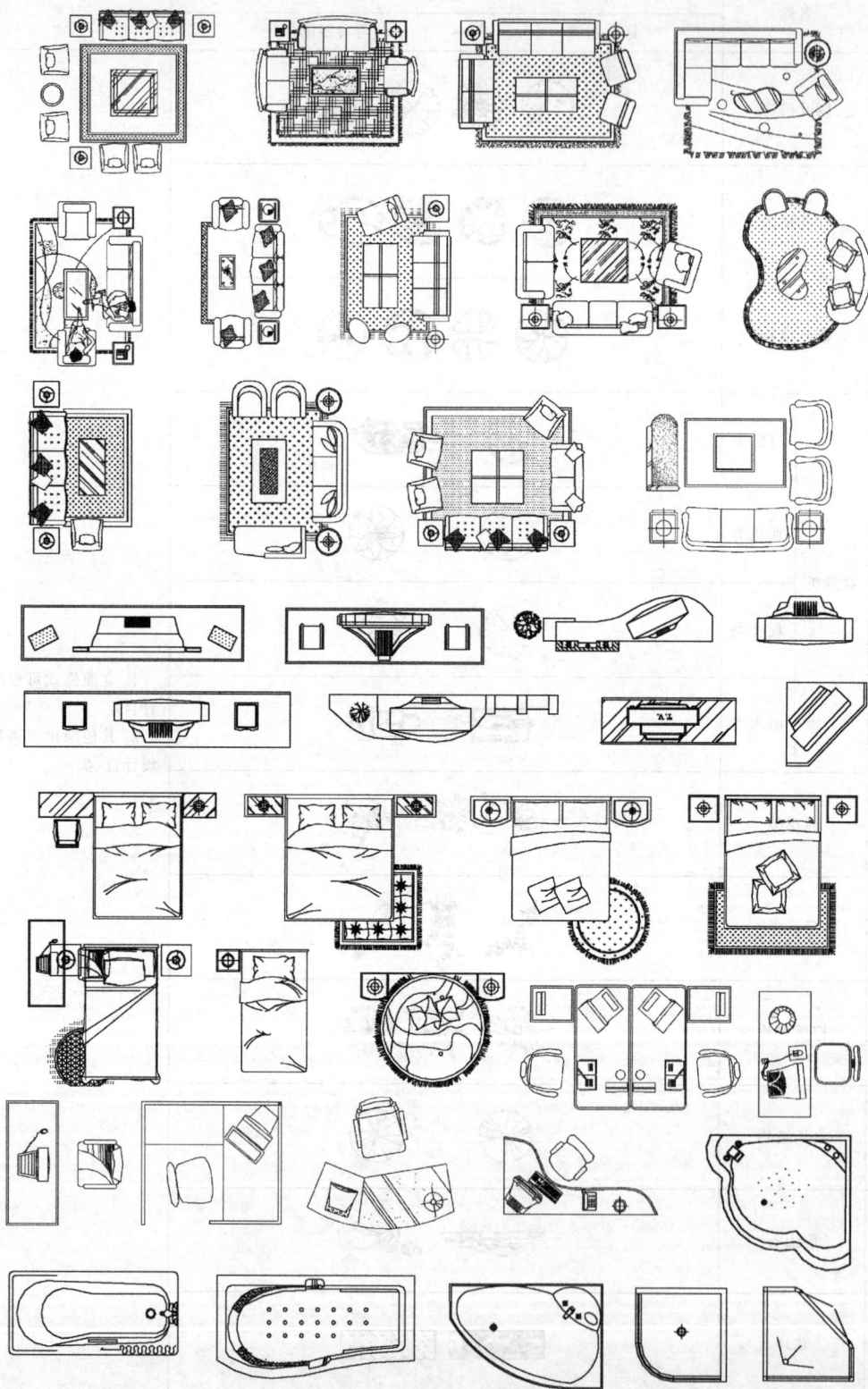

图 4-39　常用家具、洁具图块

图　例	名　称	图　例	名　称
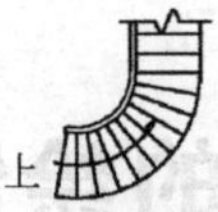	旋转楼梯	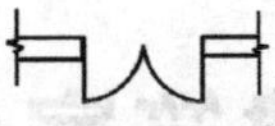	双扇门
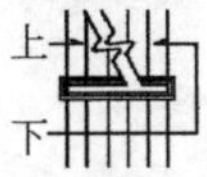	中间层楼梯		双开折叠门
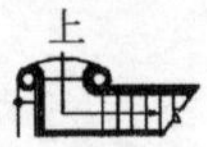	底层楼梯	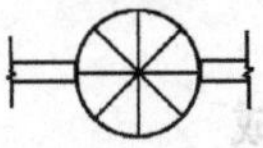	转门
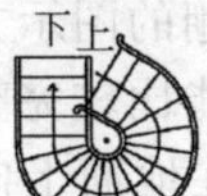	旋转楼梯		四扇门
	旋转楼梯	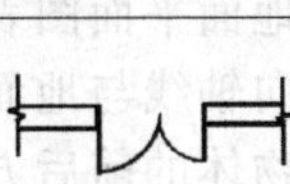	子母门
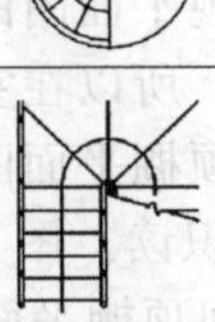	底层楼梯	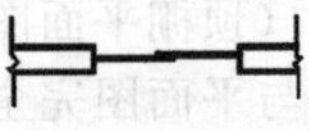	移门
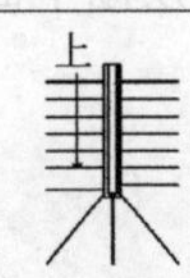	底层楼梯	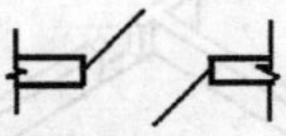	双扇双面弹簧门
	检查孔、地面检查孔、吊顶检查孔	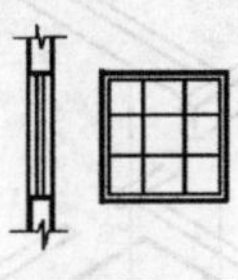	单层固定窗
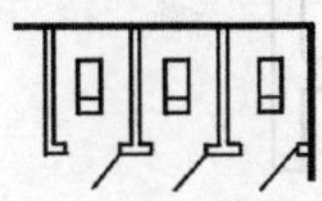	厕所间	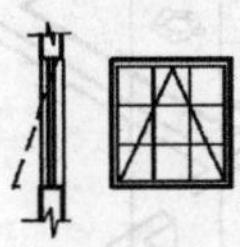	单层外开上悬窗
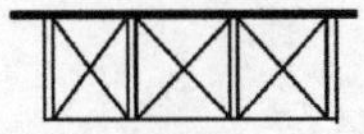	淋浴间	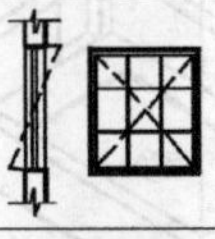	单层中悬窗
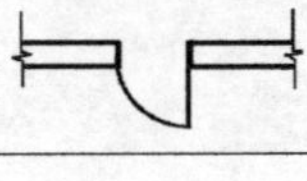	单扇门		立转窗
	内外开双层门	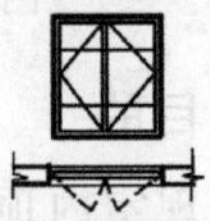	单层外开平悬窗
	折叠门	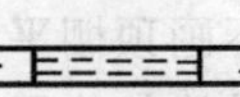	高窗

图 4-40　常用建筑图例

第5章 建筑室内设计顶棚平面图的绘制

5.1 顶棚平面图绘制的目的及要求

5.1.1 顶棚平面图的形成

顶棚平面图也可称为天花平面图或吊顶平面图。为了方便理解室内顶棚的图示方法，可以假想室内地面上水平放置的平面镜中映出的顶棚在地平面上的图像，它能比较完整地展示顶棚布置和装修情况，如图5-1所示。有时也可采用顶棚仰视图，即人站在地面上向上仰视的正投影。仰视平面图与地面平面图表现的是同一室内空间的顶棚与地面，其实上下轴线是相对的，仰视平面图的横向轴线与地面平面图上的排列也是一致的。然而，由于仰视图在投影展开时是向上展开的，物体的前后方向与地面平面图恰好相反，因此仰视平面图的纵向定位轴线的排列也恰与地面平面图相反。这样在施工时经常会出现一些问题，所以在室内设计施工图中常采用镜像视图（顶棚平面图）的方法来实现。用此方法绘出的顶棚平面图所显示的图像，其纵横轴线排列与平面图完全一致，便于相互对照，更易于清晰识读。图5-2所示的是某起居室的平面布置图，图5-3所示的正是用镜像视图画法画的该空间顶棚平面图。

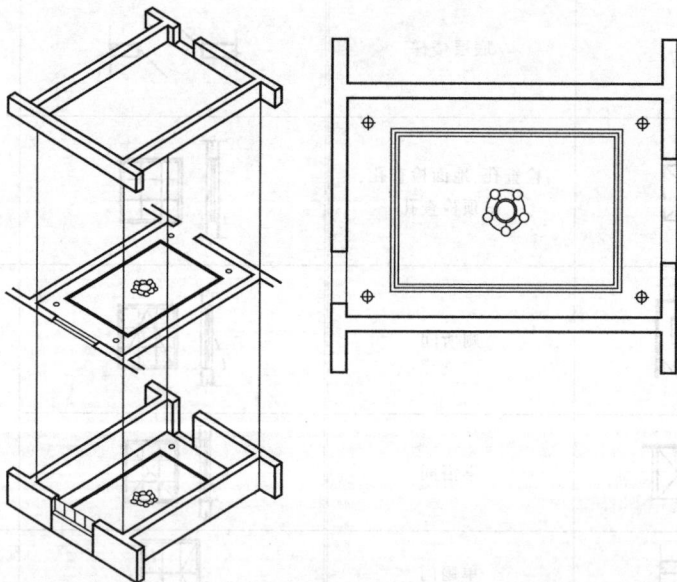

图5-1 顶棚平面图的形成

5.1.2 顶棚平面图绘制的目的

顶棚平面图主要用于表现室内顶棚上的装饰造型、设备布置、标高、尺寸、材料运用等内容，在建筑设计中一般不画顶棚平面，而室内设计中必须画出顶棚平面。应在顶棚平面上表示出造型的方法、各种设施的位置以及它们之间的距离尺寸，在室内设计施工图的顶棚平面中还应标明顶棚的用材、做法、灯具的大小、型号以及各部位的尺寸关系等，如图5-4所示。

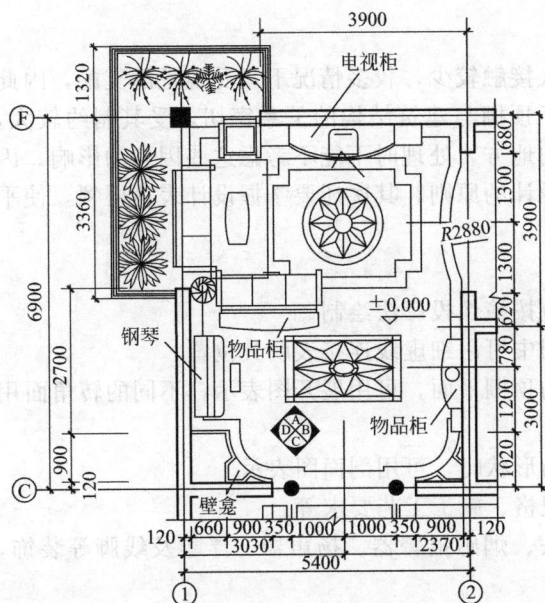

图 5-2　某起居室的平面布置图

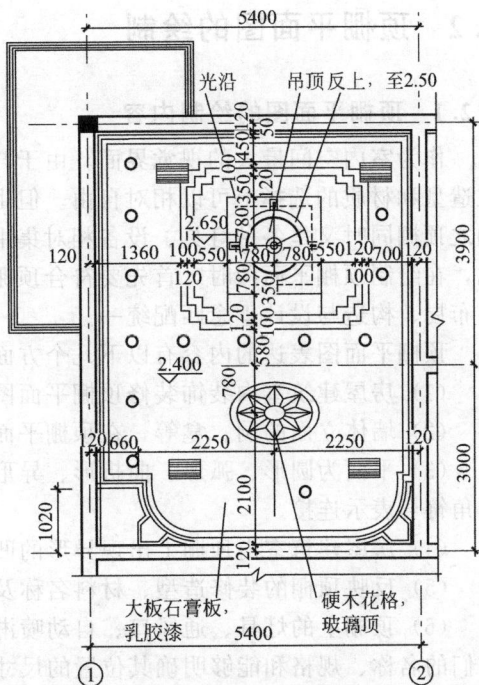

图 5-3　用镜像视图画法画的顶棚平面图

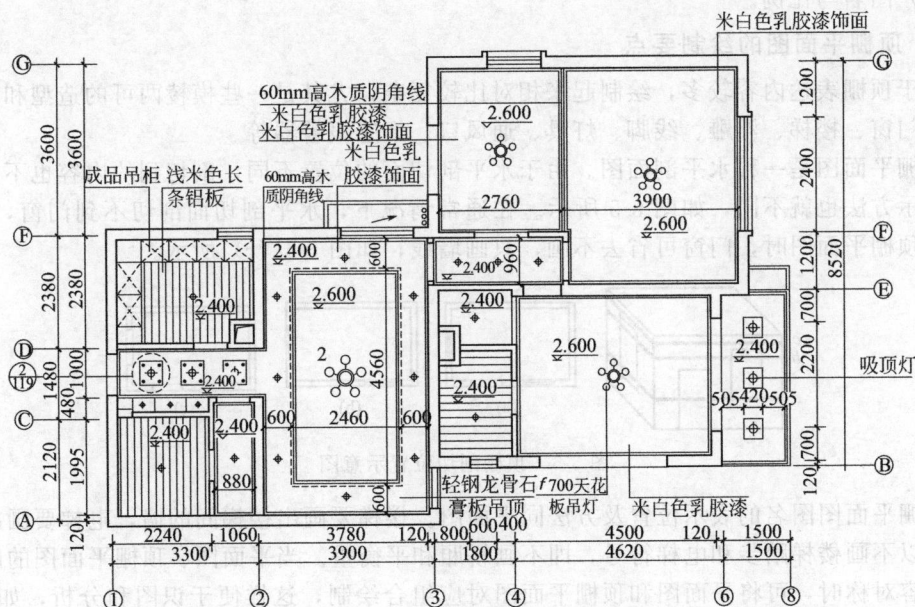

注：除铝板吊顶外，其他部位均以米白色乳胶漆饰面

图 5-4　某住宅的顶棚平面图

　　顶棚平面图绘制的目的是让客户了解室内设计的构想，天花板的造型和尺寸，材料的使用以及设备，如灯具、冷气出风口、消防设备、安防设施的位置等。同时，满足预算编制、施工组织、材料准备和相关专业进行设计的要求；确保相关审批内容的表述清晰以及与审批程序的一致。

125

5.2　顶棚平面图的绘制

5.2.1　顶棚平面图的绘制内容

作为室内空间最大的视觉界面，由于与人接触较少，较多情况下只受视觉的支配，因此在造型和材质的选择上可以相对自由。但由于顶棚与建筑结构的关系密切，受其制约较大，加之顶棚同时又是各种灯具、设备相对集中的地方，处理时不能不考虑这些因素的影响。因此，在绘制顶棚平面图时，首先要符合顶棚设计的原则，其次还要掌握设计表达要领，使平面布局、构造与设计理念匹配统一。

顶棚平面图表达的内容有以下几个方面。

（1）房屋建筑室内装饰装修顶棚平面图应按镜像投影法绘制。

（2）墙体立面的洞、龛等，在顶棚平面图中可用细虚线连接表明其位置。

（3）平面为圆形、弧形、曲折形、异形的顶棚平面，可用展开图表示，不同的转角面用转角符号表示连接。

（4）房屋建筑室内顶棚上出现异形的凹凸形状时，可用剖面图表示。

（5）反映顶棚的装修造型、材料名称及规格、施工工艺要求等。

（6）顶棚上的灯具、通风口、自动喷淋头、烟感报警器、扬声器、浮雕及线脚等装饰，它们的名称、规格和能够明确其位置的尺寸。

（7）顶棚底面及分层吊顶底面的标高。

（8）标注详图索引符号、剖切符号。

（9）图名与比例。

5.2.2　顶棚平面图的绘制要点

由于顶棚表达内容较多，绘制起来相对比较复杂，尤其是一些模棱两可的造型和设备符号，如门窗、楼梯、浮雕、线脚、灯具、通风口、烟感报警器等。

顶棚平面图是一种水平剖面图。由于水平剖切面的位置不同，剖切到的内容也不同，门窗的表示方法也就不同，如图 5-5 所示。在通常情况下，水平剖切面剖切不到门窗，因此，在绘制顶棚平面图时，门窗可省去不画，只画墙线，如图 5-5（c）所示。

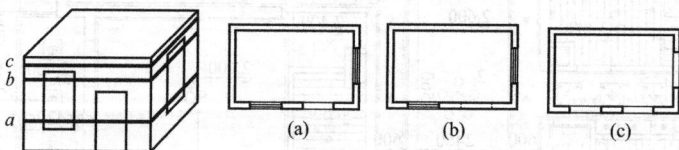

图 5-5　顶棚剖切位置示意图

顶棚平面图图名的表示位置及方法同平面图。楼梯要画出楼梯间的墙，电梯要画出电梯井，可以不画楼梯踏步和电梯符号，即不画轿厢和平衡重。当平面图、顶棚平面图的图形和设计内容对称时，可将平面图和顶棚平面图对应组合绘制，这样便于识图和分析，如图 5-6 所示。

另外，在室内设计和施工中为了协调水、电、空调、消防等各种工种的布点定位，在室内设计中可绘制出顶棚综合布点图。在该图中应将灯具、喷淋头、通风口及顶棚造型的位置都标注清楚。顶棚综合布点图的设计原则为：一是不违反各种规范要求；二是各布点不能发生冲突，要做到造型美观。顶棚综合布点图一般都由室内设计师完成，如图 5-7 所示。

按正投影原理，顶棚上的浮雕、线脚等均应画在顶棚平面图上。但有些浮雕或线脚可能

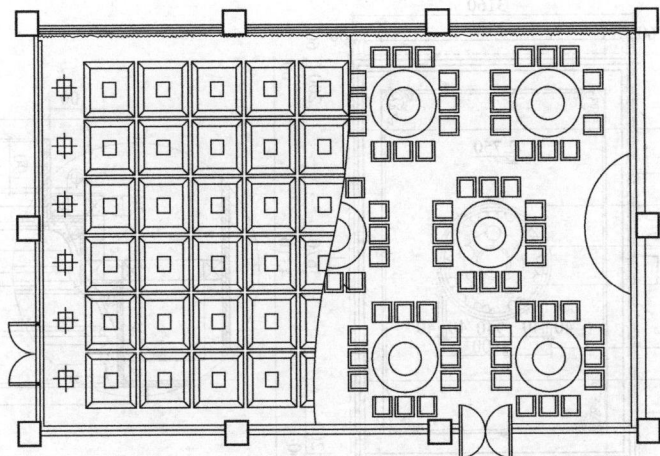

图 5-6 平面图和顶棚平面图对应组合形式

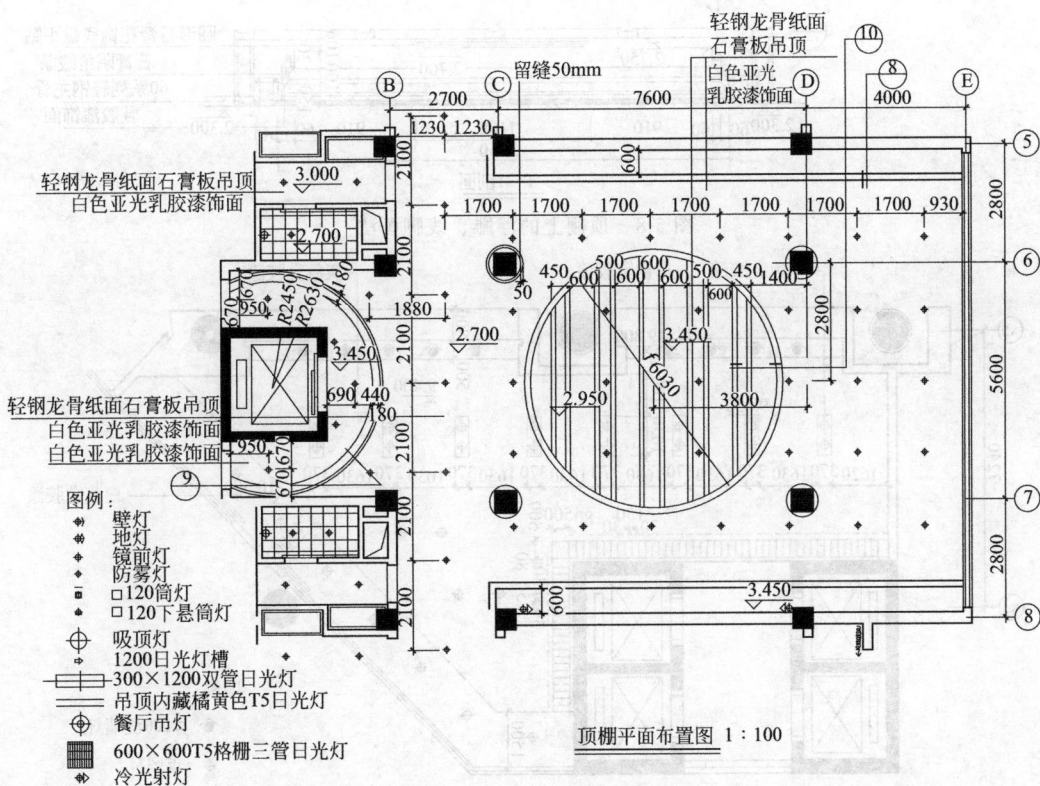

图 5-7 顶棚综合布点图

比较复杂,难以在这个比例尺较小的平面图中画清楚,为此,可以用示意的方式表示。例如,周边石膏线脚或木线脚,可以简化为一两条细线,浮雕石膏花等可以只画大轮廓等,然后再另画大比例尺的详图表示之,如图 5-8 所示。

灯具也要采用简化画法。如筒灯可画一个小圆圈加十字,吸顶灯只画外部大轮廓加十字,但大小与形状应与灯具的真实大小和形式相一致,如图 5-9 所示。

通风口、烟感报警器和自动喷淋头等,按理应该画在图纸上。如果由于工种配合上的原因,后续工种一时提不出具体资料,也可不画。

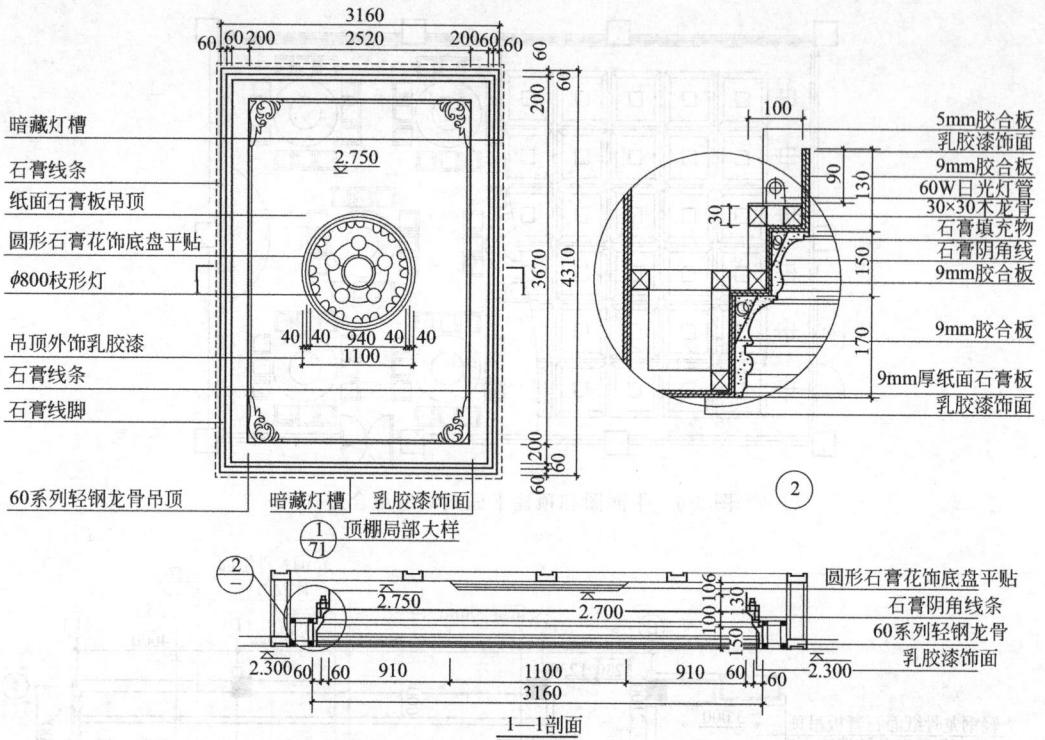

图 5-8　顶棚上的浮雕、线脚画法

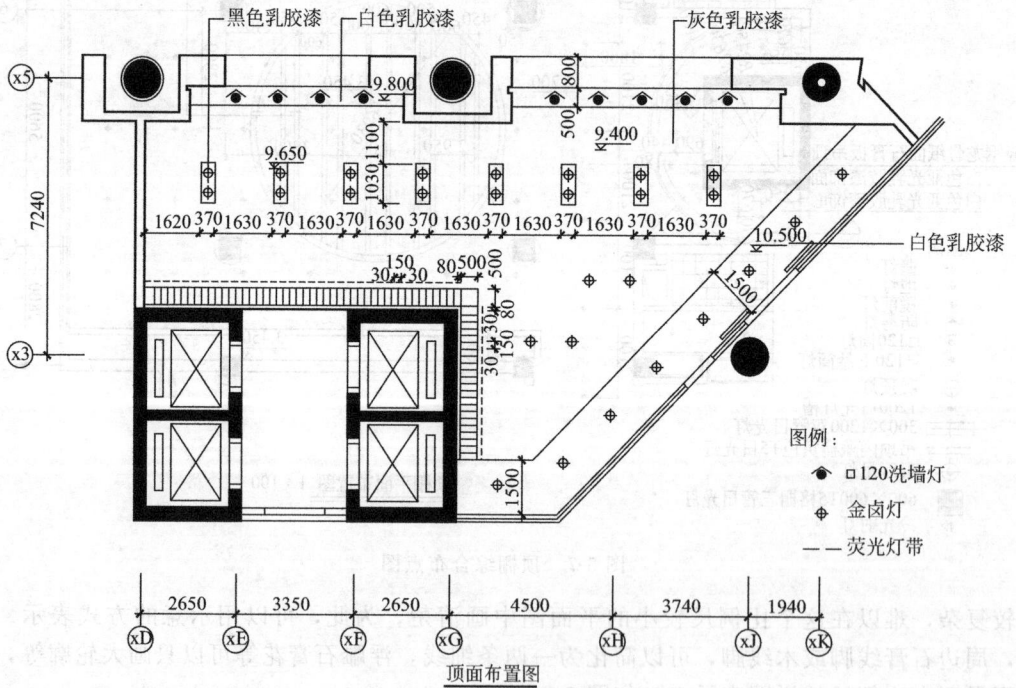

暗藏灯槽
石膏线条
纸面石膏板吊顶
圆形石膏花饰底盘平贴
φ800枝形灯
吊顶外饰乳胶漆
石膏线条
石膏线脚
60系列轻钢龙骨吊顶

2.750

暗藏灯槽　乳胶漆饰面
顶棚局部大样

5mm胶合板
乳胶漆饰面
9mm胶合板
60W日光灯管
30×30木龙骨
石膏填充物
石膏阴角线
9mm胶合板
9mm胶合板
9mm厚纸面石膏板
乳胶漆饰面

圆形石膏花饰底盘平贴
石膏阴角线条
60系列轻钢龙骨
乳胶漆饰面

1—1剖面

图 5-8　顶棚上的浮雕、线脚画法

黑色乳胶漆　白色乳胶漆　灰色乳胶漆

白色乳胶漆

图例：
□120洗墙灯
金卤灯
荧光灯带

顶面布置图

图 5-9　灯具的简化画法

有些顶棚的设备、设施较多，为了使其不相混淆，可在图纸一角用一个图例目录说明。

5.2.3　顶棚平面图的绘制步骤

在 AutoCAD 中，顶棚平面图可按以下方法和步骤进行绘制。

（1）选比例、定图幅。

（2）画出建筑主体结构，如图 5-10 所示。

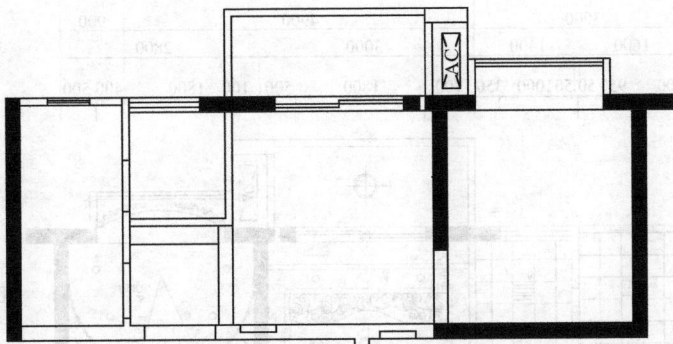

图 5-10　顶棚平面图绘制步骤一

（3）画出顶棚的造型轮廓线、灯饰、空调风口等设施，如图 5-11 所示。

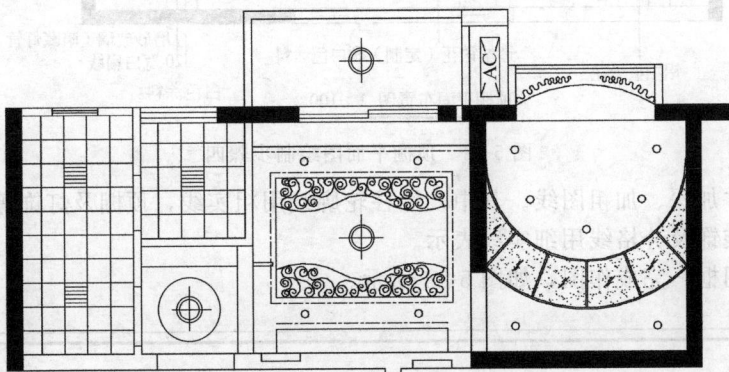

图 5-11　顶棚平面图绘制步骤二

（4）标注尺寸和相对于本层楼地面的顶棚跌级标高，如图 5-12 所示。

（5）画详图索引符号，标注说明文字、图名比例，如图 5-13 所示。

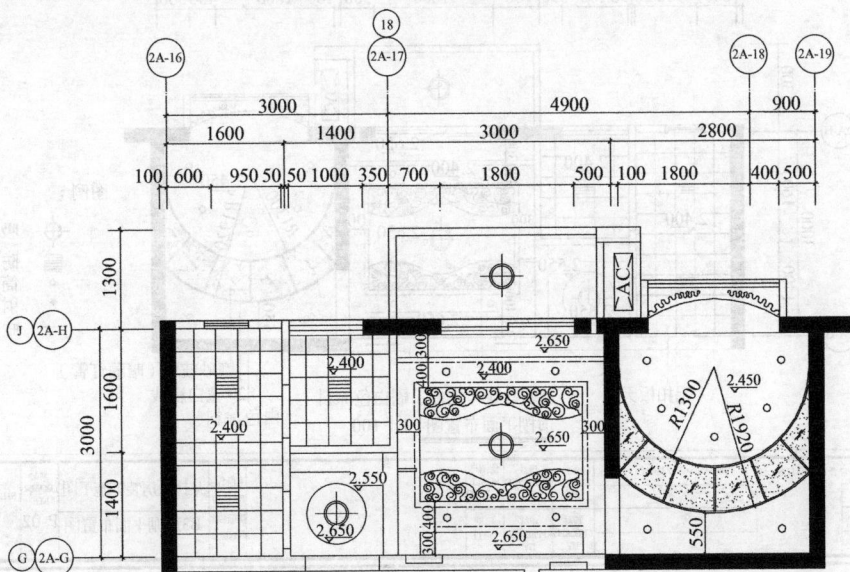

图 5-12　顶棚平面图绘制步骤三

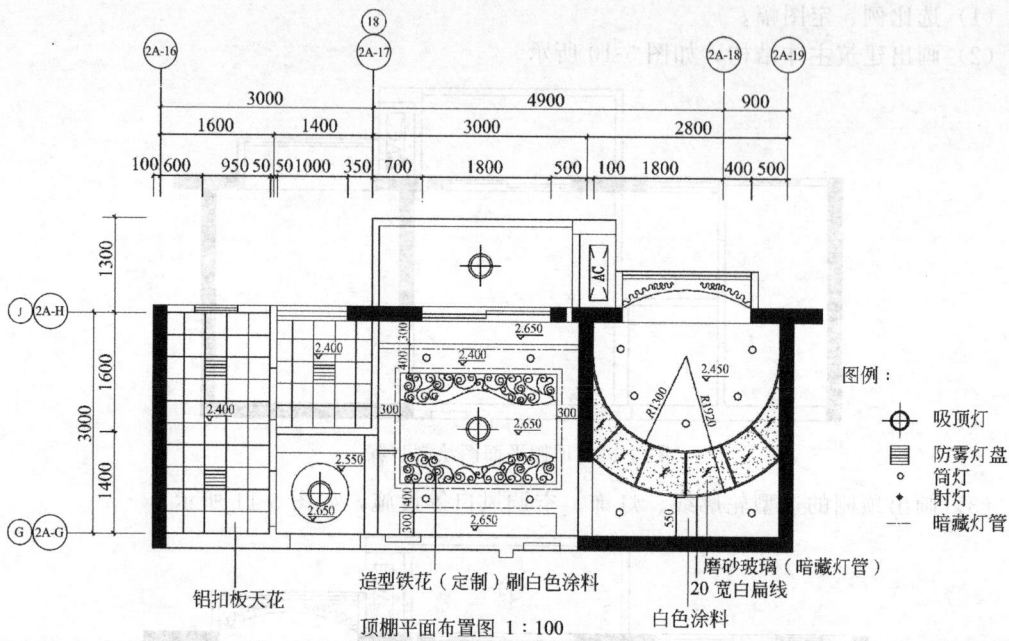

图例：
⊕ 吸顶灯
▤ 防雾灯盘
○ 筒灯
✦ 射灯
— 暗藏灯管

铝扣板天花

造型铁花（定制）刷白色涂料

顶棚平面布置图 1：100

磨砂玻璃（暗藏灯管）
20 宽白扁线

白色涂料

图 5-13　顶棚平面图绘制步骤四

（6）检查并加深、加粗图线。其中，墙柱轮廓线用粗实线，顶棚及灯饰等造型轮廓线用中实线，顶棚装饰及分格线用细实线表示。

（7）画出图框，完成作图，如图 5-14 所示。

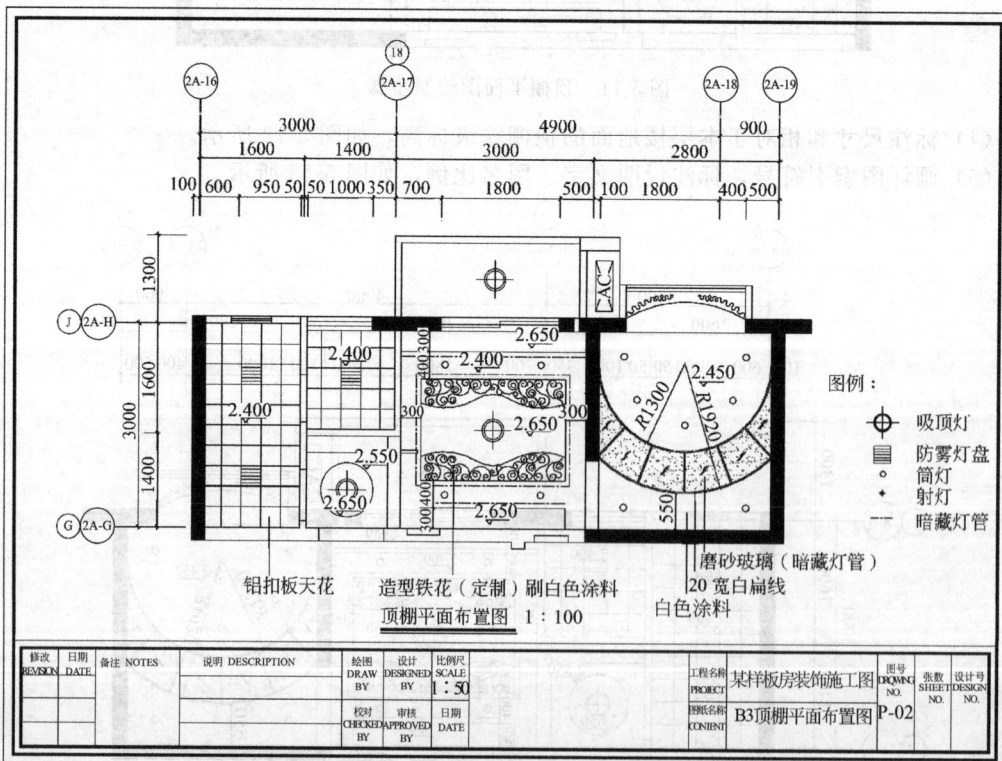

图例：
⊕ 吸顶灯
▤ 防雾灯盘
○ 筒灯
✦ 射灯
— 暗藏灯管

铝扣板天花

造型铁花（定制）刷白色涂料

顶棚平面布置图 1：100

磨砂玻璃（暗藏灯管）
20 宽白扁线

白色涂料

修改 REVISION	日期 DATE	备注 NOTES	说明 DESCRIPTION	绘图 DRAW BY	设计 DESIGNED BY	比例尺 SCALE 1：50	工程名称 PROJECT	某样板房装饰施工图	图号 DRAWING NO.	张数 SHEET NO.	设计号 DESIGN NO.
				校对 CHECKED BY	审核 APPROVED BY	日期 DATE	图纸名称 CONTENT	B3顶棚平面布置图	P-02		

图 5-14　顶棚平面图绘制步骤五

5.3　灯具的绘制及图例

一般灯具可在市场上购买。需要特殊设计的灯具，就要画详图。灯具图的多少，依灯具的复杂程度而定，一般应包括平面图、立面图、剖面图和若干详图。灯具平面图实为仰视图或俯视图（即由下往上看时或由上往下看时形成的正投影图），它反映灯的平面形状和尺寸。立面图实际上是侧立面图，它是由侧面观察时形成的正投影图，反映灯的侧面形状和尺寸。剖面图多数为垂直剖面图，往往通过对称轴，它反映灯的内部构造和尺寸。灯具图细部尺寸较多，材料也较复杂，应详细注明，确实达到可以加工制造的程度。

图 5-15 是嵌入式灯具的设计图。全图由平面图与剖面图组成。因为造型相对简单，除单独绘制了散热孔的大小和间距外，没有画更多的详图。有关灯具的常用图例见表 5-1。

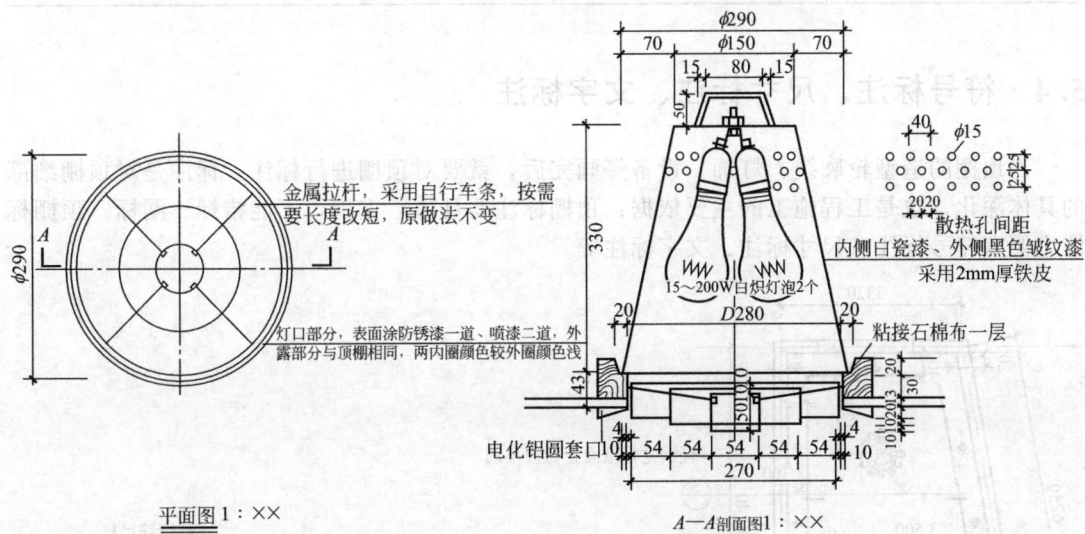

图 5-15　嵌入式灯具的设计详图画法

表 5-1　灯具的常用图例

序号	名　称	图　例	序号	名　称	图　例
1	艺术吊灯		5	轨道射灯	
2	吸顶灯		6	格栅射灯	（单头）（双头）（三头）
3	筒灯		7	格栅荧光灯	600×600（正方形）600×1200（长方形）
4	射灯		8	暗藏灯带	—————

续表

序号	名　称	图　例	序号	名　称	图　例
9	壁灯		14	荧光灯	
10	台灯		15	投光灯	
11	落地灯		16	泛光灯	
12	水下灯		17	聚光灯	
13	踏步灯				

5.4　符号标注、尺寸标注、文字标注

当顶棚的造型轮廓线、灯饰、设备等画完后，就要对顶棚进行标注。标注是对顶棚细部的具体深化，也是工程施工的主要依据；顶棚标注要具体、完善，不能错标、漏标。顶棚标注主要有符号标注、尺寸标注、文字标注等。

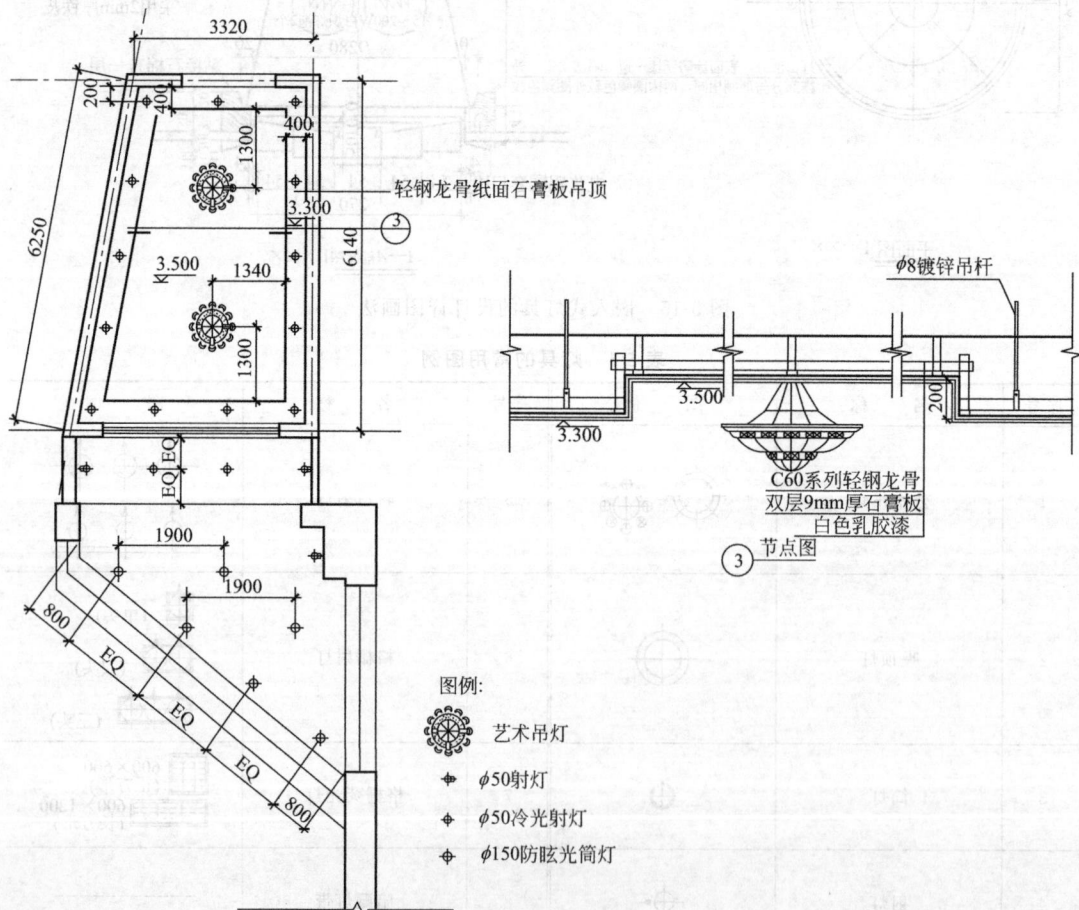

图例：

- 艺术吊灯
- φ50射灯
- φ50冷光射灯
- φ150防眩光筒灯

图 5-16　顶棚平面图中的剖切符号表示方法

5.4.1　符号标注

顶棚平面图的符号标注有索引符号、剖切符号、标高符号、材料索引符号等。详图索引符号及剖切符号要与相关图形对应。

索引符号是为了清晰地表示顶棚平面图中的某个局部或构配件而注明的详图编号，索引符号的具体画法详见第 3 章 3.3。

当顶棚平面图出现跌级结构较复杂时，需采用剖面图对结构进一步进行绘制和注解。这时就要用到剖切符号，以表示剖切部位。剖切符号用粗实线绘制，绘制时不宜与图面上的图线相接触，如图 5-16 所示。

顶棚平面图的标高符号和数据是用来表示室内顶棚实际装修的不同高度的。也就是说，室内顶棚平面图每一分层都要用标高符号和数据来说明。标高符号应以直角等腰三角形表示，用细实线绘制，如图 5-17 所示。

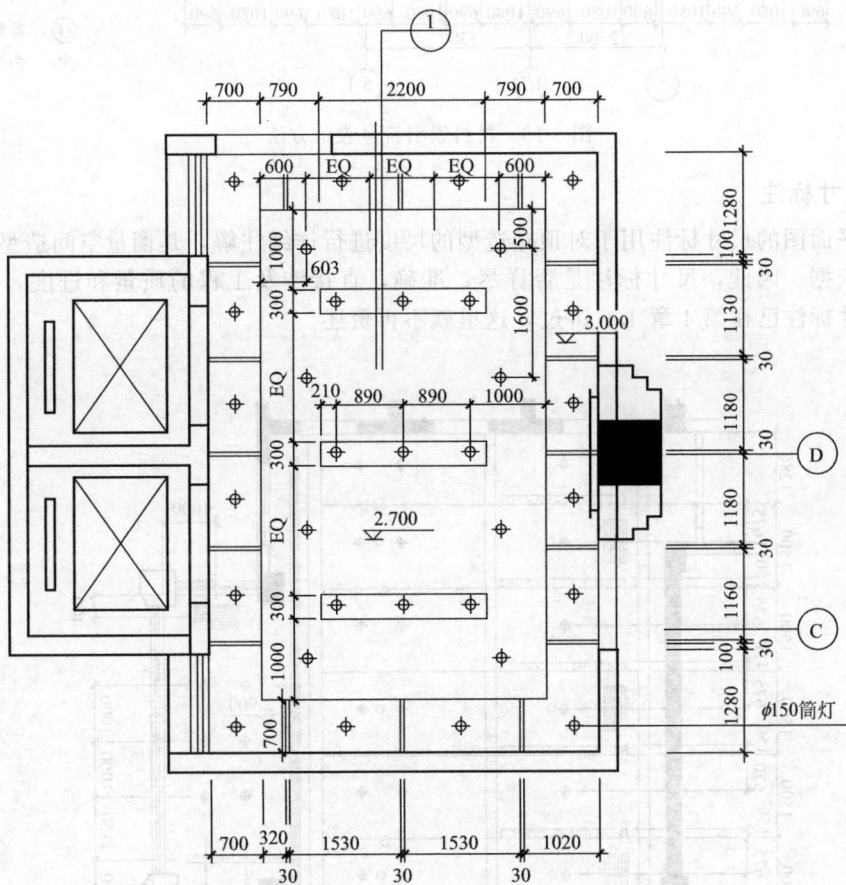

图 5-17　顶棚平面图的标高符号

材料索引符号用于在平面图、立面图及节点图中标示饰面材料的位置和类型。在设计过程中，如饰面材料发生变更可只修改材料总表中的材料中文名称，若干张图纸内的材料编号可不必调整。设计内容较简单时，可直接以中文文字标注材料。饰面材料代码编号通常在某一设计团队内部使用。设计团队内部除对饰面材料进行编号外，也可以对常用的材料进行归类编号。材料编号不单是为了设计修改方便，也可在使用中，使施工单位在编号与总表的不断对照中加深对材料及设计的理解，如图 5-18 所示。

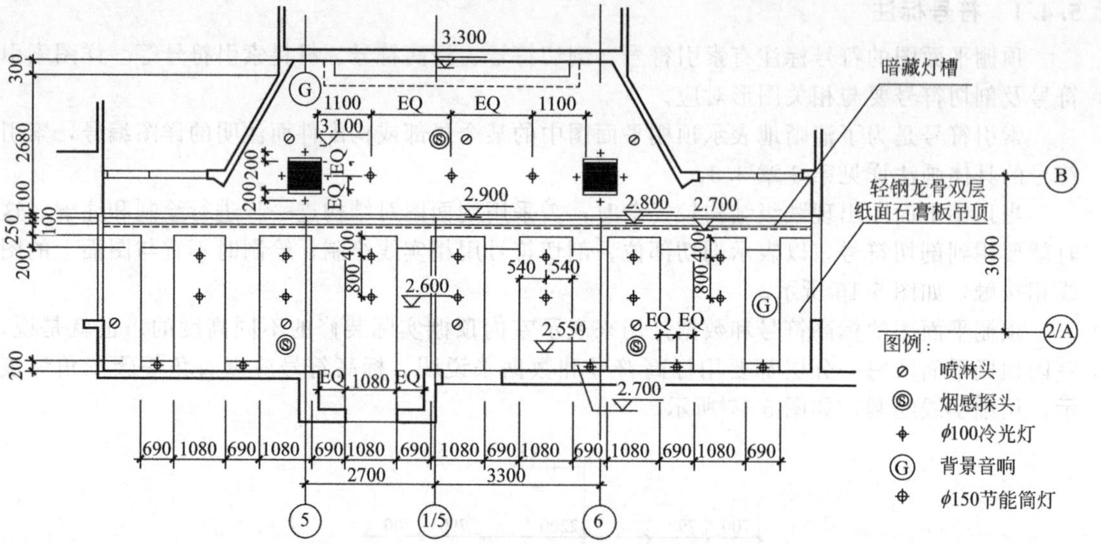

图 5-18　材料索引符号表示方法

5.4.2　尺寸标注

顶棚平面图的尺寸标注用于对顶棚造型的尺度进行详细注解，是衡量空间造型和装饰施工的重要依据。因此，尺寸标注是否详尽、准确，直接涉及工程的质量和进度，如图 5-19所示。尺寸标注已在第 4 章 4.6 讲过，这里就不再赘述。

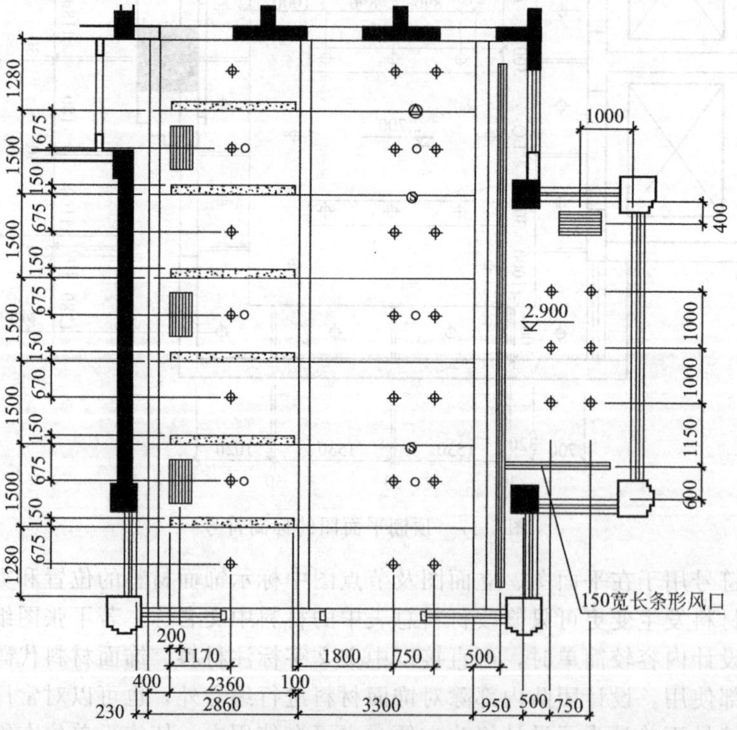

顶棚平面布置图　　1：100

图 5-19　顶棚平面图的尺寸标注

5.4.3　文字标注

在顶棚平面图中，文字标注主要起解释说明的作用，它是用文字表示装饰材料、设备构件以及表述顶棚施工做法的一种方式。例如"轻钢龙骨纸面石膏板外饰白色乳胶漆"就是对顶棚简易施工做法的一种表述方式，表述要准确、详细，不能漏掉关键词。表述的方法一般是由上及下。文字标注的位置可视平面布局而定，通常是放在平面图的外面，如图 5-20 所示。

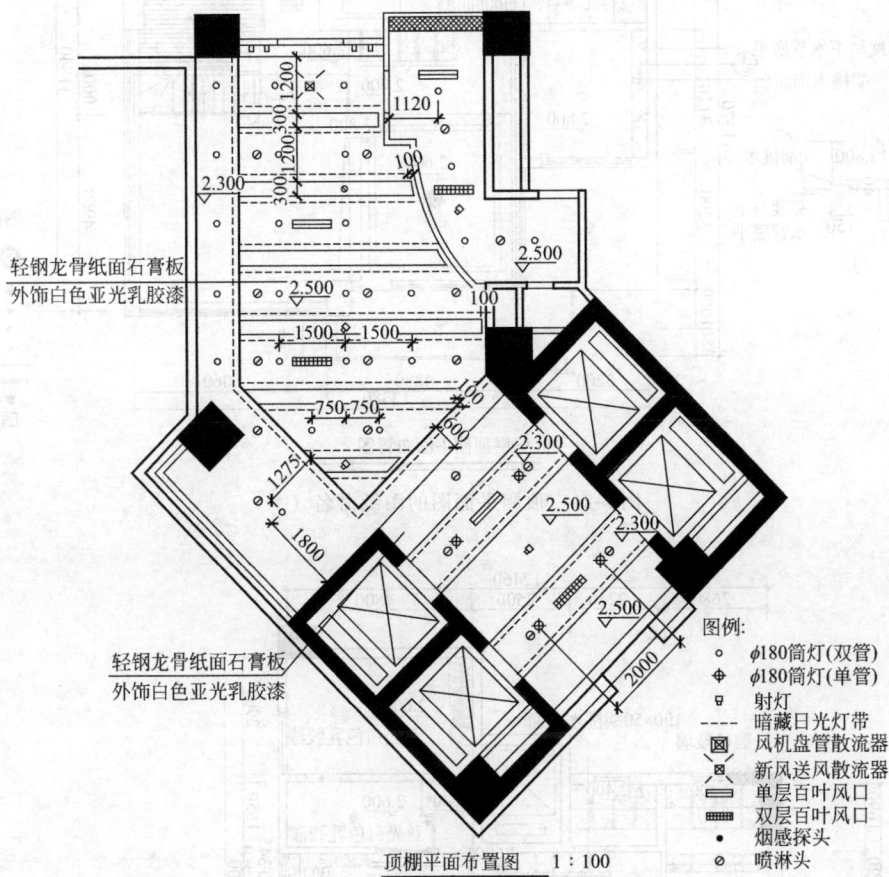

图 5-20　顶棚平面图的文字标注

5.5　图纸命名、图框绘制及图面调整

室内顶棚平面图的图纸命名和地面平面布置图一样，也是标写在图样的下方。其目的是便于图纸识别和后续装订。当室内设计的对象为多层建筑时，可按其所表示的楼层层数来称呼，如一层顶棚平面布置图、二层顶棚平面布置图等，如图 5-21、图 5-22 所示。也可用空间的名称来称呼，如客厅顶棚平面布置图、主卧室顶棚平面布置图等。对于多层相同内容的楼层平面，也可只绘制一个平面图，在图名上标注出"标准层顶棚平面图"或"某层～某层顶棚平面图"即可。

顶棚平面图中的图框绘制、标题栏内容和地面平面布置图一样，当顶棚平面图绘制完成后，只需将地面平面布置图的图框和图标复制过来，对图标部分内容进行修改即可，如图 5-23 所示。

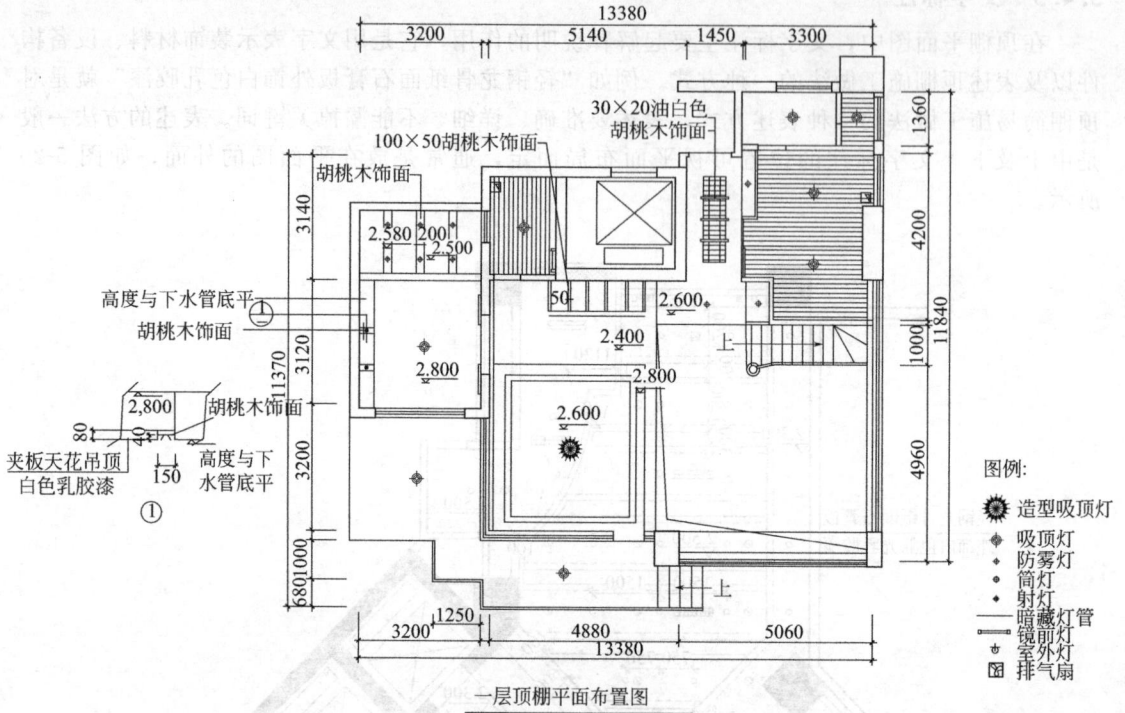

一层顶棚平面布置图

图 5-21 顶棚平面图的图纸命名（一）

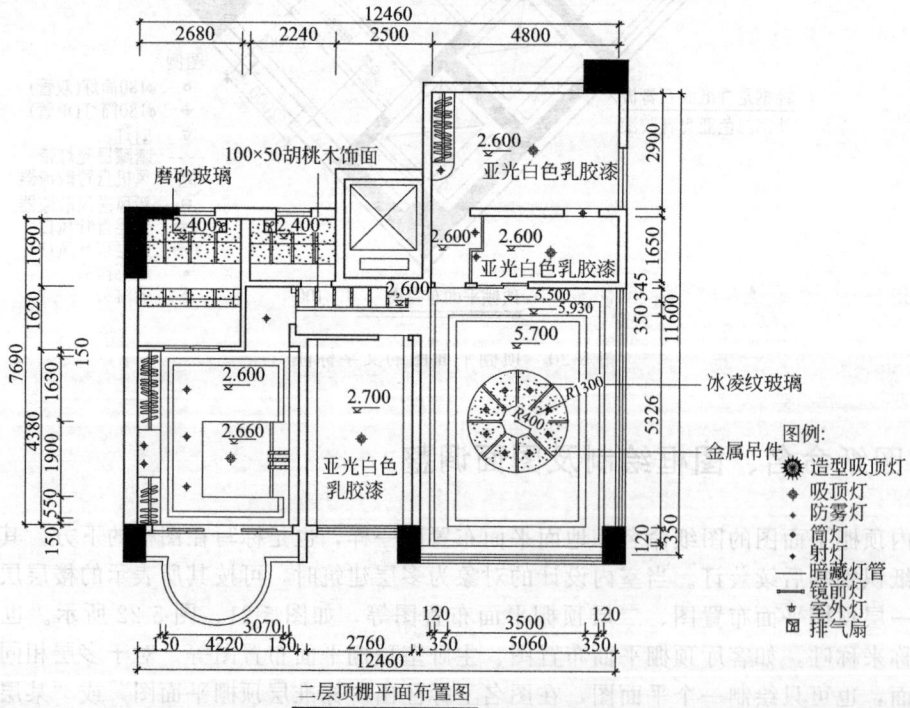

二层顶棚平面布置图

图 5-22 顶棚平面图的图纸命名（二）

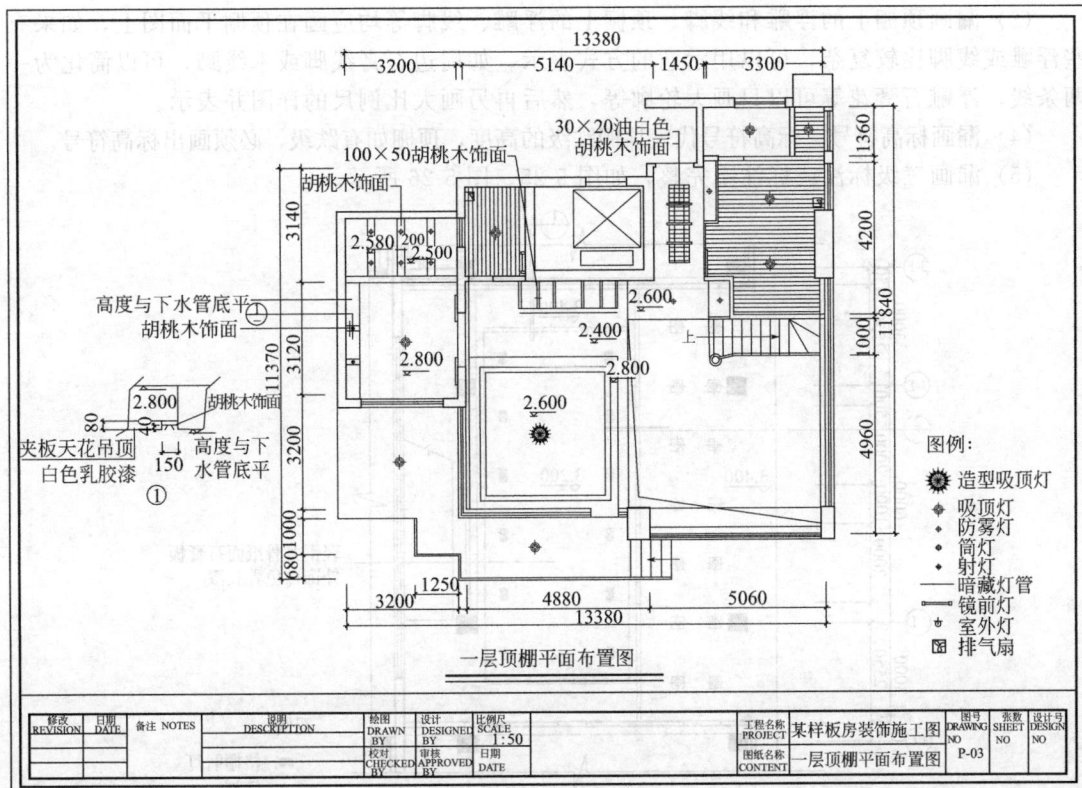

图 5-23　顶棚平面图中的图框绘制

5.6　顶棚平面图绘制中的常见错误

顶棚平面图是镜像之后形成的投影，这一点很容易被初学者误解。因此，在绘制时也容易出现一些问题。

(1) 一般不将顶棚平面图的水平剖切面沿门和窗剖切，顶棚平面图的水平剖切面通常是高于门和窗的上沿的，既高于门的上沿，也高于窗的上沿。因此，画顶棚平面图时可不画出墙身剖面（含其上的门、窗等），只画出被剖到的墙和柱的轮廓线，并且要用粗实线绘制，如图 5-24 所示。

(2) 楼梯和电梯不画楼梯踏步和电梯符号，只画出楼梯间的墙。

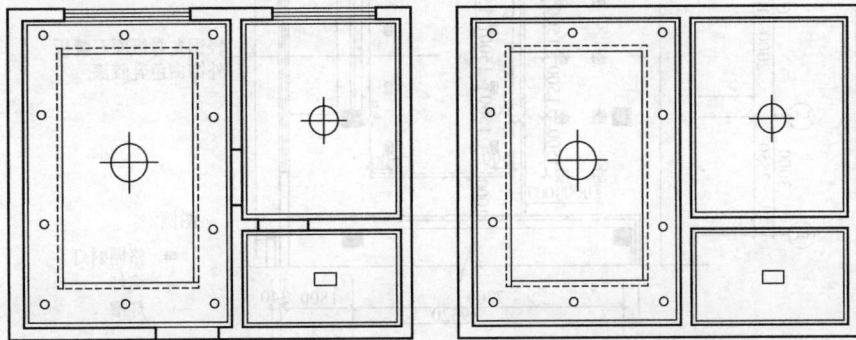

(a) 剖墙身的画法　　　　　　(b) 常用的不剖墙身的画法

图 5-24　因剖切位置不同顶棚的不同画法

（3）漏画顶棚上的浮雕和线脚。顶棚上的浮雕、线脚等均应画在顶棚平面图上，如果有些浮雕或线脚比较复杂，可以用示意的方式表示。如周边石膏线脚或木线脚，可以简化为一两条线，浮雕石膏花等可以只画大轮廓等，然后再另画大比例尺的详图并表示。

（4）漏画标高符号。标高符号代表顶棚跌级的高度，顶棚如有跌级，必须画出标高符号。

（5）漏画三级标注或标注不完整，如图 5-25、图 5-26 所示。

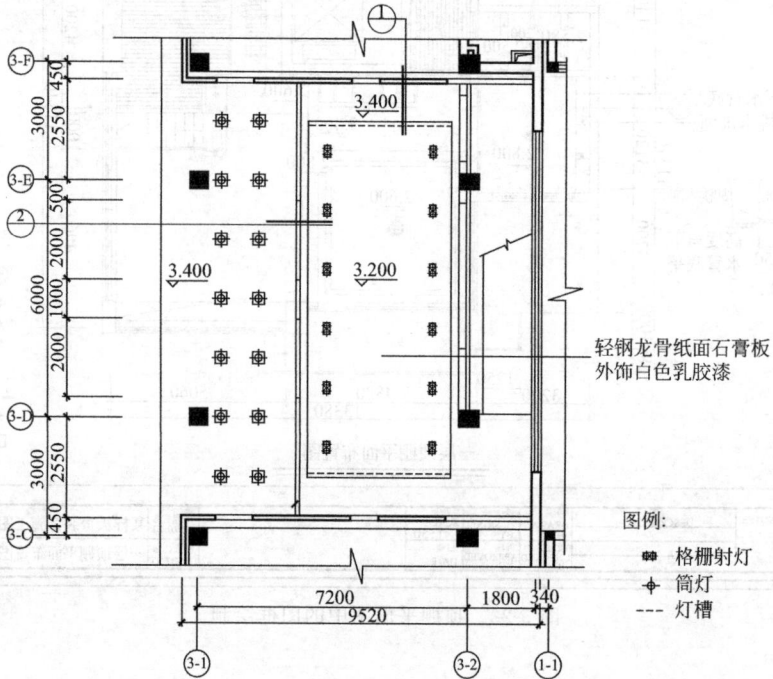

图 5-25　错误的画法

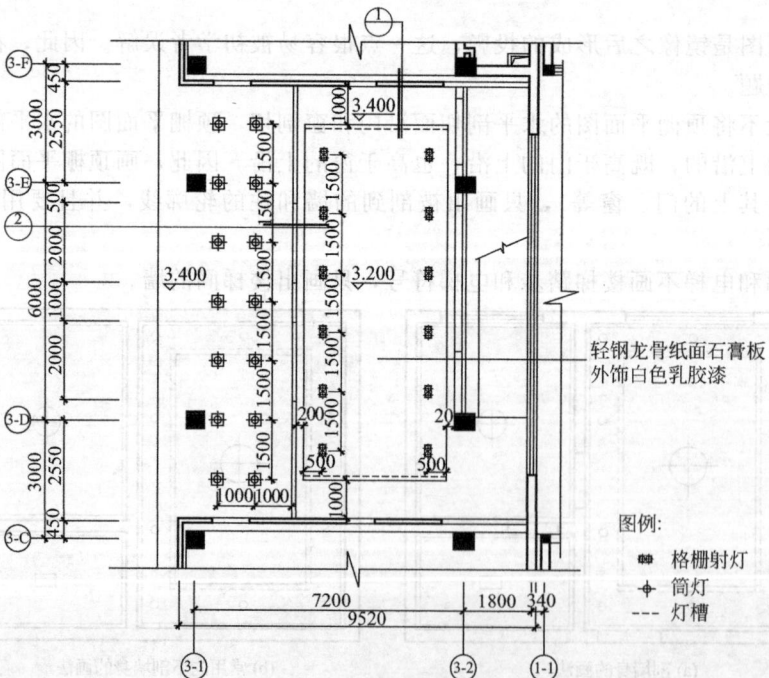

图 5-26　正确的画法

第6章 建筑室内设计立面图的绘制

6.1 立面图绘制的目的及要求

6.1.1 室内立面图的形成

将室内空间立面向与之平行的投影面上投影，所得到的正投影图即为室内立面图，如图6-1所示。从本质上说，就是建筑设计中的剖面图，只是表现的重点不同而已。它主要用来表达内墙立面的造型、所用材料及其规格、色彩与工艺要求及装饰构件等，如室内立面造型、门窗、比例尺度、家具陈设、壁挂等装饰的位置与尺寸、装饰材料及做法等。

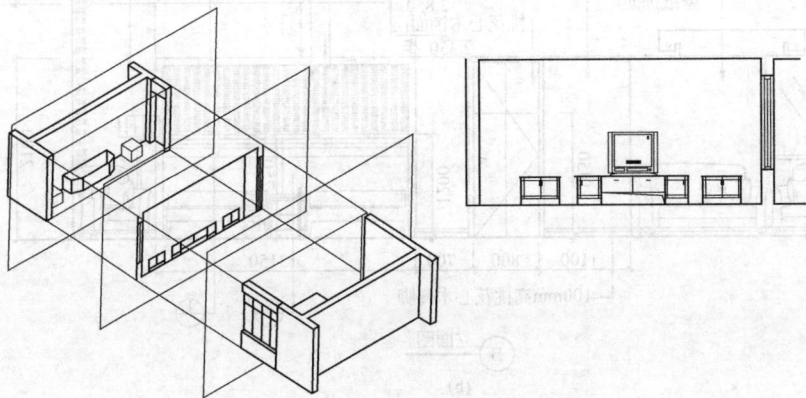

图 6-1 室内立面图的形成

6.1.2 室内立面图的种类

室内立面图的种类主要有内视立面图和内视立面展开图。

6.1.2.1 内视立面图

就室内设计来说，内视立面图是指在室内空间见到的内墙面图示，以及包括家具陈设、设施布局、壁挂和相关的施工内容在内的细节，应做到图像清晰、数据完善。内视立面图多数是表现单一的室内空间，但也容易扩展到相邻空间。图上不仅要画出墙面布置和工程内容，还必须把该空间可见的家具、设施、摆设、悬吊物等都表现出来。同时，还要把视图中的轴线编号、控制标高、重要的尺寸数据、详图索引符号等充实到内视立面图中，满足施工需要。图名应标注房间名称、投影方向。必要时，也应把轴线编号加以标注，如图6-2所示。

6.1.2.2 内视立面展开图

室内立面图能够表现室内一面墙的图像，而在室内设计上，却往往希望能同时见到所围绕各个墙面的图像，这在实际上并不大可能。但表现在图面上则是完全可能的，可以设想把构成室内空间四周的各个墙面展开并排列在一个连续的平面图上，像一条横幅的画卷。人们把它称为内视立面展开图，如图6-3所示。

内视立面展开图把各个墙面的图像连在一起。这样可以研究各墙面间的统一和反差效果，观察各墙面的相互衔接关系，还可以了解各墙面的相关装饰做法。室内立面展开图对室内设计和施工有特殊作用。

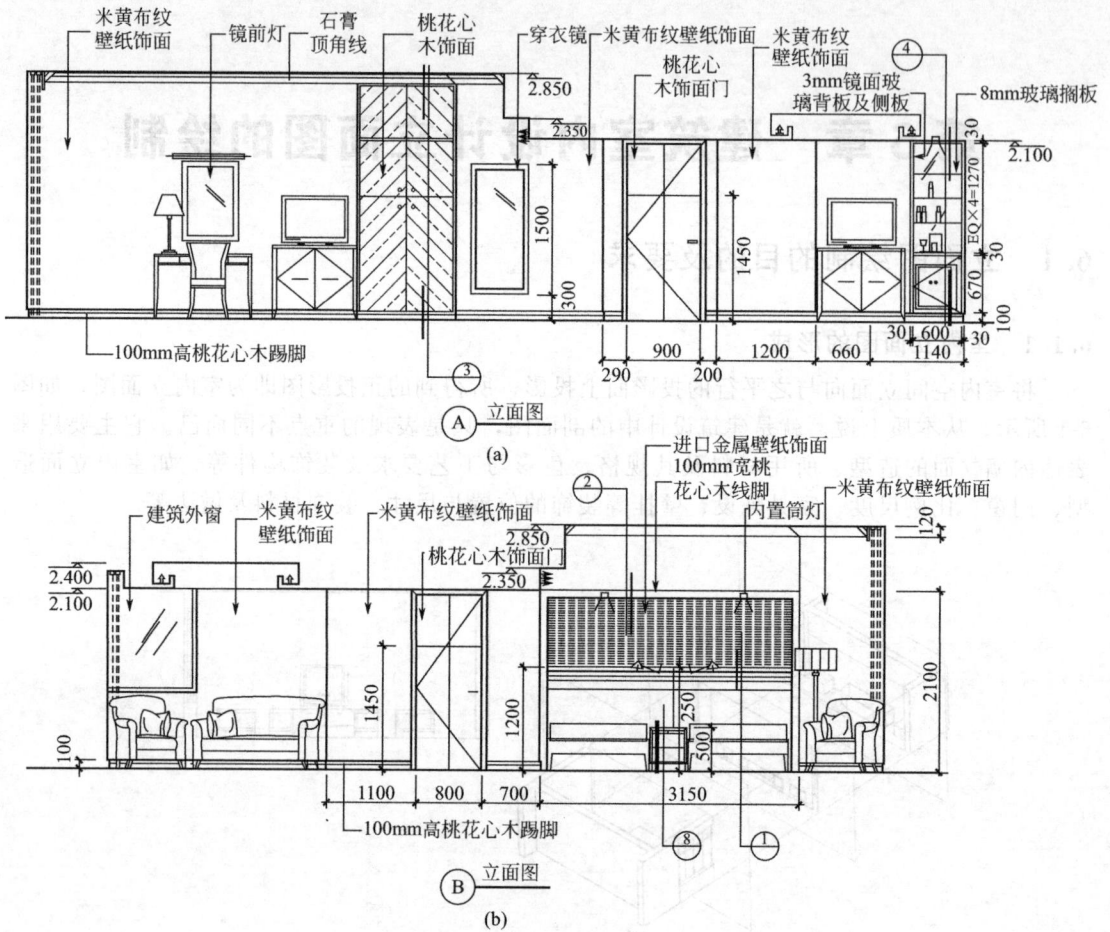

图 6-2 内视立面图

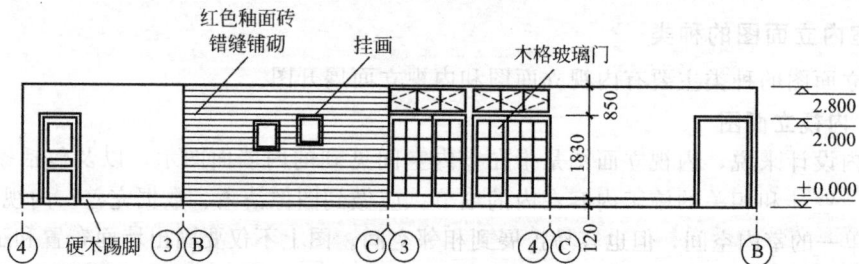

图 6-3 内视立面展开图

6.1.3 室内立面图绘制的目的及要求

建筑设计中的立面主要通过剖面图来表示。建筑设计的剖面图可以表示总楼层的剖面和室内部分立面的状况，侧重表现出剖切位置上的空间状态、结构形式、构造方法及施工工艺等。而室内设计中的立面图（特别是施工图）则要表现室内某一房间或某一空间中各界面的装饰内容以及与各界面有关的物体。

室内设计立面图绘制的目的主要是：表示立面的宽度和高度；表示立面上的装饰物体或装饰造型的名称、内容、大小、做法等。表示主要竖向尺寸和标高（如顶棚下表面的标高）的标注应齐全，这有助于把垂直界面与房屋结构的关系搞清楚。

在室内设计图纸绘制中，同一立面可有多种不同的表达方式，各个设计单位可根据自身作图习惯及图纸要求来进行选择，但在同一套图纸中，通常只采用一种表达方式。在立面的表达方式上，目前常用的主要有以下四种。

(1) 在室内平面图中标出立面索引符号，用 A、B、C、D 等指示符号来表示立面的指示方向，如图 6-4 所示。

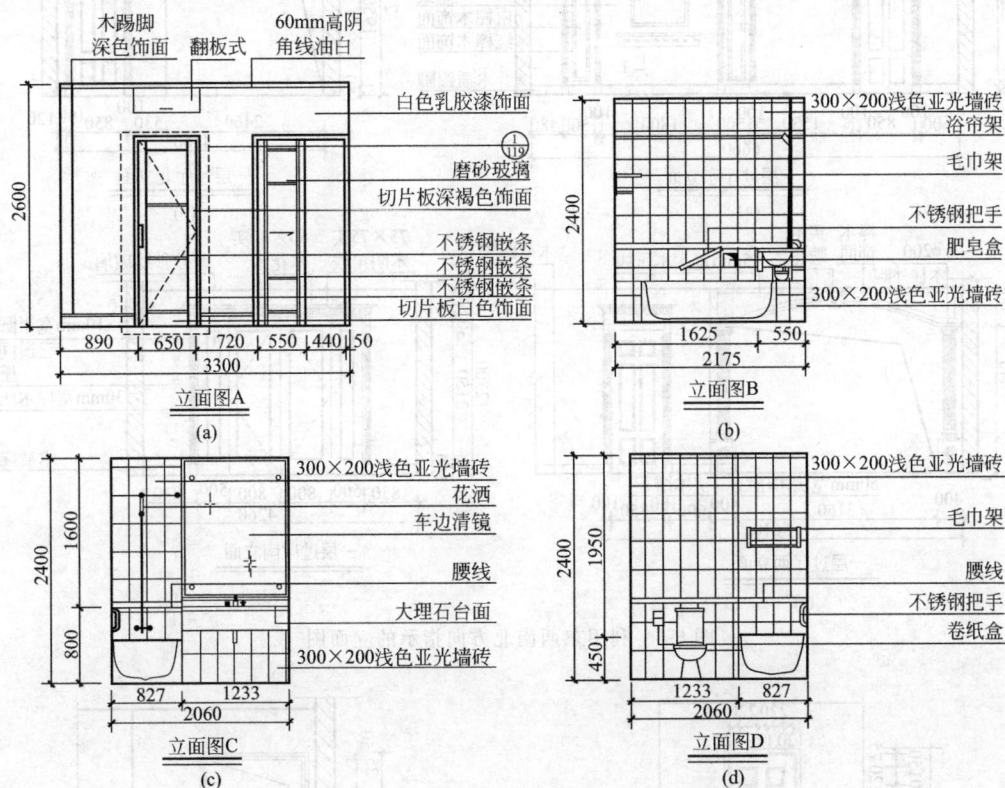

图 6-4 用 A、B、C、D 等指示符号表示的立面图

(2) 利用轴线位置表示，如图 6-5 所示。

(3) 在平面设计图中标出指北针，按东西南北方向指示各立面，如图 6-6 所示。

(4) 对于局部立面的表达，也可直接使用此物体或方位的名称，如门的立面、屏风立面、客厅电视柜立面等，如图 6-7 所示。对于某空间中的两个相同立面，一般只要画出一个立面，但需要在图中用文字说明。

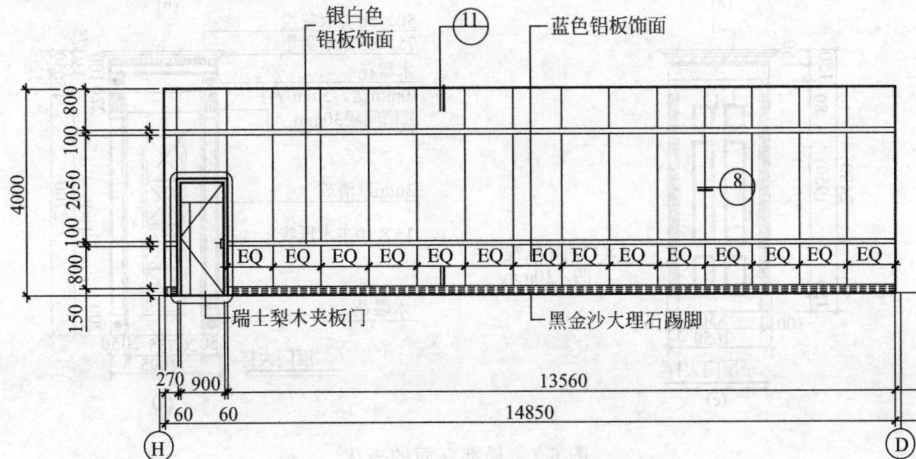

图 6-5 利用轴线位置表示的立面图

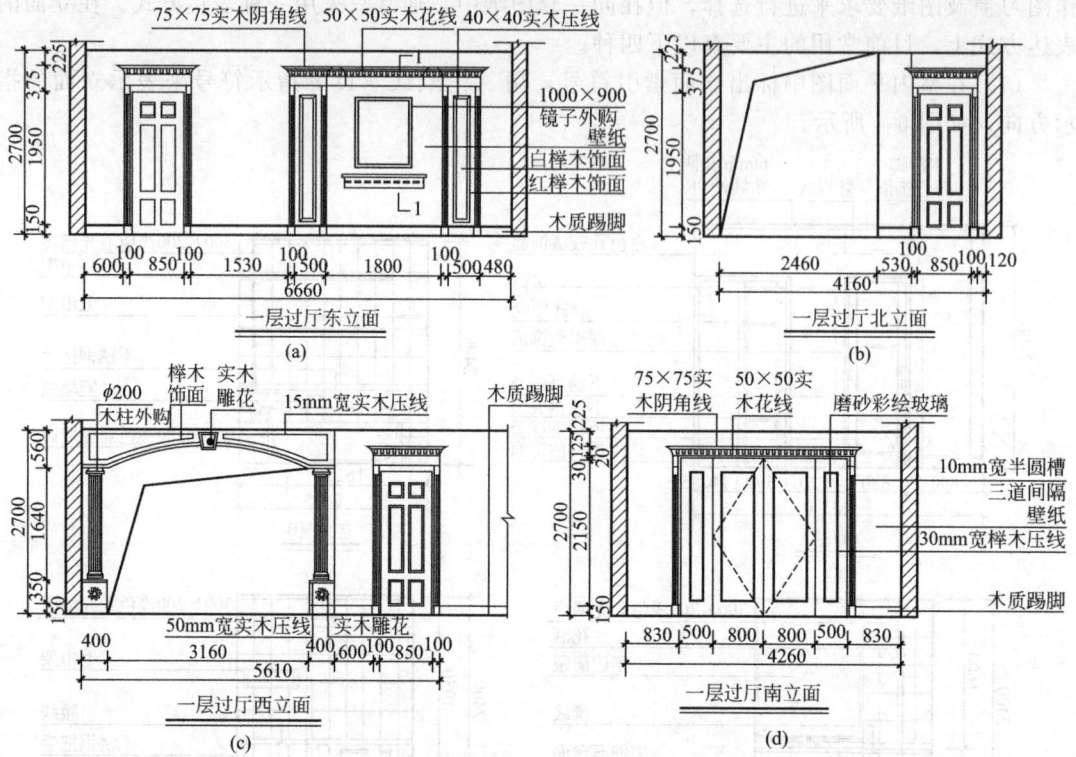

图 6-6 利用东西南北方向指示的立面图

一层过厅东立面 (a)

一层过厅北立面 (b)

一层过厅西立面 (c)

一层过厅南立面 (d)

75×75实木阴角线 50×50实木花线 40×40实木压线

1000×900
镜子外购
壁纸
白榉木饰面
红榉木饰面
木质踢脚

榉木饰面 实木雕花
φ200木柱外购 15mm宽实木压线
木质踢脚
50mm宽实木压线 实木雕花

75×75实木阴角线 50×50实木花线 磨砂彩绘玻璃
10mm宽半圆槽
三道间隔
壁纸
30mm宽榉木压线
木质踢脚

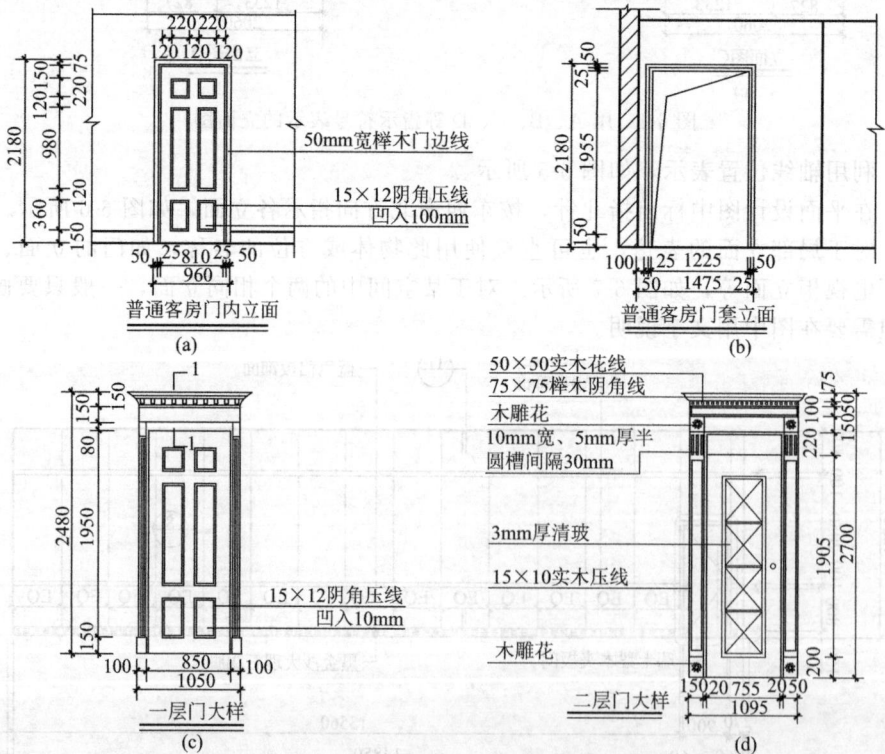

图 6-7 局部立面的表达

普通客房门内立面 (a)

普通客房门套立面 (b)

一层门大样 (c)

二层门大样 (d)

50mm宽榉木门边线
15×12阴角压线
凹入100mm

15×12阴角压线
凹入10mm

50×50实木花线
75×75榉木阴角线
木雕花
10mm宽、5mm厚半圆槽间隔30mm
3mm厚清玻
15×10实木压线
木雕花

6.2　轴线（控制线）的绘制

室内立面图的轴线一般是在内视墙面展开图上出现，主要是为了区别墙面位置，在图的两端和墙阴角处的下方要标注与平面图相一致的轴线编号（注意纵横轴线的方位）。这种根据墙面的宽度来进行编号实施轴线控制的方法称为定位轴线。定位轴线的编号一般应注写在轴线端部的圆内，圆应用细实线绘制，直径为 8～10mm。定位轴线圆的圆心，应在定位轴线的延长线上或延长线的折线上，如图 6-8 所示。

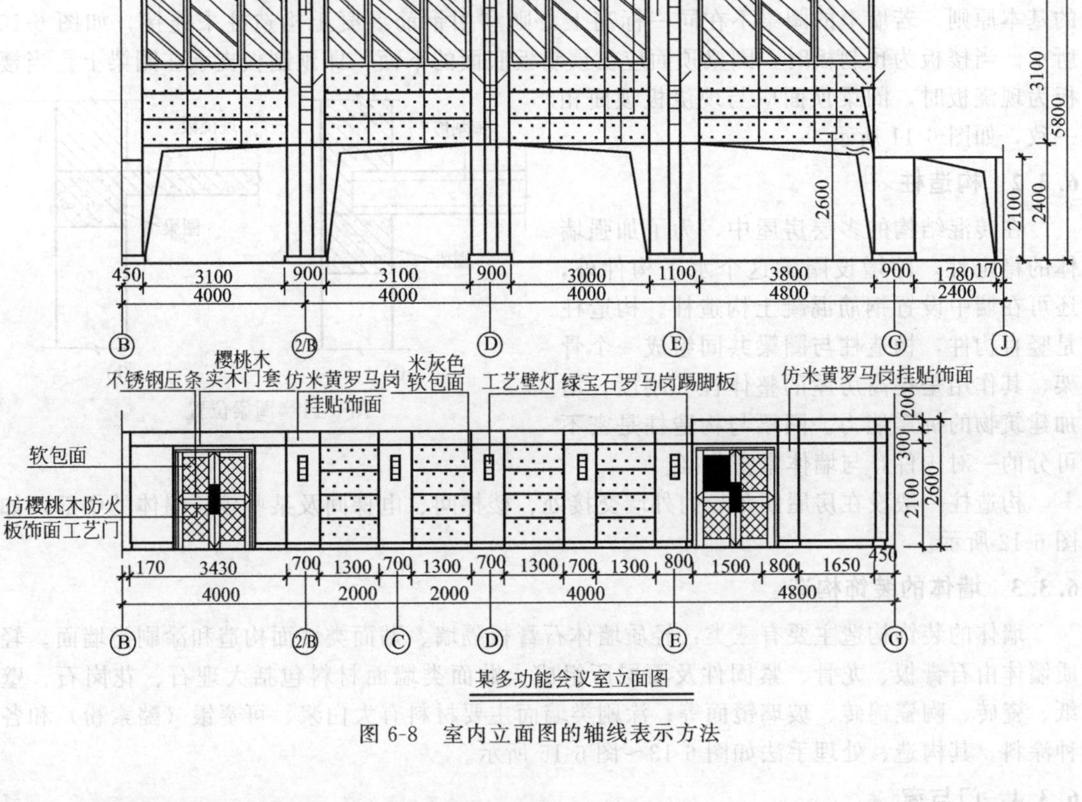

某多功能会议室立面图

图 6-8　室内立面图的轴线表示方法

6.3　结构梁柱、墙体、门窗的绘制

室内立面图中应根据建筑物的实际情况标明室内梁柱、墙体和门窗，图上对剖到的梁柱、楼地面、顶棚、墙等构件的轮廓线均应用粗线画出，其他装饰部分以中实线和细实线表示。

6.3.1　圈梁

圈梁是墙身上（外墙、内纵承重墙及部分横墙）设置的连续封闭梁。圈梁的作用是加强整个建筑物的整体性和空间刚度，抵抗房屋的不均匀沉降，提高建筑物的抗震能力，如图 6-9 所示。圈梁在墙身上应尽量靠近楼板，一般遵循"先板平、后板底"

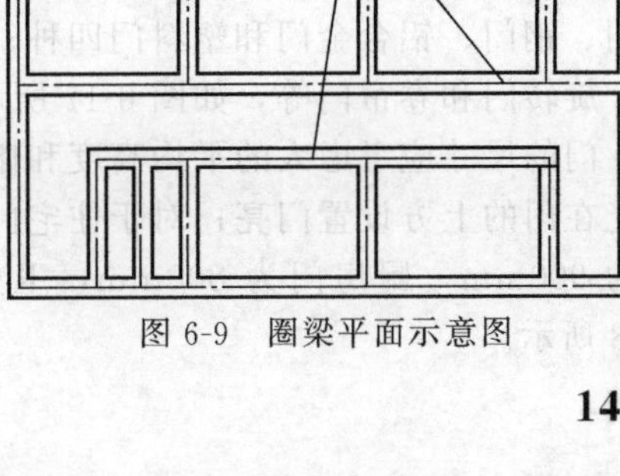

图 6-9　圈梁平面示意图

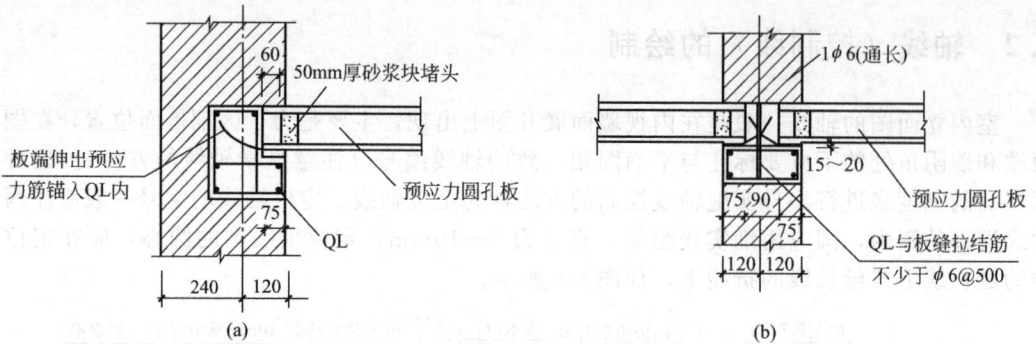

图 6-10　圈梁在砖墙上的位置

的基本原则。若墙上的圈梁不在同一标高上，则利用钢筋混凝土构造柱来连接，如图 6-10 所示。当楼板为预制板时，圈梁顶面应在预制板底面的下面，即预制板支承在圈梁上。当楼板为现浇板时，圈梁顶面应与现浇板顶面相一致，如图 6-11 所示。

6.3.2　构造柱

在砖混结构的多层房屋中，为了加强墙体的稳定性，除增设圈梁这个水平构件外，还可在墙中设置钢筋混凝土构造柱。构造柱是竖直构件，构造柱与圈梁共同组成一个骨架，其作用是提高房屋的整体性和刚度，增加建筑物的抗震能力。圈梁与构造柱是密不可分的一对构件，与墙体紧密连接。

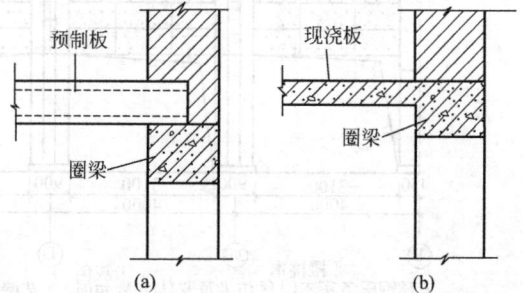

图 6-11　圈梁位置

构造柱一般设在房屋四角、内外墙交接处、楼梯间、电梯间及某些较长墙体的中部，如图 6-12 所示。

6.3.3　墙体的装饰构造

墙体的装饰构造主要有三类：轻质墙体石膏板隔墙、贴面类墙面构造和涂刷类墙面。轻质墙体由石膏板、龙骨、紧固件及面层所组成；贴面类墙面材料包括大理石、花岗石、壁纸、瓷砖、陶瓷锦砖、玻璃镜面等；涂刷类墙面主要材料有大白浆、可赛银（酪素粉）和各种涂料。其构造、处理手法如图 6-13～图 6-15 所示。

6.3.4　门与窗

门与窗是建筑物的重要组成部分，都属于建筑配件，能反映整个建筑物的风格。

门的主要作用是：出入、采光、通风、疏散、防火等。对它的要求主要是：制造材料、构造和施工质量应满足保温、隔热、隔声、防风沙、防雨雪的要求。同时，门的设置位置、开启方式和方向等应做到方便简捷、少占面积、开关自如和减少交叉。

门主要由门框、门扇和五金零件等组成，如图 6-16 所示。门的分类按制造的材料分为木门、钢门、铝合金门和塑料门四种；按门的开启方式分为平开门、弹簧门、推拉门、折叠门、旋转门和卷帘门等，如图 6-17 所示。

门的尺寸应考虑人的平均高度和搬运物品的需要，住宅门洞口高度最小为 2000mm，为采光在门的上方设置门亮；对于住宅门洞口宽度而言，分户门、起居室门、卧室门最小尺寸均为 900mm，厨房门为 800mm，卫生间和阳台门（单扇）为 700mm。门的尺寸，如图 6-18 所示。

窗的主要作用：一是采光，每个房间都需要一定的照度，以满足工作和生活的需要，自然采光既有益于人的健康又节约能源，应该合理设置窗户来达到室内采光的要求；二是通风，窗户设置能使房间自然通风，室内空气清新；三是眺望，通过窗户可眺望外景；四是能体现整个建筑物的风格；五是传递，如售票、取药等。

对窗的主要要求：一是要具有保温能力，对窗户的朝向、大小、数量、材料、密封等应根据实际情况，慎重选择；二是外窗应防止雨水流入室内，要处理好窗框与墙体、窗框与窗扇以及窗扇之间的缝隙，做到气密性和水密性达到要求。

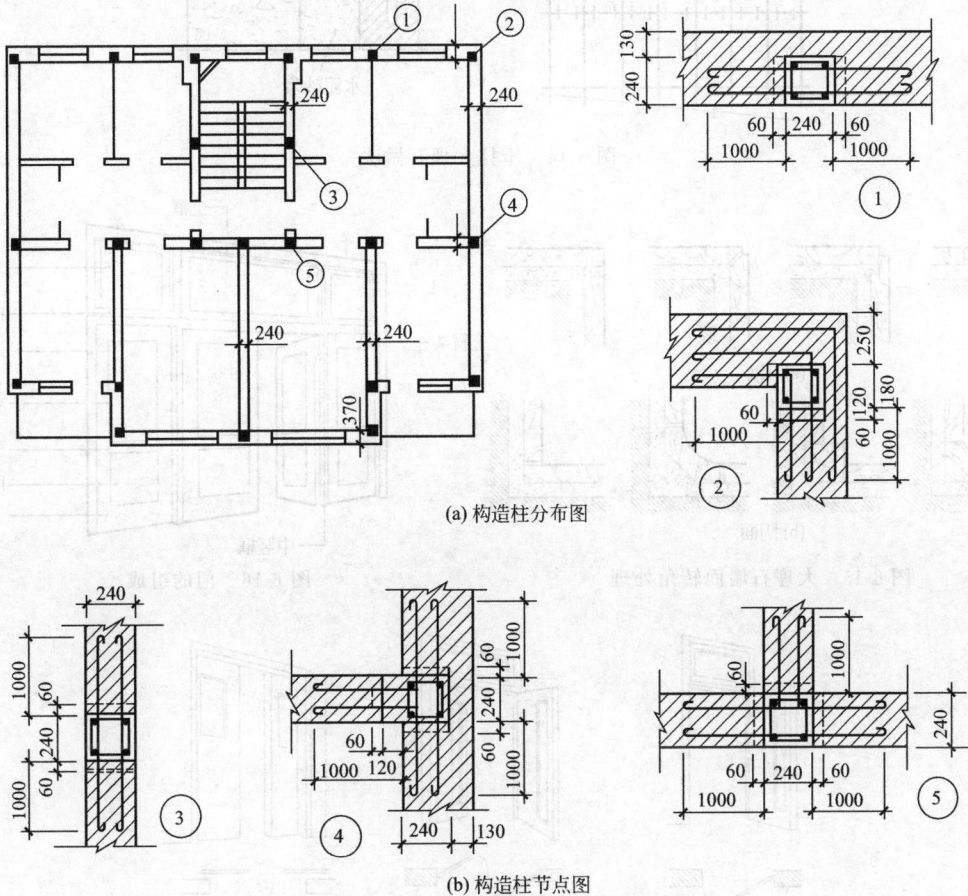

(a) 构造柱分布图

(b) 构造柱节点图

图 6-12 构造柱的分布及节点图

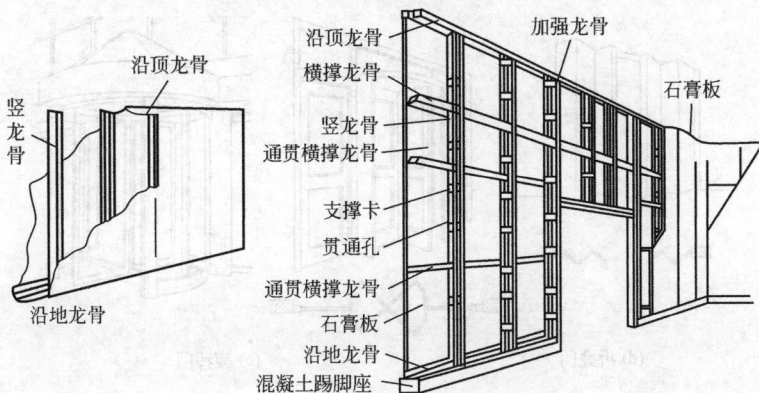

图 6-13 轻钢龙骨石膏板隔墙装饰构造

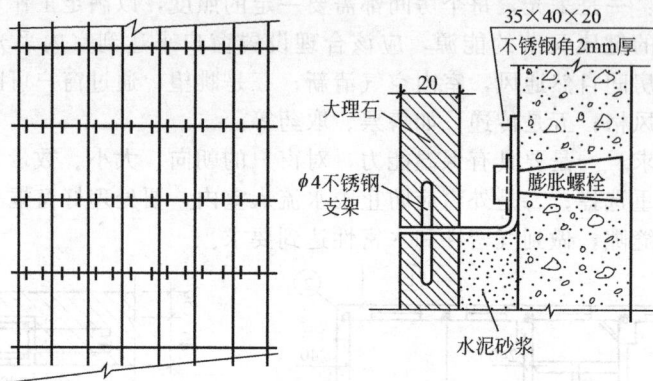

图 6-14　干挂大理石做法

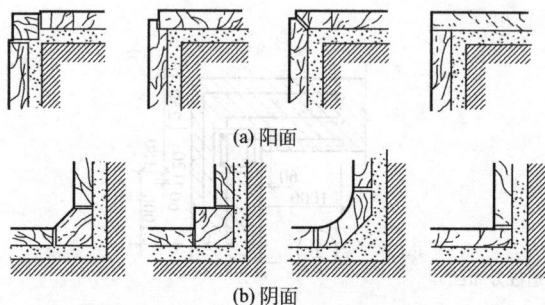

图 6-15　大理石墙面转角处理

(a) 阳面

(b) 阴面

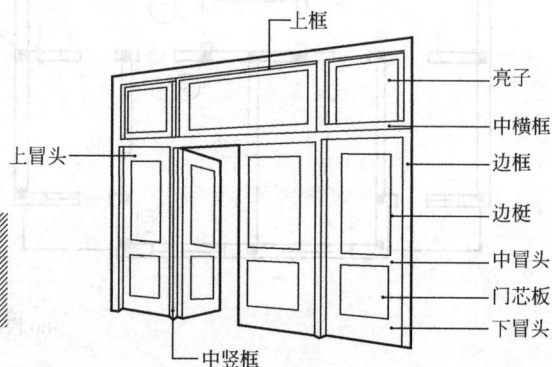

图 6-16　门的组成

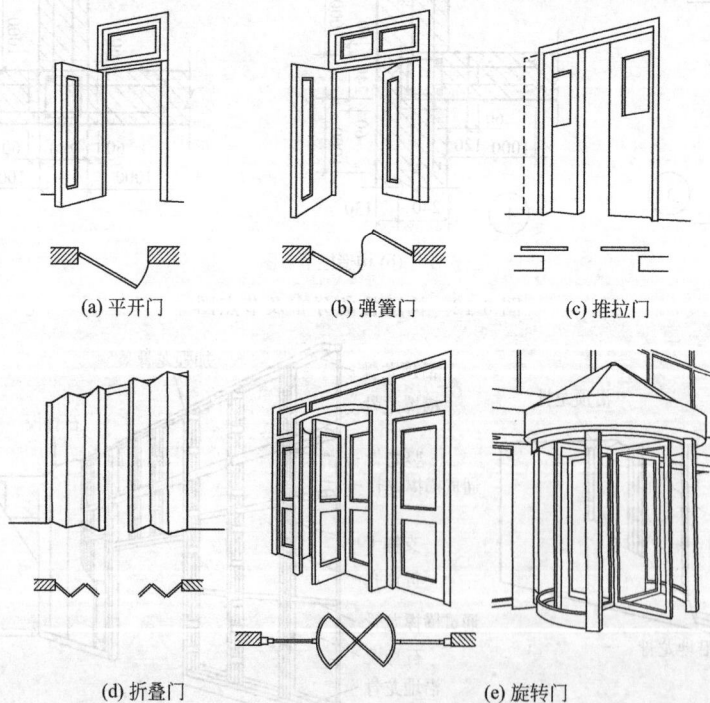

(a) 平开门　　　　(b) 弹簧门　　　　(c) 推拉门

(d) 折叠门　　　　　　(e) 旋转门

图 6-17　门的开启方式和分类

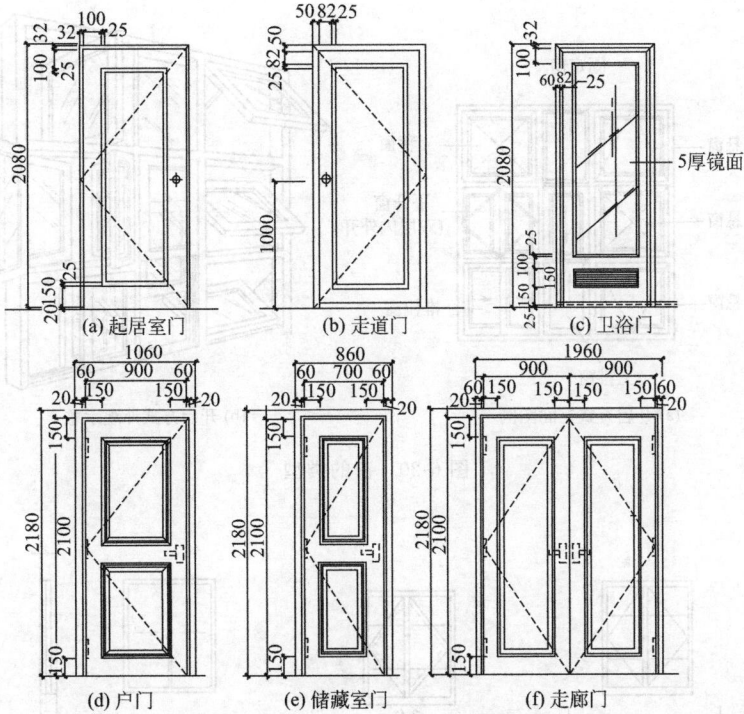

图 6-18　门的尺寸

窗主要由边框、横框、竖框、窗棂及五金零件等组成，如图 6-19 所示。窗的分类按使用材料分主要有木窗、钢窗、铝合金窗、塑料窗等；按开启方式分主要有平开窗、推拉窗、固定窗、上悬窗、中悬窗、下悬窗、立转窗、上推窗等，如图 6-20 所示。

窗的启闭形式如图 6-21 所示。

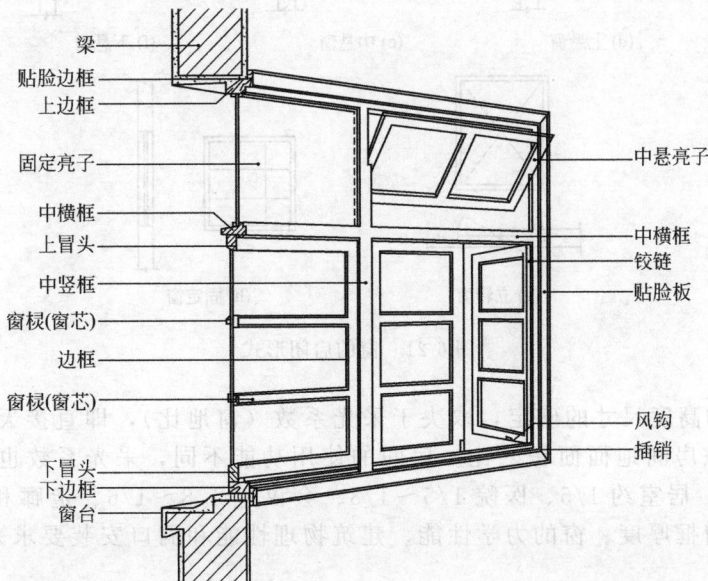

图 6-19　窗的组成

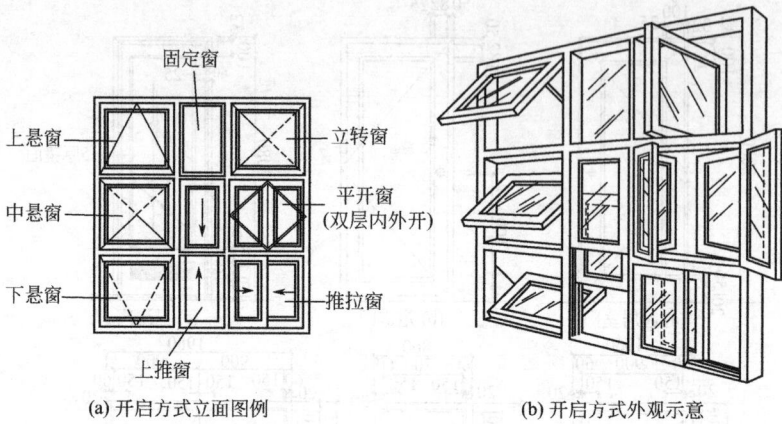

固定窗
上悬窗 立转窗
中悬窗 平开窗（双层内外开）
下悬窗 推拉窗
上推窗

(a) 开启方式立面图例　　(b) 开启方式外观示意

图 6-20　窗的类型

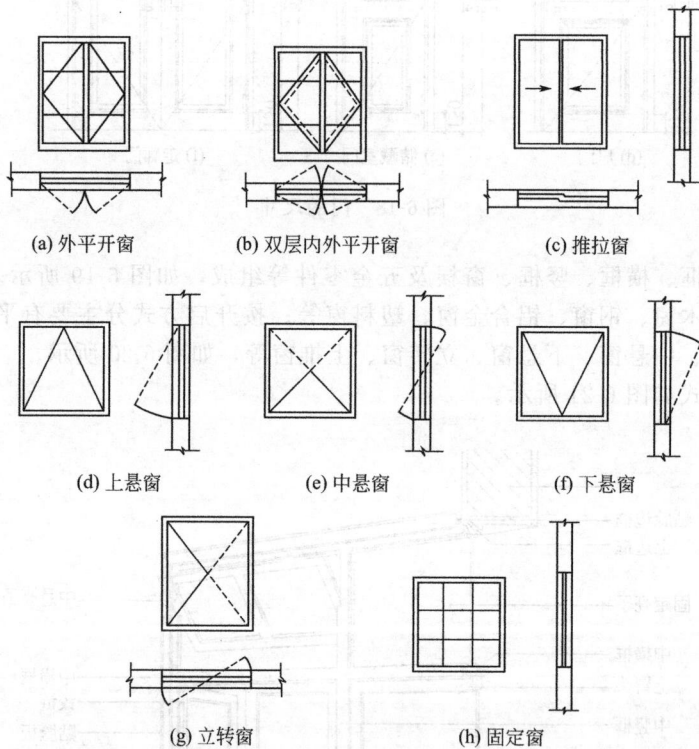

(a) 外平开窗　　(b) 双层内外平开窗　　(c) 推拉窗

(d) 上悬窗　　(e) 中悬窗　　(f) 下悬窗

(g) 立转窗　　(h) 固定窗

图 6-21　窗的启闭形式

　　窗的宽度和高度尺寸的确定，取决于采光系数（窗地比），即直接天然采光房间侧窗洞口面积与该房间地面面积之比。房间的使用功能不同，采光系数也是不同的，如教室 1/5～1/4、居室约 1/5、医院 1/5～1/3、会议室 1/8～1/6、走廊和楼梯约 1/10。同时，要依据窗框厚度、窗的力学性能、建筑物理性能和洞口安装要求来确定窗的宽、高尺寸。

6.4　立面图的绘制

6.4.1　立面图绘制的基本内容

立面图的绘制内容如下。

（1）反映投影方向可见的室内立面轮廓、装修造型及墙面装饰的工艺要求等。

（2）墙面装饰材料名称、规格、颜色及工艺做法等。

（3）反映门窗及构配件的位置及造型。

（4）反映靠墙的固定家具、灯具及需要表达的靠墙非固定家具、灯具的形状及位置关系。

（5）反映室内立面上各种装饰品（如壁画、壁挂、金属字等）的式样、位置和大小尺寸。

（6）表示室内景观小品或其他艺术造型体的立面形状和高低错落位置的尺寸。

（7）表示详图所示部位及详图所在位置。

（8）标注各种必要的尺寸。

6.4.2　立面图的绘制要点

绘制室内装饰立面图时，要结合平面布置图、顶棚平面图和该室内其他立面图对照绘制，明确该室内的整体做法与要求。立面图的绘制要点如下。

（1）房屋建筑室内装饰装修立面图应按正投影法绘制。

（2）立面图应表达室内垂直界面中投影方向的物体。需要时还应表示剖切位置中投影方向的墙体、顶棚、地面的可视内容。

（3）室内立面图应包括投影方向可见的室内轮廓线和装修构造、门窗、构配件、墙面做法、固定家具、灯具、必要的尺寸和标高及需要表达的非固定家具、灯具、装饰物件等。

（4）立面图的两端宜标注建筑平面定位轴线编号（立面图上标注房屋建筑平面中的轴线编号是便于对照平面内容，但较小区域或平面转折较多的立面不宜采用此方法）。

（5）平面为圆形、弧形、曲折形、异形的室内立面，可用展开图表示。不同的转角面用转角符号表示连接，圆形或多边形平面的建筑物，可分段展开绘制立面图，但均应在图名后加注"展开"二字。

（6）对称式装饰装修面或物体等，在不影响物象表现的情况下，立面图可绘制一半，在对称轴线处画对称符号。

（7）在房屋建筑室内装饰装修立面图上，相同的装饰装修构造样式可选择一个样式绘出完整图样，其余部分可以只画图样轮廓线。

（8）在房屋建筑室内装饰装修立面图上，表面分格线应表示清楚，应用文字说明各部位所用材料及色彩等。

（9）圆形或弧线形的立面图应以细实线表示出该立面的弧度感，如图 6-22 所示。

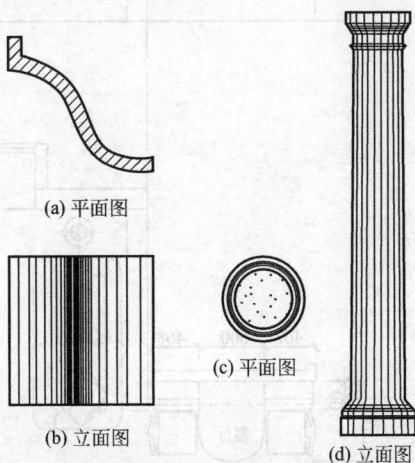

(a) 平面图

(b) 立面图

(c) 平面图

(d) 立面图

图 6-22　圆形或弧线形图样画法

（10）室内立面图的图名应根据平面图中立面索引号编注图名（如 A 立面图等），如图 6-23 所示。

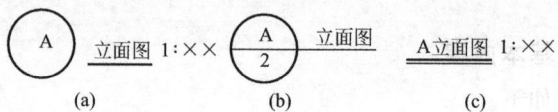

图 6-23　立面图的图名和比例尺的标注方法

（11）室内立面图线宽的选用与建筑立面图相同。

6.4.3　立面图的绘制步骤

绘制建筑室内立面图的常见步骤如下。

（1）设置绘图环境。

（2）绘制定位轴线、立面的外轮廓线、地坪线，如图 6-24（a）所示。

（3）进行固定的构件绘制，如门窗、壁橱、墙柱、暖气罩、墙面造型、踢脚线、天花角线等固定的造型设计。

（4）进行陈设物品的设计和绘制，如壁灯、开关、窗帘、墙画等设计，如图 6-24（b）所示。

（5）绘制有饰面分格要求的造型，如木材的分格、玻璃的分格、装饰物的分格、材质填充等，如图 6-24（c）所示。

（6）添加尺寸标注、符号标注、文字标注和比例，如图 6-24（d）所示。

（7）设定线宽，添加图框、标题栏，填写标题，如图 6-24（e）所示。

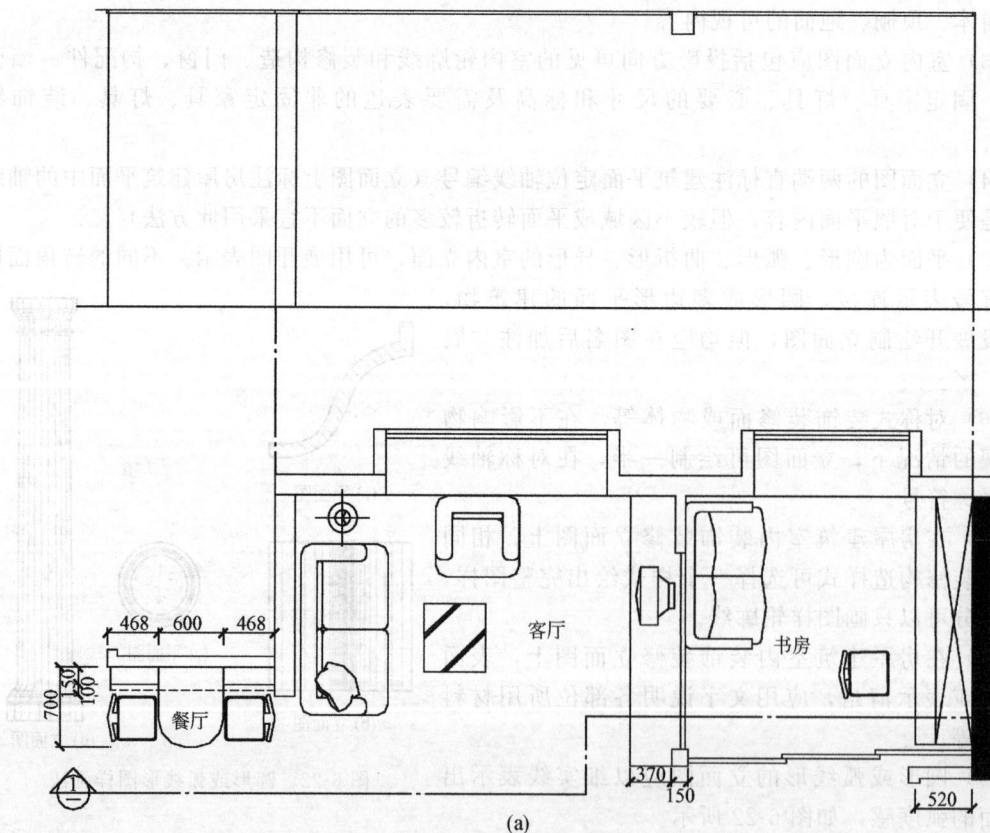

（a）

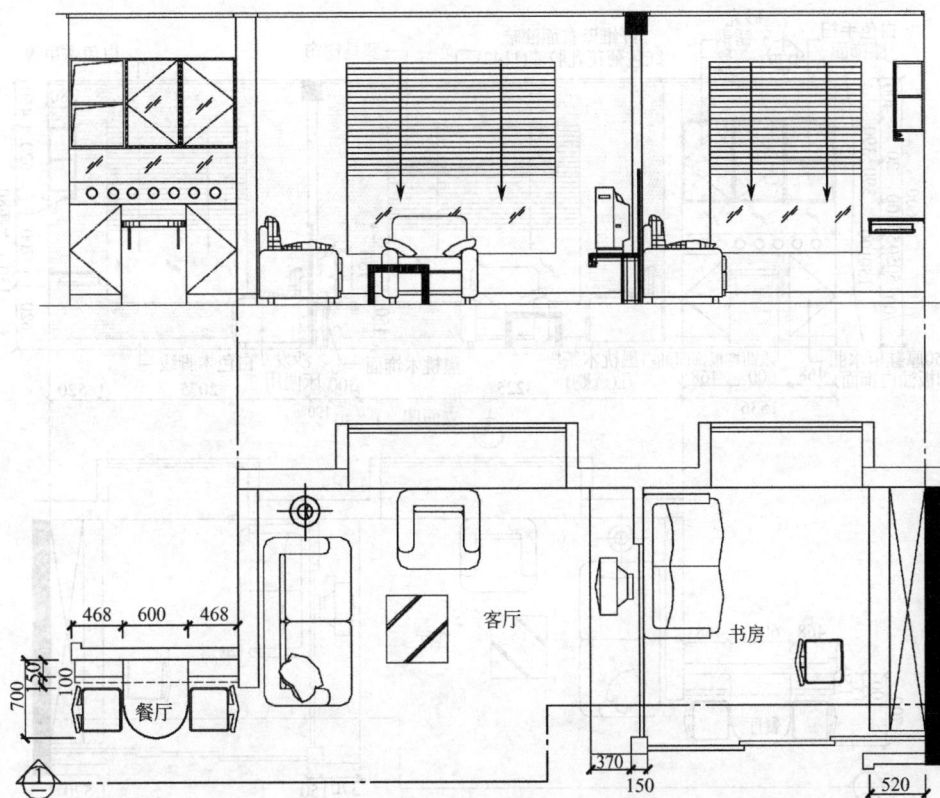

(b)

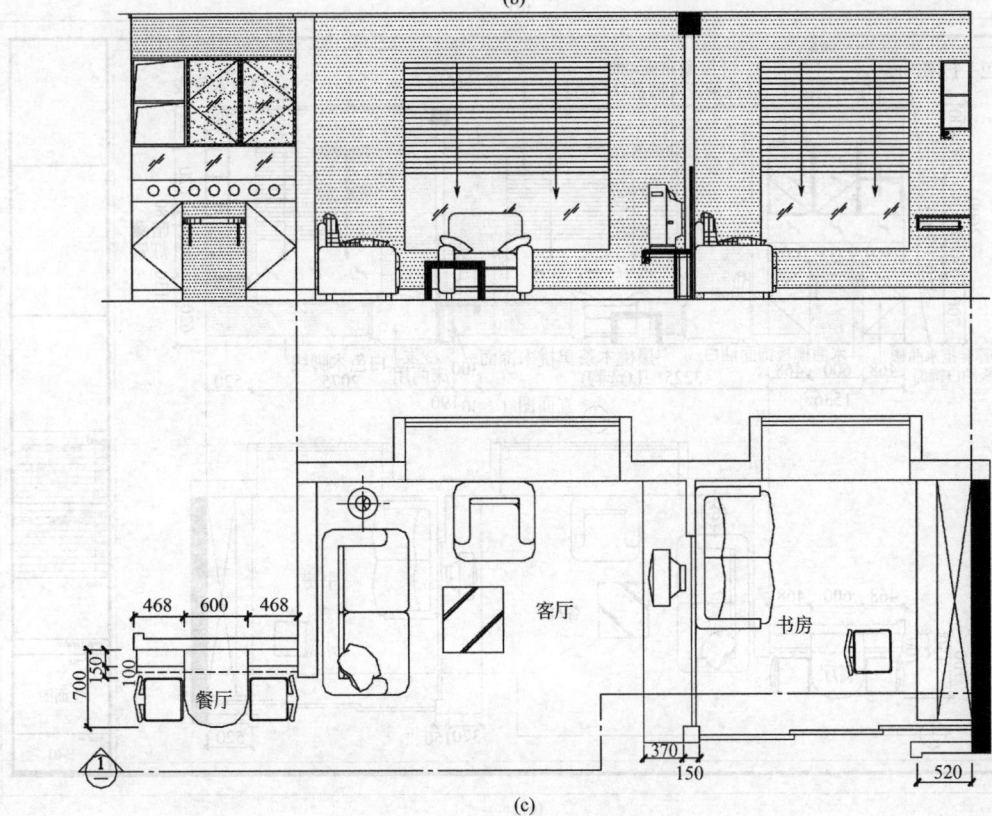

(c)

图 6-24

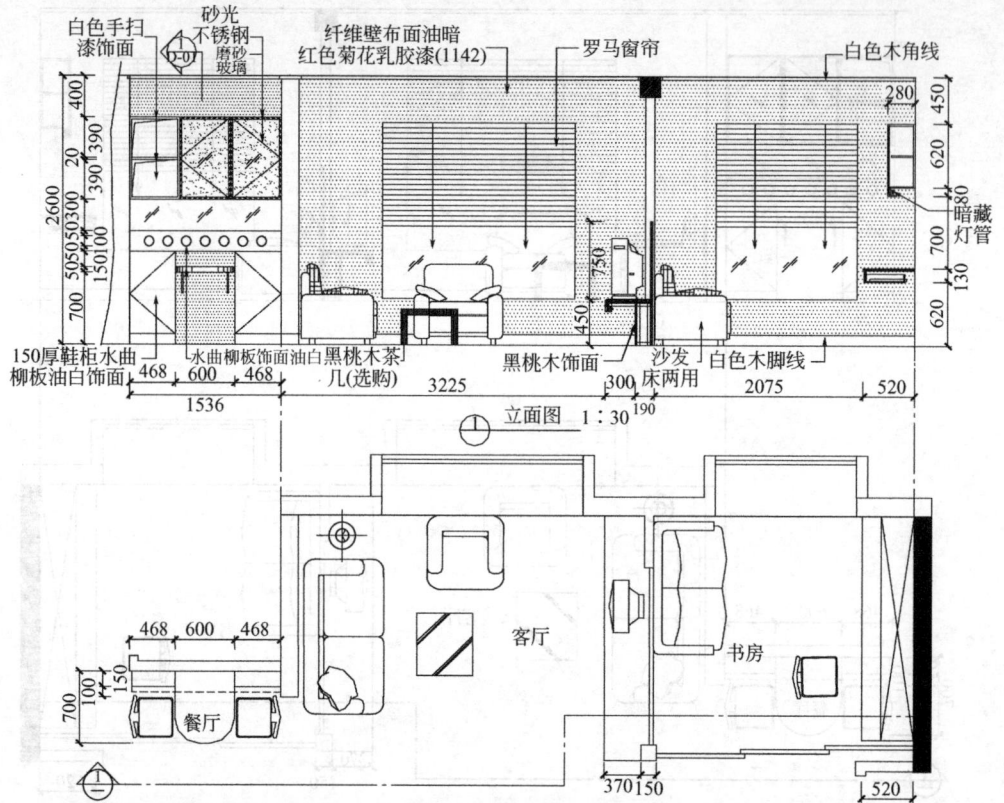

(d)

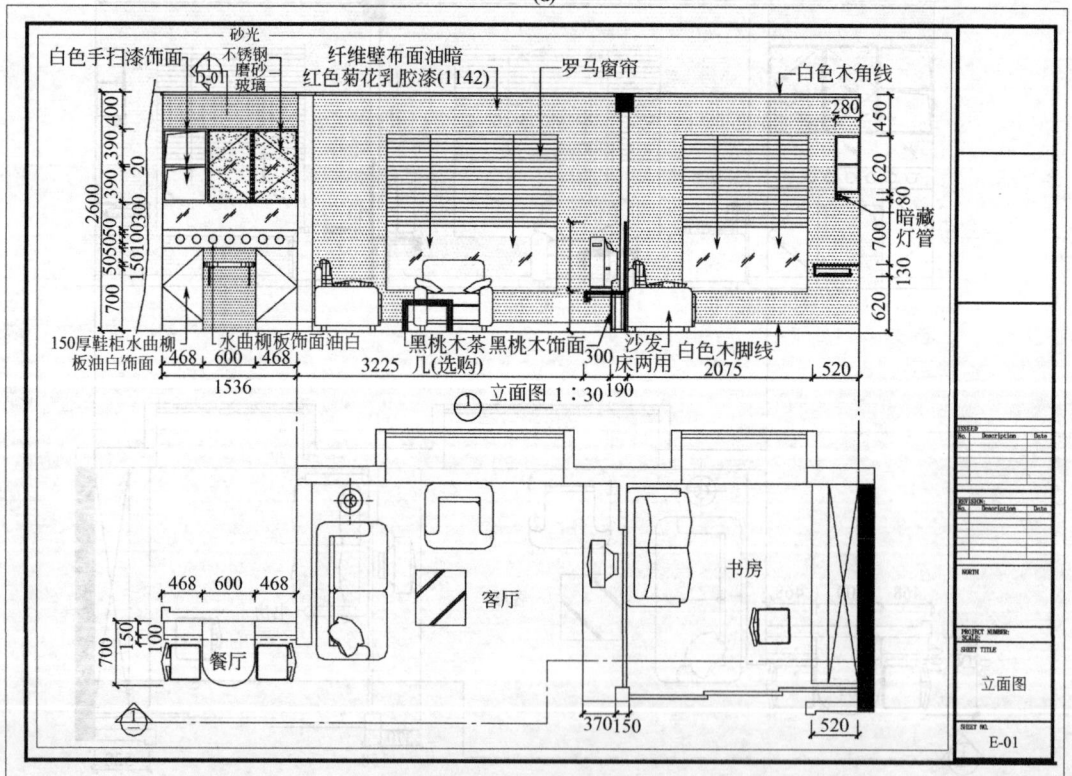

(e)

图 6-24　室内立面图绘制的步骤

6.5　材质填充及参考图样

材质填充有利于图纸的美化和设计意图的表达，可以快速提高作图效率。在用 Auto-CAD 制作室内立面图时，主要是通过创建工具选项板实现图块与图案填充在不同图纸间的快速拖拽，达到提高作图效率的目的，如图 6-25 所示。

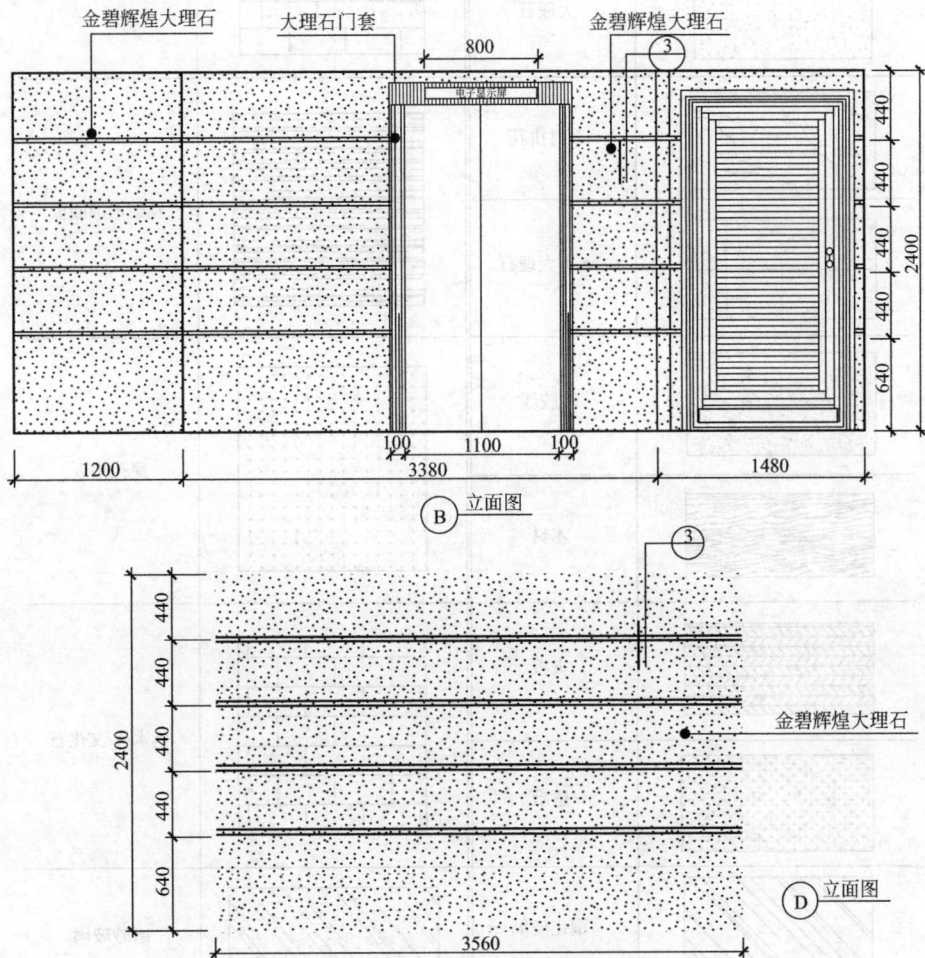

图 6-25　大理石材质填充

建筑室内设计制图图样大多来自于建筑设计制图标准，但它不能包含室内设计中所有材料的图样。当材质不能够满足填充需要时，材质图样可以自编，因此室内设计中所用图例数量要多于建筑设计中的图例。在室内立面设计中通常需要木材、石材、吸声轻质软包等的填充，因此立面绘制中经常接触到有关自编的图样。

在立面材质填充时，应遵循以下几点规定。

（1）图样线一般用细线表示，线型间隔要匀称、疏密适度。

（2）在图样中表达同类材料的不同品种时，应在图中附加必要说明。

（3）若因图形小，无法用图样表达，可采用其他方式说明。

（4）需要自编图样时，编制的方法可按已设定的比例，以简化的方式画出所示实物的轮廓线或剖面；必要时辅以文字说明，以避免与其他图例混淆。

室内装饰立面图材质填充常用参考图样如图 6-26 所示。

153

材质填充图例	材质类型	材质填充图例	材质类型
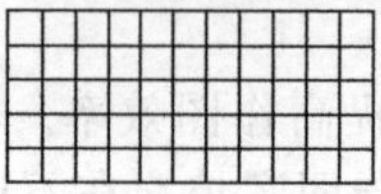	石材、瓷砖	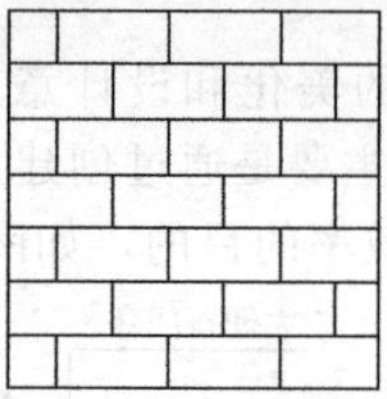	木化石
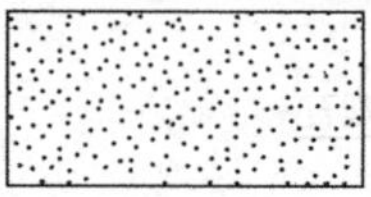	大理石		
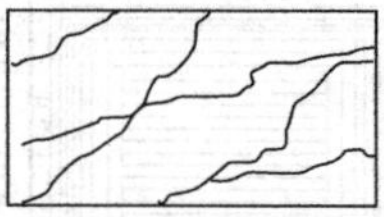	石材拼花		花梨木饰面板
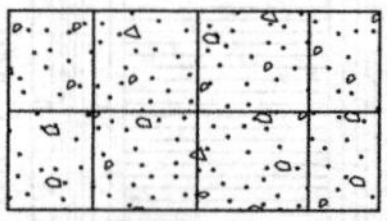	米黄大理石		
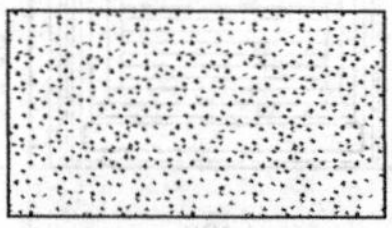	乳胶漆	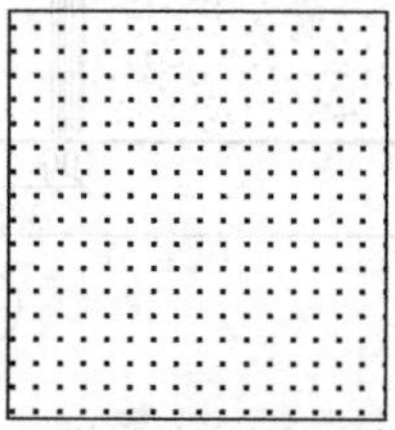	穿孔铝板
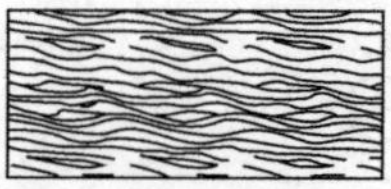	木材		
	夹板	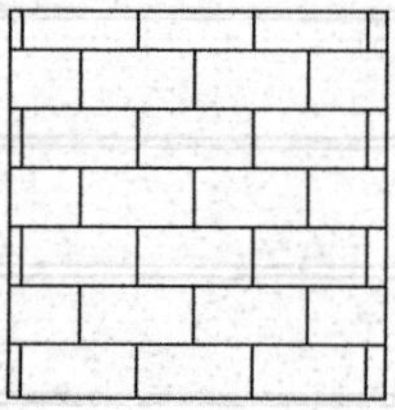	清水砖/文化石
	壁纸		
	钢化玻璃	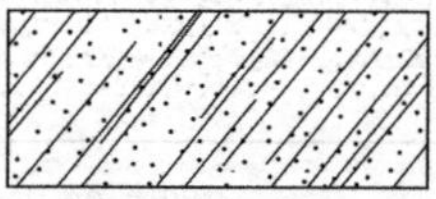	磨砂玻璃
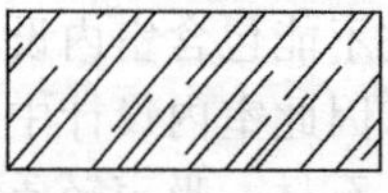	清玻璃	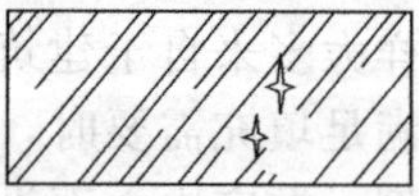	镜面
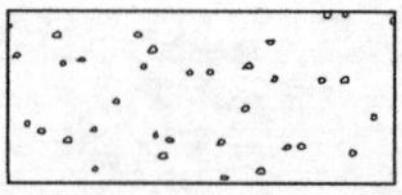	混凝土		黏土砖
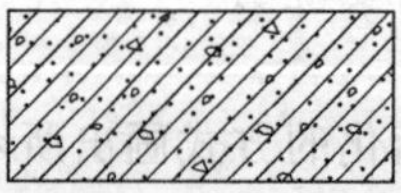	钢筋混凝土	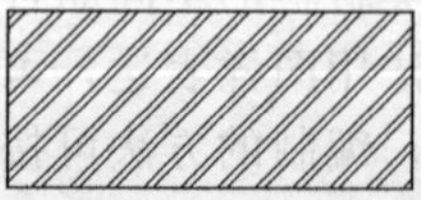	钢/金属

图 6-26　室内装饰立面图材质填充常用参考图样

6.6　家具、陈设及其他零星小品的绘制

　　立面图的家具是指日常生活中使用的桌、椅、床、柜、沙发和家用电器等；陈设是指窗帘、墙画、盆花、立灯、壁灯、摆设等；零星小品是指假山、花坛和室内绿色植物等。

　　家具的绘制要依墙面的装修繁简而定，原则上是不影响墙面、柱面的装修。当墙面、柱面装修比较复杂，前面的家具又较多时（如餐厅），为避免画面上的家具与陈设挡住墙面和柱面，可以不画家具和陈设，如图 6-27(a) 所示；反之，如果墙面、柱面装修不复杂（如宾馆客房），即使画上前面的家具，也不影响对于墙面、柱面的表现。为了展示空间的整体风貌，还可以画上其中的家具与陈设，如图 6-27(b) 所示。

　　室内设计里的家具有时需要用大样图或三视图的形式来表达，以体现设计的全面性，如图 6-28 所示。

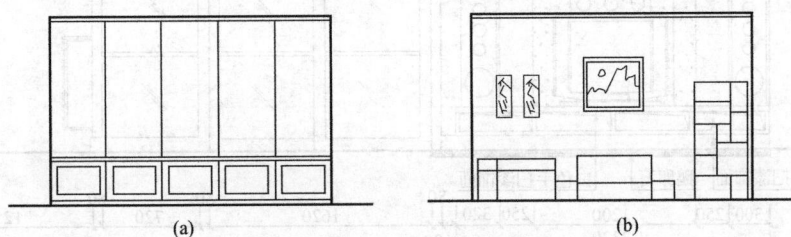

图 6-27　不画家具和画家具的立面图比较

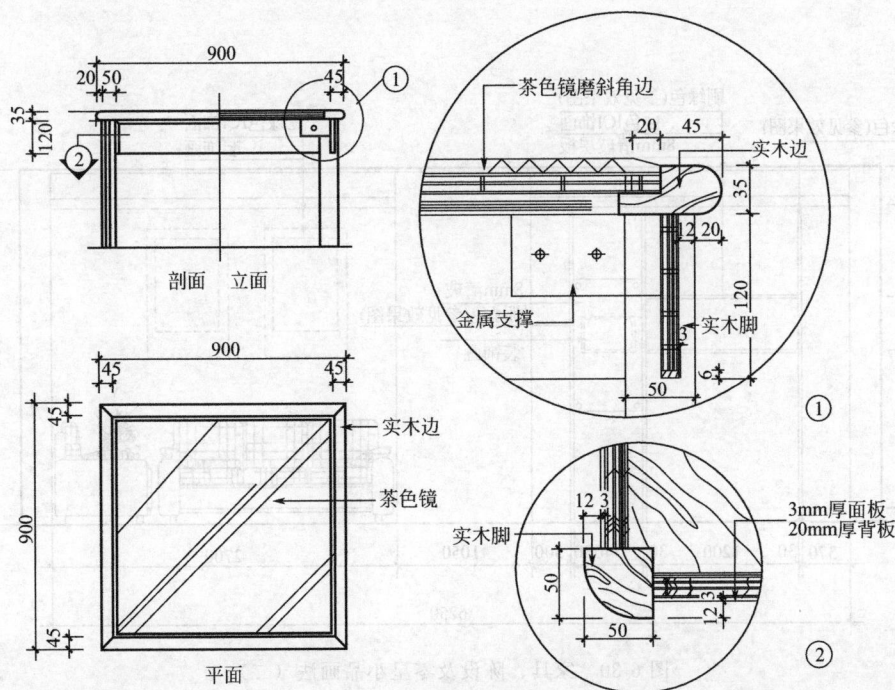

方茶几大样图

图 6-28　家具大样图

155

　　绘制家具、陈设及零星小品时，一般根据设计要求，适当地添加室内家具和陈设等内容附加物，绘制时应以清晰、增强表现性为目的，避免烦琐和重叠，如图 6-29、图 6-30 所示。

　　常用的家具和陈设图例如图 6-31～图 6-34 所示。

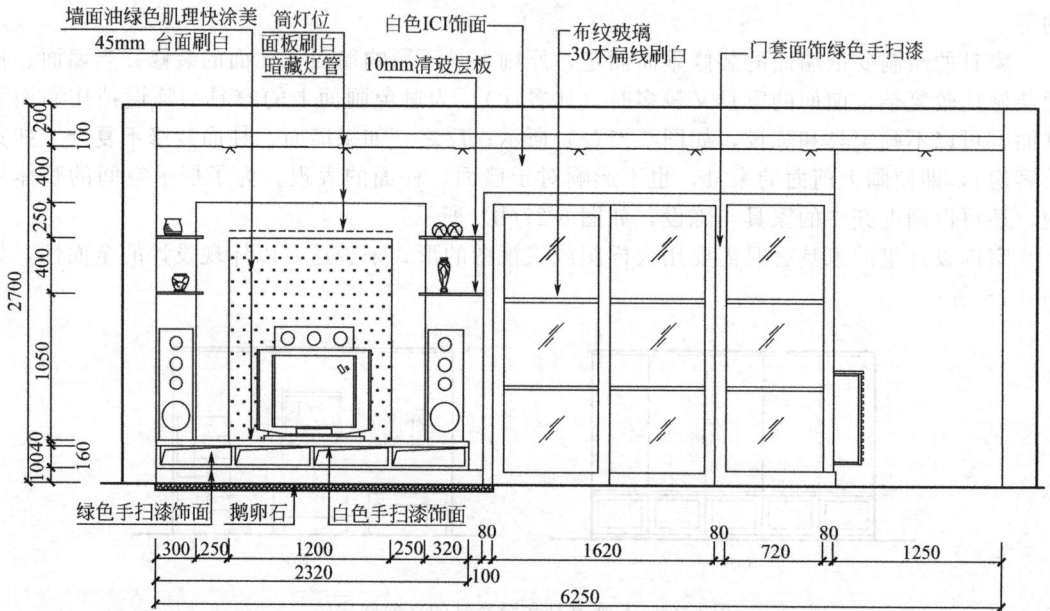

图 6-29　家具、陈设及零星小品画法（一）

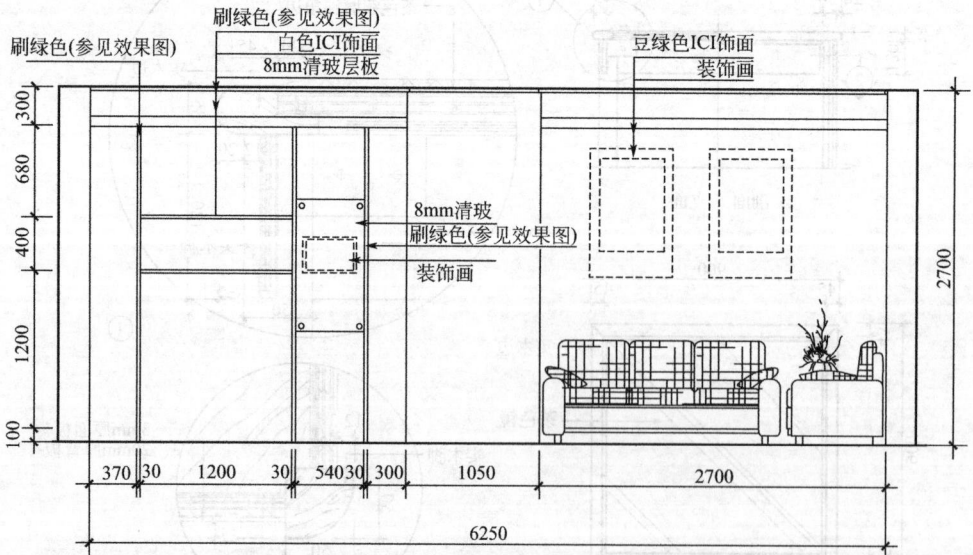

图 6-30　家具、陈设及零星小品画法（二）

图 6-31　常用沙发图例

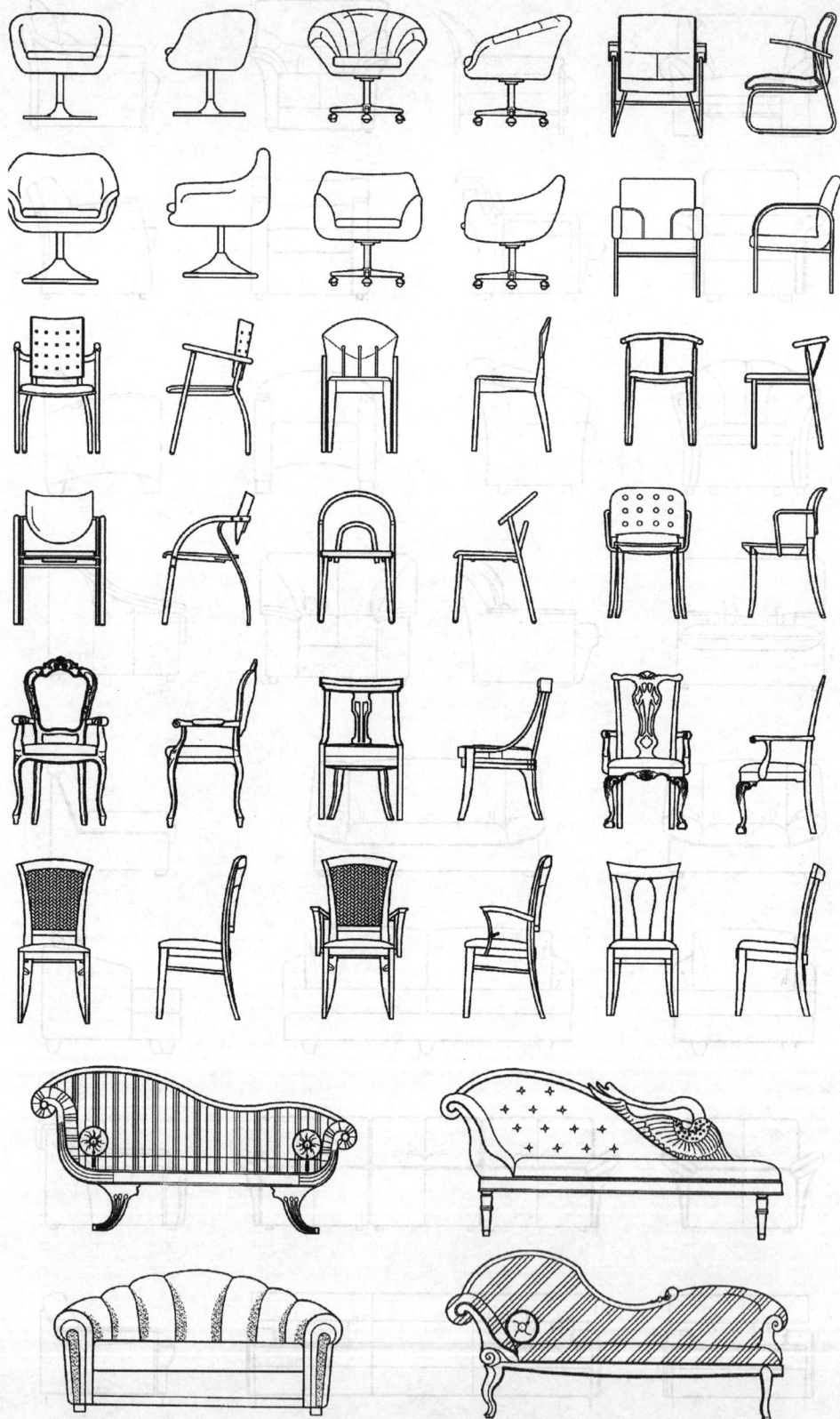

图 6-32　常用椅子图例

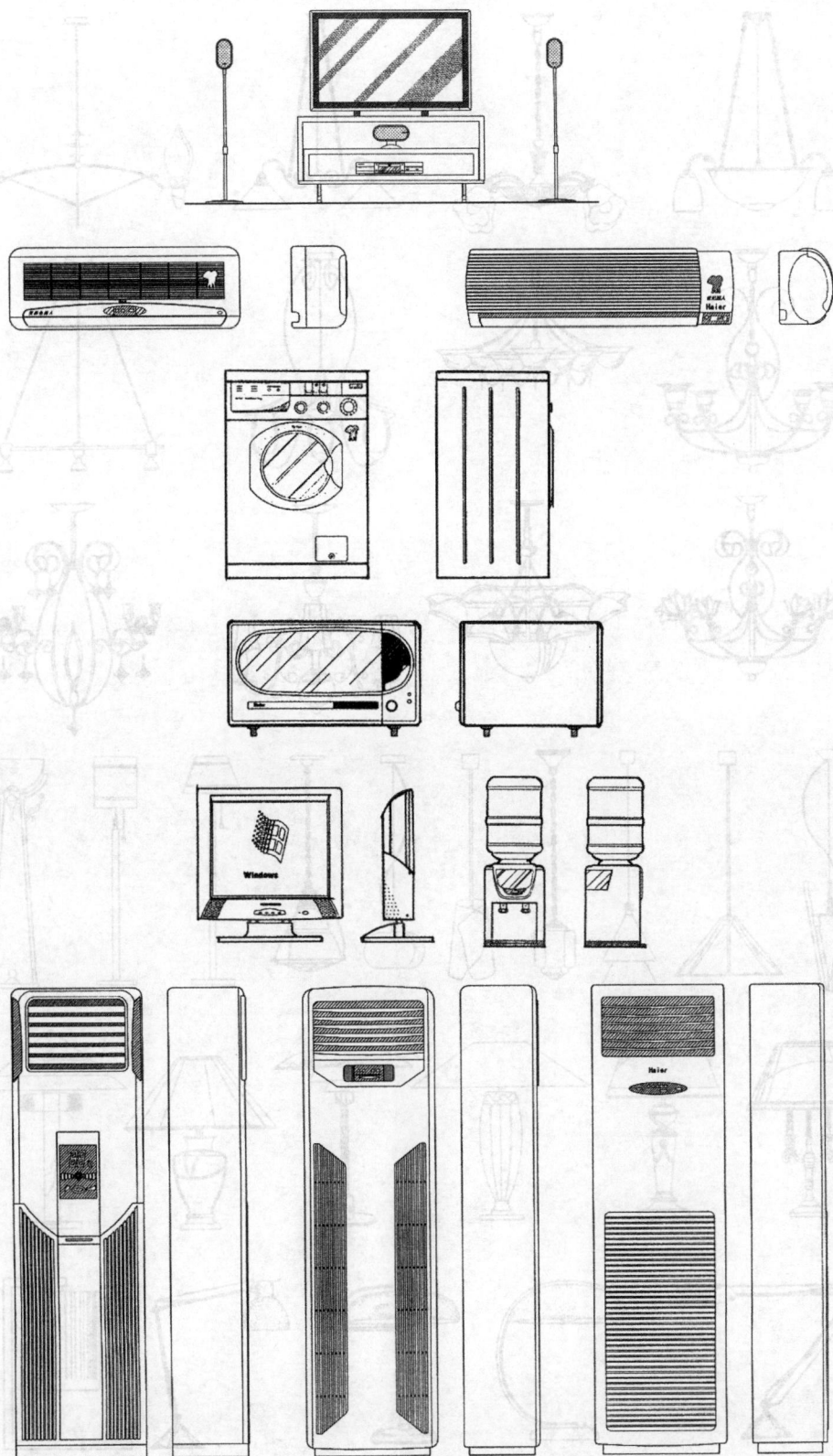

图 6-33　常用家用电器图例

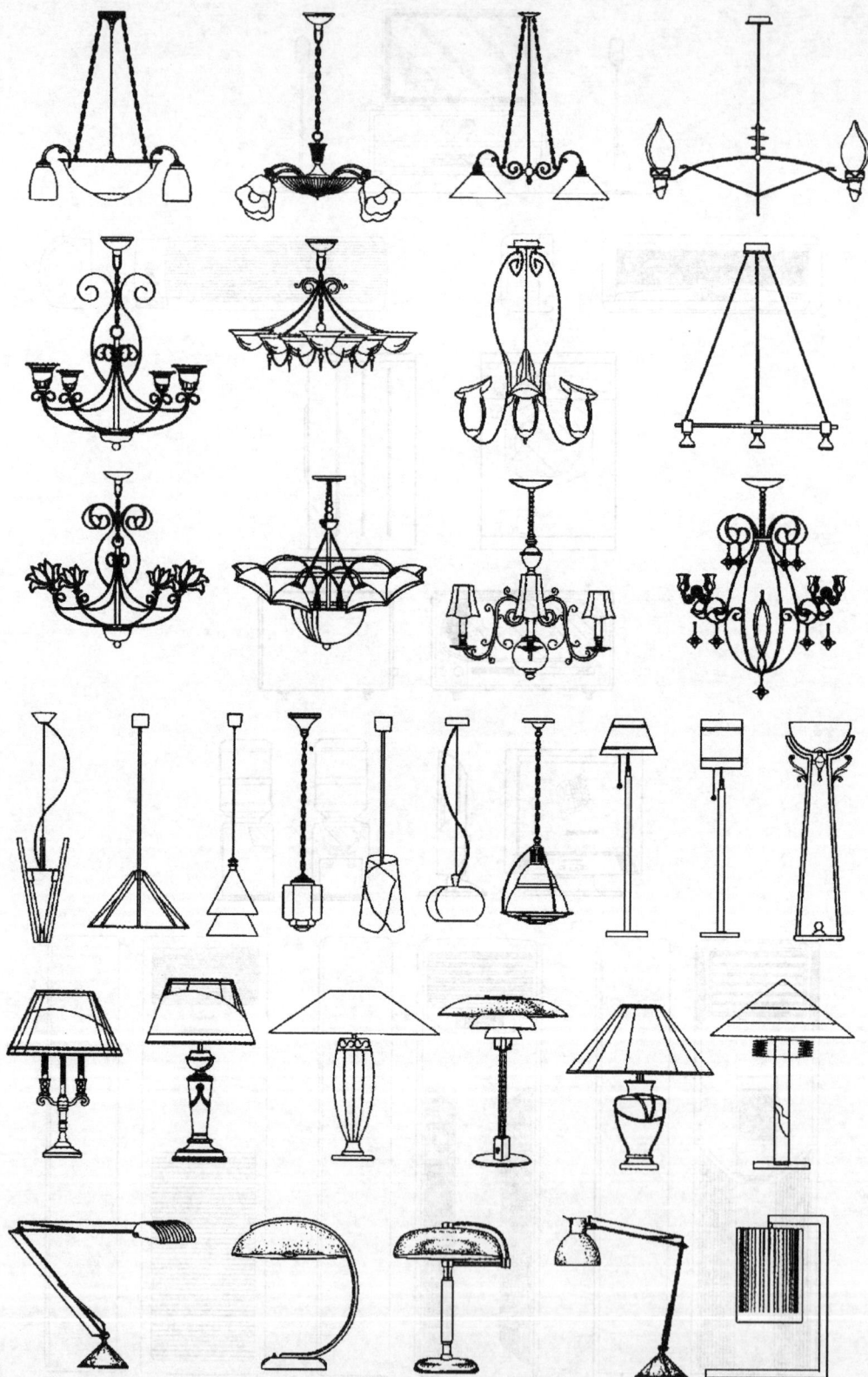

图 6-34 常用灯具图例

6.7　符号标注、文字标注、尺寸标注

立面图的标注主要反映图形高度的尺寸和相关的尺寸，对设计内容加以说明。尺寸标注应按总高尺寸、定位尺寸、结构尺寸、细部尺寸进行标注。标注必须清晰准确，符合读图和施工的顺序；尺寸的标注应充分考虑到现场施工及有关工艺要求。在已绘制的图形中必须添加尺寸标注、符号标注和文字标注，以使整幅图形的内容和大小一目了然。

立面标注主要包括尺寸标注、符号标注和文字标注。

（1）尺寸标注。总高尺寸、定位尺寸、结构尺寸。根据立面尺寸，分析各立面的总面积及各细部的大小与位置。立面尺寸一般标注两道：第一道为立面的总长和总高尺寸，用于计算各立面面积；第二道主要标注各细部尺寸，以确定各细部的大小与位置，如图6-35 所示。

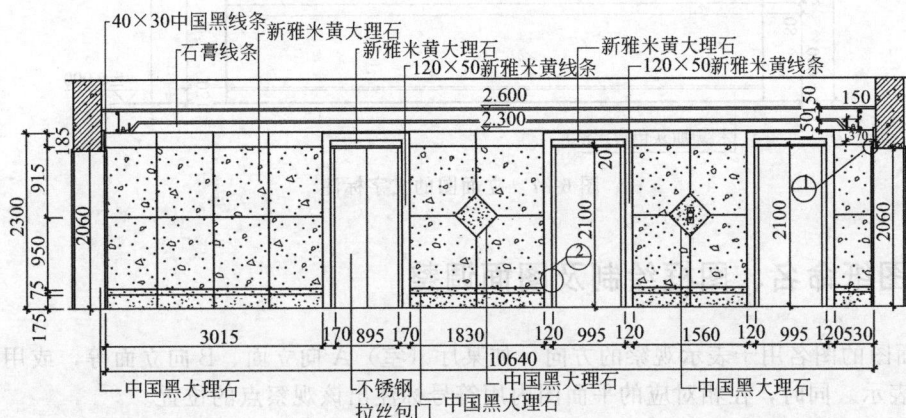

图 6-35　立面图的尺寸标注

（2）符号标注。轴线符号、索引符号。立面图中的轴线符号与平面图相对应，从而表明立面图所在的范围；在需绘制详图之处，还需添加详图索引符号，用于指示局部复杂结构的详细做法，如图6-36 所示。

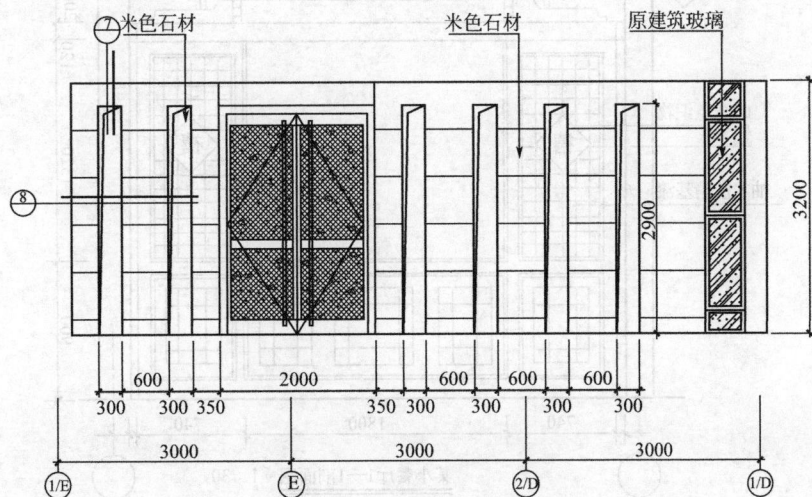

图 6-36　立面图的符号标注

（3）文字标注。标注所有的饰面材料、规格及材质做法；标出详图索引的文字注释；标注出图名和比例。例如，墙面做法 3mm 防火板饰面离缝内以深灰色填缝、灰白色防火板饰面等，就应该在立面图中标出，如图 6-37 所示。

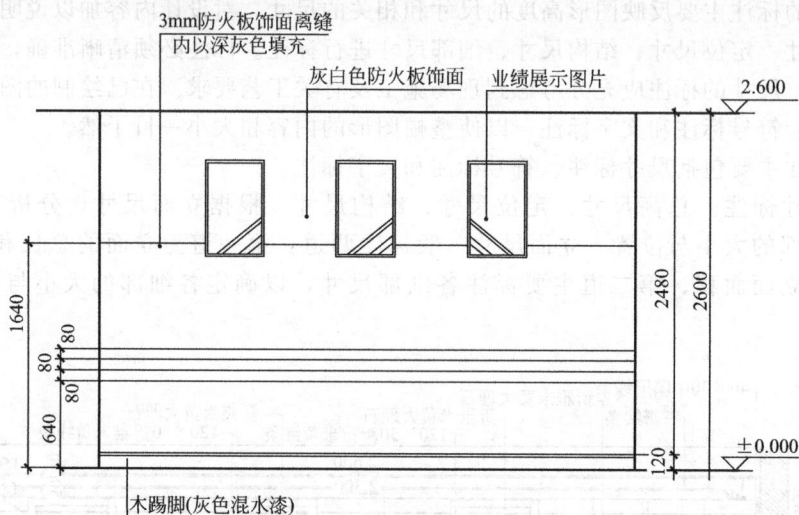

图 6-37　立面图的文字标注

6.8　图纸命名、图框绘制及图面调整

立面图的图名用于表示观察的方向，如某厅（室）A 向立面、B 向立面等，或用立面图 1、2 等表示。同时，在相对应的平面图内用符号标注出该观察点的位置。

采用剖面图方式时，图名应注Ⅰ—Ⅰ剖面、Ⅱ—Ⅱ剖面，也有称为剖立面图的。同时，在相应的平面图上应将剖切位置和编号用剖切线标出，如图 6-38 所示。

根据《房屋建筑制图统一标准》，关于图纸的幅面及图框尺寸，立面图应设置标题栏、会签栏及装订边的位置，如图 6-39 所示。

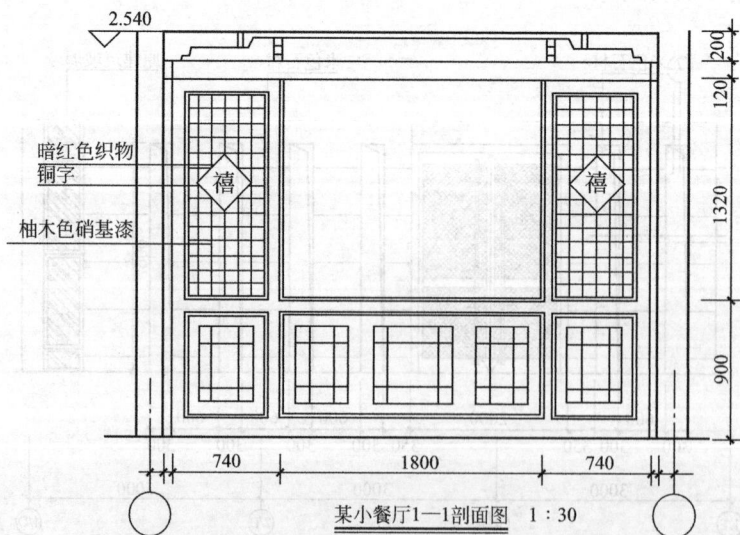

某小餐厅1—1剖面图　1：30

图 6-38　剖面图图名的表示方法

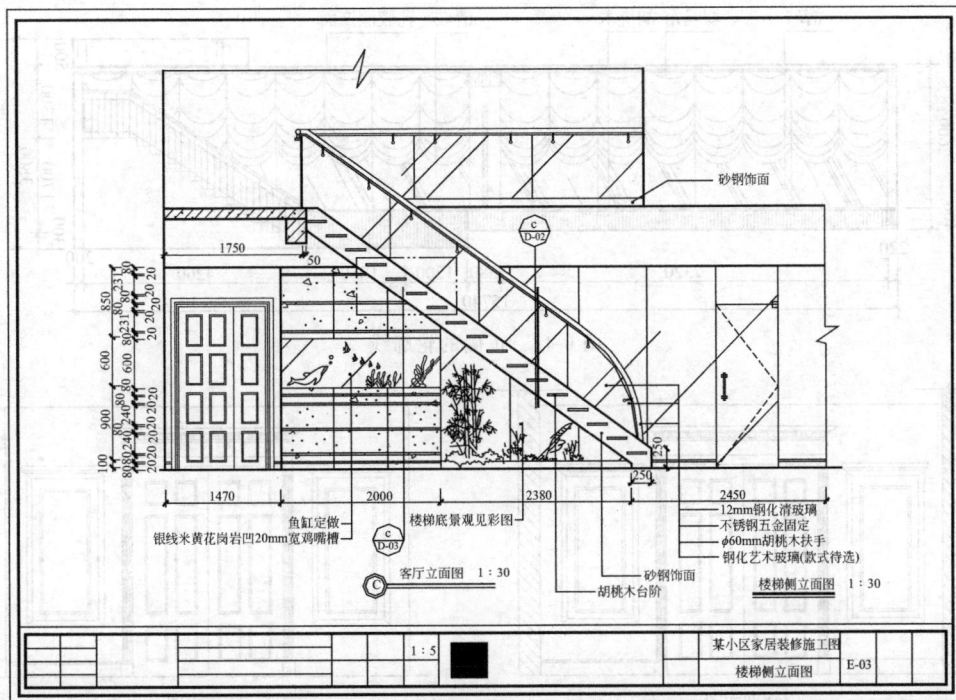

图 6-39   立面图的图框、标题栏的表示方法

立面图的图面调整用于对图面进行整体修改，修正内容包括线型、比例、材料、尺寸标注、符号标注、文字标注等相关内容。图面的构图也是修正的范围，应根据图面需要进行必要的位置调整，使打印后的图面美观、大方。

6.9   立面图绘制中的常见错误

立面图绘制中的常见错误有以下几点。

(1) 外轮廓线没有加粗，如图 6-40、图 6-41 所示。

(2) 图下漏标图名和比例尺。

(3) 立面图不需要用剖面方法画出前面两侧的墙，如图 6-42 所示。

(4) 只画出垂直界面的形状、装修做法，漏画此界面上的陈设物品。

(5) 主要竖向尺寸和标高（如顶棚下表面的标高）标注不齐全。

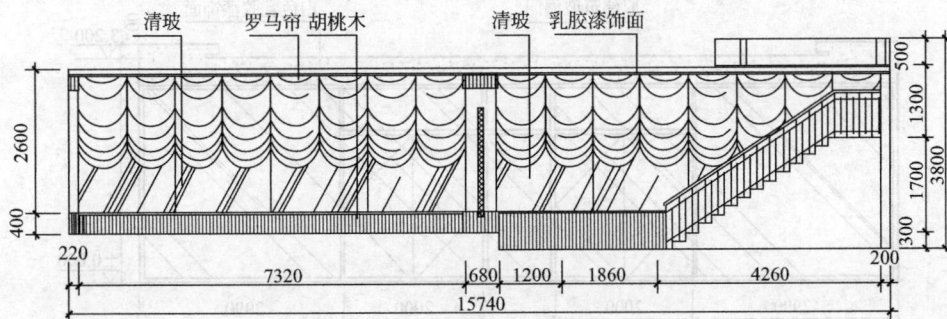

图 6-40   错误的轮廓线

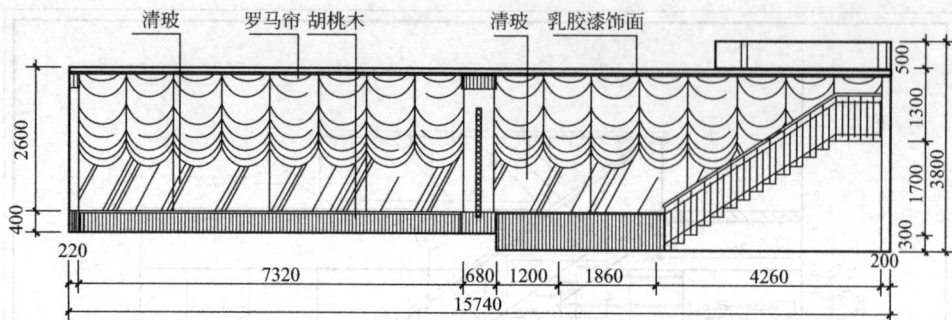

图 6-41 正确的轮廓线

清玻 罗马帘 胡桃木 清玻 乳胶漆饰面

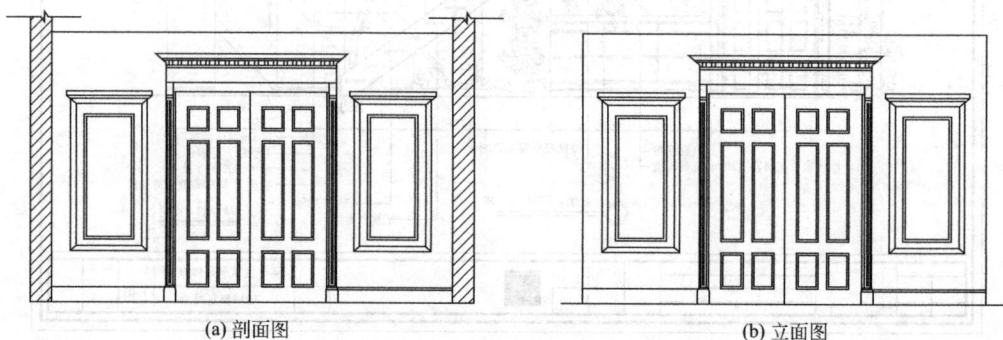

(a) 剖面图　　　　(b) 立面图

图 6-42 剖面图与立面图的异同

（6）在平面图中漏画索引符号，以致立面图图示范围不明确。当垂直界面较长，而某个部分又用处不大时，允许截选其中的一段。但一定要将折掉的地方画折断线，如图 6-43 所示。

（7）漏写文字标注。文字标注是解释工程做法的简易说明，不能漏标或错标，否则将导致施工错误，如图 6-44 所示。

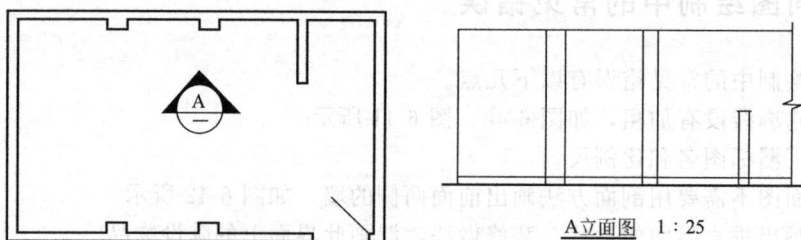

A立面图 1：25

图 6-43 平面图与立面图所指方向应一致

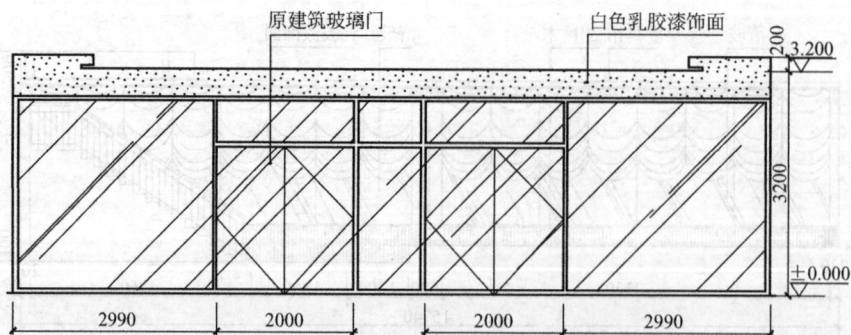

原建筑玻璃门　　　白色乳胶漆饰面

图 6-44 文字标注是用于解释工程做法的简易说明

第7章 建筑室内设计节点详图的绘制

7.1 节点详图绘制的目的及要求

7.1.1 节点详图的种类

节点详图大致有两类：一类是把平面图、立面图、剖面图中的某些部分单独抽出来，用更大的比例画出更大的图样，成为所谓的局部放大图或大样图；另一类是综合使用多种图样，完整地反映某些部件、构件、配件、节点，或家具、灯具的构造，成为所谓的构造详图或节点图，如图7-1、图7-2所示。

在一个室内设计工程中，需要画多少详图、画哪些部位的详图，要根据工程的大小、复杂程度而定。一般工程，应有以下详图。

（1）墙面详图。用于表示较为复杂的墙面构造。通常要画立面图、纵横剖面图和装饰大样图，如图7-3所示。

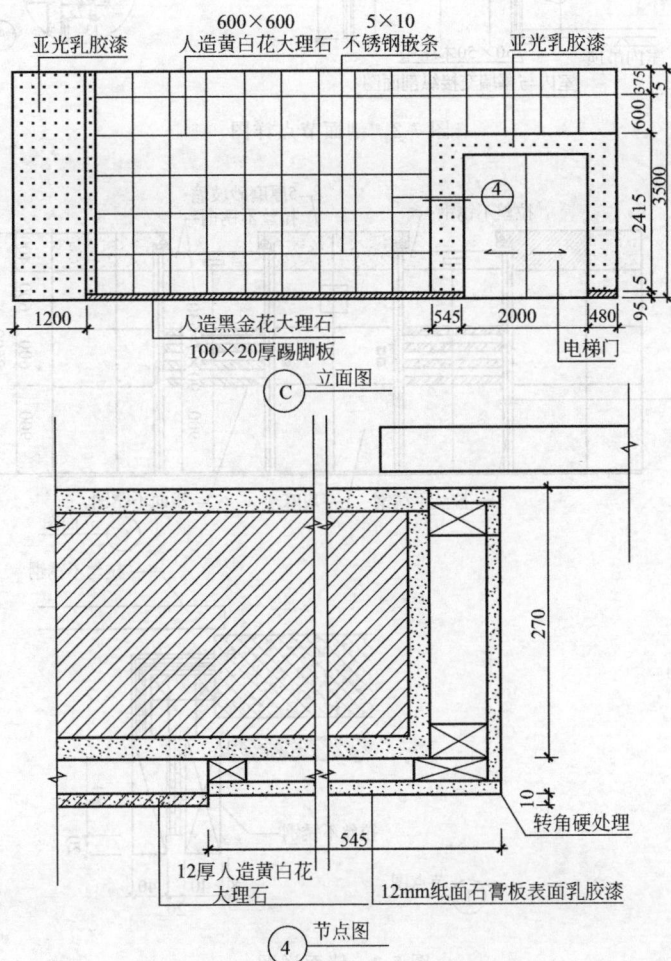

图 7-1 立面图中的电梯门套的节点详图

35　人造石
PVC踢脚
幕墙竖杆
7mm离缝
人造石
石膏板

石膏板与幕墙交接做法

人造石

A 详图

细木工板
石膏板
泛光照明灯具
200　150
329
卷帘
室内吊顶
50×50木压条
室内与幕墙交接纵剖面图

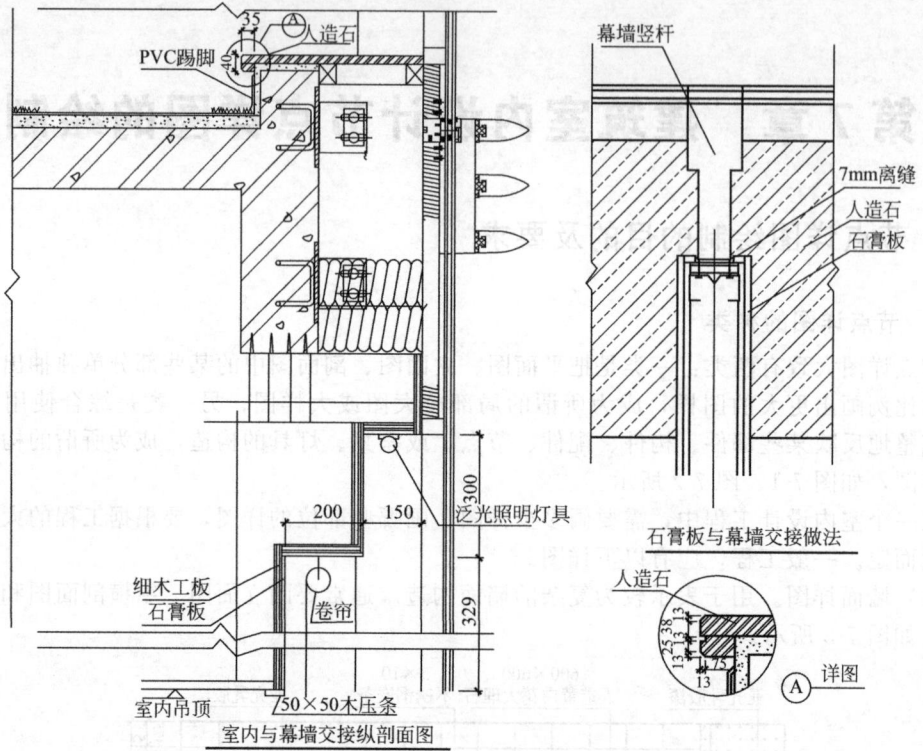

图 7-2　剖面节点详图

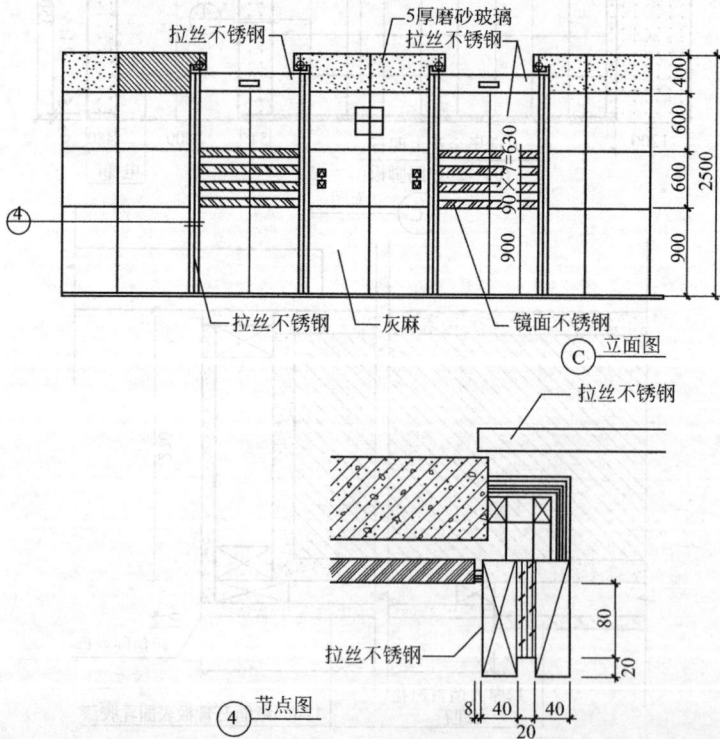

拉丝不锈钢
5厚磨砂玻璃
拉丝不锈钢
400
600
2500
600
90×7=630
900
900

拉丝不锈钢　灰麻　镜面不锈钢
C 立面图

拉丝不锈钢

拉丝不锈钢
80
20
8　40　40
20

4 节点图

图 7-3　墙面详图

（2）柱面详图。用于表示柱面的构造。通常要画柱的立面图、纵横剖面图和装饰大样图。有些柱子可能有复杂的柱头（如西方古典柱式）和特殊的花饰，还应采用适合的示意图，画出柱头和花饰，如图 7-4～图 7-6 所示。

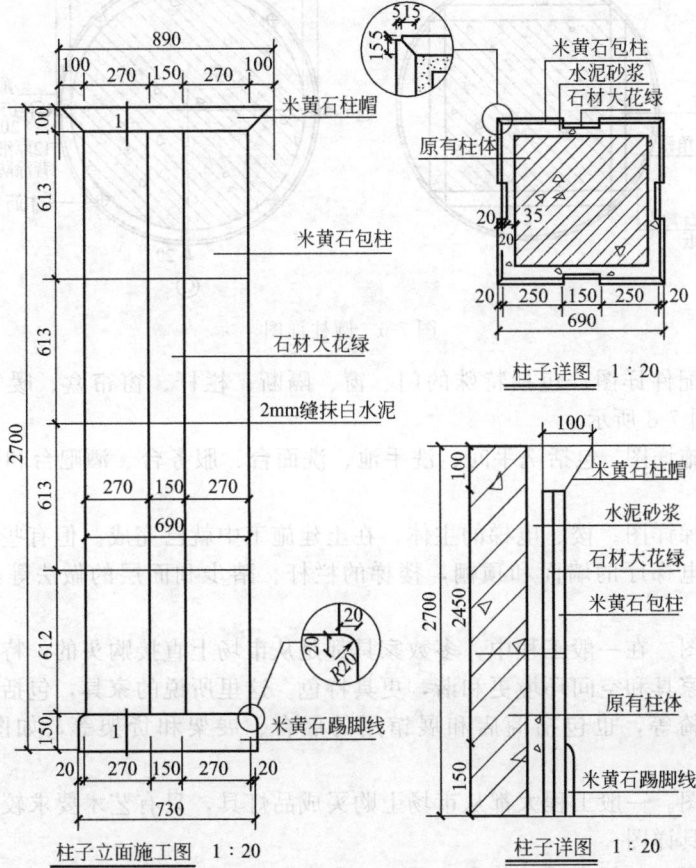

图 7-4　柱面详图

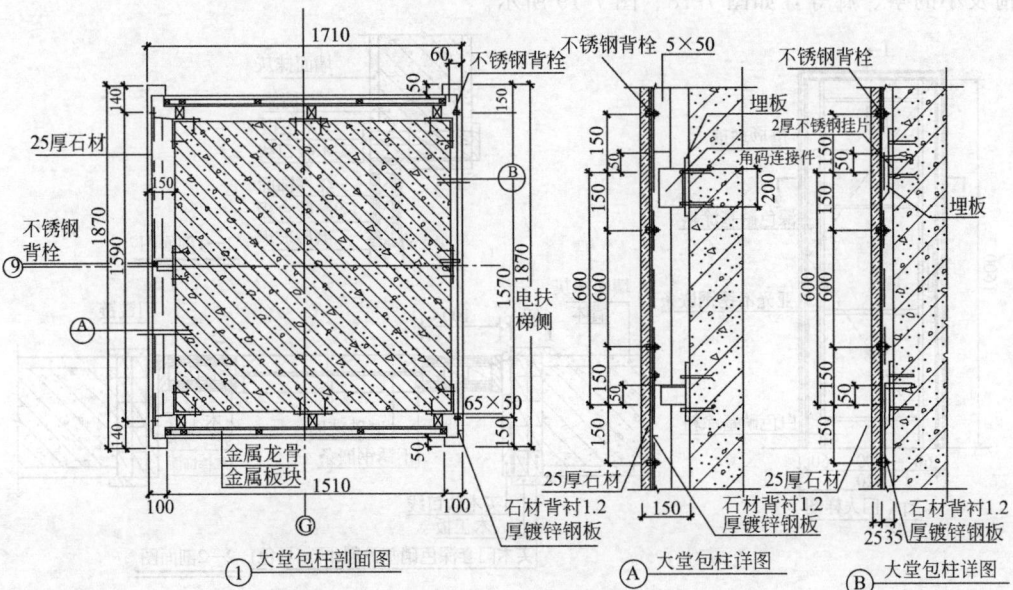

图 7-5　方柱详图

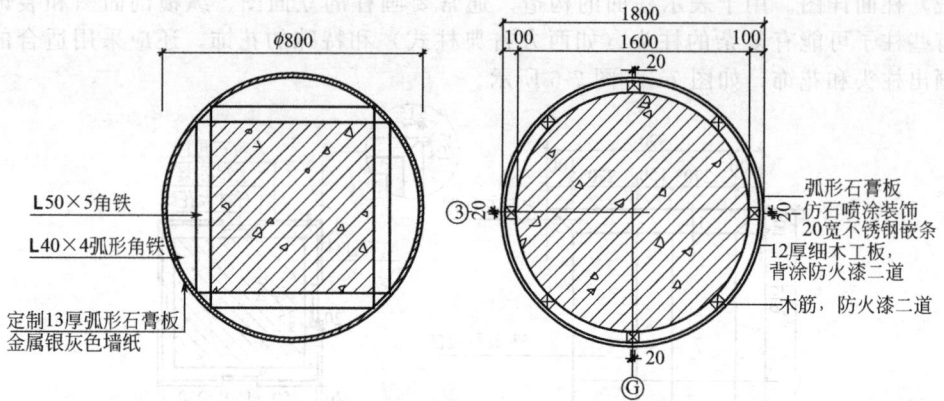

图 7-6　圆柱详图

（3）建筑构配件详图。包括特殊的门、窗、隔断、栏杆、窗帘盒、暖气罩和顶棚细部等，如图 7-7、图 7-8 所示。

（4）设备设施详图。包括洗手间、洗手池、洗面台、服务台、酒吧台和壁柜等，如图 7-9～图 7-11 所示。

（5）楼、电梯详图。楼、电梯的主体，在土建施工中就已完成。但有些细部可能留至室内设计阶段，如电梯厅的墙面和顶棚，楼梯的栏杆、踏步和面层的做法等，如图 7-12、图 7-13 所示。

（6）家具详图。在一般工程中，多数家具都是从市场上直接购买的，特殊工程可专门设计家具，以便使家具和空间环境更和谐，更具特色。这里所说的家具，包括家庭、宾馆所用的床、桌、柜、椅等，也包括商店和展馆用的展台、展架和货架等，如图 7-14～图 7-17 所示。

（7）灯具详图。一般工程大都从市场上购买成品灯具，只有艺术要求较高的工程才单独设计灯具并画灯具详图。

（8）造景详图。包括水池、喷泉、瀑布、壁泉、叠水、假山、山洞、小桥、花槽、固定座椅及小的亭、廊等，如图 7-18、图 7-19 所示。

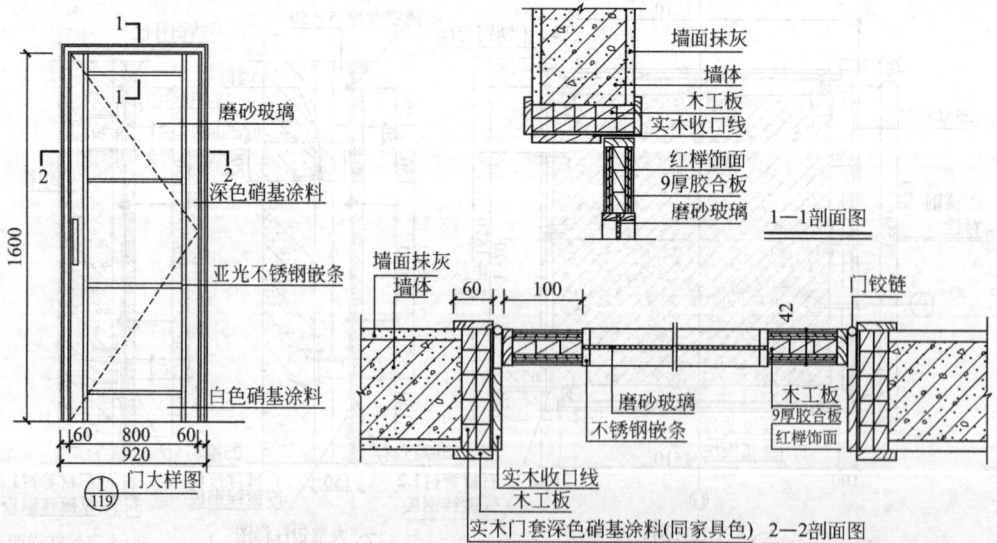

图 7-7　门的局部详图

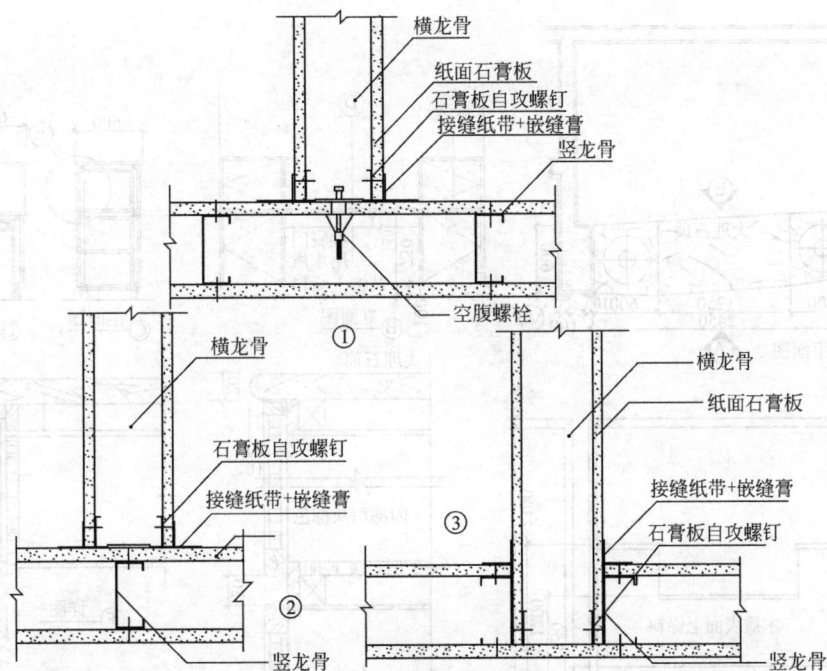

图 7-8　石膏板隔墙详图

横龙骨
纸面石膏板
石膏板自攻螺钉
接缝纸带+嵌缝膏
竖龙骨
空腹螺栓
①
横龙骨
石膏板自攻螺钉
接缝纸带+嵌缝膏
②
竖龙骨
横龙骨
纸面石膏板
接缝纸带+嵌缝膏
石膏板自攻螺钉
③
竖龙骨

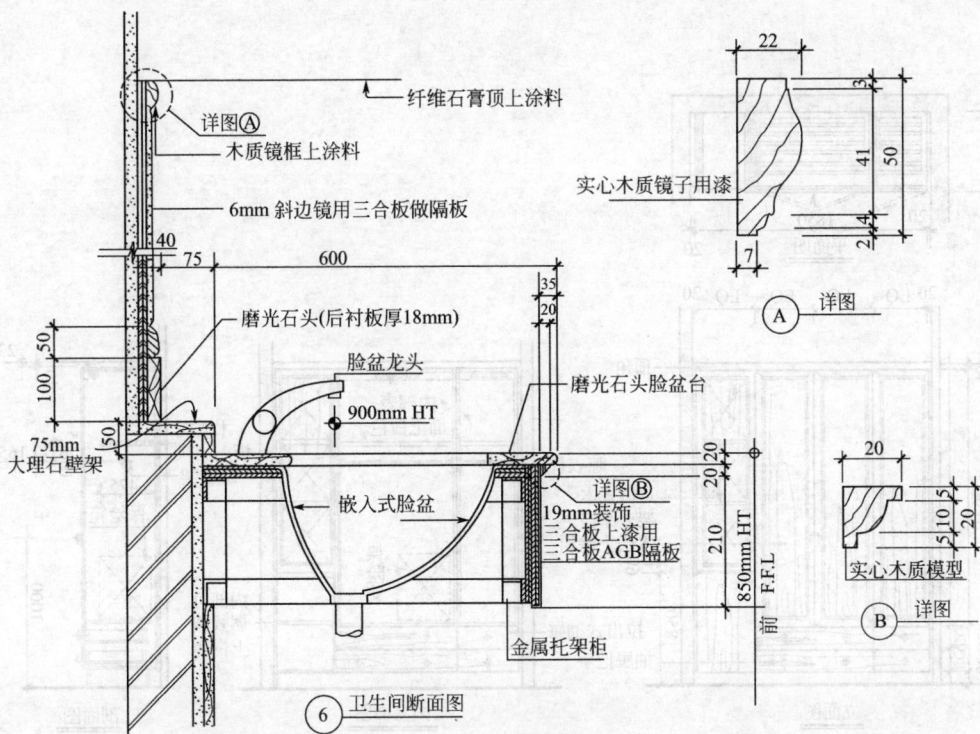

纤维石膏顶上涂料
详图Ⓐ
木质镜框上涂料
6mm 斜边镜用三合板做隔板
磨光石头(后衬板厚18mm)
脸盆龙头
900mm HT
磨光石头脸盆台
嵌入式脸盆
详图Ⓑ
19mm装饰
三合板上漆用
三合板AGB隔板
金属托架柜
大理石壁架
⑥ 卫生间断面图

实心木质镜子用漆
Ⓐ 详图

实心木质模型
Ⓑ 详图

图 7-9　卫生间洗面台详图

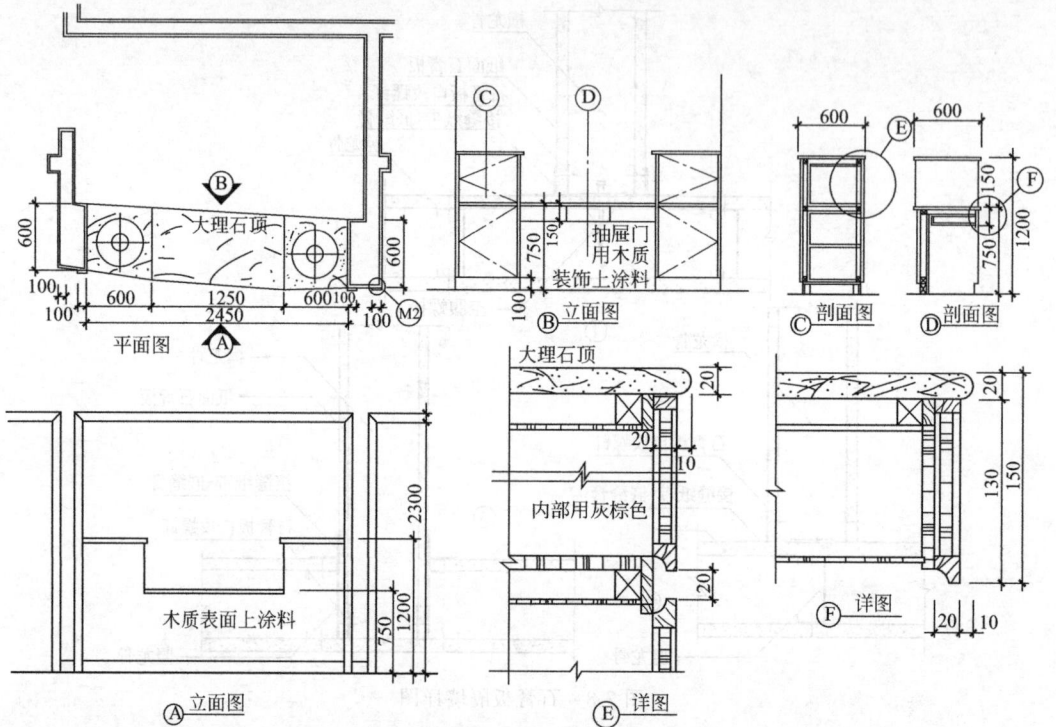

图 7-10　服务台详图

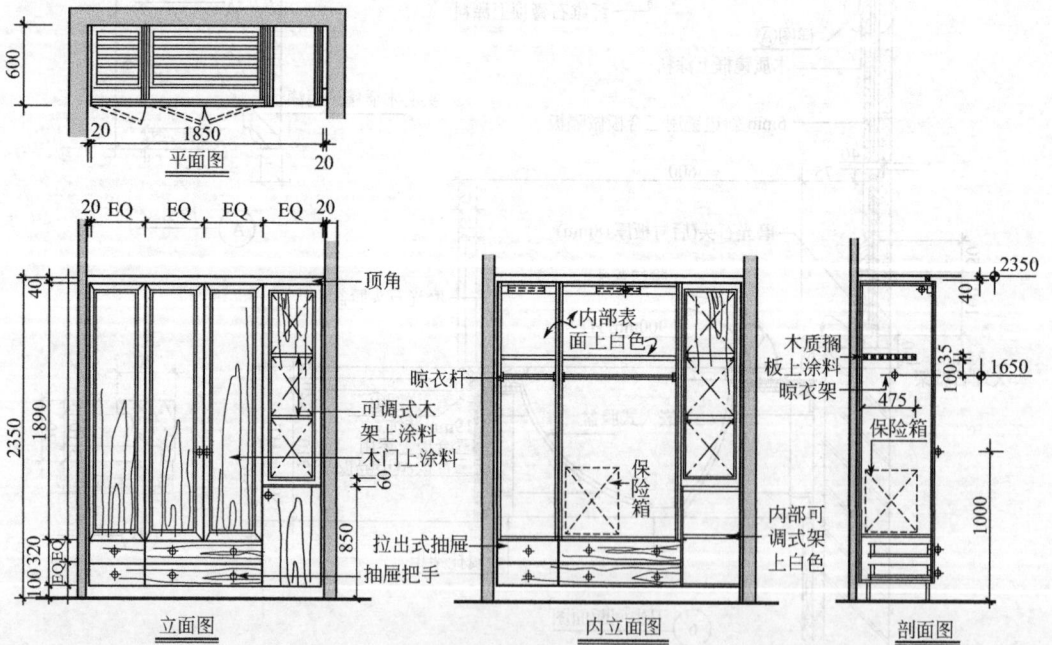

图 7-11　壁柜详图

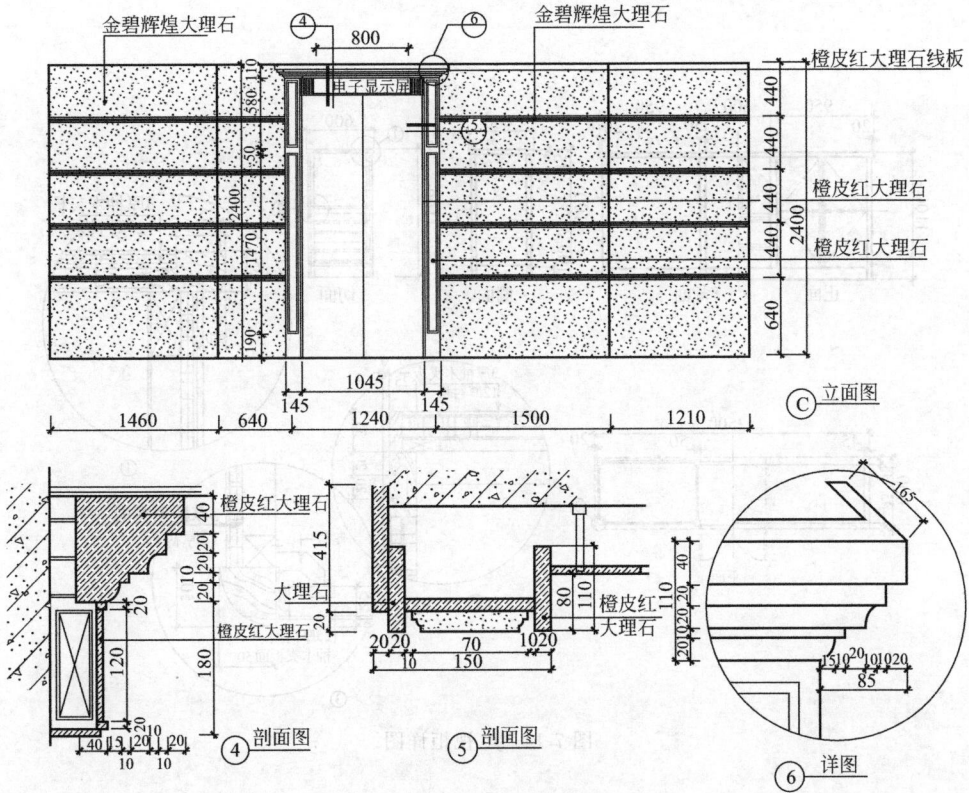

图 7-12　电梯厅局部详图

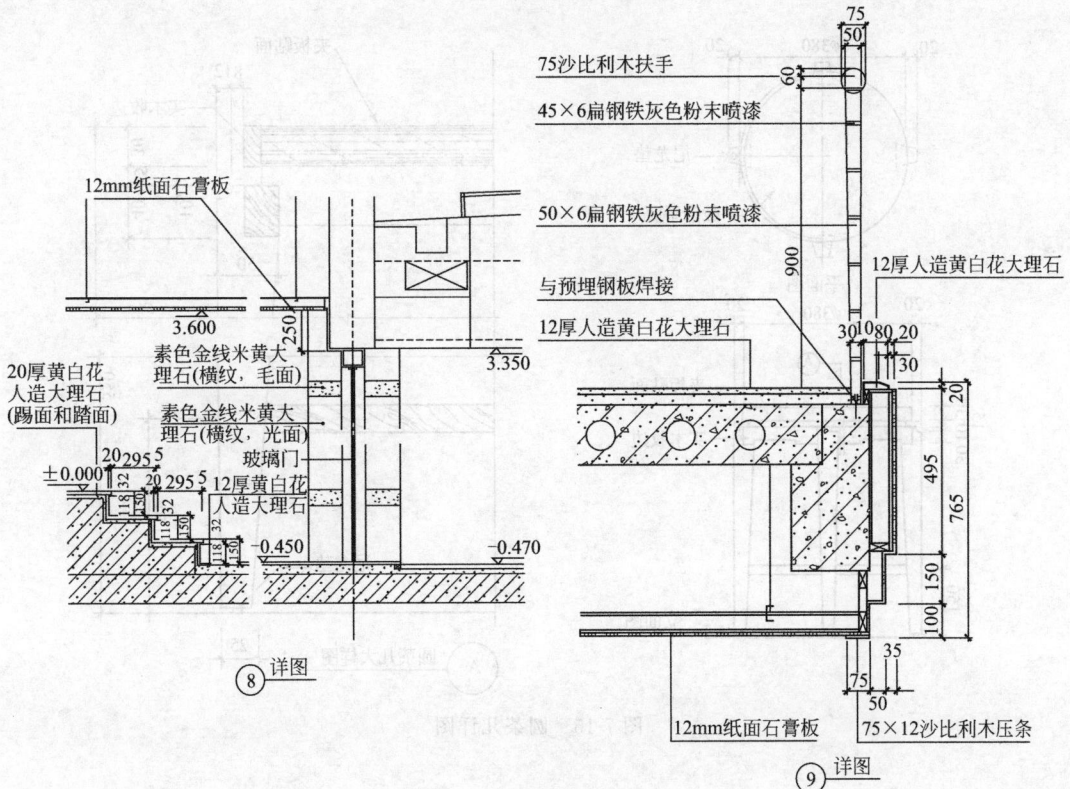

图 7-13　楼梯栏杆详图

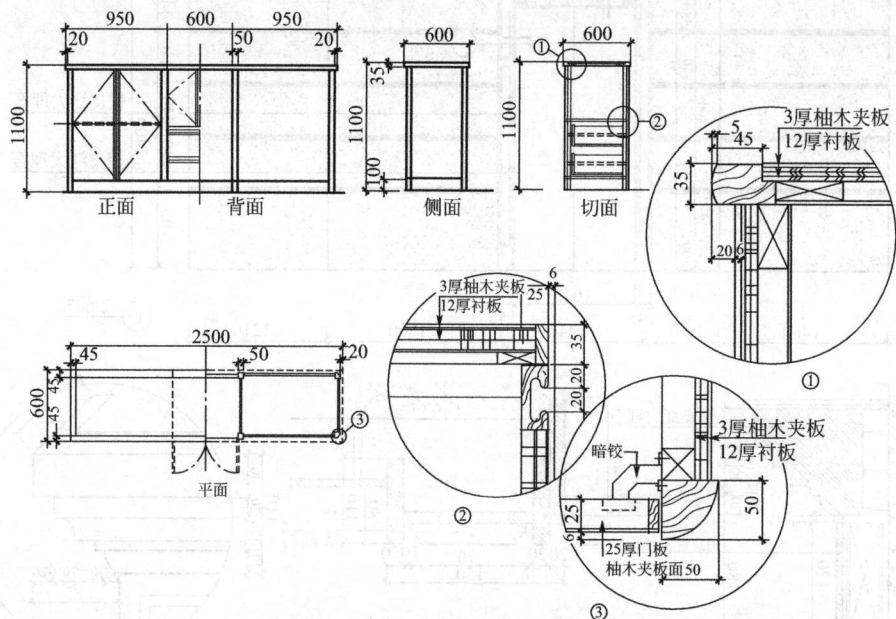

图 7-14　电视柜详图

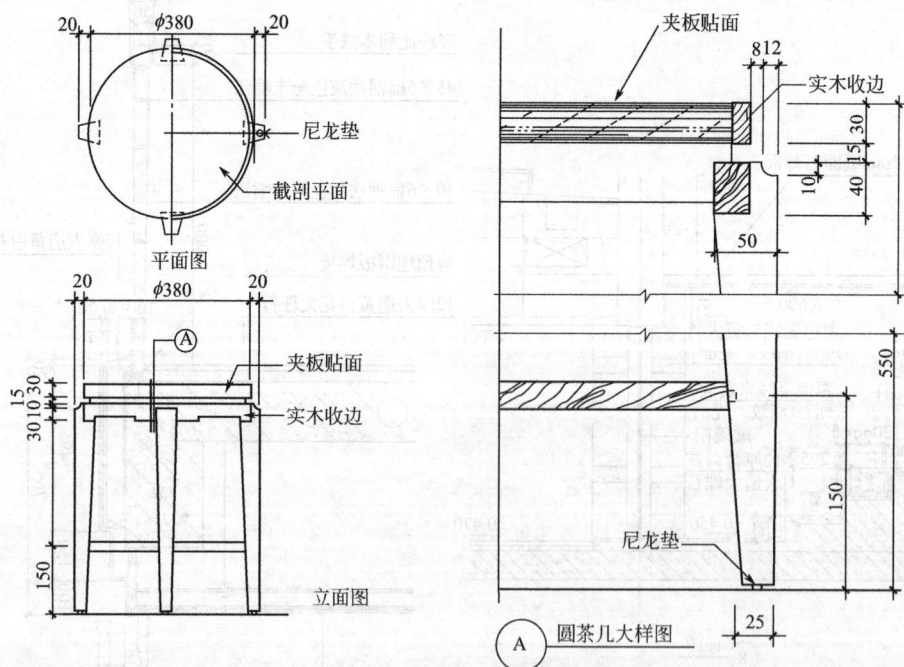

图 7-15　圆茶几详图

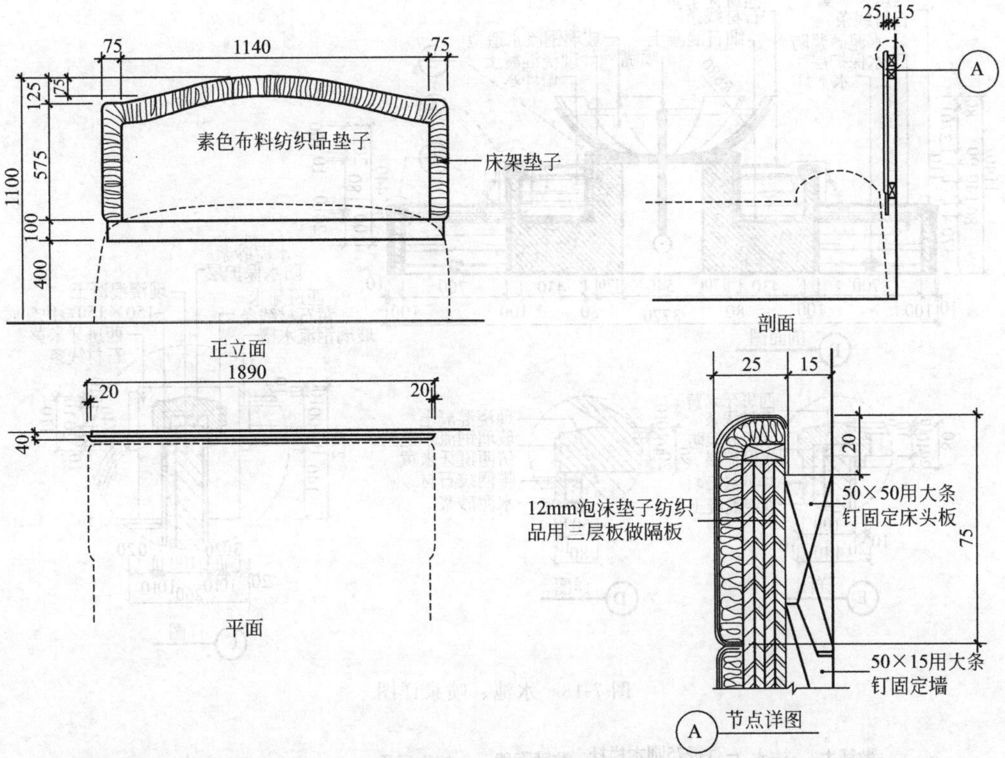

75
1140
75
125
75
575
1100
100
400
素色布料纺织品垫子
床架垫子
正立面
1890
20
20
40
平面
25
15
A
剖面
25
15
20
50×50用大条
钉固定床头板
12mm泡沫垫子纺织
品用三层板做隔板
75
50×15用大条
钉固定墙
A
节点详图

图 7-16　客房床头板软毛织物构造详图

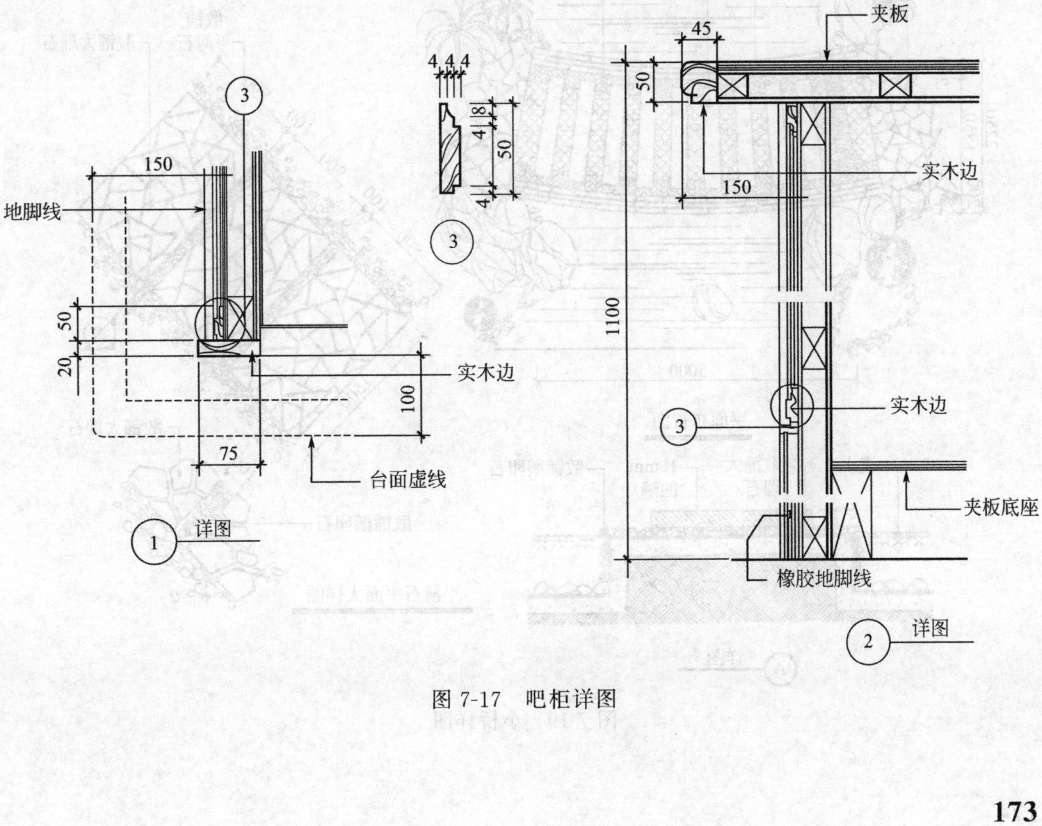

3
150
地脚线
50
20
实木边
100
75
台面虚线
1
详图
4 4 4
8
4
50
4
3
45
50
夹板
实木边
150
1100
3
实木边
夹板底座
橡胶地脚线
2
详图

图 7-17　吧柜详图

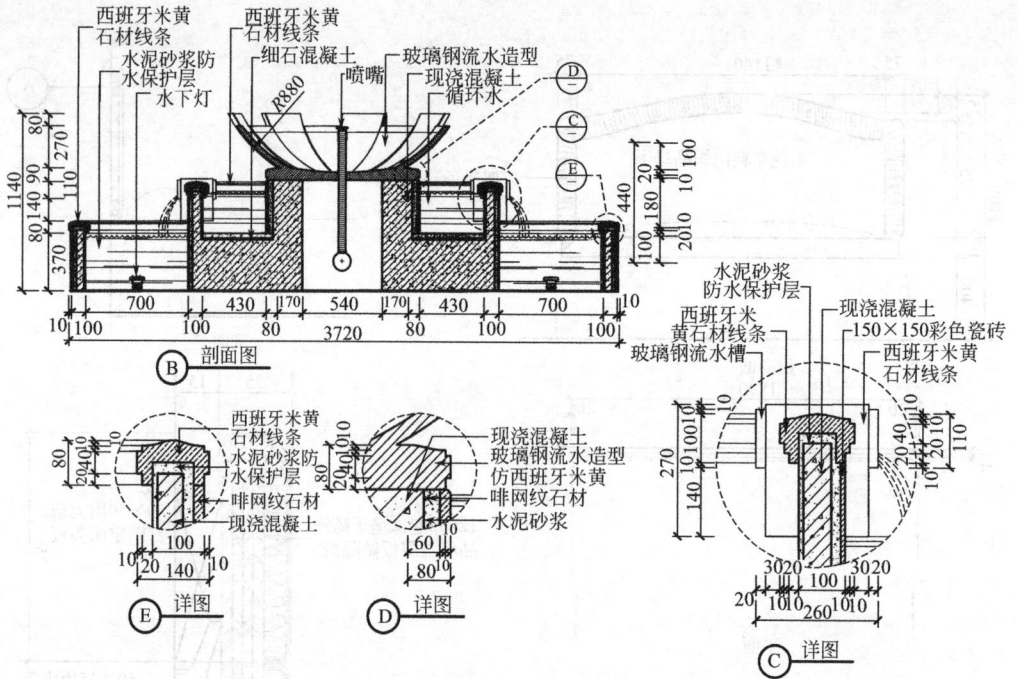

图 7-18　水池、喷泉详图

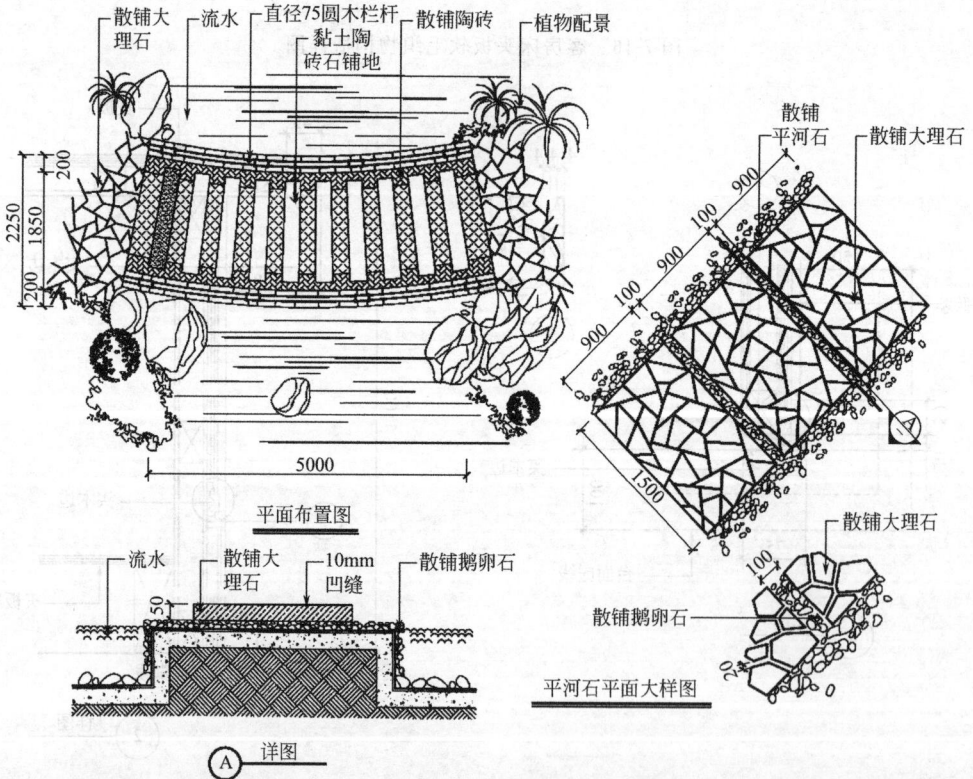

图 7-19　小桥详图

174

7.1.2 节点详图绘制的目的及要求

绘制详图的目的就是要详细表达室内造型局部的结构形状、连接方式、制作要求等。通过对剖面详图的设计和对装修细部的材料使用、安装结构和施工工艺进行分析，得到满足设计要求、符合施工工艺、达到最佳施工经济成本的做法。详图的表达方式大多采用局部剖视图和断面图。

在绘制室内设计详图时，要做到图例构造清晰明确、尺寸标注细致，索引符号、控制性标高、图示比例等也应标注正确。对图样中的用材做法、材质色彩、规格大小等可用文字标注清楚。

对绘制详图总的要求是：翔实简明，表达清楚，满足施工要求。

7.2 节点详图的绘制

7.2.1 节点详图的绘制要点

(1) 室内详图应画出构件间的连接方式，应注全相应的尺寸，并且应用文字说明制作工艺要求。

(2) 室内详图要按合适的比例绘制。详图一般采用 1:1、1:2、1:5、1:10、1:20、1:25、1:30、1:50 等。

(3) 室内详图应标明详图名称、比例，在相应的室内平面图、立面图中标明索引符号。详图索引符号下方的图号应为索引出处的图纸图号，如图 7-20 所示。

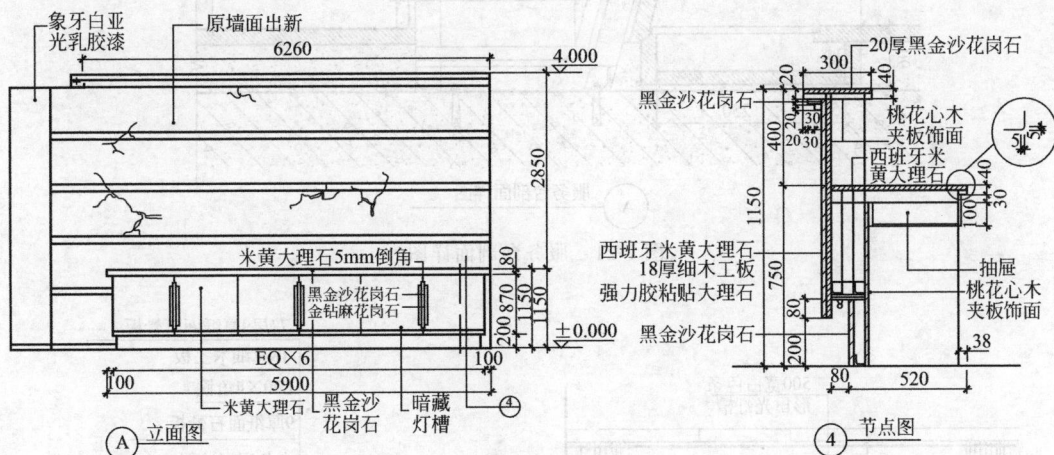

图 7-20 详图索引符号的表示方法

(4) 室内详图的线型、线宽选用与建筑详图相同。当绘制较简单的详图时，可采用线宽比为 $b:0.25b$ 的两种线宽的线宽组。

(5) 绘制剖面详图必须要熟悉相关的做法、材料、工艺等；掌握施工和生产的过程；运用标准、专业的图形符号把图样详尽、清晰地表达出来，如图 7-21、图 7-22 所示。

7.2.2 节点详图的绘制步骤

绘制节点详图的常见步骤如下。

(1) 设置绘图环境。

黑珍珠花岗石烧毛　　防辐射玻璃

电脑　　　　　　　木饰面

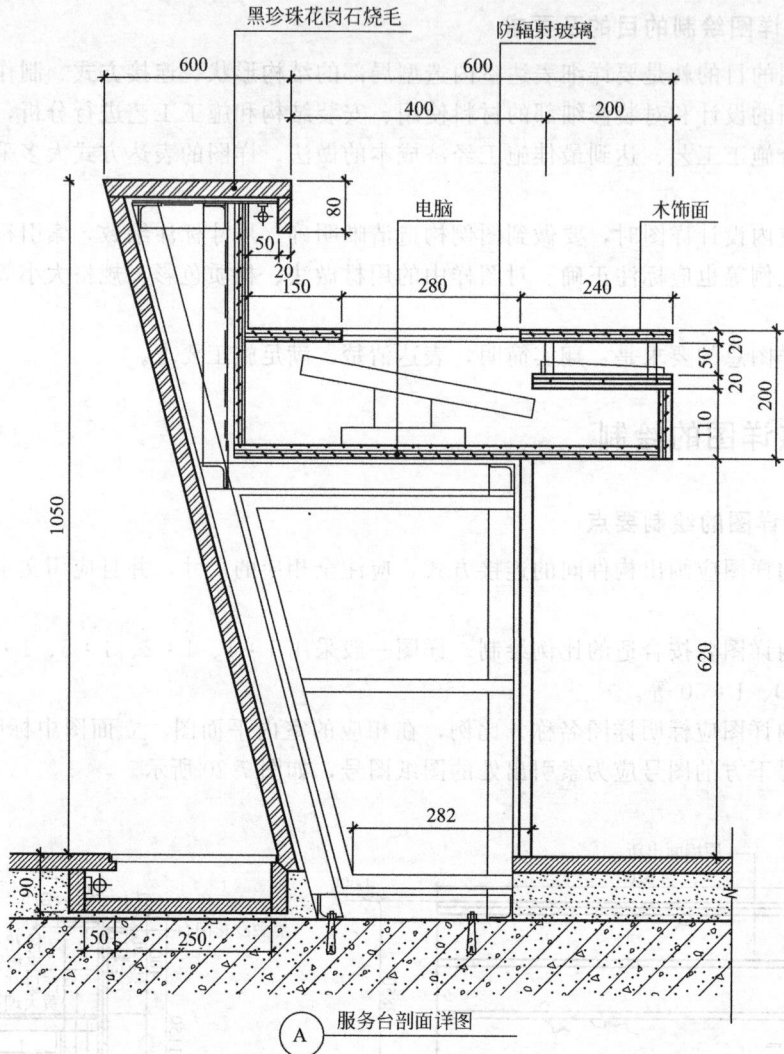

服务台剖面详图

图 7-21　服务台剖面详图

500宽白色条
形日光灯槽

双层9厚纸面石膏板
18厚细木工板
L30×4角铁
9厚纸面石膏板
白色通用涂料　日光灯带

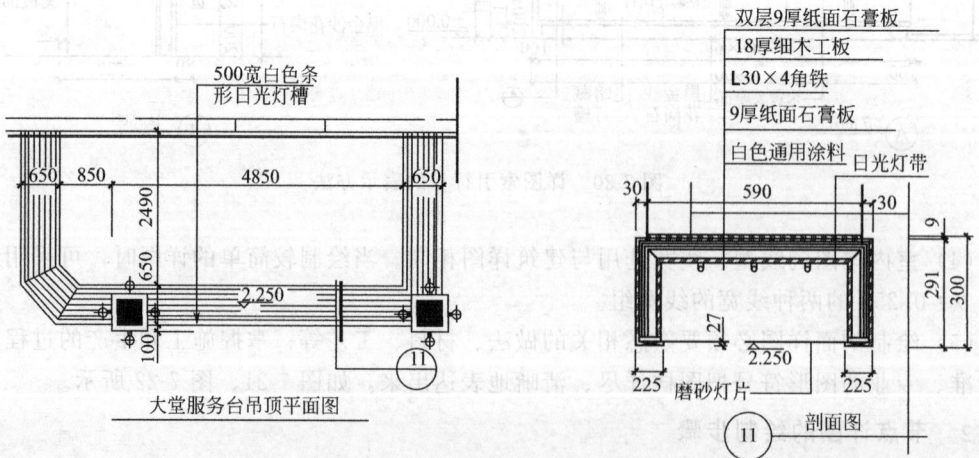

磨砂灯片

大堂服务台吊顶平面图

剖面图

图 7-22　吊顶剖面详图

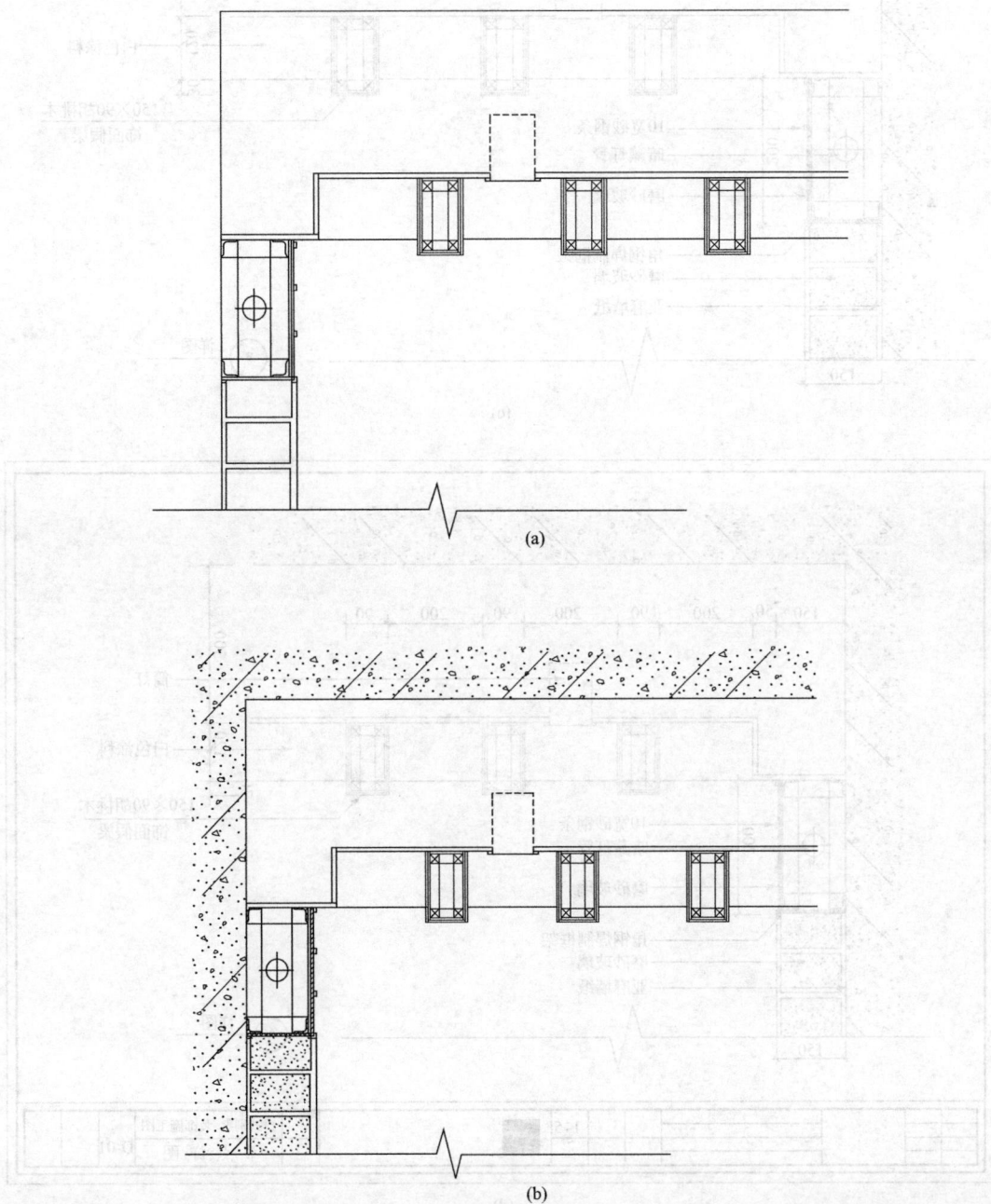

（2）绘制出要表达的轮廓线以及断面，如图 7-23（a）所示。

（3）进行固定的构件及断面造型绘制，如墙面、顶棚、墙柱、门窗、壁橱、踢脚线等。

（4）对主要造型进行材质填充，如图 7-23（b）所示。

（5）添加尺寸标注和文字标注，如图 7-23（c）所示。

（6）设定线宽，添加图框、标题栏，填写标题，如图 7-23（d）所示。

(a)

(b)

图 7-23

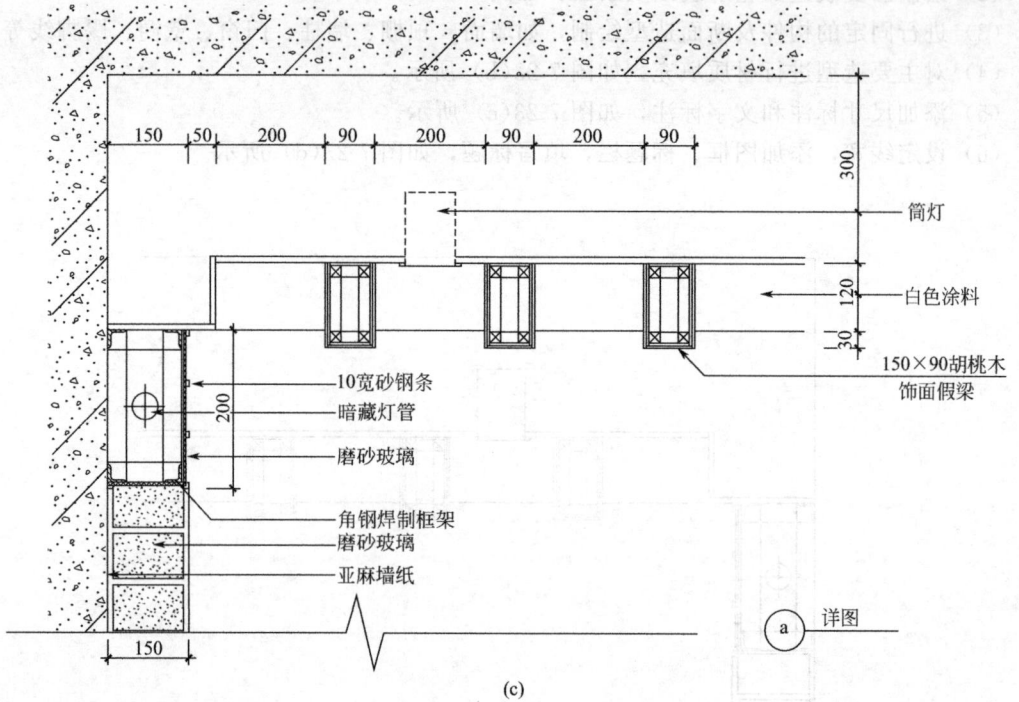

筒灯

白色涂料

150×90胡桃木
饰面假梁

10宽砂钢条
暗藏灯管
磨砂玻璃

角钢焊制框架
磨砂玻璃
亚麻墙纸

a 详图

(c)

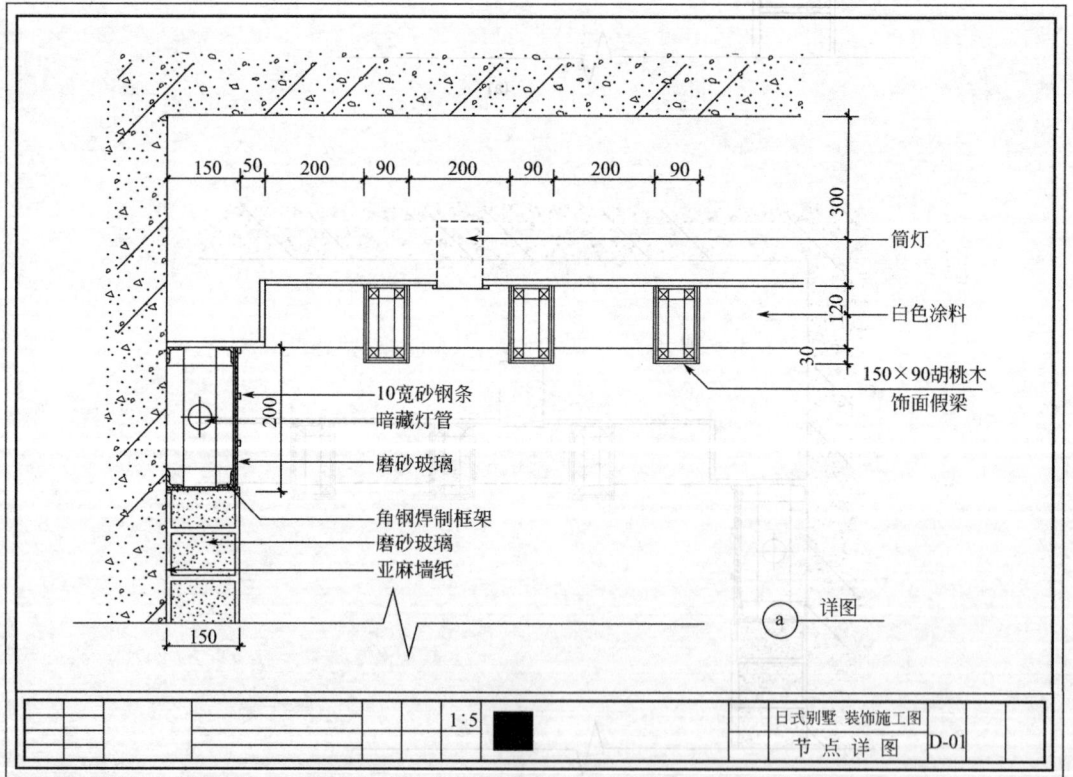

筒灯

白色涂料

150×90胡桃木
饰面假梁

10宽砂钢条
暗藏灯管
磨砂玻璃

角钢焊制框架
磨砂玻璃
亚麻墙纸

a 详图

| | | 1:5 | ■ | 日式别墅 装饰施工图 | |
| | | | | 节 点 详 图 | D-01 |

(d)

图 7-23　节点详图的绘制步骤

7.3　材质填充及参考图例

当节点的轮廓线以及断面表现完成后，就要对部分结构部件进行材质填充。材质填充是对图纸美化和图纸详解的进一步说明，通过材质填充可以增加图纸的识别性。

节点详图材质填充时应注意以下事项。

(1) 图案比例。根据国家建筑设计制图标准对现有的材质图例进行填充，材质填充时可按照图样大小、比例适当填充，图案比例过小易造成材质分辨不清、视觉效果差等不良后果。这时可返回到 CAD 图案填充对话框重新输入较大的比例数值，反复调节图案比例，直到使填充图案疏密适中，如图 7-24 所示的 12mm 厚实木地板材质就是经过调节后得到的效果。

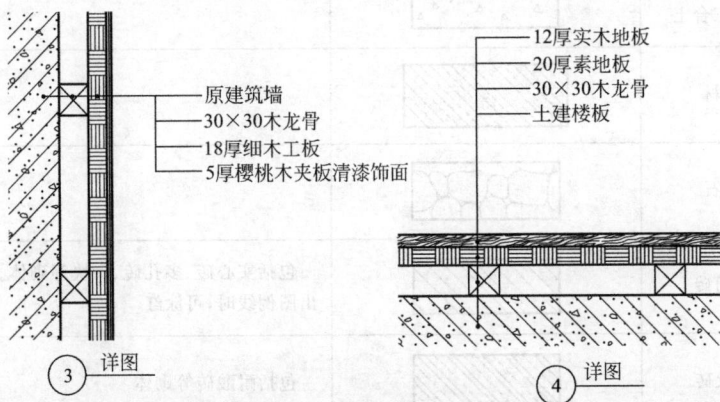

图 7-24　图案比例的调节

(2) 材质图例。国家现有的建筑设计制图标准图例很难满足装饰设计的需要，鉴于这种情况，材质图例可以自编。自编的图例必要时辅以文字说明，以避免与其他图例混淆。

(3) 材质填充一般用细实线表示，与构件的外轮廓中实线分开，如图 7-25 所示。

室内设计节点详图的常用参考图例见表 7-1。

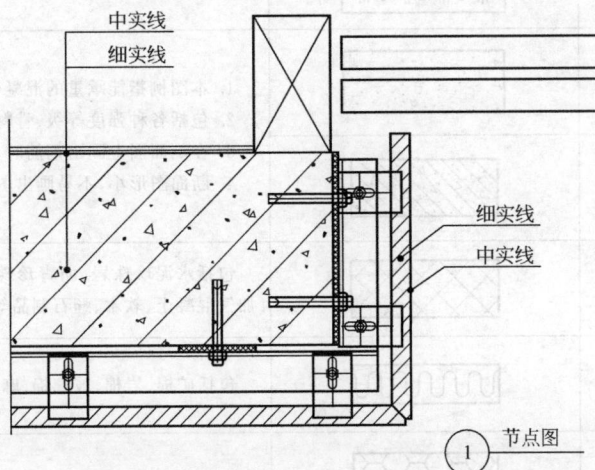

图 7-25　节点详图的线型表示方法

表 7-1　节点详图的常用参考图例

序号	名　称	图　例	备　注
1	自然土壤		包括各种自然土壤
2	夯实土壤		
3	砂、灰土		靠近轮廓线较密的点
4	砂砾石、碎砖三合土		
5	石材		
6	毛石		
7	普通砖		包括实心砖、多孔砖、砌块等砌体。断面较窄不易绘出图例线时，可涂红
8	耐火砖		包括耐酸砖等砌体
9	空心砖		指非承重砖砌体
10	饰面砖		包括铺地砖、马赛克、陶瓷锦砖、人造大理石等
11	焦渣、矿渣		包括与水泥、石灰等混合而成的材料
12	混凝土		1. 本图例指能承重的混凝土及钢筋混凝土；2. 包括各种强度等级、骨料、添加剂的混凝土；3. 在剖面图上画出钢筋时，不画图例线；4. 断面图形小，不易画出图例线时，可涂黑
13	钢筋混凝土		
14	多孔材料		包括水泥珍珠岩、沥青珍珠岩、泡沫混凝土、非承重加气混凝土、软木、蛭石制品等
15	纤维材料		包括矿棉、岩棉、玻璃棉、麻丝、木丝板、纤维板等
16	泡沫塑料材料		包括聚苯乙烯、聚乙烯、聚氨酯等多孔聚合物类材料

续表

序号	名　　称	图　　例	备　　注
17	木材	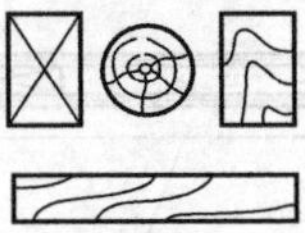	1. 上图为横断面,上左图为垫木、木砖或木龙骨; 2. 下图为纵断面
18	胶合板		应注明为几层胶合板
19	石膏板	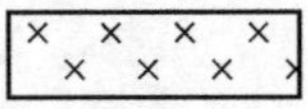	包括圆孔、方孔石膏板,防水石膏板等
20	金属	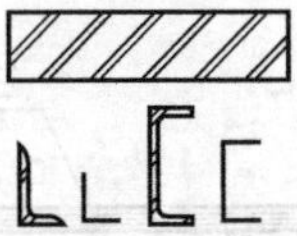	1. 包括各种金属; 2. 图形小时,可涂黑
21	网状材料		1. 包括塑料网状材料等; 2. 应注明具体材料名称
22	液体	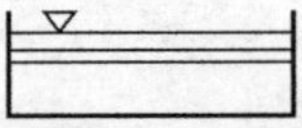	应注明具体液体名称
23	玻璃		包括平板玻璃、磨砂玻璃、夹丝玻璃、钢化玻璃、中空玻璃、夹层玻璃、镀膜玻璃等
24	橡胶		
25	塑料		包括各种软、硬塑料及有机玻璃等
26	防水材料	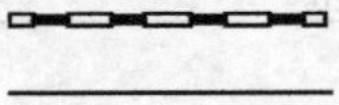	构造层次多或比例大时,采用上面图例
27	粉刷		本图例采用较稀的点

注:序号1、2、5、7、8、13、14、16、17、18、20、24 图例中的斜线、短斜线、交叉斜线等一律为45°。

7.4　符号标注、文字标注、尺寸标注

　　建筑室内设计详图虽然是按一定比例绘制并注明了具体比例,但还不能直截了当地表达各部分尺寸的相对关系;为保证正确无误地按图施工,还必须注有完整的尺寸。

　　图样中的某一局部或某一构件与构件间的构造如需另见详图时,应以索引符号索引。即在需要另画详图的部位上编以索引符号,在所画的详图上编以详图符号,两者对应一致;看图时可以查找有关图纸,对照阅读,便可一目了然,如图 7-26、图 7-27 所示。

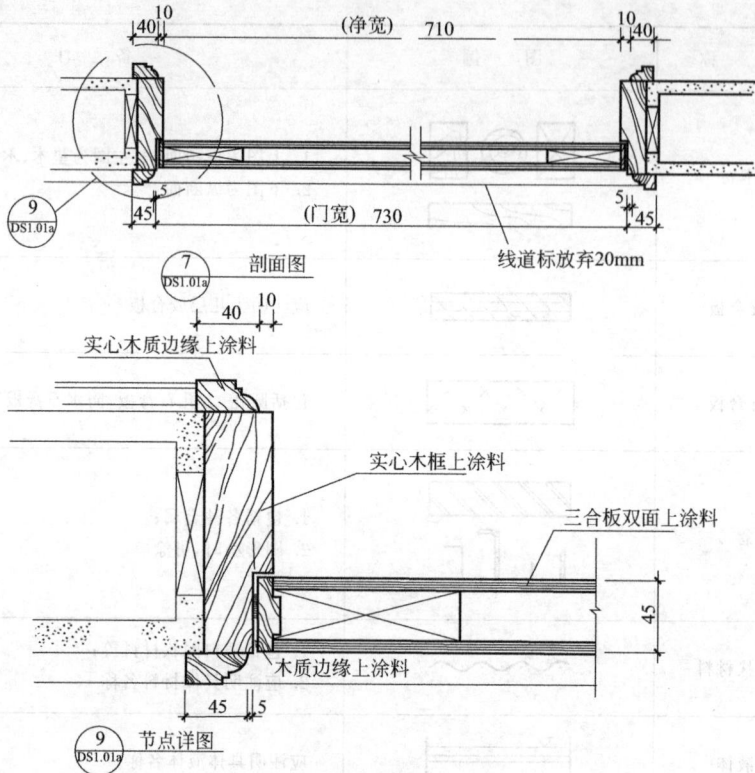

图 7-26　构件间的索引符号应一致（一）

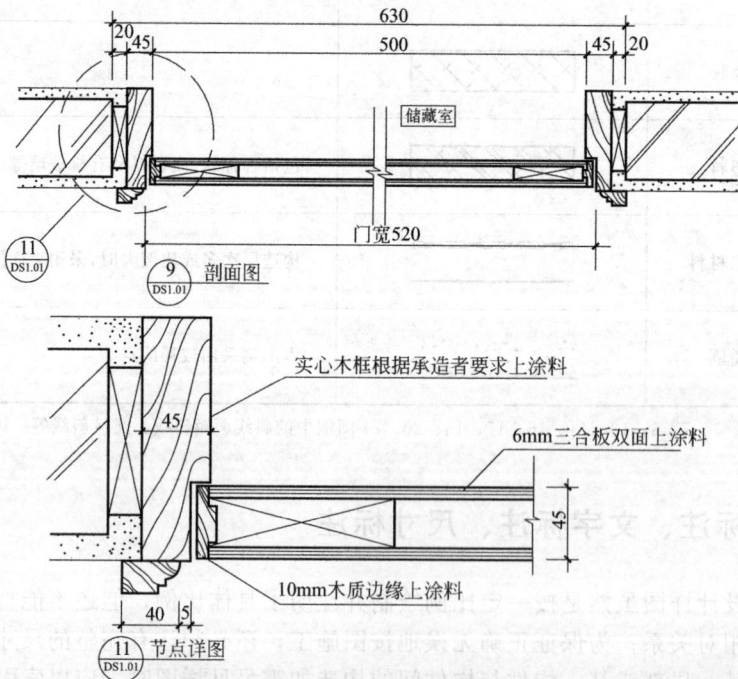

图 7-27　构件间的索引符号应一致（二）

对于剖面详图的标注，应更注重安装尺寸和细部尺寸的标注，它是生产和施工的重要依据；主要是反映大样的构造、工艺尺寸、细部尺寸等。对有大样要求的材料、工艺应加以详尽说明。标注必须清晰、准确，符合读图和施工的顺序；尺寸的标注应充分考虑到现场施工及有关工艺要求，如图 7-28 所示。

详图标注的具体内容同平面图、立面图，如图 7-29 所示。

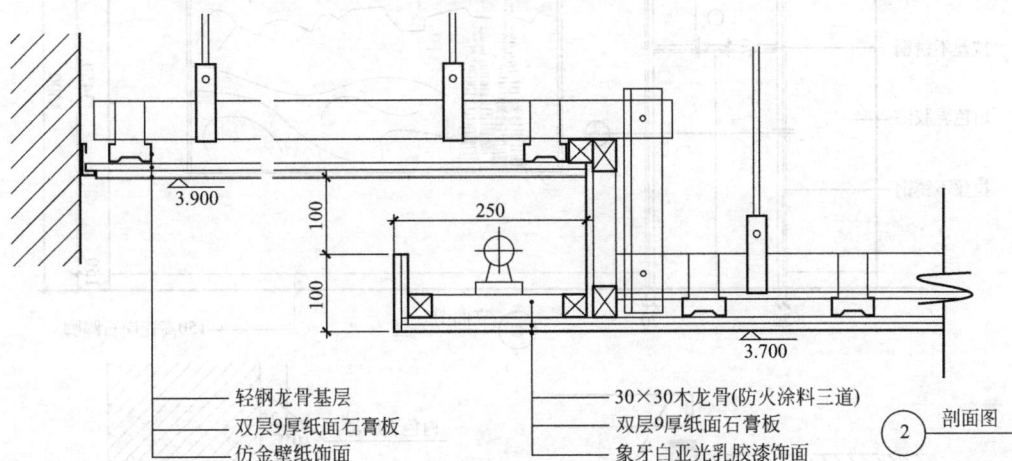

轻钢龙骨基层
双层9厚纸面石膏板
仿金壁纸饰面

30×30木龙骨(防火涂料三道)
双层9厚纸面石膏板
象牙白亚光乳胶漆饰面

② 剖面图

图 7-28　剖面详图的尺寸标注方法

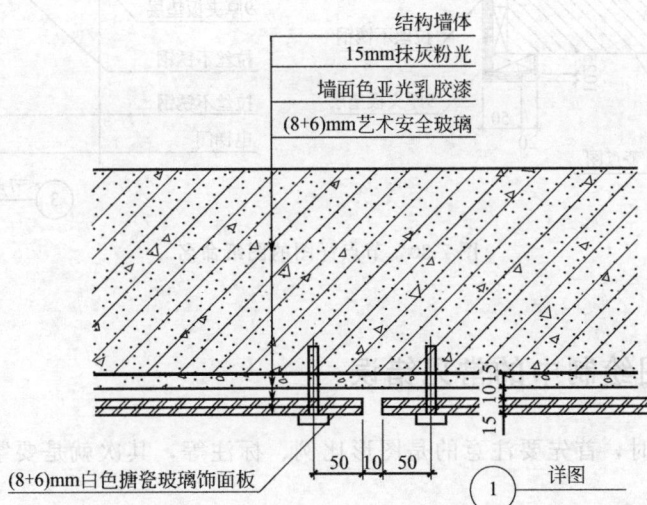

结构墙体
15mm抹灰粉光
墙面色亚光乳胶漆
(8+6)mm艺术安全玻璃

(8+6)mm白色搪瓷玻璃饰面板

① 详图

图 7-29　节点详图的文字标注方法

7.5　图纸命名、图框绘制及图面调整

节点详图的图纸命名主要依据索引图样中的索引符号确定。如图 7-30 所示，该图是依据立面图上的索引信息来命名图纸。

图纸幅面及图框尺寸一般是根据设计要求统一制定的，同一套图纸应该使用相同的图纸幅面、图框、标题栏、会签栏及装订边的位置。此外，应在标题栏处写出节点详图字样。

图面调整和立面图相同，这里不再赘述。

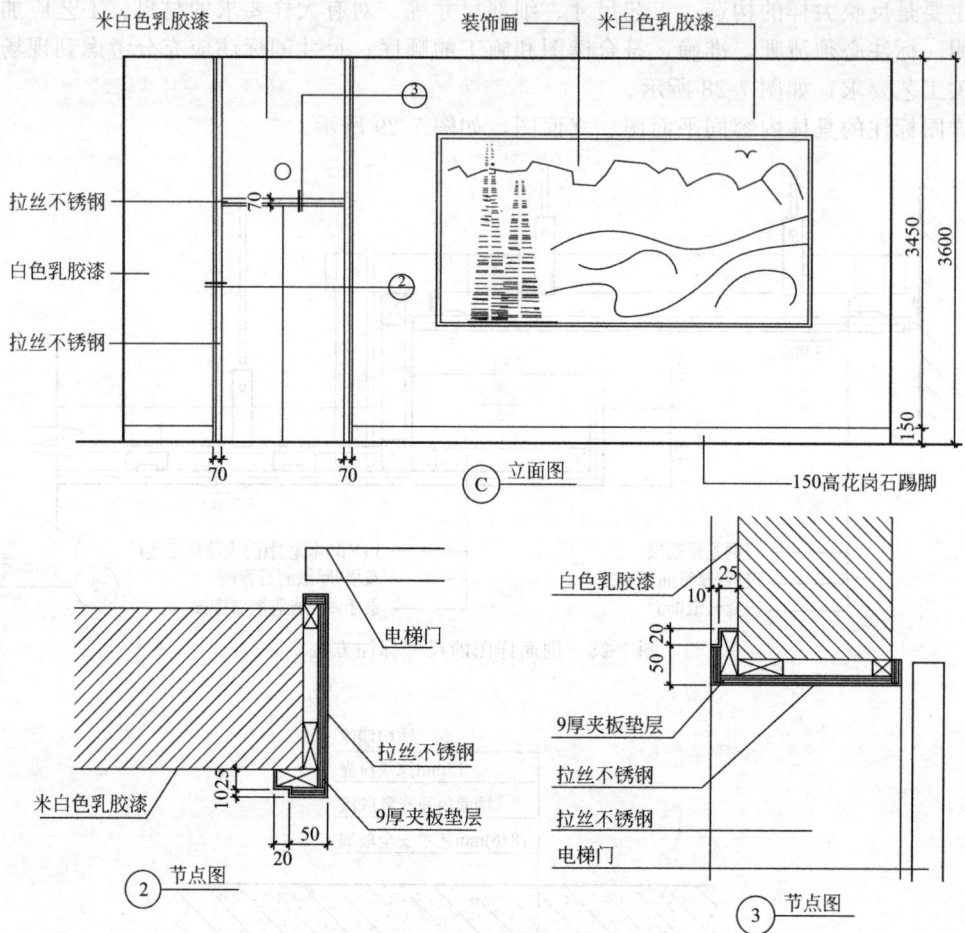

图 7-30　节点详图的图纸命名

7.6　节点详图绘制中的常见错误

绘制节点详图时，首先要注意的是图形比例、标注等，其次就是要掌握图案填充的使用。常见错误如下。

（1）断面或材质与设计图不符（除非存在因为买不到材料而必须替换的情况）。

（2）构件长度错误。

（3）构件位置、接合错误。

（4）图面与料表及图框中的构件编号不一致。

（5）构件图重复绘制或漏绘（特别是在比较大型的项目中）。

（6）不同的构件编号重复。

（7）用户节点库编号混乱引起的节点套用错误。

（8）材质与规格错误。

图 7-31 所示的详图剖切线是正确的，而图 7-32 则是错误的。图 7-33 是剖切后的节点详图。

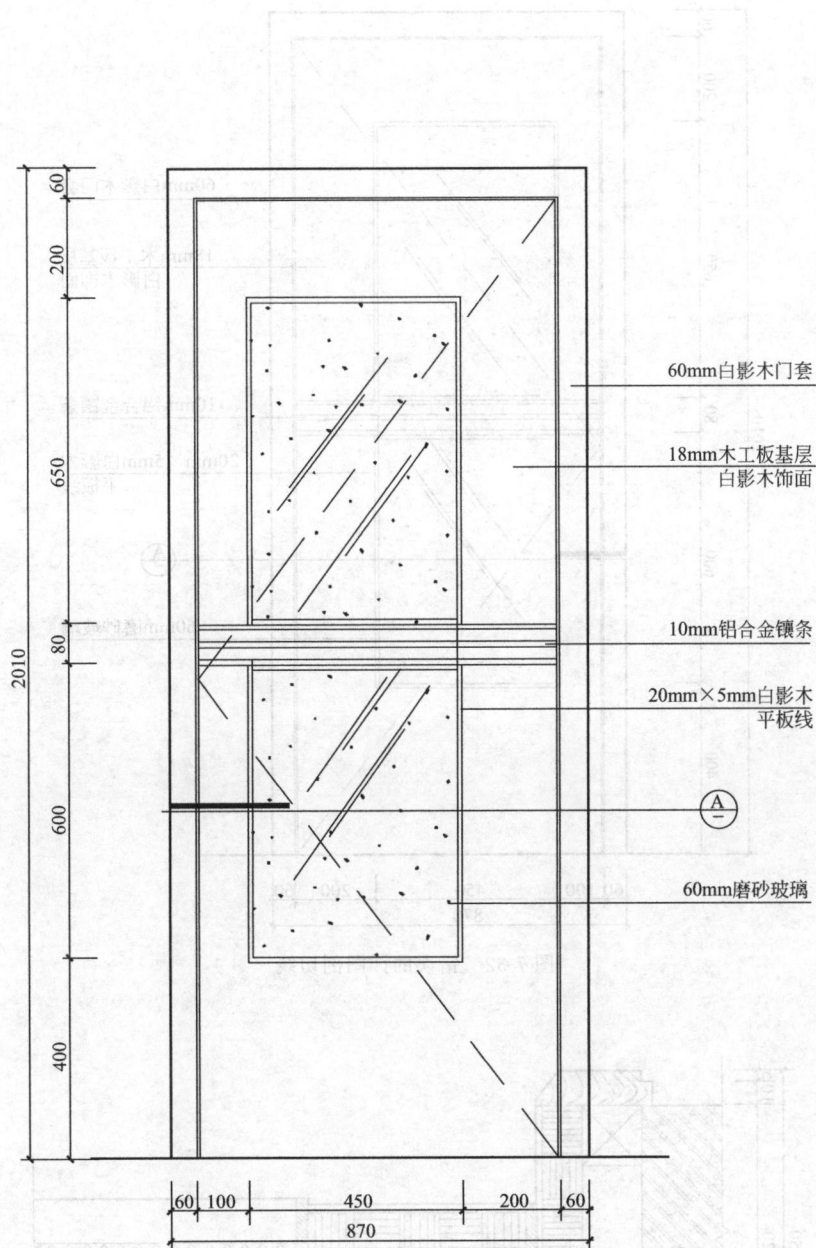

图 7-31　正确的详图剖切线

- 60mm白影木门套
- 18mm木工板基层 白影木饰面
- 10mm铝合金镶条
- 20mm×5mm白影木 平板线
- 60mm磨砂玻璃

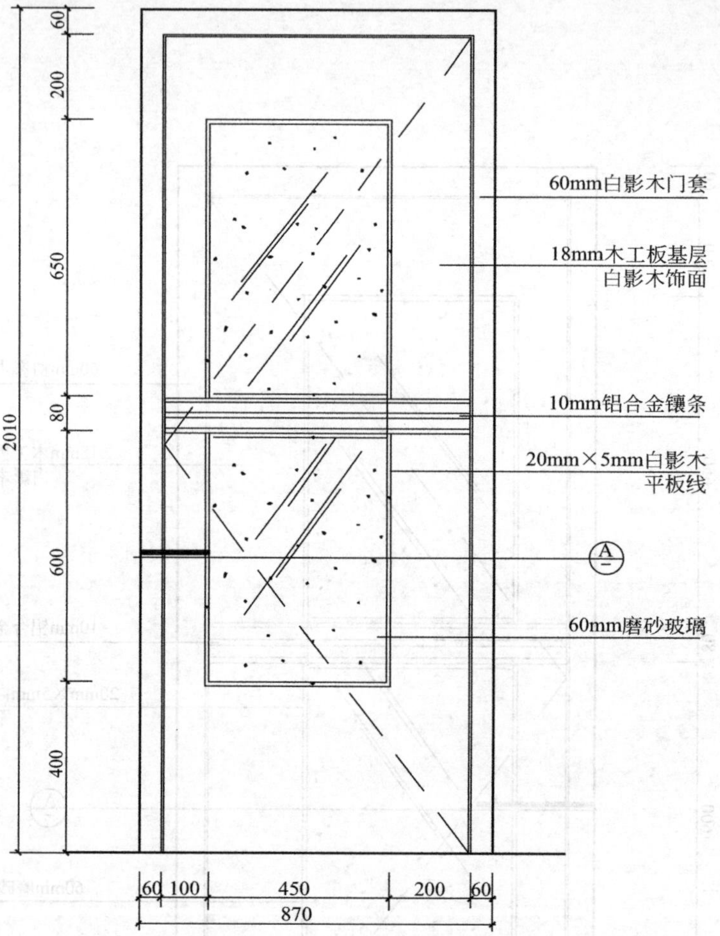
60mm白影木门套
18mm木工板基层
白影木饰面
10mm铝合金镶条
20mm×5mm白影木
平板线
A
60mm磨砂玻璃
60
200
650
80
600
400
2010
60
100
450
200
60
870

图 7-32　错误的详图剖切线

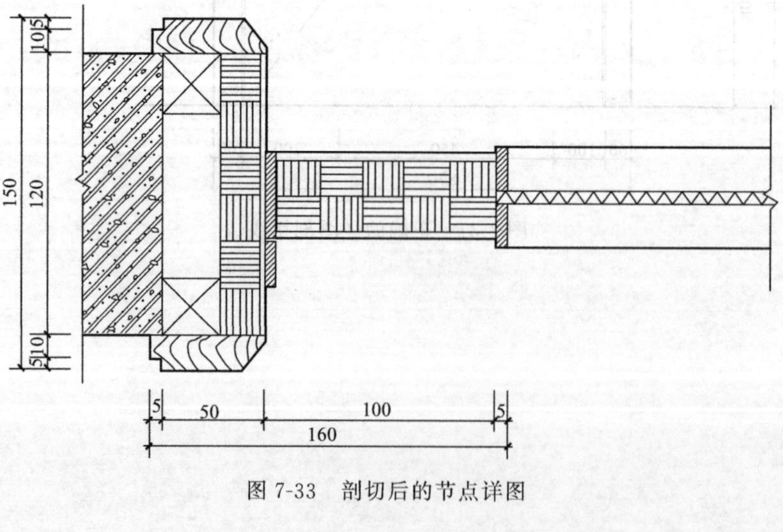
10
5
120
150
10
5
5
50
100
5
160

图 7-33　剖切后的节点详图

第 8 章　建筑室内设计设备工程图的绘制

8.1　设备工程图绘制的目的及要求

　　室内设计设备工程图包括给排水系统、电气照明系统、采暖空调系统等。设备工程施工图主要由给排水施工图、采暖施工图、空调施工图、电气施工图等组成。

　　设备工程施工图的主要内容包括施工说明、平面布置图、系统图（反映设备及管线系统走向的轴测图和原理图等）及安装详图。

　　设备工程施工图的特点是以建筑图为依据，采用正投影、轴测投影等投影方法，并借助各种图例、符号、线型、线宽来反映设备施工的内容。

　　为了达到相应的使用要求，除了要求功能合理、结构安全、造型美观外，还必须有相应的设备来保证空间的正常使用。也可以说，有了相应的设备才能更好地发挥建筑空间的功能，改善和提高使用者的生活或生产环境质量。另外，建筑内部的相关设备也会影响室内空间的设计，在设计之前了解各种设备及管线的走向和位置，对于完成设计工作至关重要，这也是我们学习有关设备工程图的主要目的。

8.2　室内给排水工程图的绘制

8.2.1　绘制给排水工程图的有关规定

　　在给排水施工平面图上，所有管道、配件、设备装置应采用国家统一规定的图线、图例符号表示。由于这些图线、图例符号不完全反映实物的形状，因此，应首先熟悉这些图线、图例符号所代表的内容。

　　图线的宽度 b 应根据图样的比例、类别和复杂程度，按房屋建筑制图统一标准的规定选用。线宽宜为 0.7mm 或 1.0mm。

　　在给排水施工图样中，采用的各种线型应符合第 3 章表 3-3 的规定。给排水工程图的常用图例符号见表 8-1。

表 8-1　给排水工程图的常用图例符号

序号	名　称	图　例	序号	名　称	图　例
1	给水管	——— J ———	6	立管	XL-1　XL-1 平面　系统
2	污水管	——— P ———	7	雨水斗	YD　YD 平面　系统
3	雨水管	——— Y ———	8	清扫口	平面　系统
4	消火栓 给水管	——— XH ———	9	立管检查口	
5	多孔管		10	通气帽	成品　蘑菇形

序号	名 称	图 例	序号	名 称	图 例
11	自动喷洒头（闭式）	平面 系统	23	管道交叉	
12	存水弯		24	闸阀	
13	室内消火栓（单口）	平面 系统	25	止回阀	
14	室内消火栓（双口）	平面 系统	26	截止阀	$DN \geq 50$ $DN < 50$
15	台式面盆		27	放水龙头	平面 系统
16	挂式小便器		28	化验盆洗涤盆	
17	蹲式大便器		29	污水池	
18	圆形地漏		30	矩形化粪池	HC
19	法兰连接		31	阀门井检查井	J-×× J-×× W-×× W-×× Y-×× Y-××
20	正三通		32	水表井	
21	正四通		33	水表	
22	弯折管		34	压力表	

8.2.2 室内给水工程图的绘制

8.2.2.1 室内给水系统图样的组成

室内给水系统图样一般由下列各部分组成。

（1）引入管。自室外给水总管将水引至入室管网的管段。水表节点位于引入管段的中间，前后装有阀门、泄水口、水表等。

（2）给水管网。由水平干管、立管、支管等组成的管道系统。给水附件，如各种配水龙头、阀门、卫生设备等，如图 8-1 所示。

8.2.2.2 室内给水系统平面图表现的内容

（1）建筑平面图。建筑物平面轮廓及轴线网，反映建筑的平面布置及相关尺寸，用细实线绘制。

（2）各种给水设备的平面位置、类型。用不同图例符号和线型表示给水设备与管道的平面布置。

（3）给水立管网和进户管网的编号。

（4）管道及设备安装预留洞位置。

（5）必要的文字说明，如房间名称、地面标高、设备定位尺寸、详图索引等。

8.2.2.3　室内给水系统平面图的表达方法

室内给水系统平面图是根据给水设备的配置和管道的布置情况绘出的。因此，建筑轮廓线应与建筑平面图一致，一般只抄绘房屋的墙、柱、门窗洞、楼梯等主要构配件，房屋的细部、门窗代号等均可省略。

建筑平面图的图线均采用细实线绘制。底层平面图中的室内管道应与户外管道相连，必须单独画出完整的平面图。其他各个楼层只需要画出与用水设备和管道布置有关的房屋平面图，相邻房间可用折断线予以断开。若各楼层管道等的平面布置相同，则可只画出底层平面图和标准层平面图，但在图中应注明各楼层的层次和标高。

对于室内相关的用水设备，只需要表示它们的类型和位置，按规定用细实线画出其图例。给水管道是室内管网平面布置图的主要内容。通常以单线条的粗实线表示水平管道（包括引入管和水平横管）并标注管径。以小圆圈表示立管，底层平面图中应画出给水引入管，对其进行系统编号，一般给水管以每一引入管作为一个系统，如图 8-2 所示。

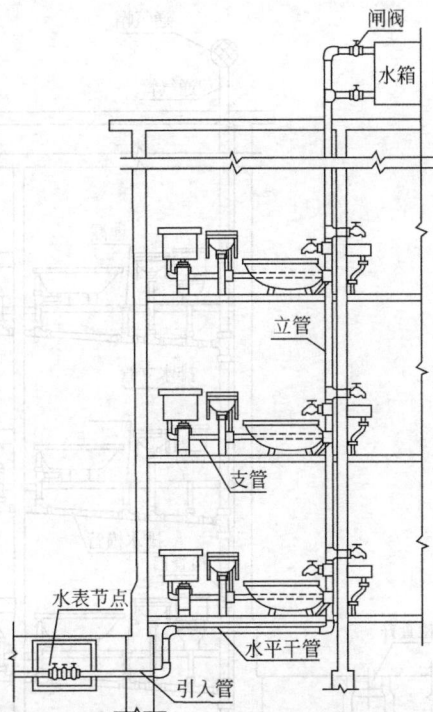

图 8-1　室内给水系统图样的组成

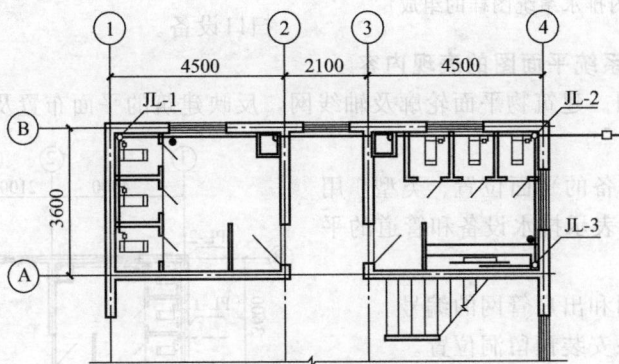

底层给水平面图　1∶100

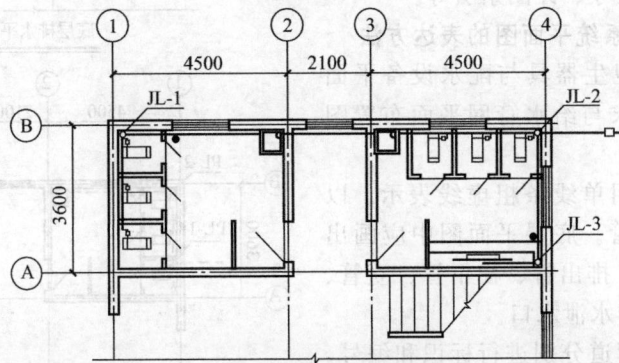

二、三层给水平面图　1∶100

图 8-2　室内给水系统平面图布置

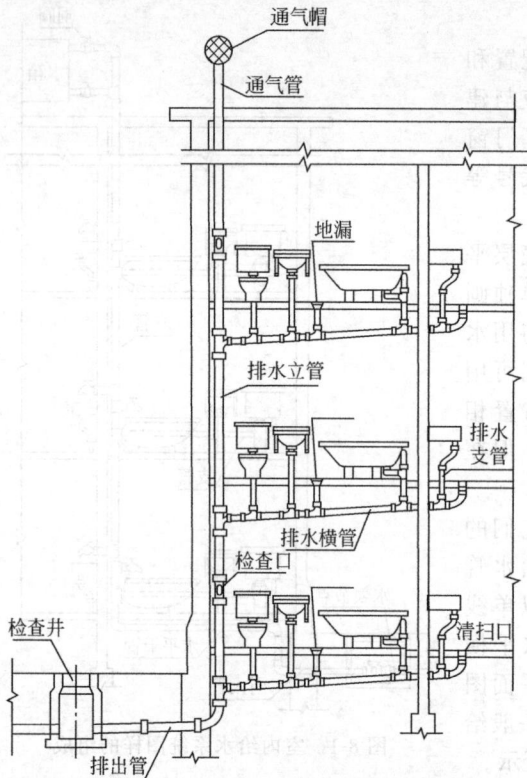

图 8-3 室内排水系统图样的组成

为了使施工人员便于阅读图纸，无论是否采用标准图例，最好都能附上各种管道及卫生设备的图例，对施工要求和有关材料等用文字加以说明。

8.2.3 室内排水工程图的绘制

8.2.3.1 室内排水系统图样的组成

一般建筑物内部排水系统由下面几部分组成（图 8-3）。

（1）卫生设备或生产设备。它们是用来承受用水和将用后的废水、废物排泄到排水系统中的容器。

（2）排水管系统。有器具排水管（连接卫生器具和横支管之间的一般短管，除坐式大便器外，其间含有一个存水弯）、横支管、立管、排出管等。

（3）通气管系统。是在排水立管的上端延伸出屋面的部分，其作用是排出臭气及有害气体，使室内压力变化稳定。

（4）清扫设备。为疏通排水管道，在室内排水系统内，一般应设置检查口和清扫口设备。

8.2.3.2 室内排水系统平面图的表现内容

（1）建筑平面图。建筑物平面轮廓及轴线网，反映建筑的平面布置及相关尺寸，用细实线绘制。

（2）各种排水设备的平面位置、类型。用不同图例符号和线型表示排水设备和管道的平面布置。

（3）排水立管网和出户管网的编号。

（4）管道及设备安装预留洞位置。

（5）必要的文字说明，如房间名称、地面标高、设备定位尺寸、详图索引等。

8.2.3.3 室内排水系统平面图的表达方法

建筑平面图、卫生器具与配水设备平面图的表达方法，要求与给水管网平面布置图相同。

排水管道一般用单线条粗虚线表示。以小圆圈表示排水立管。底层平面图中应画出室外第一个检查井、排出管、横干管、立管、支管及卫生器具、排水泄水口。

按系统对各种管道分别进行标识和编号。排水管以第一个检查井所承接的每一排出管为一系统，如图 8-4 所示。

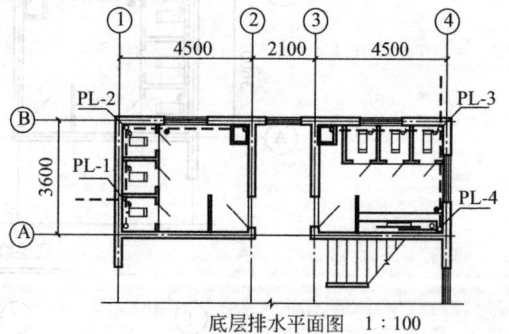

底层排水平面图 1:100

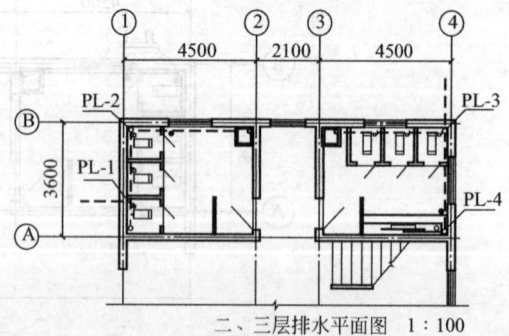

二、三层排水平面图 1:100

图 8-4 室内排水系统图样的组成

8.3　室内电气工程图的绘制

建筑电气施工图是将建筑中安装的许多电气设施（如照明灯具、电源插座、电视、电话、消防控制及各种工业与民用的动力装置等）经过专门设计，表达在图纸上。这些有关的图纸就是电气施工图。

电气施工图中主要表达的内容有：供电、配电线路的规格与敷设方式；各种电气设备及配件的选型、规格及安装方式。

电气施工图一般包含首页图、供电总平面图、变（配）电室的电气平面图、室内电气平面图、室内电气系统图、避雷平面图六个部分。其图示特点是采用简图及文字表示系统或设备中各组成部分之间的相互关系。

8.3.1　绘制电气工程图的有关规定

在电气工程图中，所有布线、配件、设备装置都采用统一规定的图线、图例符号表示。在电气工程图图样中，采用的各种线型应符合第 3 章表 3-3 的规定。

由于这些图线、图例符号不反映实物的形状，因此应首先熟悉这些图例符号所代表的内容。

常用的电气图形图例应按表 8-2 的规定绘制。

表 8-2　常用的电气图形图例

序号	名 称	图　　例	序号	名 称	图　　例
1	白炽灯		16	排气扇	
2	壁灯		17	断路器	
3	吸顶灯		18	负荷开头	
4	防水吊线灯		19	向上配线 向下配线	
5	单管荧光灯 双管荧光灯		20	地线	
6	声控灯		21	电话接线箱	
7	配电箱		22	落地接线箱	
8	电度表	wh	23	二分支器	
9	电源	DY	24	电视插座	TV
10	按钮		25	电话插座	TP
11	普通型带指示灯 单级开关(暗装)		26	对讲分机	
12	普通型带指示灯 双单级开关(暗装)		27	放大器	
13	单相两孔加三 孔插座(暗装)		28	分配器	
14	单相两孔加三 孔防水插座		29	放大器、 分支器箱	FD
15	空调用三孔插座		30	对讲楼层分配箱	DJ

开关、插座平面图例应按表8-3的规定绘制。

表8-3　开关、插座平面图例

序号	名称	图例	序号	名称	图例
1	（电源）插座		11	传真机插座	F
2	三个插座		12	网络插座	C
3	带保护极的（电源）插座		13	有线电视插座	TV
4	单相二、三极电源插座		14	单联单控开关	
5	带单极开关的（电源）插座		15	双联单控开关	
6	带保护极的单极开关的（电源）插座		16	三联单控开关	
7	信息插座	C	17	单极限时开关	t
8	电接线箱	J	18	双极开关	
9	公用电话插座		19	多位单极开关	
10	直线电话插座		20	双控单极开关	

开关、插座立面图例应按表8-4的规定绘制。

表8-4　开关、插座立面图例

序号	名称	图例	序号	名称	图例
1	单相二极电源插座		6	地插座	
2	单相三极电源插座	Y	7	连接盒、接线盒	
3	单相二、三极电源插座		8	音响出线盒	M
4	电话、信息插座	（单孔）（双孔）	9	单联开关	
5	电视插座	（单孔）（双孔）	10	双联开关	

续表

序号	名称	图　例	序号	名称	图　例
11	三联开关		14	请勿打扰开关	DTD
12	四联开关		15	可调节开关	
13	钥匙开关		16	紧急呼叫开关	

8.3.2　室内电气工程图的绘制

8.3.2.1　室内电气平面图的主要内容

电源进户线和电源配电箱及各分配电箱的形式、安装位置以及电源配电箱内的电气系统。

照明线路中导线的根数、型号、规格、线路走向、敷设位置、配线方式和导线的连接方式等。

照明灯具、照明开关、插座等设备的安装位置，灯具的型号、数量、安装容量、安装方式及悬挂高度。

8.3.2.2　室内电气平面图的表达方法

电气照明施工平面图属于一种简图，它采用图形符号和文字标注描述图中的各项内容。

电气平面图上所需的建筑物轮廓应与建筑图一致。只需要用细实线把建筑物与电气有关的墙、门窗、平台、柱、楼梯等部分画出来。电气平面图的数量，原则上应分层绘制，电路系统布置相同的楼层平面可绘制一个平面图。

由于照明线路和设备一般采用图形符号和文字标注的方式表示，所以，在电气照明施工平面图上不表示线路和设备本身的形状和大小，但必须确定其敷设和安装位置。其中，平面位置是根据建筑平面图的定位轴线和某些构筑物来确定照明线路和设备布置的位置，而垂直位置（安装高度），一般则采用标高、文字标注等方法表示，如图 8-5 所示。

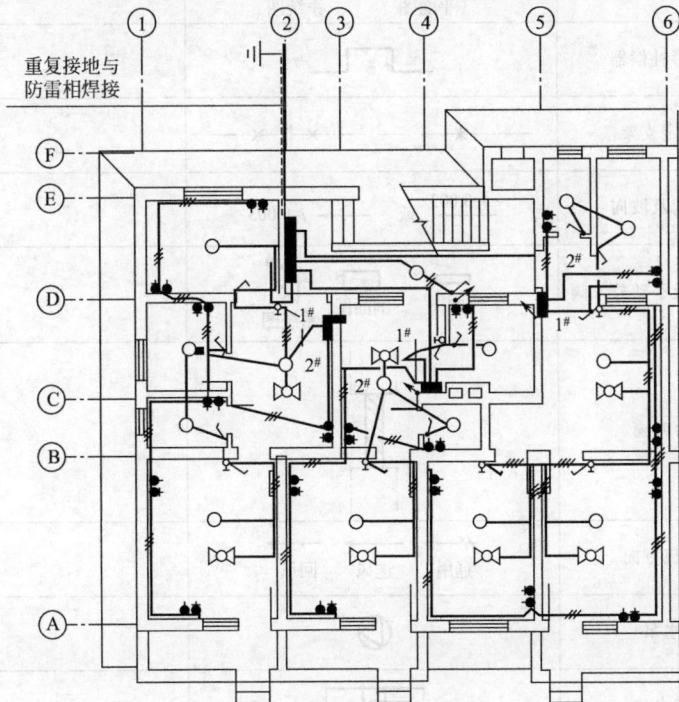

图 8-5　室内电气平面图

193

8.4　室内采暖工程图的绘制

采暖施工图分为室外采暖施工图和室内采暖施工图两部分。室外采暖施工图表示一个区域的采暖管网的布置情况，其主要图纸有设计施工说明、总平面图、管道剖面图、管道纵断面图和详图等。室内采暖施工图表示一幢建筑物的采暖工程，其主要图纸有设计施工说明、采暖平面图、系统图、详图或标准图及通用图等。本章仅介绍室内采暖部分。

8.4.1　绘制采暖工程图的有关规定

在采暖施工平面图上，所有管道、配件、设备装置都采用统一规定的图线、图例符号表示。采暖施工图图样中，采用的各种线型应符合第3章表3-3的规定。

由于这些图例符号不完全反映实物的形状，所以，应首先熟悉这些图例符号所代表的内容。采暖施工中的常用图例应按表8-5的规定绘制。

表8-5　采暖施工中的常用图例

序号	名称	图例	备注
1	阀门(通用) 截止阀		1. 没有说明时，表示螺纹连接；法兰连接时，表示为———|▷◁|———；焊接时，表示为———▷◁———。 2. 轴测画法：阀杆垂直时，表示为 ；阀杆水平时，表示为
2	闸阀		
3	手动调节阀		
4	止回阀	通用　　升降	
5	集气罐、排气装置	平面图　系统图	
6	矩形补偿器		
7	固定支架		
8	坡度及坡向	$i=0.003$ 或 $i=0.003$	
9	散热器及手动放气阀	平面图　剖面图　系统图	
10	百叶窗		
11	气流方向	通用　送风　回风	
12	水泵		
13	防火栓		

8.4.2　室内采暖工程图的绘制

8.4.2.1　室内采暖平面图的主要内容

(1) 采暖管道系统的干管、立管、支管的平面位置、走向、立管编号和管道安装方式。

(2) 散热器平面位置、规格、数量及安装方式（明装或暗装）。

(3) 采暖干管上的阀门、固定支架以及与采暖系统有关的设备（如膨胀水箱、集气罐、疏水器等平面位置、规格、型号等）。

(4) 管道及设备安装所需的留洞、预埋件、管沟等与土建施工的关系和要求。

8.4.2.2　室内采暖平面图的表达方法

采暖平面图主要表示管道、附件及散热器的布置情况，是采暖施工图的重要图样。采暖平面图一般采用 1∶100、1∶50 的比例绘制。为了突出管道系统，用细实线绘制建筑平面图中的墙身、门窗洞、楼梯等构件的主要轮廓；用中实线以图例形式画出散热器、阀门等附件的安装位置；用粗实线绘制采暖干管；用粗虚线绘制回水干管。在底层平面图中应画出供热引入管、回水管，注明管径、立管编号、散热器片数等。

采暖平面图主要表示各层管道及设备的平面布置情况。通常只画房屋底层、标准层及顶层采暖平面图。当各层的建筑结构和管道布置不相同时，应分层绘制。

图 8-6 所示为底层采暖平面图，图中粗虚线表示回水干管，与其连接的空心圆圈表示立管；室外引入管与回水总管均在⑤轴外墙左侧进入室内，引入管穿墙进入室内，接总立管并

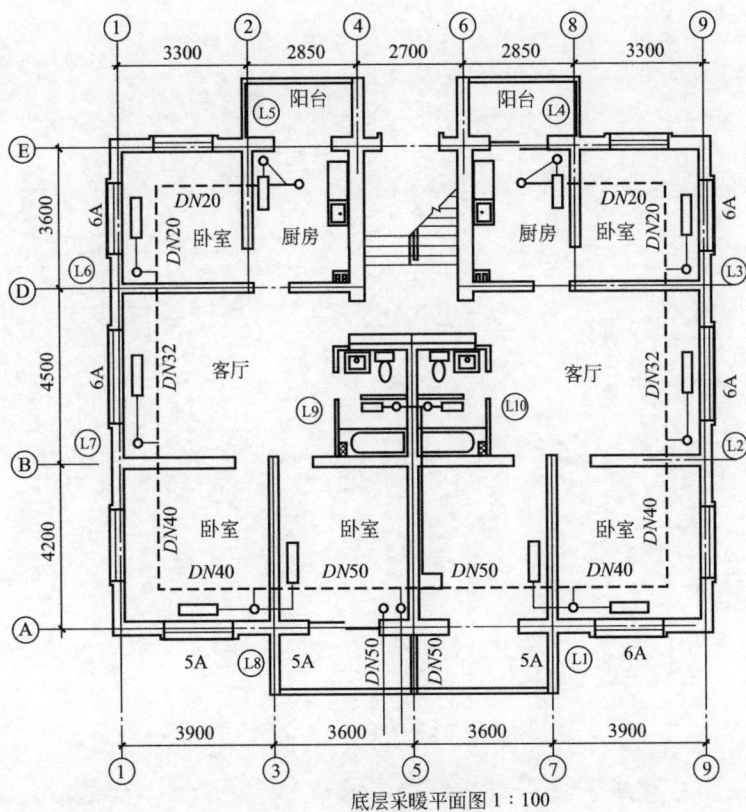

底层采暖平面图 1∶100

图 8-6　底层采暖平面图

升至顶层与供热干管连接。

　　图中除供热总管外，共有 10 根立管（L1～L10）。多数散热器明装窗下，回水干管分别从北向南接收东侧 L1～L4、西侧 L5～L8 各立管和散热器的回水，沿 0.003 的坡度汇入回水总管。

　　图中还注明了散热器的片数，如 L1 立管上的"6A"，回水干管管径"DN40"等。

第9章 建筑室内设计透视图的绘制

9.1 透视图的基本原理

9.1.1 透视的基本概念

透视（perspective）一词最早来源于拉丁语中的相关概念，意思是透过透明的介质观看物像。通过将所见物像描绘下来，可以形成具有近大远小的图像。这种图像就是透视图，简称透视。从投影法的角度来说，透视图就是以人眼为投影中心的中心投影。

透视在绘画艺术里是将三维空间形态以二维的平面形式表现出来，使人们欣赏时能够从二维画面中感觉到其所要表现的空间层次，产生三维的空间感觉。透视在室内设计中的表现与绘画艺术的原理相同，是将环境、空间形态正确地反映到画面上，符合科学的视觉规律，如同一张照片具有近大远小的距离感，使人看上去真实、自然。

9.1.2 透视图的基本术语

为了正确地表现室内透视效果，我们应了解透视学中的一些基本概念及定义。透视方法的掌握首先应建立在对透视基本原理的理解，还要具备一定的几何基本知识和空间想象能力，依照科学的作图方法绘制，不能任意夸张。

透视学中的一些基本用语及其相关概念如下，主要概念如图 9-1 所示。

(1) 基面（$G.P$）。放置物体的水平面，亦即建筑制图中的底面。

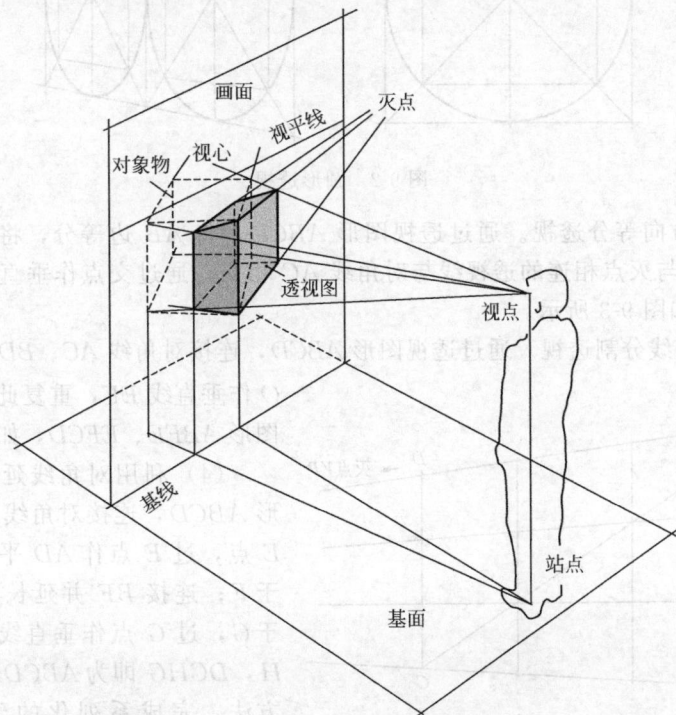

图 9-1 透视图成形的基本原理

197

（2）画面（P.P）。为一假想的透明平面，一般垂直于基面，它是透视图所在的平面。

（3）视点（E.P）。指人眼所在的位置，即投影中心点。

（4）基线（G.L）。画面与基面的交线。

（5）站点（S.P）。是视点在基面上的正投影，也就是人所站立的位置点。

（6）视高（H）。视点与站点间的距离。

（7）视平面（H.P）。指相对于视点所在高度的水平面。

（8）视平线（H.L）。指视平面与画面的交线。

（9）视中心点（C.V）。过视点作画面的垂线，此垂线与画面的交点即为视中心点。

（10）视线。指视点和物体上各点的连线。

（11）灭点（V.P）。也称消失点，指各条相互平行的线在延伸后与视平线上相交的点。

（12）测点（M.P）。用于在透视图中确定物体或空间深度位置的参考点。

9.2 透视图的制图基础

在手绘表现图中，经常会遇到各种各样的几何图形，如圆形、矩形等，下面介绍几种这种图形的透视方法，这也是透视图中最基础的制图方法。

（1）圆形透视。圆形的透视图形为椭圆形。在画透视表现图过程中，由于设计上的特殊处理，经常要画圆形物体的透视，如拱门、圆桌等，这里介绍一种科学、简便的方法来作圆形透视。在作圆形透视中，通常用八点法求圆，如图9-2所示。

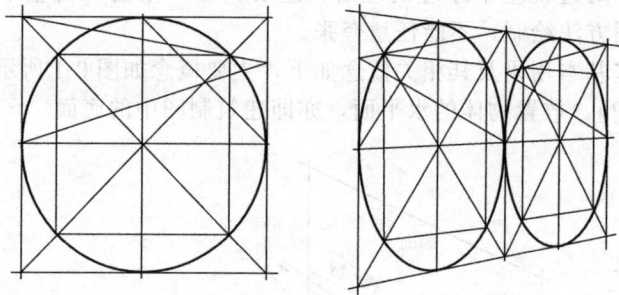

图 9-2　圆形透视

（2）垂直线方向等分透视。通过透视图形 ABCD，将 AB 边等分，将各等分点分别与灭点 V.P 相连；与灭点相连的透视线与对角线 AC 相交，通过交点作垂直线，即将 ABCD 透视图形等分，如图9-3所示。

（3）利用对角线分割透视。通过透视图形 ABCD，连接对角线 AC、BD，交于点 O 且过 O 作垂直线 EF，重复此方法，分别分割图形 ABFE、EFCD，如图9-4所示。

（4）利用对角线延续透视。通过矩形 ABCD，连接对角线 AC、BD，交于 E 点，过 E 点作 AD 平行线，与 DC 交于 F；连接 BF 并延长与 AD 延长线交于 G，过 G 点作垂直线交 BC 延长线于 H，DCHG 即为 ABCD 的延续面。依此方法，完成系列化的延续透视面，如图9-5所示。

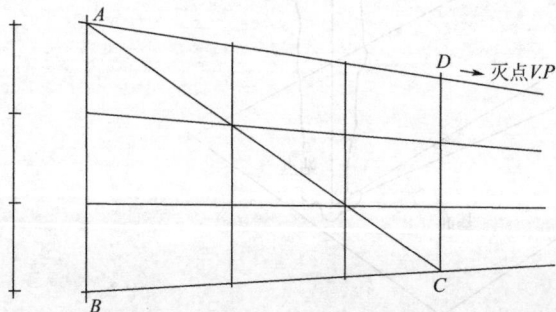

图 9-3　垂直线方向等分透视

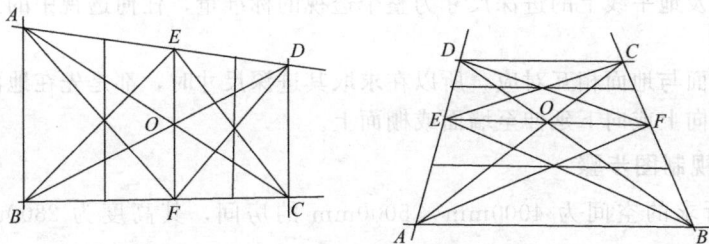

图 9-4　对角线分割透视

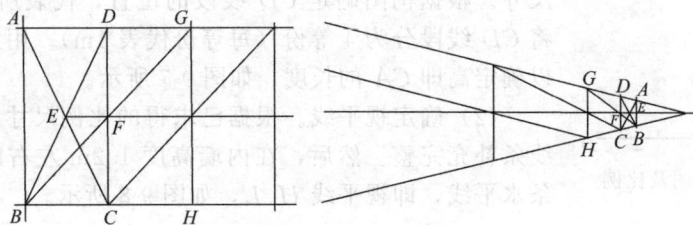

图 9-5　对角线延续透视

9.3　一点透视制图法

9.3.1　一点透视原理及其规律

　　一点透视又称平行透视。空间物体的主要水平界面平行于画面，而其他面垂直于画面并只有一个消失点的透视即为平行透视，如图 9-6 所示。这种透视表现范围广，纵深感强，适合表现庄重、稳定、宁静的室内空间环境。但在一些较复杂的场景中，仅仅用平行透视的方法就不足以完整地表达各种复杂的空间关系，这时就可能会用到除平行透视外的其他透视方法。

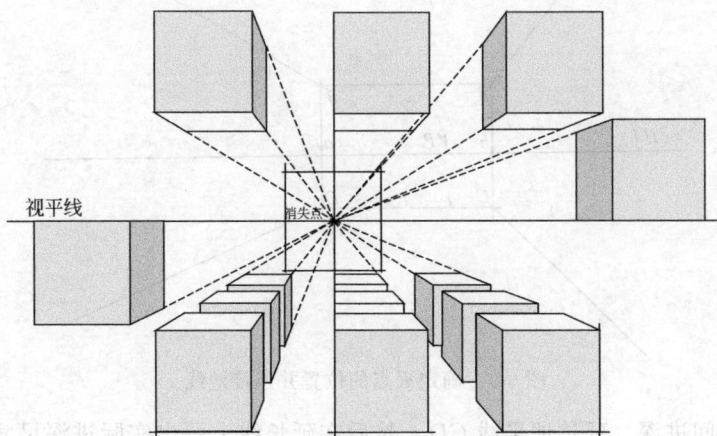

图 9-6　一点透视原理

　　一点透视有以下几条规律。
　　(1) 垂直界面保持垂直状态不变。
　　(2) 水平界面在透视图中保持水平不变。
　　(3) 在平面图中与后墙面垂直的线条都汇聚在同一消失点上。

（4）后墙面及地平线上的进深尺寸为整个透视的标准量，任何透视中的尺寸都是通过它求出的。

（5）由于顶面与地面相互对应，所以在求取其进深尺寸时，都是先在地面上求出相应的透视线，然后再向上或向下延伸至墙面或棚面上。

9.3.2　一点透视制图步骤

假设我们所求的空间为 4000mm×5000mm 的房间，其高度为 2800mm。绘制步骤如下。

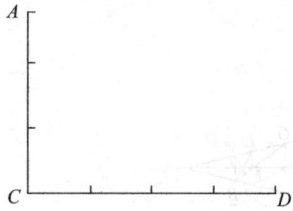

图 9-7　确定构图及比例

（1）确定构图及比例。确定后墙的大小，求出内墙的单位尺寸。根据构图确定 CD 线段的位置，代表所要表现的内墙，将 CD 线段分为 4 等份（每等份代表 1m）。用此单位尺寸就可以确定高即 CA 的长度，如图 9-7 所示。

（2）确定视平线。根据已求得的比例尺寸，把后墙的其余线条补充完整。然后，在内墙高度 1.2m 左右的位置上画出一条水平线，即视平线 H.L，如图 9-8 所示。

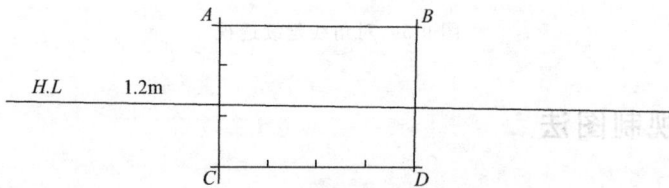

图 9-8　确定视平线

（3）确定灭点的位置并连接地线。通常把灭点定在偏离中点的位置上，以使画面富有动态效果。求出灭点 V.P 之后，分别与后墙面的四个交点进行连接，如图 9-9 所示。

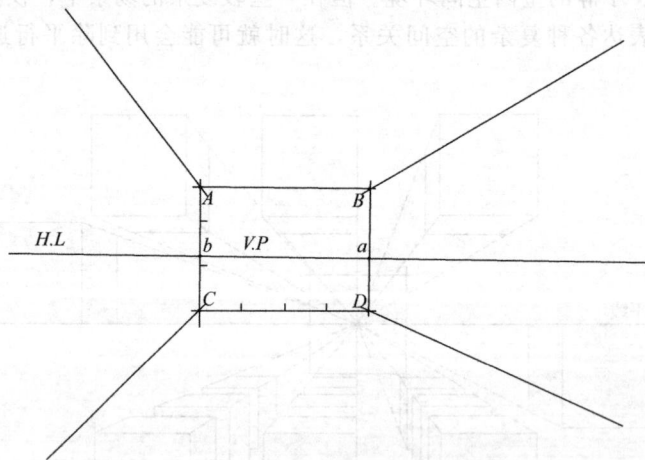

图 9-9　确定灭点的位置并连接地线

（4）求取空间进深。延长地平线 CD，然后在延长线上画出实际进深尺寸。确定尺寸后在视平线上定出测量点 M。由 M 点向每个单位尺寸作连线，它的延长线与地线相交，然后以此点为基准作水平延长线，每条线相距的尺寸就是透视中 1m 的尺寸，如图 9-10 所示。

（5）求取透视中的进深。一点透视的墙面界线都消失于同一灭点上，所以在求（地面网格）中的宽度时，是以后墙的单位尺寸为标准量与灭点作连线。其他界面也都是以后墙的单位尺寸为标准量与灭点作连线，如图 9-11 所示。

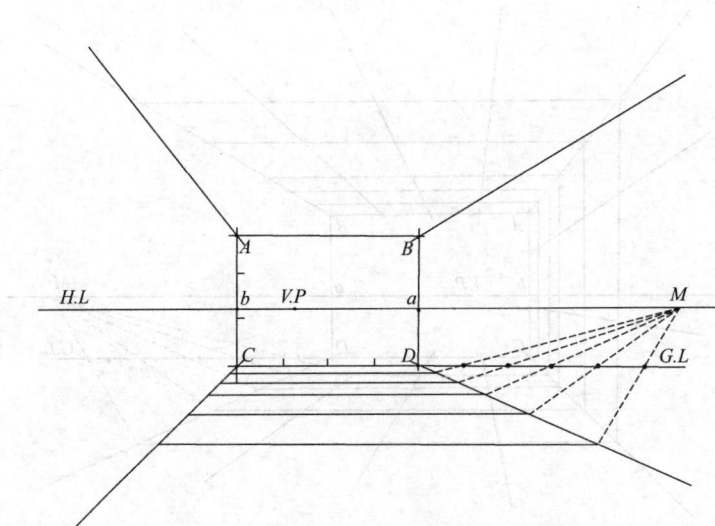

图 9-10 求取空间进深

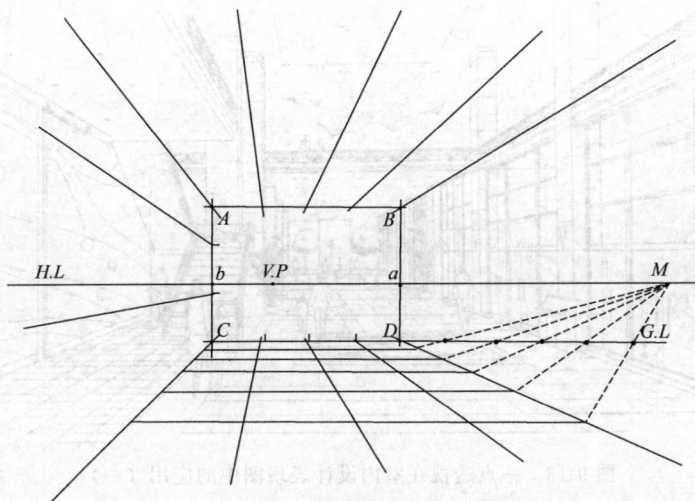

图 9-11 求取透视中的进深

（6）求取墙面与顶棚的进深。在平面图中与后墙面相平行的界面在透视图中也保持平行不变，所以在求取墙面和顶棚的进深宽度时，只需通过地面进深透视与地面的相交点作垂直线就可求出墙面的进深宽度。同理，由墙面进深宽度与棚线的相交点作水平线就可求出相应的天格（天花板网格），如图 9-12 所示。

9.3.3　一点透视的应用

一点透视制图是室内手绘表现图中的重要技巧。读者可以在开始阶段先练习一些较简单的形体，如空间中的沙发、椅子、茶几、床体等；可以将这些形体归纳为盒子概念，然后再细致刻画。盒子概念是帮助初学者进一步理解透视的有效方法，在同一视点的画面中，利用不同大小、高低、远近及形状的盒子，通过绘制其结构的形式，观察和比较其透视变化。

等到单体结构及透视练习到一定程度后，逐步加大空间形体难度，这时就可以勾画一些较难的空间场景进行练习。在构图前根据设计要表现的内容，选择好角度与视高，若把握不足，可以用草稿纸勾画小构图做试验。不同视点的高与低表现出不同的空间特性与设计重点，因此设计师应灵活运用，如图 9-13、图 9-14 所示。

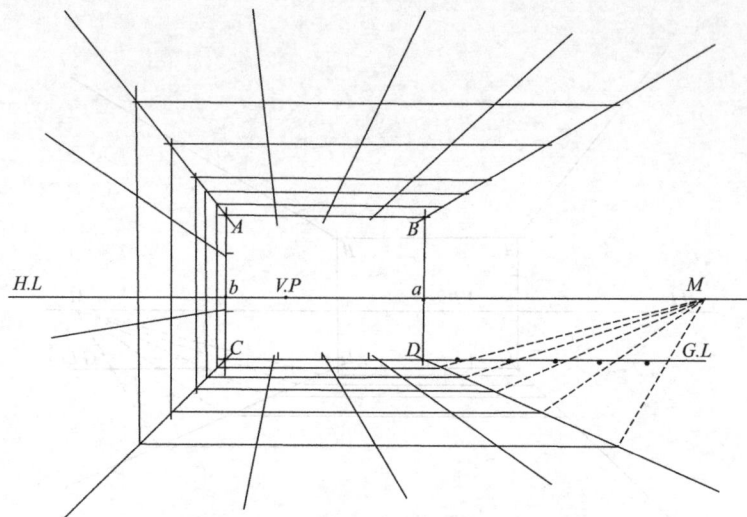

图 9-12　求取墙面与顶棚的进深

图 9-13　一点透视在室内设计表现图中的应用（一）

图 9-14　一点透视在室内设计表现图中的应用（二）

9.4 两点透视制图法

9.4.1 两点透视原理及其规律

两点透视也称成角透视。当绘图者的视线与所观察物体的纵深边不相垂直,形成一定角度时,各个面的各条平行线向两个方向消失在视平线上,产生出两个消失点,如图 9-15 所示。这种透视表现的立体感强,画面自由活泼,空间具有真实性,是一种非常实用的方法。缺点是如果角度选择不准,容易产生透视变形。要克服这个问题,可将两个灭点设于离画面较远位置,以便得到良好的透视效果。

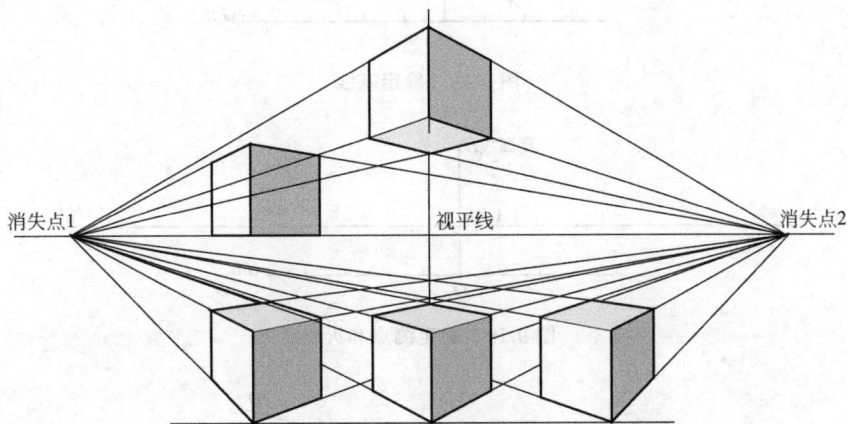

图 9-15 两点透视原理

两点透视有以下几条规律。

(1) 两点透视的垂直界面保持垂直状态。

(2) 两点透视的透视线都消失于两个消失点,并且平行的线条有共同的消失点。

(3) 墙角线与地平线上的刻度尺寸都为两点透视的标准量,即所有透视尺寸都是由此得出的。

(4) 测量点只是测量进深的辅助点,并非消失点。

9.4.2 两点透视制图步骤

假设我们所求的空间为 5000mm×4000mm 的房间,其高度为 3000mm。绘制步骤如下。

(1) 在图纸中心位置过 O 点画一条墙角线 H(H 线也称真高线,高度根据画面大小自由确定)。将 H 线分为三等份,每等份为 1m,表示 3m 房高,如图 9-16 所示。

(2) 定视高 1.2m,过 1.2m 作视平线 $H.L$,如图 9-17 所示。

(3) 过 O 点作线段 $G.L$,在基线 $G.L$ 上作刻度,分别表示宽 4000mm、长 5000mm(单位量必须与真高线相等),如图 9-18 所示。

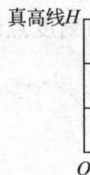

图 9-16 确定真高线

(4) 在视平线上确定两个测点 M_1 和 M_2,位置分别比长、宽略向内收一点即可。然后再在视平线上定出两个灭点 $V.P_1$ 和 $V.P_2$,将它们分别定于墙角线 H(真高线)两倍以上的距离,如图 9-19 所示。

(5) 由两个灭点分别经墙角线 H 上下两端绘出地角线和顶角线,再由两个测点各自经 $G.L$ 刻度线来分割地角线,得出长 5000mm、宽 4000mm 的透视点。从 A、B 两点向上引出垂直线与顶角线相交,得到点 C、D,这样就形成了两个墙面,如图 9-20 所示。

203

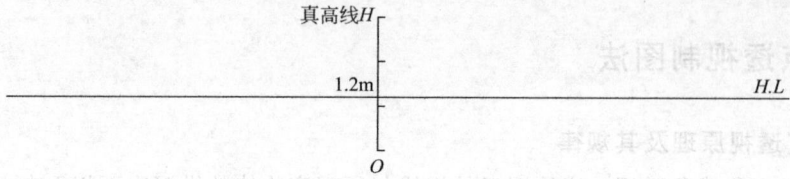

图 9-17　确定视平线

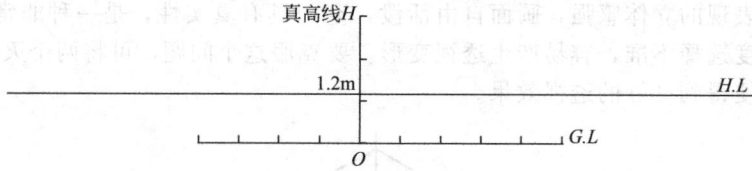

图 9-18　确定基线

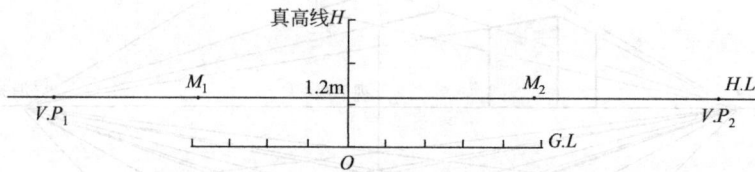

图 9-19　确定测点和灭点

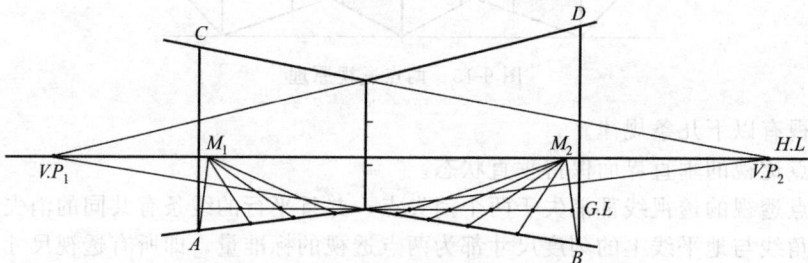

图 9-20　根据地角线和顶角线求出两个墙面

（6）由两个灭点成角透视的室内设计制图实例分别经地角线的透视点引出线形成地面网格。同理，也可求出顶角线的透视点，画出顶面网格，如图 9-21 所示。

（7）从地角线的透视点逐点向上引出垂直线与顶角线相交，再由两个灭点分别经墙角线 H 上的刻度点画出墙面网格，如图 9-22 所示。

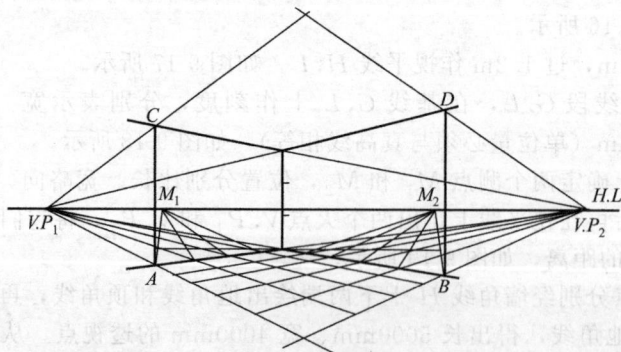

图 9-21　求出地面网格和顶面网格

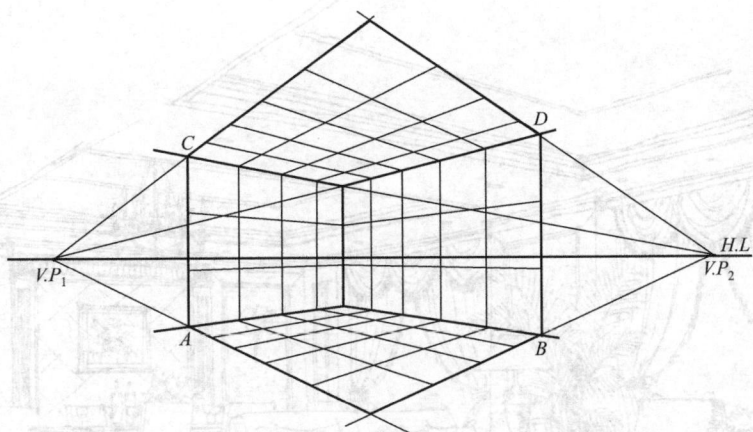

图 9-22 求出墙面网格

9.4.3 两点透视的应用

两点透视较难把握，读者应多加练习方能运用自如。以下是一些两点透视表现案例，供大家临摹参考，如图 9-23、图 9-24 所示。

图 9-23 两点透视在室内设计表现图中的应用（一）

图 9-24　两点透视在室内设计表现图中的应用（二）

9.5　微角透视制图法

9.5.1　微角透视原理及其规律

微角透视也称一点斜透视，或小角度的两点透视。它的主要特征是具有两个灭点，其中一个在画面内，另外一个在画面以外。微角透视是介于一点平行透视和两点成角透视之间的一种透视，它旨在克服一点透视的呆板感，同时避免成角透视中可能出现表现场景不全的问题，是一种常用的制图手段。

微角透视有以下规律。

（1）微角透视有两个消失点。

（2）微角透视两个灭点不能离得太近，否则就会产生透视变形。

9.5.2　微角透视制图步骤

（1）按照实际尺寸比例，画出比例框 A、B、C、D，如图 9-25 所示。

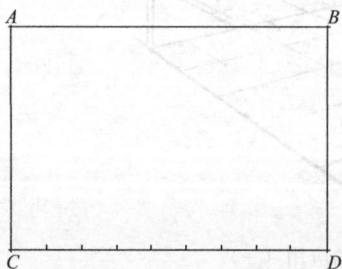

图 9-25　按照实际尺寸比例画出比例框

（2）确定视平线 $H.L$、消失点 $V.P_1$，任意确定测点 M，任意确定消失线 $V.P_1$（$V.P_2$ 线与水平线所成夹角应该小于 $45°$），如图 9-26 所示。

（3）分别连接 $V.P_1$-A、$V.P_1$-B、$V.P_1$-C、$V.P_1$-D，其中 $V.P_1$-B 与 A-$V.P_2$ 交于 b 点，由 b 点引垂线交 $V.P_1$-D 于 d 点，连接 Cd，求出 $V.P_2$ 消失线的透视比例框，如图 9-27 所示。

（4）利用 M 点和 CD 线上的比例尺寸，确定出 E 点，作垂线 EF，求出进深，如图 9-28 所示。

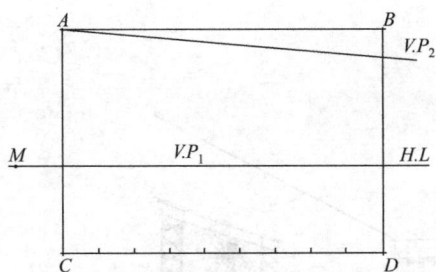

图 9-26　确定视平线、消失点和测点

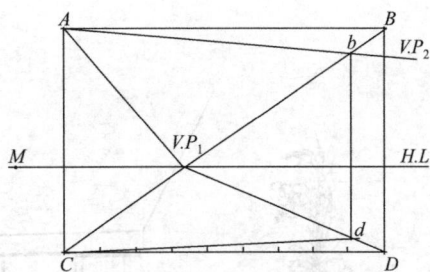

图 9-27　求出消失线的透视比例框

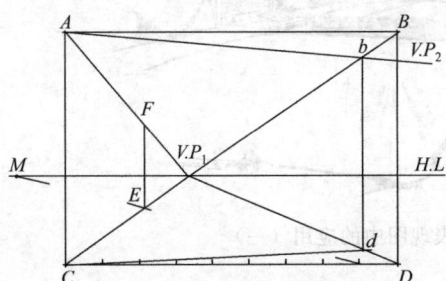

图 9-28　求出进深

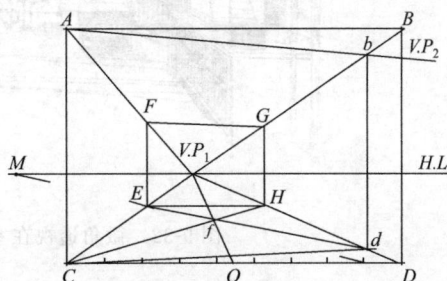

图 9-29　求出内墙面

（5）在 CD 上找出中点 O，连接 O-$V.P_1$，连接 Ed 交 O-$V.P_1$ 于 f 点，f 点即是地面的中心点。连接 Cf 并延长与 $V.P_1$-d 有交点 H，由 H 点向上作垂线与 $V.P_1$-b 相交于 G 点，便求出内墙面 F、E、H、G，如图 9-29 所示。

（6）再找出 CO 的中点 O_1，连接 $V.P_1$-O_1 与 Ef 有交点。此交点是 Ef 的中点，这样依次运用对角线，利用对角线分割法求出透视图，如图 9-30、图 9-31 所示。

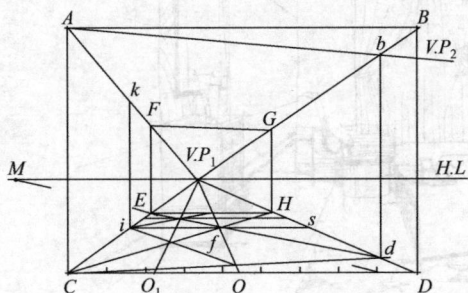

图 9-30　利用对角线分割法求出透视图（一）

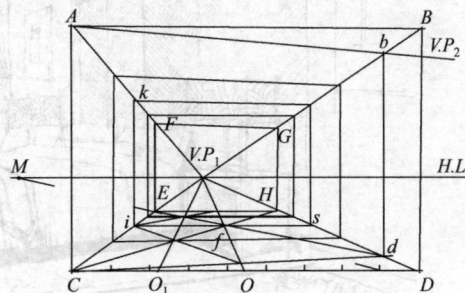

图 9-31　利用对角线分割法求出透视图（二）

9.5.3　微角透视的应用

以下提供一些微角透视表现案例，供大家参考临摹。注意微角透视和一点透视的区别，如图 9-32、图 9-33 所示。

图 9-32　微角透视在室内设计表现图中的应用（一）

图 9-33　微角透视在室内设计表现图中的应用（二）

9.6 三点透视制图法

9.6.1 三点透视原理及其规律

三点透视又称斜角透视，是在画面中有三个消失点的透视。这种透视的形成是物体与视线形成角度时，因立体特性，会呈现往长、宽、高三重空间延伸的块面，而且消失于三个不同空间的消失点上。三点透视的构成，是在两点透视的基础上多加一个消失点。第三个消失点可作为高度空间的透视表达，而消失点则在水平线之上或下。如第三个消失点在水平线之上，正好像物体往高空伸展，观者是仰头看着物体；如第三个消失点在水平线之下，则可将表达物体往地心延伸，观者是垂头看着物体。三点透视具有强烈的透视感，适合表现那些体量硕大或视觉冲击力强的建筑外观。在表现高层建筑时，若建筑物的高度远远大于其长度或宽度，宜采用三点透视的方法。此外，在表现建筑群或城市规划时，常常采用被称为"鸟瞰图"视角的方法来进行绘制，这也是三点透视的一种常用形式，如图 9-34 所示。

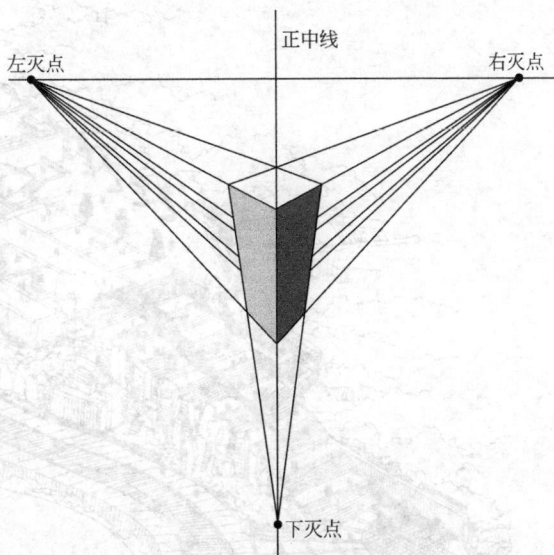

图 9-34 三点透视原理

9.6.2 三点透视制图步骤

（1）在图纸上画出视平线 $H.L$，在视平线 $H.L$ 上定出 $V.P_1$、$V.P_2$、M_1、M_2 的位置。作垂直于视平线 $H.L$ 的直线 AB，定出点 $V.P_3$，过点 $V.P_3$ 作垂直于 $V.P_1$、$V.P_2$ 的直线与垂直直线 AB 交于点 O，通过 O 点作平行于 $H.L$ 的直线 x，直线 x 是开间进深的基线。过 O 点作直线 y 平行于 $V.P_1$、$V.P_3$，直线 y 为高度基线。在 $V.P_1$、$V.P_3$ 上定点 M_3，如图 9-35 所示。

（2）过 O 点分别向 $V.P_1$、$V.P_2$、$V.P_3$ 作透视线，连接 CM_2 与 O-$V.P_1$ 交于点 c，DM_1 与 O-$V.P_2$ 交于点 d，EM_3 与 O-$V.P_3$ 交于点 e，过 c、d、e 各点分别与 $V.P_1$、$V.P_2$、$V.P_3$ 连接完成透视形体。采用此方法完成的透视形体分割线，如图 9-36 所示。

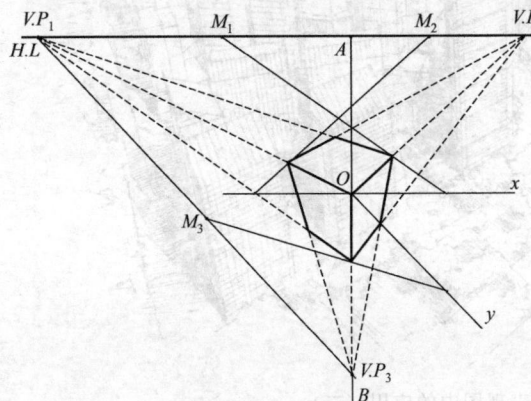

图 9-35 三点透视作图法（一）

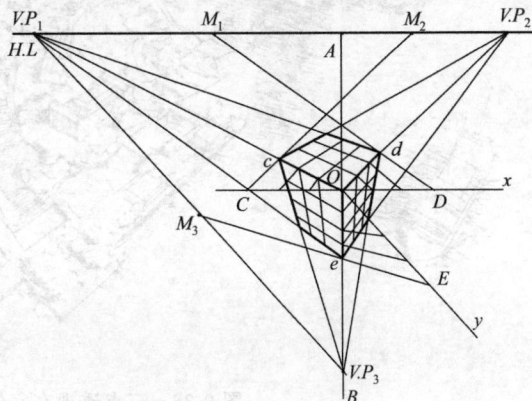

图 9-36 三点透视作图法（二）

9.6.3 三点透视的应用

以下提供一些三点透视表现案例，供大家参考临摹，如图 9-37、图 9-38 所示。

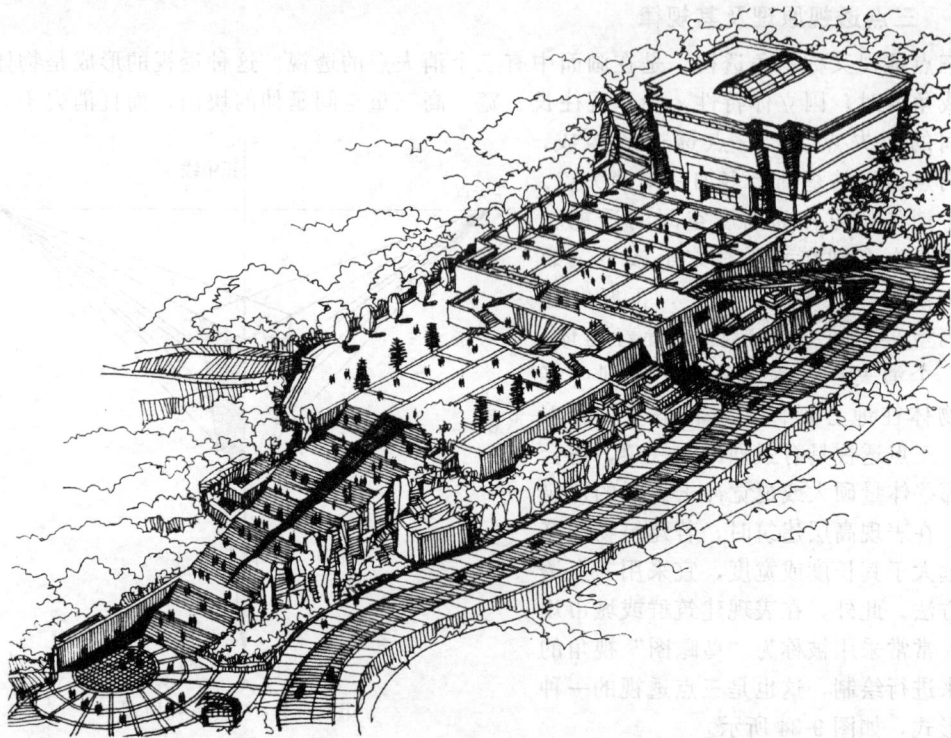

图 9-37　三点透视在室外表现图中的应用（一）

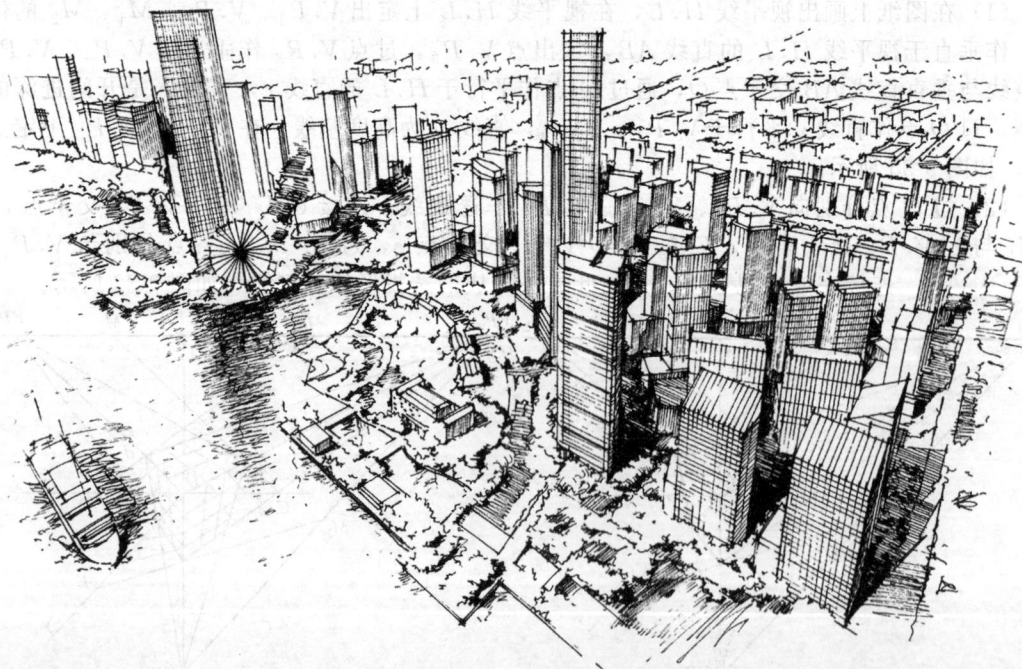

图 9-38　三点透视在室外表现图中的应用（二）

第 10 章 建筑室内设计竣工图的绘制

10.1 竣工图绘制的目的及要求

10.1.1 竣工图绘制的目的

竣工图是室内装饰工程竣工档案的重要组成部分，不仅是施工完成后的主要凭证性材料，还是工程竣工验收的必要条件；同时，它也是工程维修、管理、改造的重要依据。各项室内装饰工程均须向业主提供竣工图。

一份施工图从设计单位生产完成后到交付施工单位实施，在施工过程中难免会受到原材料、工期、气候、使用功能、施工技术等各种因素的制约而发生变更、修改。竣工后的设计蓝图往往与建筑室内实体有不相符之处（图物不符）。如果把这些与建筑室内实体不相符的施工图，不按一定的规则进行修改就草率归档，必将给工程维修、改建、扩建、城市规划等带来严重隐患。因此，工程竣工后，就必须由各专业施工技术人员，按有关设计变更文件和工程洽商记录，遵循规定的法则进行改绘，使竣工后的建筑室内实体图和实物相符。

竣工图绘制工作应由设计单位负责，也可由建设单位委托施工单位、监理单位或设计单位完成。

10.1.2 竣工图绘制的要求

（1）凡按施工图施工没有变动的，由竣工图编制单位在施工图图签附近空白处加盖并签署竣工图章。

（2）对于一般性图纸变更，编制单位可根据设计变更依据，在施工图上直接改绘并加盖及签署竣工图章。

（3）凡结构形式、工艺、平面布置、项目等发生重大改变及图面变更超过 40％的，应重新绘制竣工图。重新绘制的图纸必须有图名和图号，图号可按原图编号。

（4）编制竣工图时必须编制各专业竣工图的图纸目录，绘制的竣工图必须准确、清楚、完整、规范，修改必须到位，真实反映项目竣工验收时的实际情况。

（5）用于改绘竣工图的图纸必须是蓝图或绘图仪绘制的白图，不得使用复印的图纸。

（6）竣工图编制单位应按照国家建筑制图规范要求绘制竣工图。

（7）其他注意事项。

① 施工图纸目录必须加盖竣工图章作为竣工图归档，凡有作废、补充、增加和修改的图纸，均应在施工图纸目录上标注清楚，即将作废的图纸从目录上除掉，补充的图纸则在目录上列出图名、图号。

② 如果施工图改变量大，设计单位重新绘制了修改图的，应以修改图代替原图，原图不再归档。

③ 凡是以洽商图作为竣工图的，必须进行必要的制作、加工；如洽商图是按正规设计图纸要求进行绘制的，可直接作为竣工图，但需统一编写图名、图号，加盖竣工图章；作为补图时，在说明中应注明是哪张图、哪个部位的修改图，还要在原图修改部位标注修改范围，标明补图的图号。如洽商图未按正规设计要求绘制的，均应按制图规定另行绘制竣工图，其余要求同上。

211

④ 某一条洽商可能涉及两张或两张以上的图纸，某一局部变化可能引起系统变化，凡涉及的图纸和部位均应按规定修改，不能只改其一，不改其二。例如，一个标高的变动，可能在平、立、剖、局部大样图上都要涉及，均应改正。

⑤ 不允许将洽商的附图原封不动地贴在或附在竣工图上作为修改，也不允许将洽商的内容抄在蓝图上作为修改。凡修改的内容均应改绘在蓝图上或作为补图附在图纸之后。

⑥ 根据规定需要重新绘制竣工图时，应按绘制竣工图的要求制图。

10.2 室内设计竣工图的绘制

10.2.1 竣工图类型

（1）利用施工蓝图改绘的竣工图。该方法就是用规定的改绘办法，把施工中与原设计不相符的部分改绘在施工蓝图上，盖上竣工图标志章作为竣工图。该方法节约人力物力，简单易行，是一种编制竣工图行之有效的方法。这种方法适用于工程变更不大，经过修改后就能反映工程实际情况时使用。

（2）新绘制的竣工图。当工程变更巨大，经过上述方法改绘后图面仍混乱不清者，就必须重新绘制新的竣工图。

（3）在二底图上修改竣工图。二底图是用硫酸纸绘制的底图，对于重点工程或者具有重大政治意义的工程，除了具有完整、准确的竣工蓝图外，还必须具有与之相应的竣工底图。这种竣工图就是直接在硫酸纸上把需要的部分添上或者把取消的部分用刀片刮掉。

10.2.2 竣工图的绘制内容

室内设计竣工图应按单位工程及其工程性质，系统地进行分类和整理。竣工图的绘制内容通常包括以下几个方面。

① 地面平面布置竣工图。
② 吊顶平面布置竣工图。
③ 立面竣工图、节点详图竣工图。
④ 建筑给水、排水与采暖竣工图。
⑤ 建筑电气竣工图。
⑥ 智能建筑竣工图（综合布线、保安监控、电视天线、火灾报警、气体灭火等）。
⑦ 通风空调竣工图。

10.2.3 竣工图的绘制方法

10.2.3.1 杠改法

杠改法的具体做法是用细实线划去不需要的条款或者需要变更的部分。尺寸、门窗型号、设备型号、灯具型号、钢筋型号和数量、注解说明等数字、文字、符号的取消，可采用杠改法。即将取消的数字、文字、符号等用横杠杠掉（不得涂抹掉），从修改的位置引出带箭头的索引线，在索引线上注明修改依据，即"见×号洽商×条"，也可注明"见×年×月×日洽商×条"。

例如：首层底板结构平面图（结2）中Z16（Z17）柱断面，（Z17）取消。

改绘方法：将（Z17）和有关的尺寸用杠改法去掉并注明修改依据，如图10-1所示。

10.2.3.2 叉改法

叉改法适用于在图面上局部取消部分的修改。隔墙、门窗、钢筋、灯具、设备等取消时，可用叉改法。即在图上将取消的部分打"×"；当图上描绘取消的部分较长时，可视情况打几个"×"，达到表示清楚为准。此外，图上修改处应用箭头索引线引出，注明修改依据。

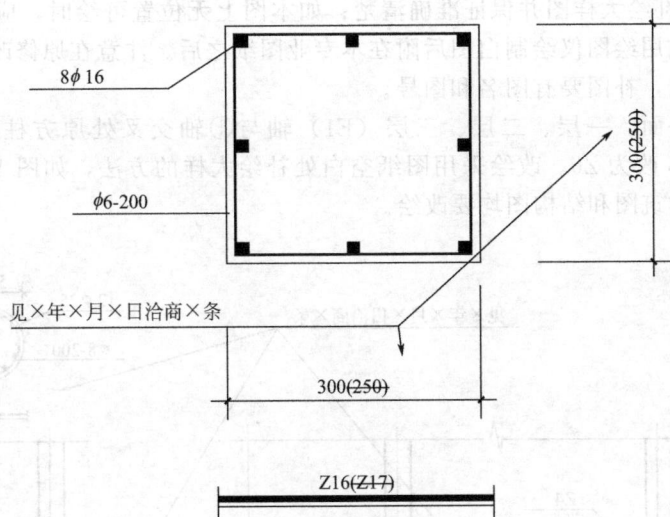

图 10-1 杠改法

例如：平面图中库房取消。即（B）～（C）轴间③轴上砖墙取消。

改绘方法："库房"二字和隔墙相关的尺寸杠改，将隔墙及其门用叉改法处理并注明修改依据，如图 10-2 所示。

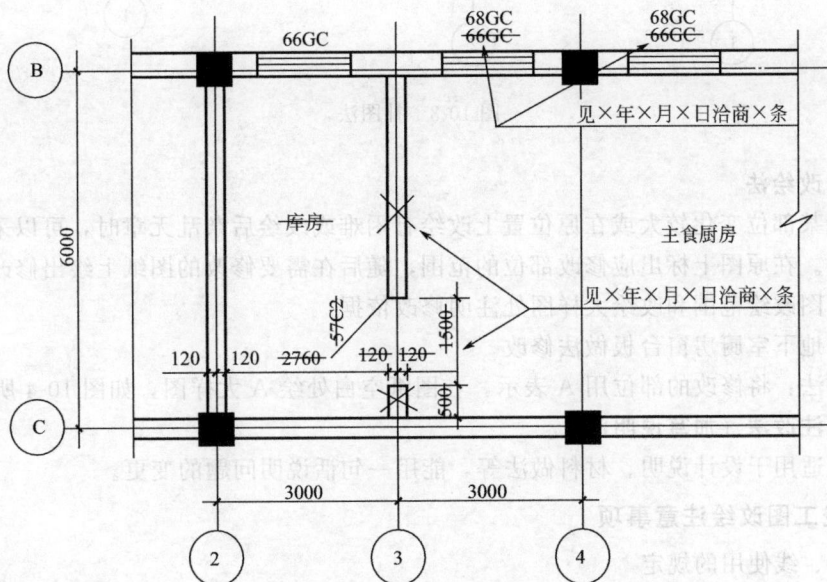

图 10-2 叉改法

10.2.3.3 补图法

补图法的具体做法是直接在原图上画上需要增加的内容，当需要增加处的空白图面不够时，可以采用节点引出法画到本张图的其他空白处，或者该卷竣工图的其他张页的空白处。该方法适用于在蓝图上局部增加的图幅不大的情况下使用。

如在建筑物某一部位增加隔墙、门窗、灯具、设备、钢筋等，均应在图上的实际位置用规范制图方法绘出并注明修改依据；如增加的内容在原位置绘不清楚时，应在本图适当位置

（空白处）按需要补绘大样图并保证准确清楚；如本图上无位置可绘时，应另用硫酸纸绘制补图并晒成蓝图或用绘图仪绘制白图后附在本专业图纸之后。注意在原修改位置和补绘图纸上应注明修改依据，补图要有图名和图号。

例如：基础平面、一层、二层、三层（E1）轴与①轴交叉处原方柱改为圆柱（直径500mm），基柱 Z5 改为 Z6。改绘采用图纸空白处补绘大样的方法，如图 10-3 所示。注意，凡本修改涉及的建筑图和结构图均要改绘。

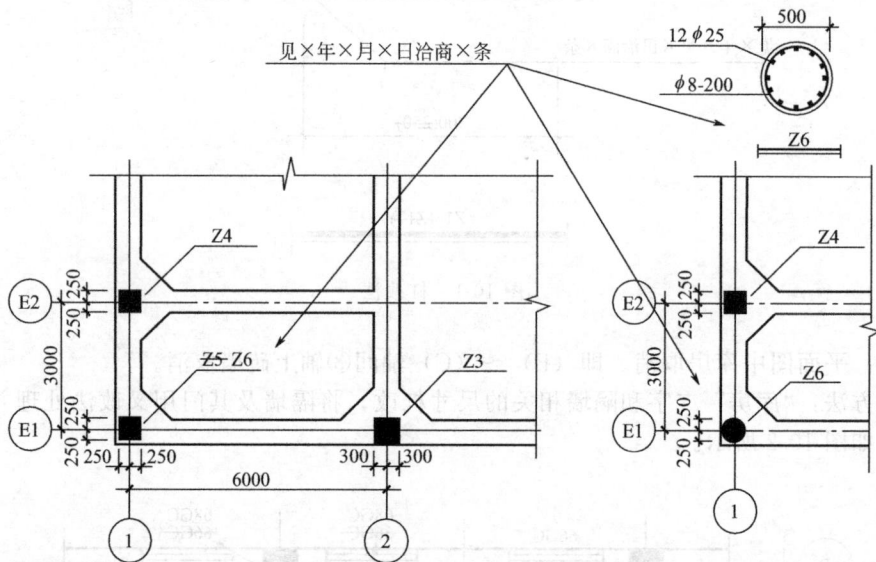

图 10-3　补图法

10.2.3.4　改绘法

当图纸某部位变化较大或在原位置上改绘有困难或改绘后杂乱无章时，可以采用画大样改绘法绘制。在原图上标出应修改部位的范围，随后在需要修改的图纸上绘出修改部位的大样图，在原图改绘范围和改绘大样图处注明修改依据。

例如：地下室厨房窗台板做法修改。

修改方法：将修改的部位用 A 表示，在图纸空白处绘 A 大样图，如图 10-4 所示。

10.2.3.5　注改法（加写说明法）

注改法适用于设计说明、材料做法等，能用一句话说明问题的变更。

10.2.4　竣工图改绘注意事项

（1）字、线使用的规定

① 字。采用仿宋字，字体的大小要与原图采用字体的大小相协调，严禁错别字和草字。

② 线。一律使用绘图工具，不得徒手绘制。

（2）施工蓝图的规定。图纸反差要明显，以适应缩微等技术要求。凡旧图、反差不好的图纸不得作为改绘用图，修改的内容和有关说明均不得超过原图框。

（3）在二底图上修改的竣工图。

① 将设计底图或施工图制作成二底图（硫酸纸），在二底图上依据设计变更和工程洽商内容用刮改法进行修改。即用刀片将需更改部位刮掉，再用绘图笔绘制修改内容，在图中空白处做一修改备考表，注明变更、洽商编号（或时间）和修改内容，见表 10-1。

214

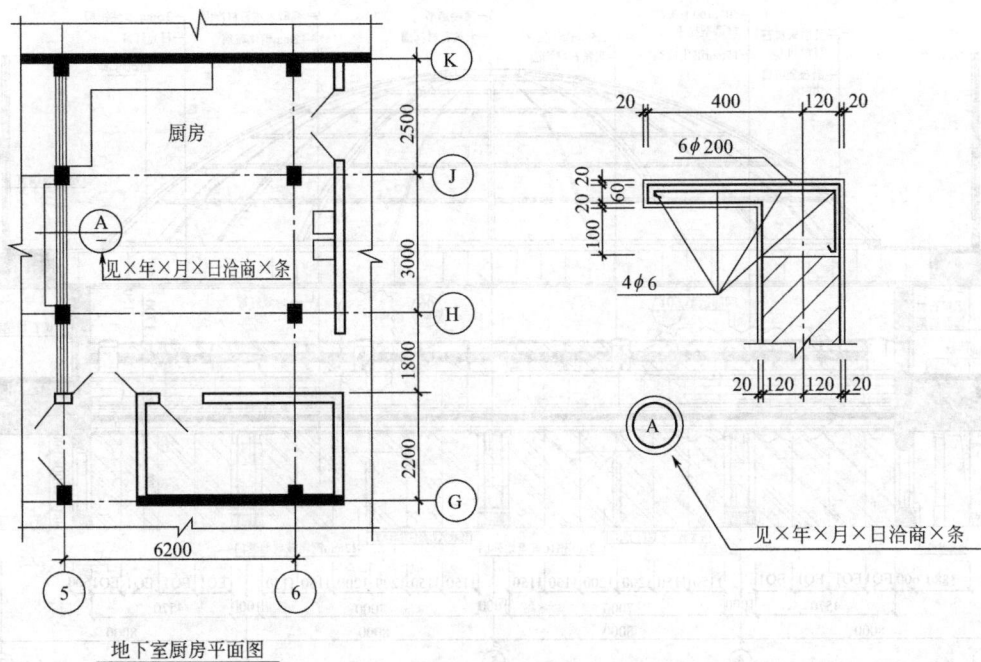

图 10-4　改绘法

表 10-1　修改备考表

变更、洽商编号（或时间）	内容（简要提示）

②　修改的部位用语言描述不清楚时，也可用细实线在图上画出修改范围。

③　以修改后的二底图或蓝图作为竣工图的，要在二底图或蓝图上加盖竣工图章。没有改动的二底图用于竣工图时也要加盖竣工图章。

④　如果二底图修改次数较多，个别图面可能会出现模糊不清等技术问题，必须进行技术处理或重新绘制，以期达到图面整洁、字迹清楚等质量要求。

（4）重新绘制的竣工图。根据工程竣工现状和洽商记录绘制竣工图，重新绘制竣工图时要求与原图比例相同，符合制图规范；对于有标准的图框和内容齐全的图签，图签中应有明确的"竣工图"字样或加盖竣工图章。

（5）用 CAD 绘制的竣工图。在电子版施工图上依据设计变更、工程洽商的内容进行修改，修改后用云图圈出修改部位，在图中空白处做一修改备考表。同时，图签上必须由原设计人员签字。完成的竣工图如图 10-5～图 10-7 所示。

10.3　竣工图章

竣工图章应具有明显的"竣工图"字样，包括编制单位名称、制图人、审核人和编制日期等基本内容。编制单位、制图人、审核人、技术负责人要对竣工图负责。竣工图章内容、尺寸等如图 10-8 所示。

215

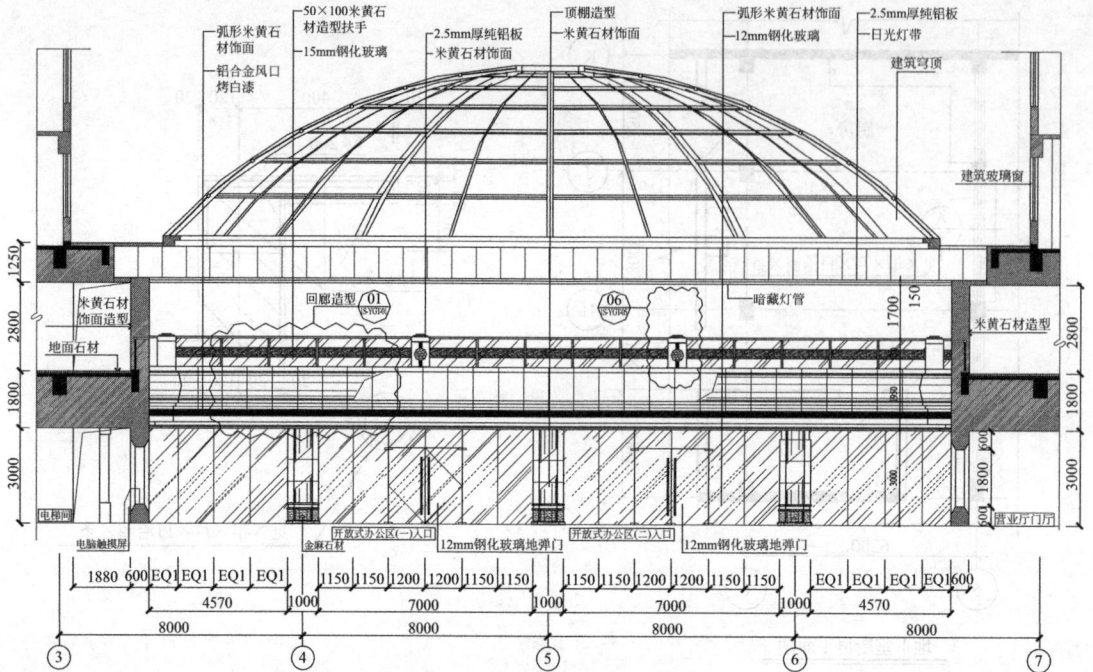

阳光大厅立面图 1:75

图 10-5 用 CAD 绘制的竣工图（一）

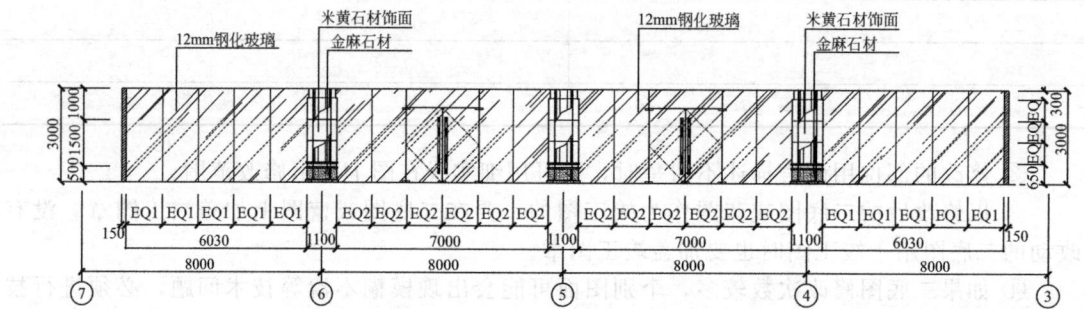

一层阳光大厅立面图 1:75

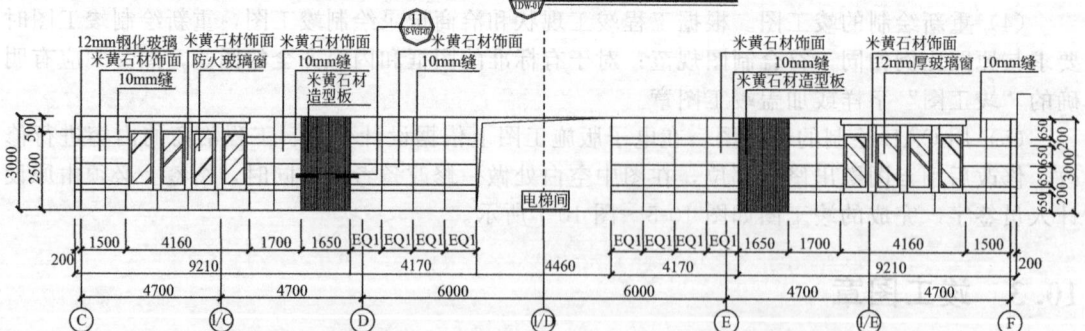

一层阳光大厅立面图 1:75　　　**一层阳光大厅立面图** 1:75

图 10-6 用 CAD 绘制的竣工图（二）

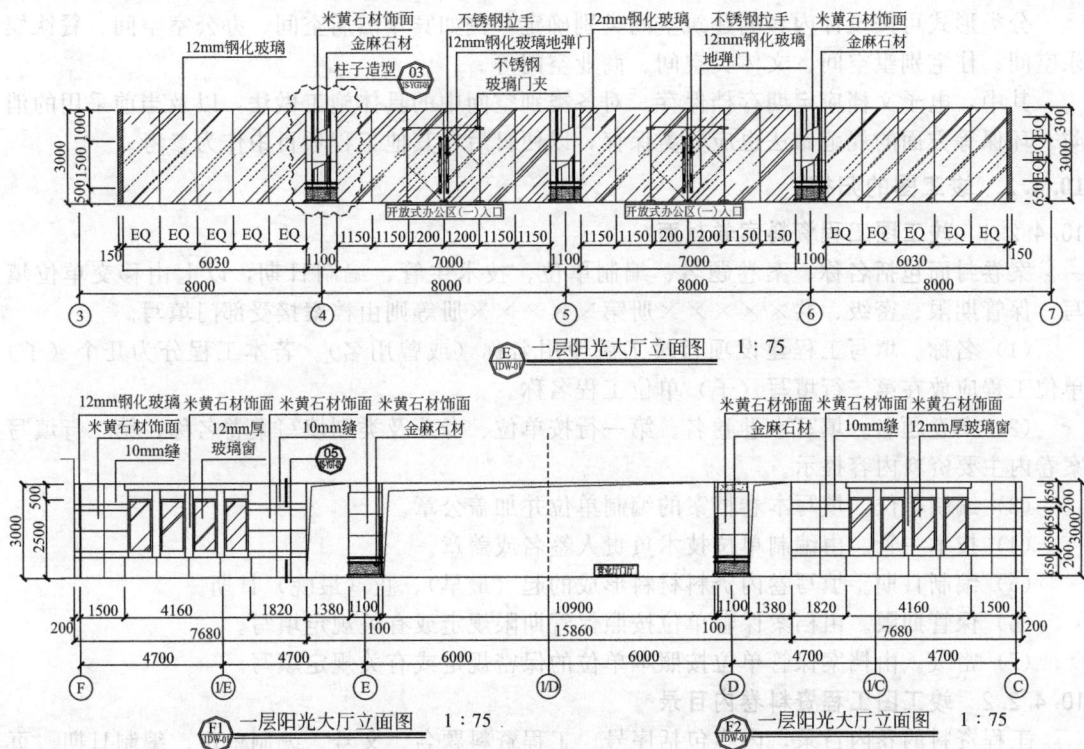

图 10-7　用 CAD 绘制的竣工图（三）

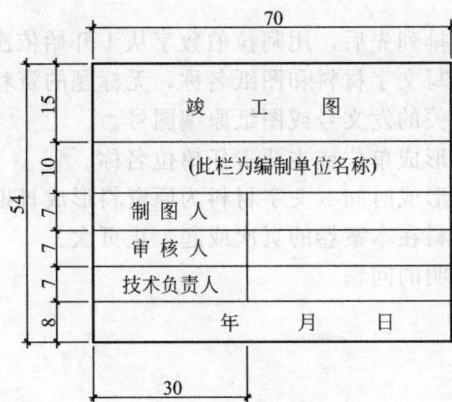

图 10-8　竣工图章示意图

竣工图应由编制单位逐张加盖、签署竣工图章。竣工图章中的签名必须齐全，不得代签。

凡由设计单位编制的竣工图，其设计图签中必须明确竣工阶段，由绘制人和技术负责人在设计图签中签字。竣工图章应加盖在图签附近的空白处。竣工图章应使用不褪色的红色或蓝色印泥。

10.4　竣工图的分类和归档

10.4.1　竣工图的分类

竣工图绘制完毕后，应将其电子文件或打印出来的图纸分类存档。

　　分类形式可按设计内容的建筑空间类别确定，例如宾馆酒店空间、办公室空间、餐饮娱乐空间、住宅别墅空间、文体类空间、商业空间等。

　　其中，电子文档应定期存档保存。对各类别空间中的具体施工做法，以及当前采用的消防、环保等方面的规范做法也应分类保存，以便日后在其他工程项目中作为参考。

10.4.2　竣工图的归档

10.4.2.1　竣工图工程资料案卷封面

　　案卷封面包括名称、案卷题名、编制单位、技术主管、编制日期，以上由移交单位填写；保管期限、密级、共×××××册第×××××册等则由档案接受部门填写。

　　（1）名称。填写工程建设项目竣工后使用名称（或曾用名）。若本工程分为几个（子）单位工程应放在第二行填写（子）单位工程名称。

　　（2）案卷题名。填写本卷卷名。第一行按单位、专业及类别填写案卷名称；第二行填写案卷内主要资料内容提示。

　　（3）编制单位。填写本卷档案的编制单位并加盖公章。

　　（4）技术主管。由编制单位技术负责人签名或盖章。

　　（5）编制日期。填写卷内资料材料形成的起（最早）、止（最晚）日期。

　　（6）保管期限。由档案保管单位按照保管期限规定或有关规定填写。

　　（7）密级。由档案保管单位按照本单位的保密规定或有关规定填写。

10.4.2.2　竣工图工程资料卷内目录

　　工程资料的卷内目录，内容包括序号、工程资料题名、文号、编制单位、编制日期、页次和备注。卷内目录内容应与案卷内容相符，排列在封面之后时，不能以原资料目录及设计图纸目录代替。

　　（1）序号。按卷内资料排列先后，用阿拉伯数字从1开始依次标注。

　　（2）工程资料题名。填写文字材料和图纸名称，无标题的资料应根据内容拟写标题。

　　（3）文号。资料制发机关的发文号或图纸原编图号。

　　（4）编制单位。资料的形成单位或主要责任单位名称。

　　（5）编制日期。资料的形成时间（文字材料为原资料形成日期，竣工图为编制日期）。

　　（6）页次。填写每份资料在本案卷的页次或起、止页次。

　　（7）备注。填写需要说明的问题。

第 11 章 设计说明、图纸图表、图纸目录的编制

11.1 设计说明、图纸目录编制的目的及要求

11.1.1 设计说明、图纸目录编制的目的及要求

一套完整的设计图纸，应该具有很强的系统性和逻辑性。由于在室内设计中，涉及的系统众多（如土建、装修、电气、给排水、空调、智能照明、音效、家具、艺术品、陈设配套用品、专业配套等），图纸数量多（每个专业都要具备一套完整的设计图纸），图纸变更频繁（特别是在环境和条件等客观因素的影响下）。因此，每一幅图纸都必须具有易于辨别和唯一的标识。

要实现这一目的，需要对图纸进行科学、系统的编制，方便检索和管理。还应根据工作流程建立信息库和工作程序，实现室内设计工作的程序化和标准化。这样做不仅有利于对所在国家和地区现行的技术标准和规范的执行，还有利于形成个性化的设计信息，并提高设计的工作效率和远程协作效率。

设计说明、图纸目录编制的建立，可以为一家设计公司或一个设计集群甚至一个独立设计者提供科学的检索依据。同时，使设计的图纸更标准、更规范，检索简便、准确。

11.1.2 室内设计图纸的编码设计

图纸作为室内设计的重要技术文件，是室内装修工程的根源和核心，它担负着表达设计内容、指导施工生产、组织产品配套、进行经济核算的任务。

对图纸文件进行编码，是一种在主观意识支配下的设计管理活动，没有绝对固定的模式。但它却是与项目经营、工程管理和工程施工直接相关的，必须得到工程实施中各个环节的理解和认同。图纸编码的恰当与否，会直接影响工程的成败和管理的效率。因此，图纸编码必须具有科学性、合理性和符合性。

图纸编码一般由 8~12 位阿拉伯数字和拼音字母组成，它包括主码、专业码、分项码、流水码等，分述如下。

（1）主码。它用于表达本项目的标识，一般使用项目名称简称的首两个大写拼音字母，在编码的前 2 位表示。例如："工商银行东风支行装修工程"表示为"GD"，即选取项目名称中有代表性特征的字的首位拼音字母表示。

（2）专业码。表达设计专业序号和类型，一般在主码后，由 1~2 位阿拉伯数字和大写拼音字母组成；数字表示专业排序，字母表示所属专业。

室内设计工程一般包含的专业有：装修工程，用字母"Z"表示；电气工程，用字母"D"表示；给排水工程，用字母"G"表示；空调工程，用字母"K"表示；消防工程，用字母"X"表示；家具配套，用字母"J"表示；装饰陈设品，用字母"C"表示；通用设计，用字母"T"表示等（如与国家相关规范有抵触，则按国家有关规范执行）。例如："工商银行东风支行装修工程装修专业设计"表示为"GD1Z"，即代表排序为第一的装修工程设计专业。

（3）分项码。表示分项工程的编码，一般在专业码后，由 2~4 位阿拉伯数字组成，表示图纸所反映的分项工程位置。例如："工商银行东风支行装修工程装修专业第五层排序第

八的行长办公室设计"表示为"GD1Z0508"，即表示第五层排序第八的分项设计。

（4）流水码。表示本图纸在项目或分项中的排序，它具有图纸标识的唯一性。流水码一般排在编码的最后，由2～3位阿拉伯数字按图纸设计内容的先后顺序组成。例如："工商银行东风支行装修工程装修专业第五层排序第八的行长办公室图纸排序第4的A立面设计（它之前的三幅图纸分别是平面布置图、顶棚平面图、装修平面图）"表示为"GD1Z050804"，即表示在本分项中排序第4的图纸。

总之，图纸编码的设计必须能满足易于辨识、容易检索、条理清晰、调整方便的要求。同时，要兼顾使用的特点和普遍的使用习惯，做到删繁就简；在计算机技术在设计领域应用已经非常普遍的今天，图纸的编码设计更要利用计算机的编码、排序等管理技术进行编码管理。

11.2 设计说明编制

建筑设计的施工图和施工说明大多可以套用标准图集和标准施工说明，室内设计图目前尚无标准的施工图集和施工说明可以套用。因此，室内设计的施工图和施工说明则需要根据具体情况确定要表达的内容。

根据方案设计标准，通常将建筑室内设计说明书分为设计说明书和施工说明书。

11.2.1 设计说明书

设计说明书是对设计方案的具体解说，通常应包括方案的总体构思、功能的处理、装饰的风格、主要用材和技术措施等。

室内设计说明书的形式较多，归纳起来大体有三种：一是以总体设计理念为主线展开；二是以各设计部位的设计方法为主线展开；三是在说明总体设计理念的同时，说明各部位的设计方法。有的设计说明还包括了引用的设计规范、依据等。室内设计的内容一般都是根据建设方和招标的要求或设计单位的习惯决定的。

室内设计说明的表现形式，有单纯以文字表达的，也有用图文结合的形式表达的。在现行招标中，使用较多的是图文结合的形式。下面以某酒店客房为例介绍其设计说明如下。

（1）标准间。标准间以四星级宾馆客房为设计标准，渲染一种素雅、明快的气氛，家具采用造型简练的乳白色喷漆家具。客房装饰品以绘画为主，灯光设计以局部照明为主。

（2）双套间。双套间比标准间多一个客厅，供会客、休息、工作之用。

（3）三套间。三套间设有卧室、书房、餐室以及吧台和大小卫生间两个，室内以绘画作品、艺术壁龛、盆景等点缀装饰。室内色彩以浅乳黄色为基调，创造一种明亮、宜人、高贵的气氛。

（4）总统套间。总统套间是酒店中最高档套间，在设施、装修、家具、陈设等方面都表现了酒店的最高水准。套间分为前厅、会议室（兼餐厅）、随从间、卧室与起居室。后者以顶棚、隔断进行空间软性分隔，增加层次感。随从间按标准间设计，平面布置具有一定灵活性。在前厅与餐厅之间用吊灯与灯具强调了中轴线，以引导视线。墙面、顶棚、地面力求表现华丽典雅的感觉。卫生间设1.8m长的豪华浴缸、坐便器与冲洗器，设有灵活隔断及全身镜，墙面、地面均铺大理石。设计中以盆景、柱式、酒吧台、绘画作品、镜面、豪华的吊灯、宽敞的沙发等，烘托出总统套间的华丽高贵。

11.2.2 施工说明书

装饰施工说明书是对装饰施工图设计的具体解说，用于说明施工图设计中未表明的部分以及设计对施工方法、质量的要求等。下面以某办公楼装饰施工说明书举例如下。

（1）本次装饰设计是根据装饰设计的各种规范要求并认真听取建设方意见，同时针对该建筑风格特点、空间特点、功能要求进行设计的。

（2）本次设计成图的依据是建设方提供的建筑、结构和设备图纸（未有工程竣工图），期间相关人员曾多次现场踏勘，尽量减少施工图与施工现状的出入。

（3）本次装饰设计的范围为一层、二层、四层、五层的室内，总面积为 $2000m^2$。

（4）本次设计为装饰设计，包含与此配套的电路设计；其他设备设计、土建设计等，不在本设计范围。

（5）本次设计含施工说明一份，它可作为设计图纸表达内容的补充。另含预算书一份。预算套用《山东省建筑装饰工程预算定额》编写。

（6）施工单位在开工前必须认真阅读图纸。同时，应了解设计思想、装饰风格、装饰用材等问题，以设计图纸为基本依据，做出施工工艺方案。

（7）设计方将在工程开工前进行图纸交底。图纸交底时施工方应提出问题，听取设计人员对图纸的解释和对问题的解答。

（8）本设计图纸中所注标的标高以每层装饰地坪高度为 ±0.000 为准。

（9）装饰施工图中的尺寸标注以 mm 为单位。凡未注明定位尺寸的部位，可按图比例定。

（10）施工图对重点部位的做法出了大样图，凡未出大样图的部位，按国家有关装饰施工的规范进行施工。

（11）本设计图中的立面有两种表示方法：一是按轴线确定立面的位置和方向；二是按 A、B、C、D 方向面来表示立面的位置和方向。

（12）凡大样图与相对应部位的图纸有出入时，以大样图为准。凡图纸中表示的尺寸与现场有矛盾时，应根据现场情况酌情调整。调整方案由设计者或监理确定。

（13）施工时，建设方对设计方案有局部改动时应与设计方或监理方沟通。较大的改动必须与设计方商定，施工单位及其他单位均不能改动原设计内容。

（14）施工图交建设方后，建设方应在 10 天内组织图纸会审，对图纸中的疑问尽早集中提出。

（15）施工单位在编写预算书时必须认真阅读图纸和施工说明。

（16）灯具布置的位置如与上部设施有矛盾时，可适当调整，但必须保证原设计风格。调整时应由设计方或监理方确定。

（17）本次设计不含活动家具设计。

11.3　图纸图表编制

图表是室内设计文件的重要组成部分，通过图表可以使设计的内容表达更具条理性和程序化；设计内容检索更便捷，图纸使用更方便，工程使用物资统计数量更准确。

室内设计常用的图表有文字图表、图样图表、图片图表等。

文字图表主要用于设计文件的文字表达，如设计说明页、目录页、材料应用一览表等。

图样图表主要用于标准图样的表达，如构造大样图表、门窗表等。

图片图表主要用于配套产品的表达，如家具、灯具、洁具、五金件、装饰陈设品、纺织物选样图表等。

11.3.1　图纸目录表

（1）图纸目录表 A。以下为某会所施工图纸目录，见表 11-1。

表 11-1　某会所施工图纸目录

图纸编号指引		内部图纸修正	
分类	编号	日期	次数
平面图（总图）	101		
立面图（总图）	201		
分区图（含平面图、立面图）	301		
大样图	401		
材料表	501		

序　号	图纸名称	图　号	图　幅	备　注
1	封面		A2	
2	图纸目录		A2	
3	会所首层总平面图	101	A2	
4	会所首层总顶棚平面图	102	A2	
5	会所首层大堂分区建筑平面图	301	A2	
6	会所首层大堂分区顶棚平面图	302	A2	
7	会所首层大堂分区立面图 A	303A	A2	
8	会所首层大堂分区立面图 B	303B	A2	
9	会所首层大堂分区立面图 C	303C	A2	
10	会所首层大堂分区立面图 D	303D	A2	
11	会所首层会议室分区立面图 A	304A	A2	
12	会所首层会议室分区立面图 B	304B	A2	
13	会所首层会议室分区立面图 C	304C	A2	
14	会所首层会议室分区立面图 D	304D	A2	
15	会所首层大餐厅分区立面图 A	305A	A2	
16	会所首层大餐厅分区立面图 B	305B	A2	
17	会所首层大餐厅分区立面图 C	305C	A2	
18	会所首层大餐厅分区立面图 D	305D	A2	
19	大样节点图	401	A2	

　　此种目录也可应用于家庭装修或小型室内空间设计。图号由阿拉伯数字排序构成，在电脑内其目录排序较规则，易于查找，电子目录内图纸应单张保存，图纸名称与图号相对应。

　　（2）图纸目录表 B。以下为某酒店施工图纸目录，见表 11-2。

表 11-2　某酒店施工图纸目录

图纸编号指引		内部图纸修正	
分　类	编　号	日　期	次　数
平面图（总图）	P01		
立面图（总图）	L01		
节点图	J01		
门表	M01		

序 号	图纸名称	图 号	图 幅	备 注
1	封面	DSI-01	A2	
2	图纸目录	DSI-02	A2	
3	设计说明	DSI-03	A2	
4	材料表	DSI-04	A2	
5	首层地面铺装总平面图	1F-P01	A2	
6	首层家具布置总平面图	1F-P02	A2	
7	首层天花总平面图	1F-P03	A2	
8	四季厅区域平面图	1F-A-P01	A2	
9	四季厅区域顶棚图	1F-A-P02	A2	
10	四季厅区域立面图(一)	1F-A-L01	A2	
11	四季厅区域立面图(二)	1F-A-L02	A2	
12	四季厅区域立面图(三)	1F-A-L03	A2	
13	四季厅区域立面图(四)	1F-A-L04	A2	
14	四季厅区域大样图(一)	1F-A-J01	A2	
15	四季厅区域大样图(二)	1F-A-J02	A2	
16	网球馆分区平面图	1F-B-P01	A2	
17	网球馆分区顶棚图	1F-B-P02	A2	
18	网球馆立面图(一)	1F-B-L01	A2	
19	网球馆立面图(二)	1F-B-L02	A2	
20	网球馆大样图	1F-B-J01	A2	
21	门表(一)	M1	A2	
22	门表(二)	M2	A2	

此种目录形式适用于大型公共项目室内设计。通过图号可识别设计内容的楼层是否为分区空间,以及图纸应属于平面、立面或节点性质等。

(3)图纸目录表C。以下为某大学大学生活动中心施工图纸目录,见表11-3。

表11-3 某大学大学生活动中心施工图纸目录

内部图纸修正			
日 期	次 数	内 容	备 注

序 号	图纸名称	图 号	图 幅	备 注
1	封面	DSI-01	A2	
2	编制说明	DSI-02	A2	

序号	图纸名称	图号	图幅	备注
3	图纸目录表	图表1-01	A2	
4	材料表	图表2-01	A2	
5	门表	图表3-01	A2	
6	一层总平面图	室施总-01	A2	
7	一层总顶棚图	室施总-02	A2	
8	共享中庭平面图	室施A-01	A2	
9	共享中庭顶棚图	室施A-02	A2	
10	共享中庭立面图1	室施A-03	A2	
11	共享中庭立面图2	室施A-04	A2	
12	共享中庭节点详图	室施A-05	A2	
13	一层南门厅平面图	室施B-01	A2	
14	一层南门厅顶棚图	室施B-02	A2	
15	一层南门厅立面图1	室施B-03	A2	
16	一层南门厅立面图2	室施B-04	A2	
17	一层南门厅节点图	室施B-05	A2	

此种目录排序适合大、中型工程室内设计项目。图号中"室施"指室内专业施工图，"总"代表总平面图或立面图，A、B等代表分区空间。

以上三种目录排序方式各有长短，可依据项目性质、规模不同适时选用、确定。

11.3.2　材料表

（1）材料表A。以下为某大学大学生活动中心施工图材料表，见表11-4。

此种材料表形式易于调整和修改，主要用于精装修范围。

（2）材料表B。该表主要用于非精装修范围。以下为某广场材料区施工图材料表，见表11-5。施工单位可直接对照进行施工。

表11-4　某大学大学生活动中心施工图材料表

分类	编号	应用材料	颜色	编号	应用部位	中庭	公共空间	水吧	咖啡厅
地毯	CA	乳胶漆	黑蓝色	PT-01		PT-01	PT-01	MT-03	PT-01
布料	FB	乳胶漆	白色	PT-02		MT-03	PT-02		PT-02
玻璃	GS	乳胶漆	米白色	PT-03		TV-05	MT-03		
金属	MT	金属漆	深灰色	PT-04					
涂料	PT				天花				
防火板	PL	实木地板	仿旧	DJ-01					
石材	ST	地坪漆	灰色	DJ-02					
陶瓷	CT								
木材	TV	柔性顶棚	白色	FB-01					
墙纸	WP	透光片	白色	FB-02		ST-02	PT-03	TV-03	TV-01
地胶	DJ					ST-04	PT-04	TV-04	GS-01
型材板	XC	橡木挂板	深橡木	TV-01		LP-01		GS-01	GS-02
塑料	LP	木作饰面	深橡木	TV-02		GS-03			MT-01
		人造板	欧松板	TV-03	墙面				MT-02
		人造板	米丝板	TV-04					
		木作挂片	橡木	TV-05					
		金属构件	灰色	MT-01					

续表

分类	编号	应用材料	颜色	编号	应用部位	中庭	公共空间	水吧	咖啡厅
		不锈钢管	ϕ60mm	MT-02		ST-03	CT-01	CT-01	DJ-01
		金属格栅	黑色	MT-03		CT-03	CT-02		
		背漆玻璃	白色	GS-01					
		钢化玻璃	透明	GS-02	地面				
		热熔玻璃		GS-03					
		清玻璃	透明	GS-04					
		人造石材	黑蓝色	ST-01					
		烧毛板	灰色	ST-02					
		机刨石	灰色	ST-03					
		文化石		ST-04					
					其他(续)				
		玻化砖	灰色 800mm×800mm	CT-01					
		玻化砖	黑色 800mm×800mm	CT-02					
		玻化砖	白色 800mm×800mm	CT-03					
		发光灯片	白色	LP-01					

表 11-5　某广场材料区施工图材料表

地面应用材料

a. 现浇混凝土抹平。

b. 光面现浇混凝土。

c. 光面现浇混凝土带非金属硬化剂。

c_1. 光面现浇 50mm 水泥砂浆带非金属硬化剂抹光。

c_2. 光面现浇 50mm 水泥砂浆带非金属硬化剂抹光，再于表面刷环氧聚氨酯地台油。

d. 25mm 水泥砂浆找平层(无饰面)抹光。

e. 25mm 水泥砂浆找平层带非金属硬化剂抹光。

f. 防水水泥砂浆找坡层至少 25mm 厚。

g. 防水水泥砂浆带非金属硬化剂找坡层至少 25mm 厚。

h. 200mm×200mm 防滑地台砖。

h_1. 200mm×200mm 防滑地台瓷砖。

i. 釉面瓷砖。

j. 总饰面厚度 50mm，35mm 厚水泥砂浆找平抹光再加饰面(见室内设计图纸)。

k. 总饰面厚度 65mm，50mm 厚水泥砂浆找平抹光再加饰面(见室内设计图纸)。

l. 150mm×75mm 非釉面砖。

m. 300mm 厚轻质混凝土回填带聚氨酯防水涂料连防滑地台砖。

n. 50mm×50mm 非釉面陶瓷锦砖。

o. 地毯连胶垫连 35mm 水泥砂浆抹平。

p. 轻质混凝土回填连聚氨酯防水涂料。

q. 现浇混凝土抹平，按室内设计指定石材铺于水泥砂浆找平层。

r. 25mm 厚花岗岩石板连 35mm 厚干法水泥铺砌。

s. 25mm 防水水泥砂浆找平层。

t. 环氧聚氨酯地台涂料。

u. 乙烯基树脂楼面板连水泥砂浆抹平。

v. 聚氨酯防水涂料。

w. 300mm 厚轻质混凝土回填带。

x. 20mm 厚花岗岩石板铺于水泥砂浆找平层。

踢脚线应用材料
a. 20mm 水泥砂浆 150mm 高。
b. 20mm 防水水泥砂浆 150mm 高。
c. 50mm×50mm 非釉面陶瓷锦砖 20mm 厚水泥砂浆。
d. 20mm 水磨石。
e. 防滑瓷砖连 20mm 厚防水水泥砂浆。
f. 乙烯基树脂脚线。
g. 大白浆。
h. 乳胶涂料。
i. 100mm×10mm 瓷砖脚线。
j. 25mm 防水水泥砂浆高 500mm。
k. 150mm 高聚氨酯防水涂料。
l. 15mm 防水水泥砂浆 150mm 高。

墙面应用材料
a. 现浇混凝土。
b. 清水/光面混凝土。
c. 10mm 纸筋灰抹面。
d. 20mm 水泥砂浆抹平。
e. 20mm 防水水泥砂浆抹平。
f. 20mm 砂浆石灰抹平。
g. 20mm 石膏抹平。
h. 200mm×100mm 釉面瓷砖。
i. 100mm×100mm 釉面瓷砖。
j. 墙纸。
k. 30mm 厚花岗石。
l. 大白浆。
m. 水泥涂料。
n. 石灰水。
o. 乳胶涂料。
p. 纯丙烯酸水溶性涂料。
q. 200mm×200mm 光面均质瓷砖。
r. 离地 650mm，高 200mm 防撞板连原色保护涂料。
s. 聚氨酯防水涂料刷 2100mm 高。
t. 聚氨基甲酸酯涂料。
u. 保温板墙由厨房分包方提供。

顶棚/吊顶应用材料
a. 现浇混凝土。
b. 清水/光面混凝土。
c. 6mm 纸筋灰抹面。
d. 金属吊顶。
e. 600mm×1200mm×19mm 矿棉吸声板块料吊顶。
f. 丙烯酸水溶性涂料。
g. 水泥涂料。
h. 大白浆。
i. 乳胶涂料。
j. 100mm×100mm×6mm 釉面瓷砖连水泥砂浆找平 13mm 厚。
k. 15mm 厚石膏板吊顶连原场成品吊架，乳胶涂料饰面。
l. 300mm 宽长型铝条吊顶。
m. 铝板金属吊顶。
n. 耐火极限 3h 及不低于 15mm 厚防火石膏板吊顶，乳胶涂料饰面。
o. 保温板层由厨房分包方提供。

续表

空间名称	地面材料代号	踢脚材料代号	墙面材料代号	天花材料代号
厨房	h	c	q	m
消防控制室	c	b	e	h
电气机房	c	b	e	h
后勤职工宿舍	h	i	o	i
储藏室	h	i	o	i
停车场	a	l	l	a

（3）装饰材料详表　某别墅室内设计装饰材料详表，见表11-6。

表 11-6　装饰材料详表

某建筑装饰工程有限公司		工程项目:某别墅室内设计
区域	说明	饰面代码 CT-01
首层洗手间	马赛克	厂商 填写厂家联系方式

样　品

制表人:	日期:	修改:

11.3.3　门表

门表见表11-7。

表 11-7　门表

某建筑装饰工程有限公司		工程项目:某别墅室内设计
区域	说明	饰面代码 M-01
走廊	木门	厂商 填写厂家联系方式
样　品		

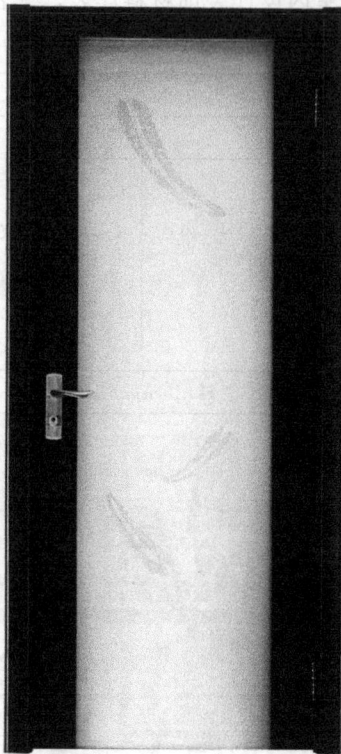

制表人:	日期:	修改:

11.3.4　窗表

窗表见表 11-8。

表 11-8　窗表

某建筑装饰工程有限公司		工程项目:某别墅室内设计
区域	说明	饰面代码 C-01
客厅	塑钢窗	厂商 填写厂家联系方式

样　品

制表人：	日期：	修改：

11.3.5　灯具表

灯具表见表 11-9。

表 11-9　灯具表

某建筑装饰工程有限公司		工程项目:某别墅室内设计
区域	说明	饰面代码 LA-01
		厂商 填写厂家联系方式
客厅	吸顶灯	

样　品

制表人：	日期：	修改：

11.4　图纸目录编制

　　图纸目录又称"标题页"，它是设计图纸的汇总表。一套完整的装饰工程图纸，数量较多，为了方便阅读、查找、归档，需要编制相应的图纸目录。图纸目录一般都以表格的形式表示，包括图纸目录在内的图纸序号、工程内容等，见表11-10。

表 11-10　图纸序号和工程内容示例

项目名称：某别墅装饰工程

序号	工程内容	序号	工程内容
1	图纸目录	11	客厅立面图
2	设计说明	12	餐厅立面图
3	材料做法表	13	主卧室立面图
4	效果图	14	次卧室立面图
5	一层平面布置图	15	卫生间立面图
6	二层平面布置图	16	厨房立面图
7	一层顶棚平面图	17	玄关详图
8	二层顶棚平面图	18	主题墙详图
9	一层地面铺装图	19	衣柜详图
10	二层地面铺装图	20	门窗表

　　尽管室内设计项目的规模大小、繁简程度各有不同，但其成图的编制顺序应遵守统一的规定，按照编排次序将整套室内装饰设计工程图纸装订成册。一般来说，成套的施工图应包

含以下内容：封面、图纸目录、设计说明（或施工说明）、总平面图、顶棚总平面图、顶棚装饰灯具布置图、设备设施布置图、顶棚综合布点图、墙体定位图、地面铺装图、陈设与家具平面布置图、部品部件平面布置图、各空间平面布置图、各空间顶棚平面图与立面图，以及部件立面图、剖面图、详图、节点图和装饰装修材料表、配套标准图等。

在同一专业的一套完整图纸中，也要按照图纸内容的主次关系、逻辑关系有序排列，做到先总体、后局部，先主要、后次要；布置图在先，构造图在后；底层在先，上层在后；同一系列的构配件按类型、编号的顺序编排。同楼层各段（区）房屋建筑室内装饰装修设计图纸，应按主次区域和内容的逻辑关系排列。

其中，各项包含的详细内容如下。

（1）封面。项目名称、业主名称、设计单位、成图依据等。

（2）目录。项目名称、序号、图号、图名、图幅、图号说明、图纸内部修订日期、备注等，可以列表形式表示。

（3）设计说明。方案的总体构思、功能的处理和装饰风格，主要用材和技术措施，施工说明（项目名称、项目概况、设计规范、设计依据、常规做法说明以及关于防火、环保等方面的专项说明等）。

（4）效果图。包括各层静态透视彩色效果图，其中还可通过若干局部进行表现。

（5）平面图。其中，总平面（图）包括建筑隔墙总平面图、家具平面布置图、地面铺装平面图、顶棚平面布置图、设备平面布置图等内容；分区平面（图）包括分区建筑隔墙平面图、分区家具平面布置图、分区地面铺装平面图、分区吊顶平面布置图、分区灯具、分区机电插座、分区下水点位、分区开关连线平面图、分区艺术陈设平面图等内容。以上可根据不同项目内容有所增减。

（6）立面图。装修立面图、家具立面图、设备立面图等。

（7）节点详图。构造详图、大样图等。

（8）图表。材料表、门窗表（含五金件）、洁具表、家具表、灯具表等。

（9）配套专业图纸。水、电、暖等相关配套专业图纸。

在施工图中，应首先展示总平面图，再按楼层的次序进行分区，依次展示各个分区的图纸。当楼层面积很大时，可对该楼层进行再分区，一般原则是按功能部分分区，如大堂区、餐饮区等。为了查阅方便，可以给不同的分区编上序号，如一层01区、一层02区等。

每个分区的图纸应按平面图、顶棚平面图、立面图（剖面图）及详图的顺序排列。

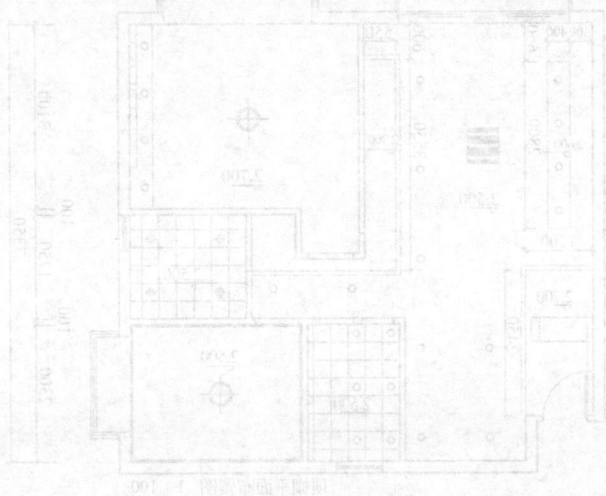

第 12 章　建筑室内设计工程实例

12.1　居住类空间

某小区样板房二室一厅工程图纸

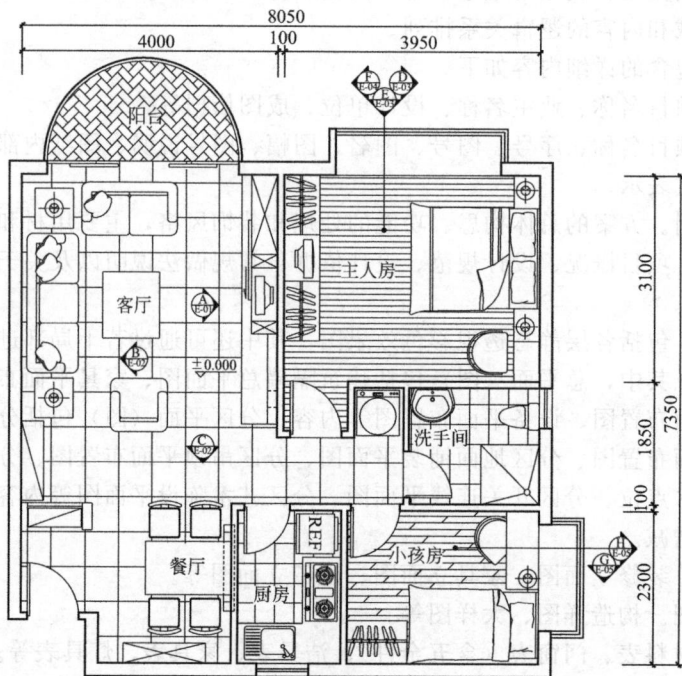

平面布置图 1:100
附图 12-1

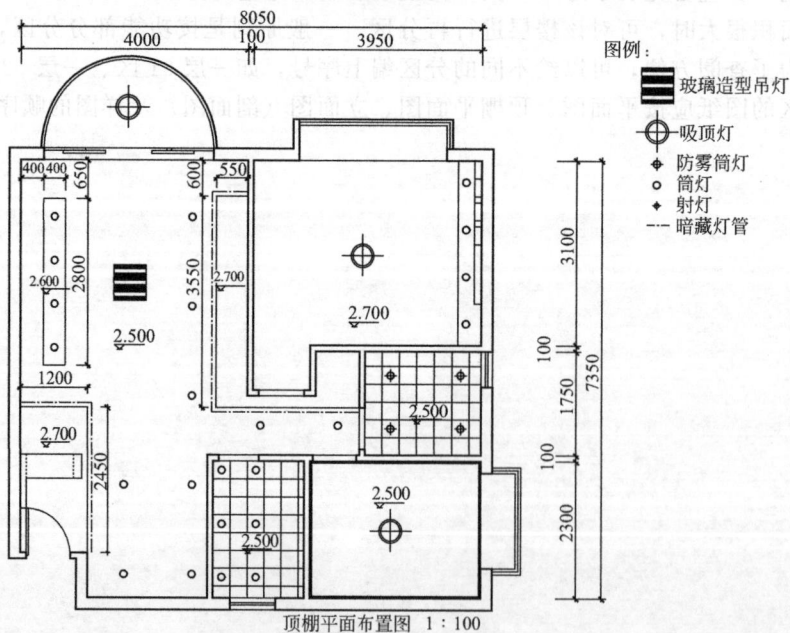

图例：

玻璃造型吊灯
吸顶灯
防雾筒灯
筒灯
射灯
暗藏灯管

顶棚平面布置图 1:100
附图 12-2

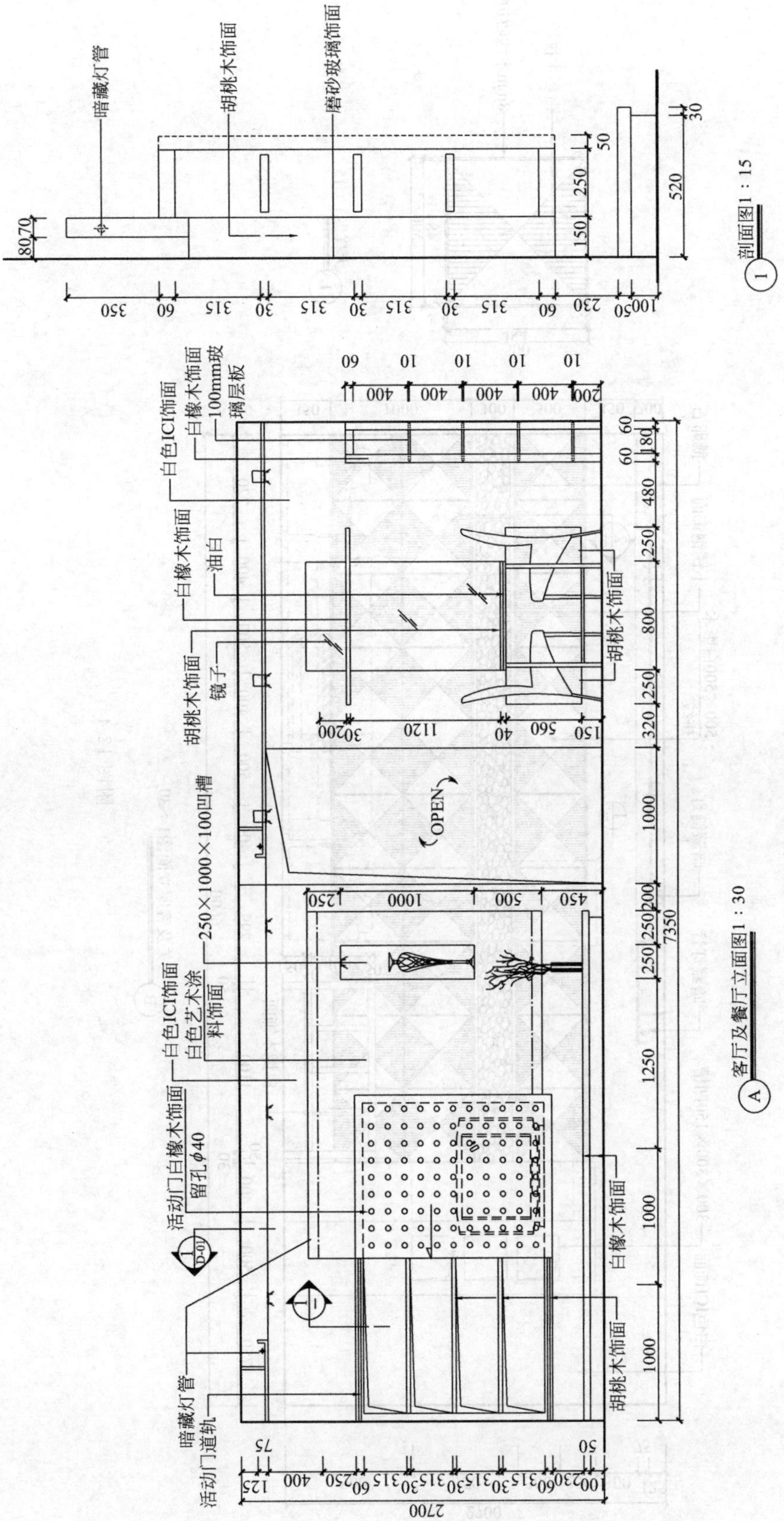

剖面图1：15

客厅及餐厅立面图1：30

Ⓐ

附图 12-3

暗藏灯管
胡桃木饰面
磨砂玻璃饰面

白色ICI饰面
白橡木饰面
100mm玻璃层板

白橡木饰面
油白

胡桃木饰面
镜子

胡桃木饰面

250×1000×100凹槽

白色ICI饰面
白色艺术涂料饰面

活动门白橡木饰面
留孔φ40

白橡木饰面

胡桃木饰面

暗藏灯管
活动门道轨

OPEN

233

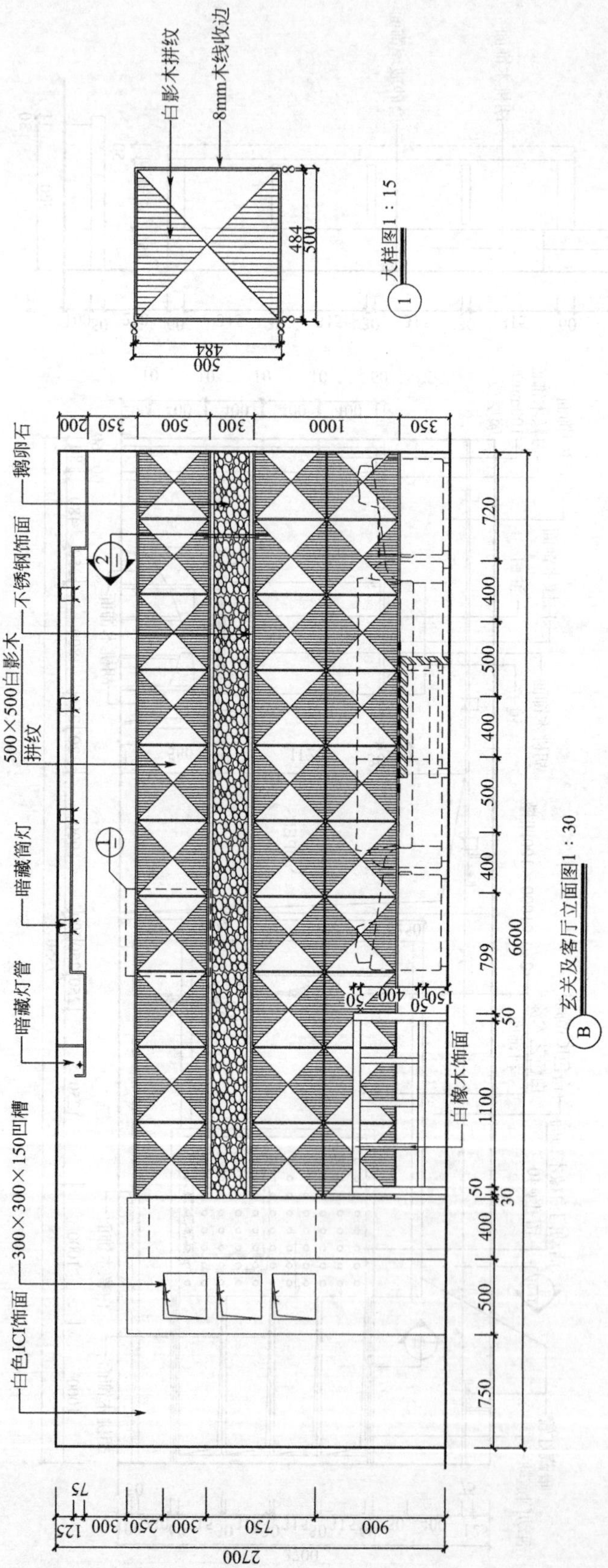

白影木拼纹

8mm木线收边

484
500

大样图1：15

①

鹅卵石

不锈钢饰面

500×500白影木拼纹

暗藏筒灯

暗藏灯管

300×300×150凹槽

白色ICI饰面

白橡木饰面

玄关及客厅立面图1：30

附图 12-4

B

350 200 350 500 300 1000 350

720 400 500 400 500 400 500 799 1100

6600

750

75 125 300 250 300 750 900

2700

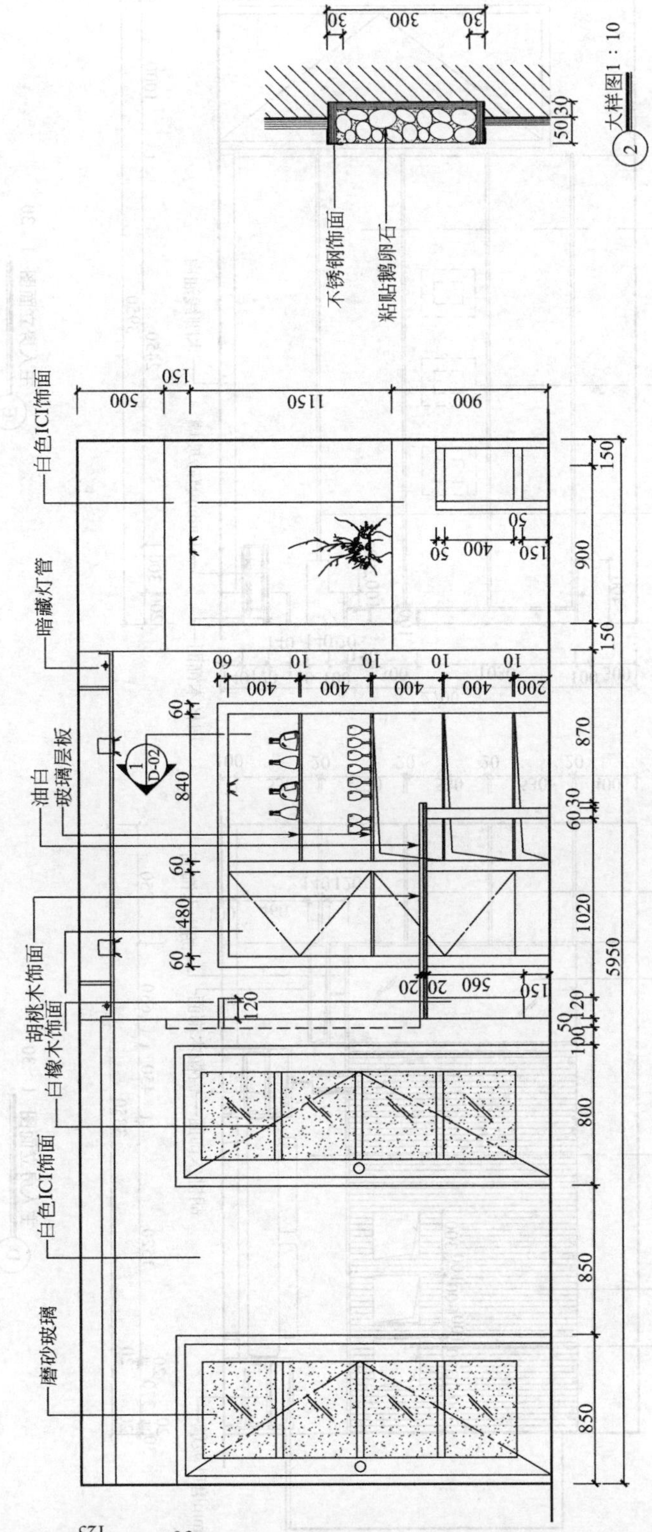

大样图1：10

②

不锈钢饰面
粘贴鹅卵石

白色ICI饰面

暗藏灯管

油白
玻璃层板

胡桃木饰面
白橡木饰面
白色ICI饰面

磨砂玻璃

走道及餐厅立面图1：30

©

附图 12-5

235

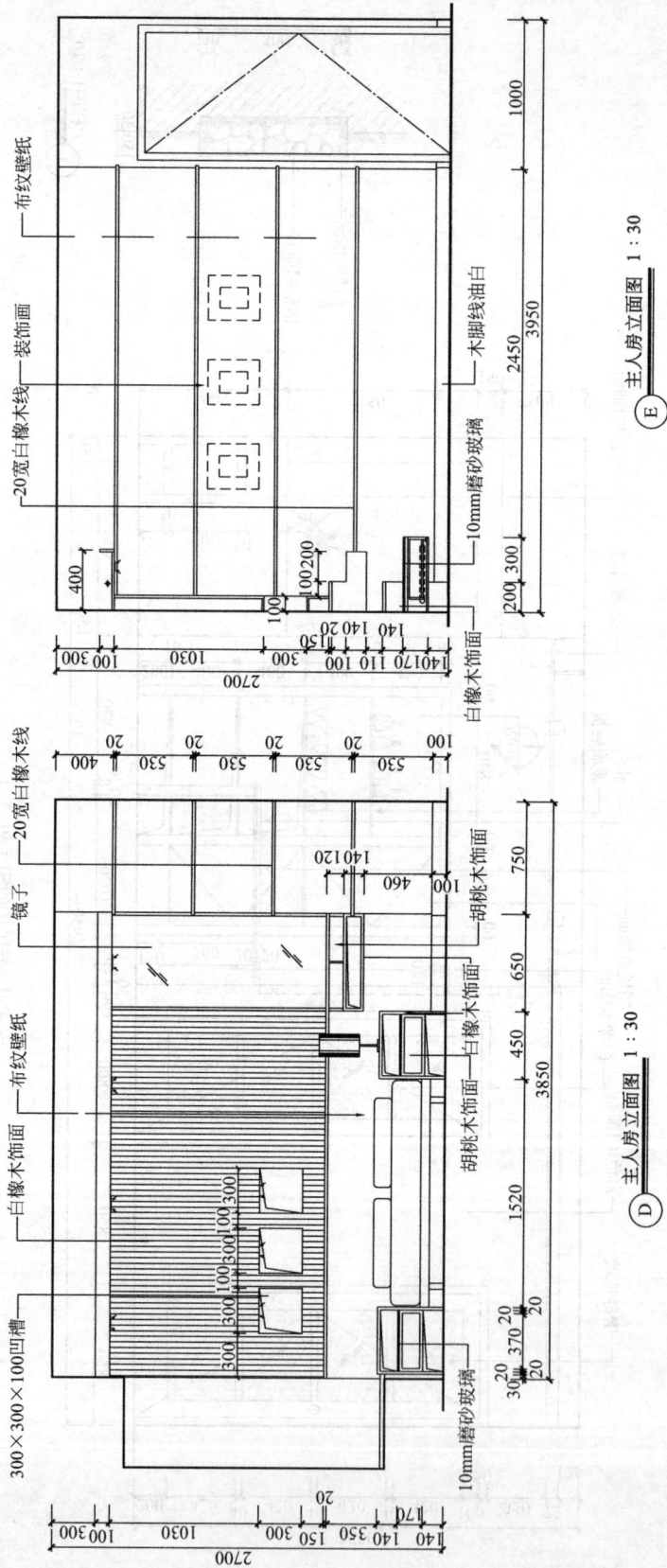

主人房立面图 1 : 30

布纹壁纸

20宽白橡木线 装饰面

10mm磨砂玻璃

木脚线油白

白橡木饰面

1000
3950
2450
200 300

E

400
100200
100
140 20 150
140170 110 100
300
1030
100 300
2700

20宽白橡木线

镜子

布纹壁纸

白橡木饰面

300×300×100凹槽

胡桃木饰面

白橡木饰面

10mm磨砂玻璃

主人房立面图 1 : 30

D

400 20 530 20 530 20 530 20 530 100

140120
460 100
750
650
450
3850
1520
20 370 20
30 20 20

300 300 100 100 300

20
140 300 100 1030 300 150 350 140
170
2700

附图 12-6

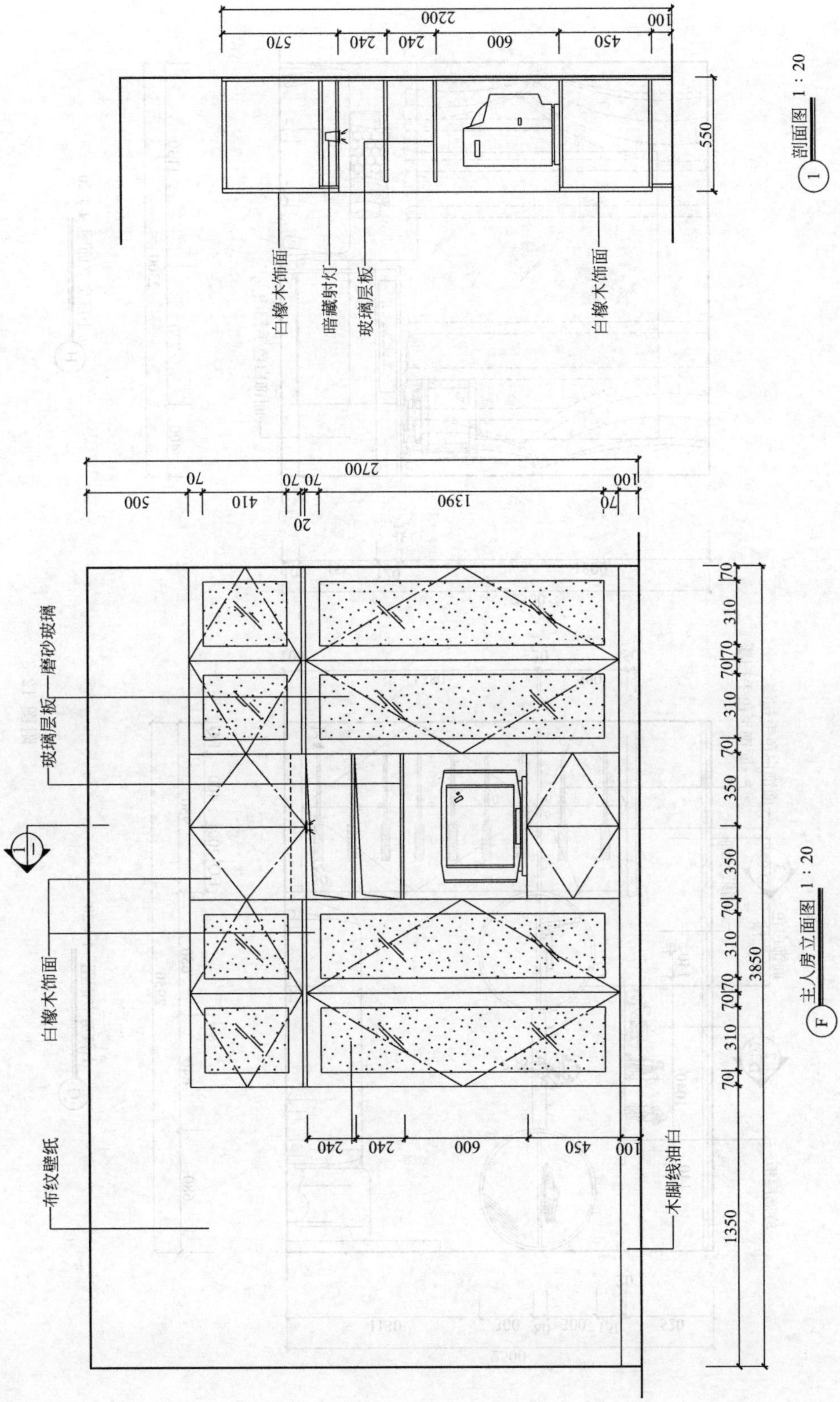

剖面图 1 : 20

① 剖面图 1 : 20

白橡木饰面
暗藏射灯
玻璃层板
白橡木饰面

2200
570　240　240　600　450　100
550

磨砂玻璃
玻璃层板
白橡木饰面
布纹壁纸

木脚线油白

2700
500　410　70 70　1390　100
70　70　20　70

70
310　70 70　310　70　350　350　70　310　70 70　310　70
3850
1350

240　240　600　450　100

F　主人房立面图 1 : 20

附图 12-7

237

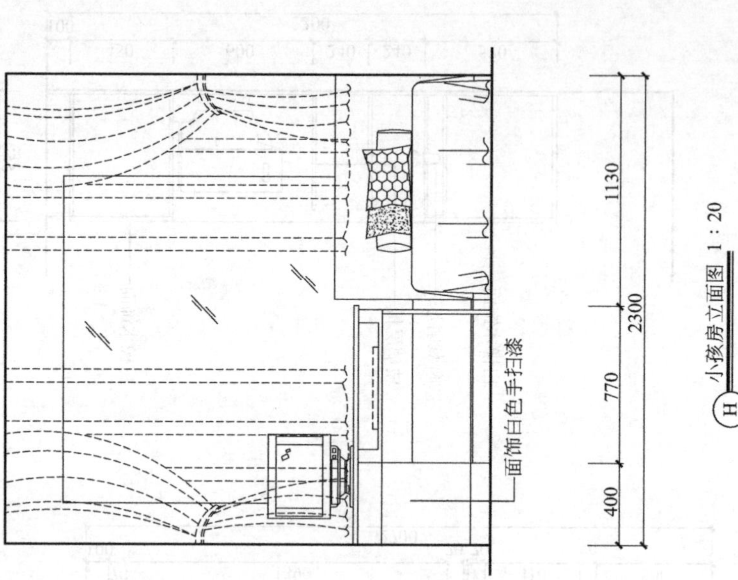

面饰白色手扫漆

小孩房立面图 1：20

Ⓗ

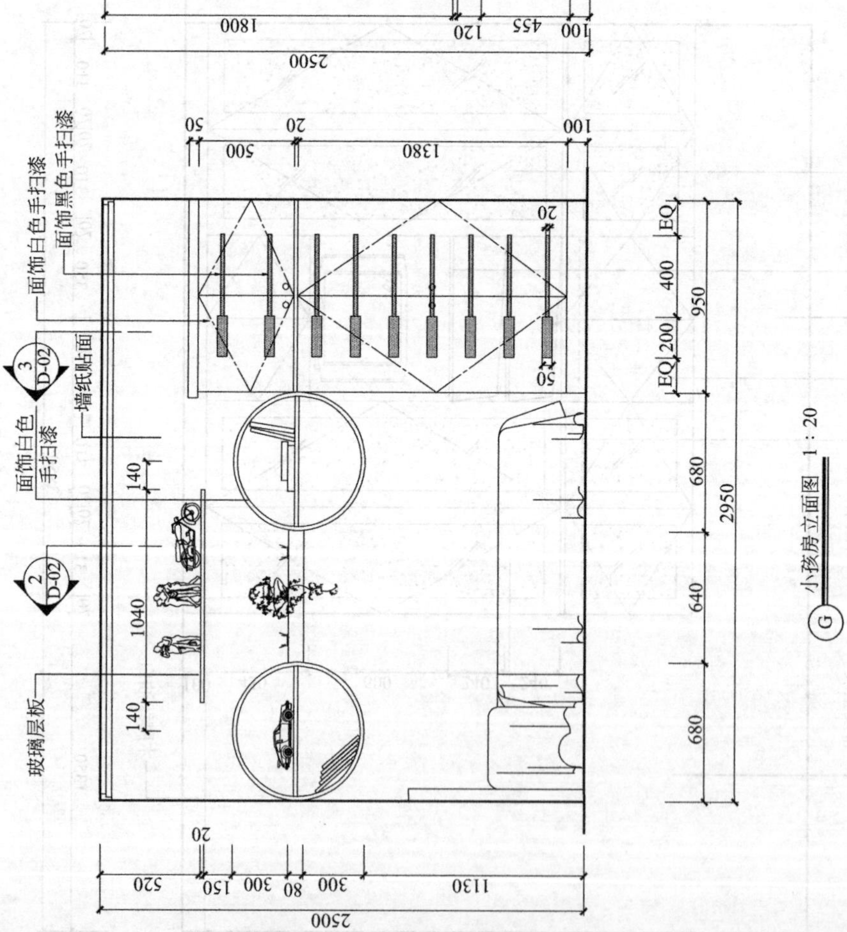

面饰白色手扫漆
面饰黑色手扫漆

3
D-02

面饰白色
手扫漆

墙纸贴面

2
D-02

玻璃层板

小孩房立面图 1：20

Ⓖ

附图 12-8

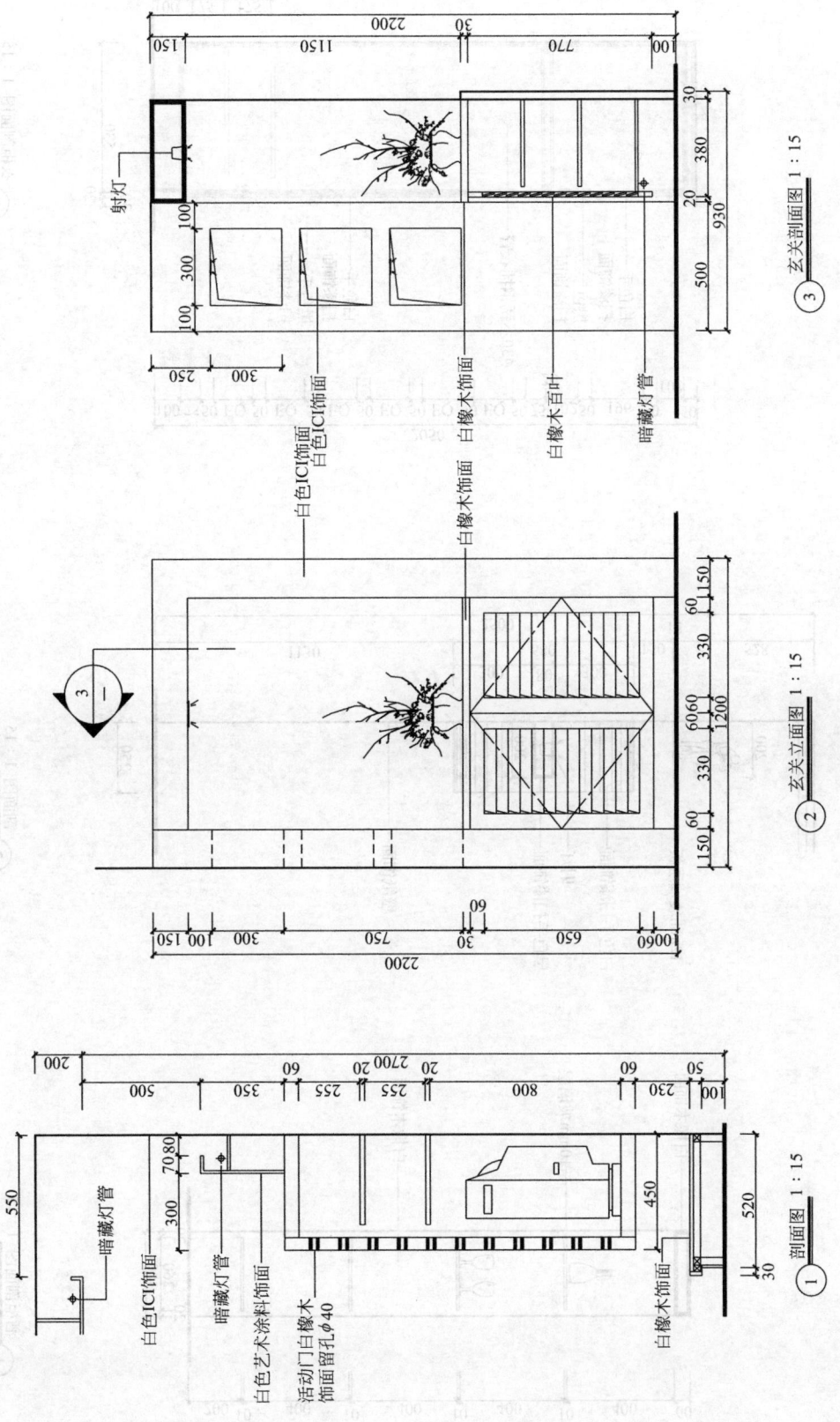

玄关剖面图 1 : 15　③

射灯

白色ICI饰面
白色ICI饰面
白橡木饰面
白橡木饰面
白橡木百叶
暗藏灯管

玄关立面图 1 : 15　②

附图 12-9

剖面图 1 : 15　①

暗藏灯管
白色ICI饰面
暗藏灯管
白色艺术涂料饰面
活动门白橡木
饰面留孔φ40
白橡木饰面

239

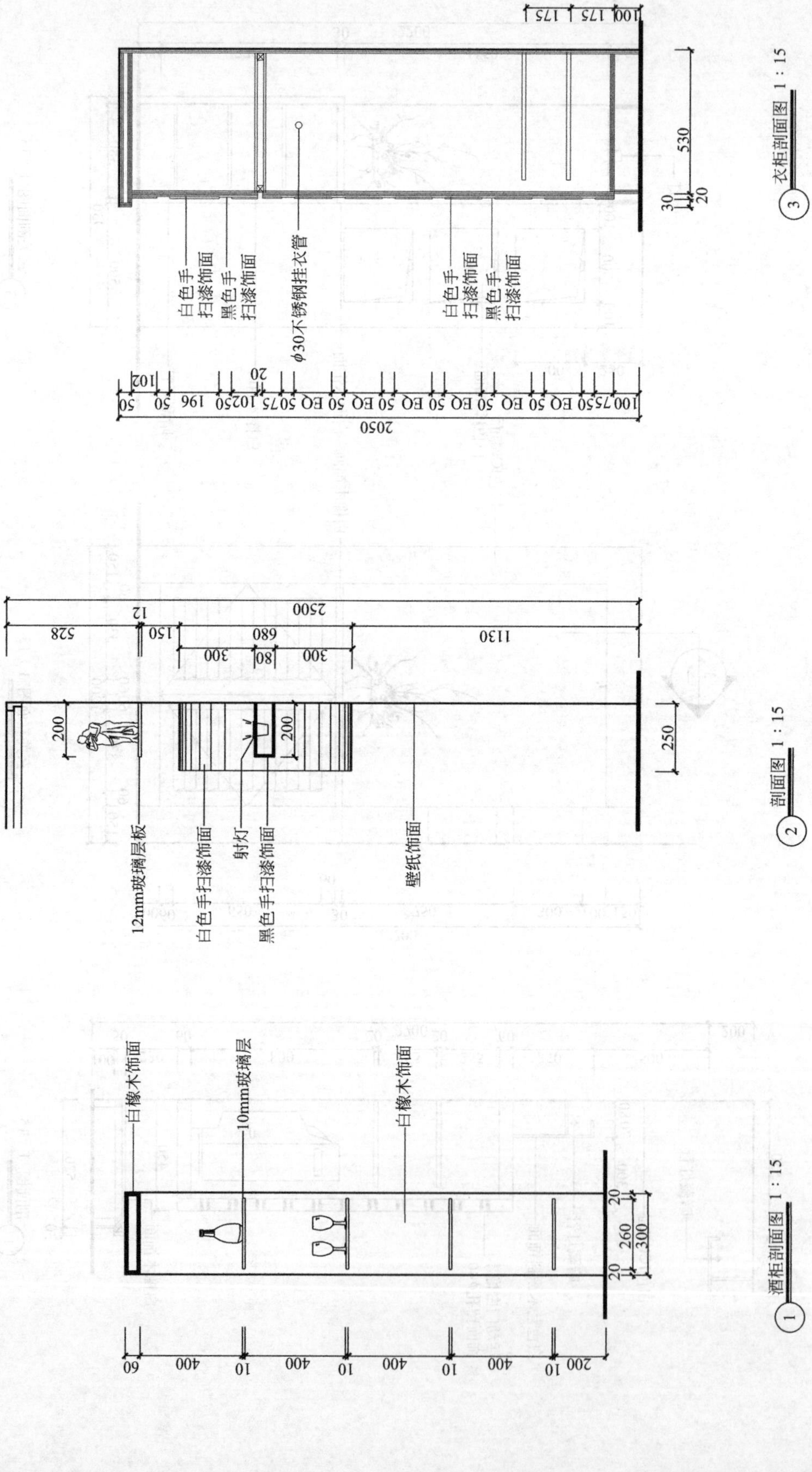

衣柜剖面图 1：15 ③

白色手
扫漆饰面
黑色手
扫漆饰面
φ30不锈钢挂衣管

白色手
扫漆饰面
黑色手
扫漆饰面

剖面图 1：15 ②

12mm玻璃层板
白色手扫漆饰面
射灯
黑色手扫漆饰面
壁纸饰面

附图 12-10

白橡木饰面
10mm玻璃层
白橡木饰面

酒柜剖面图 1：15 ①

某小区样板房四室二厅工程图纸

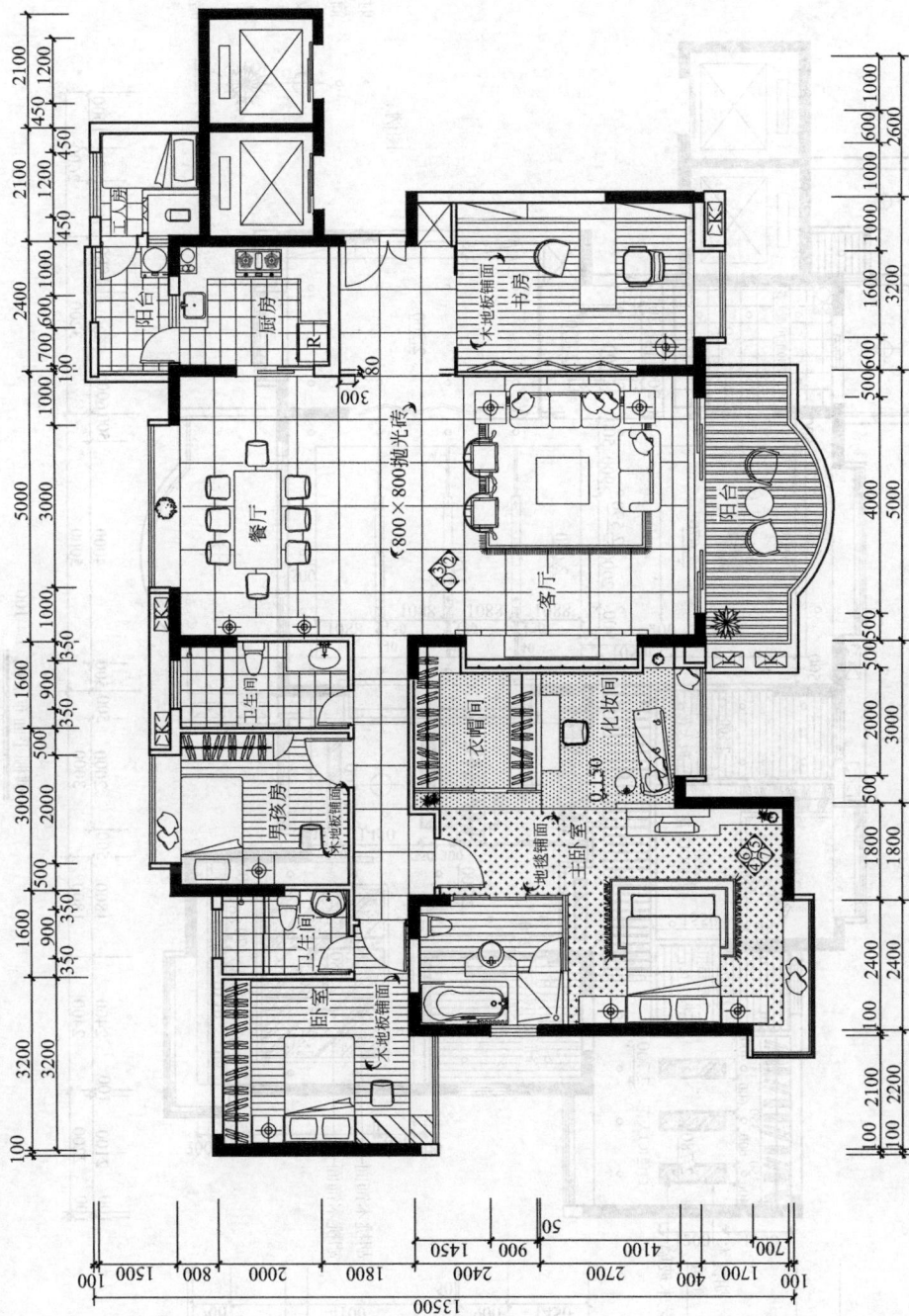

厨房

阳台

餐厅

书房

客厅

阳台

800×800抛光砖

卫生间

男孩房

卫生间

衣帽间

化妆间

主卧室

卧室

平面布置图 1：100

附图 12-11

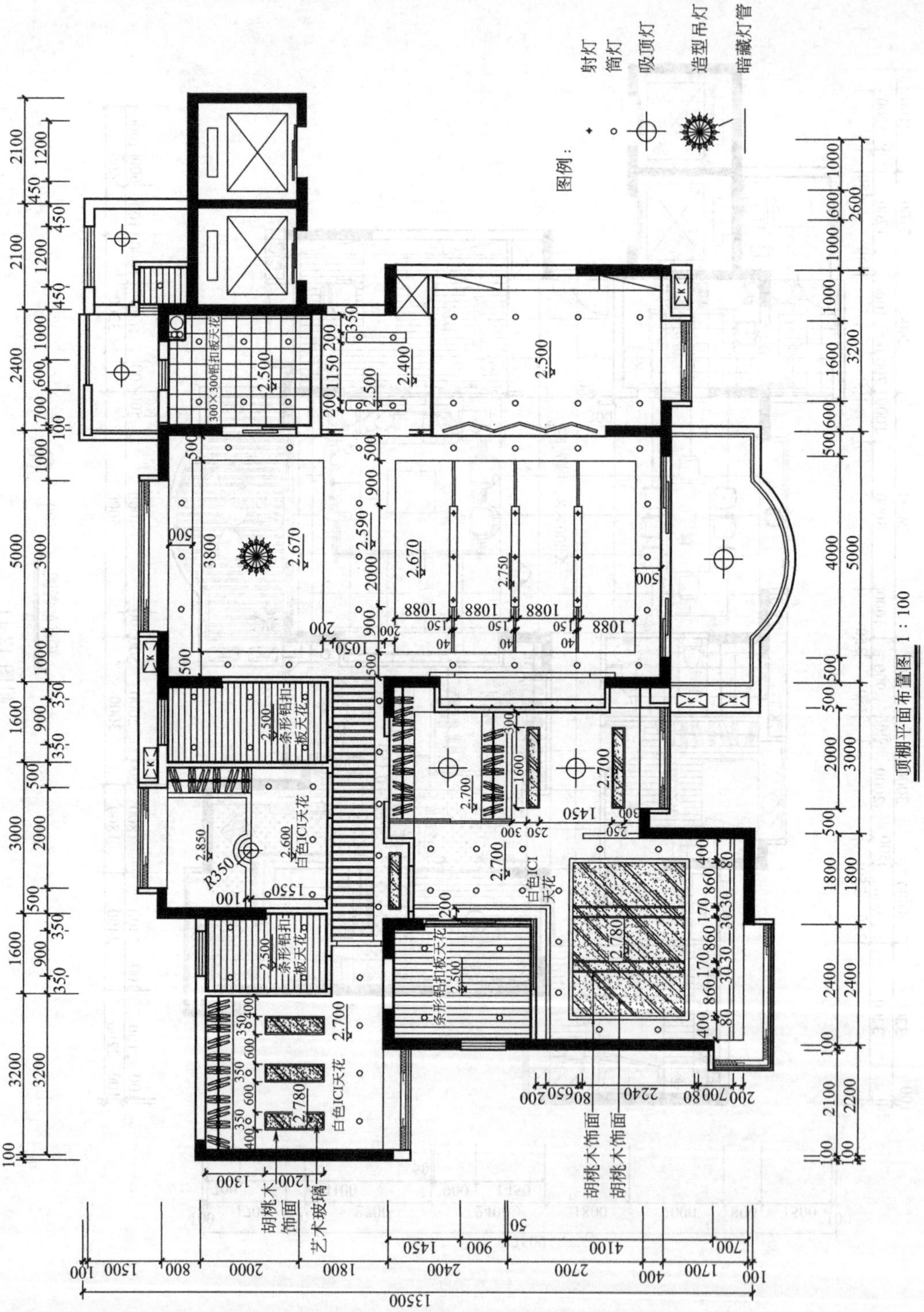

图例：

射灯
筒灯
吸顶灯
造型吊灯
暗藏灯管

2.500
2.400
2.500

300×300铝扣板天花
2.500
2.400

2.670
3800
2.590
2.670
2.750

I088
I088
I088
I088
150
150
150
40
40
40

2.500
条形铝扣板天花

白色ICI天花
2.600
2.850
R350
1550
100

2.500
条形铝扣板天花

2.700
1450
250 300
250

2.700
1600
2.700

白色ICI天花

2.780

条形铝扣板天花
2.500

2.700
白色ICI天花
2.780

胡桃木饰面
艺术玻璃
1300
1200

胡桃木饰面
胡桃木饰面

顶棚平面布置图 1：100

附图 12-12

窗花（雅堂 E-1007）

榆木连三柜（雅堂 C-1005）

亚麻墙纸饰面

亚麻墙纸饰面

内藏射灯

裂纹玻璃

榆木三抽四门被搁（雅堂 C-1027）

20mm 宽缝

胡桃木饰面

2850
50
2010
2850
90
260 440 260

350
440
1670
900
1030
910
580
2540
580
900
9900

350
80
150
80 100

140
260 1340 1020 90
2850

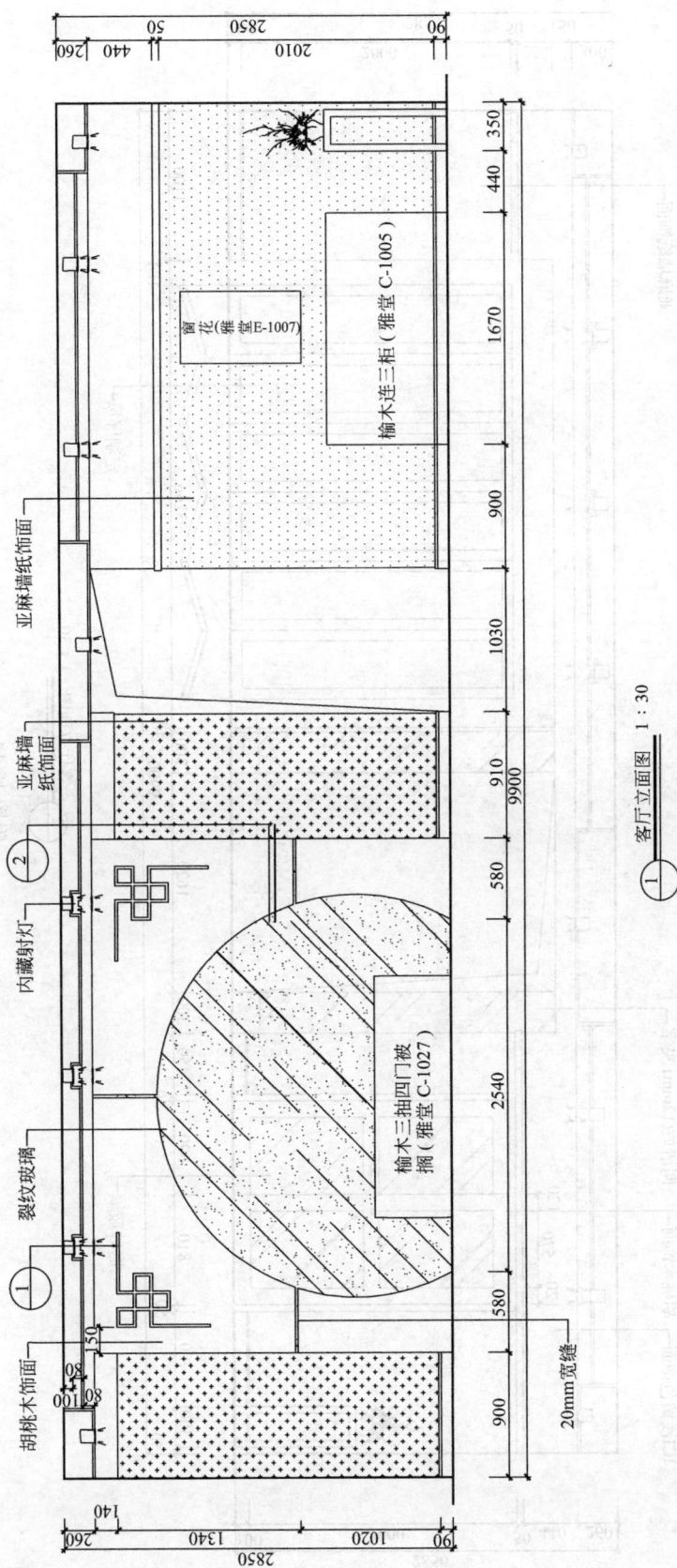

① 客厅立面图　1 : 30

附图 12-13

243

亚麻墙纸饰面

定制屏风

1100

184

3266

9900

300
30

1620

300

450

50

690

810

50

700

300
50

120

570

120

两清玻(12mm)夹字

胡桃木饰面

ICI浅黄色饰面

磨砂玻璃

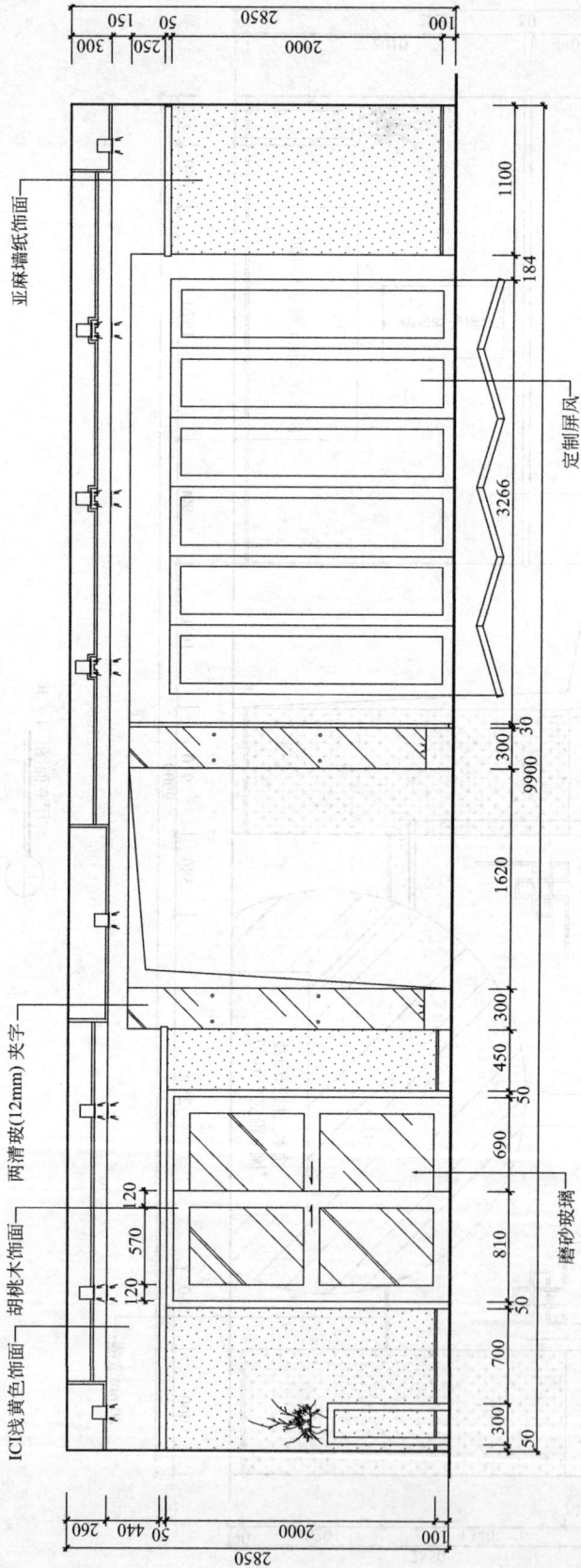

②　客厅立面图　1：30

附图 12-14

2850
150
50
2850
2000
300
250

2850
260
440
50
2000
100

244

凹槽内藏灯

亚麻墙纸饰面

亚麻墙纸饰面

ICI浅黄色饰面

胡桃木饰面

榆木连三柜

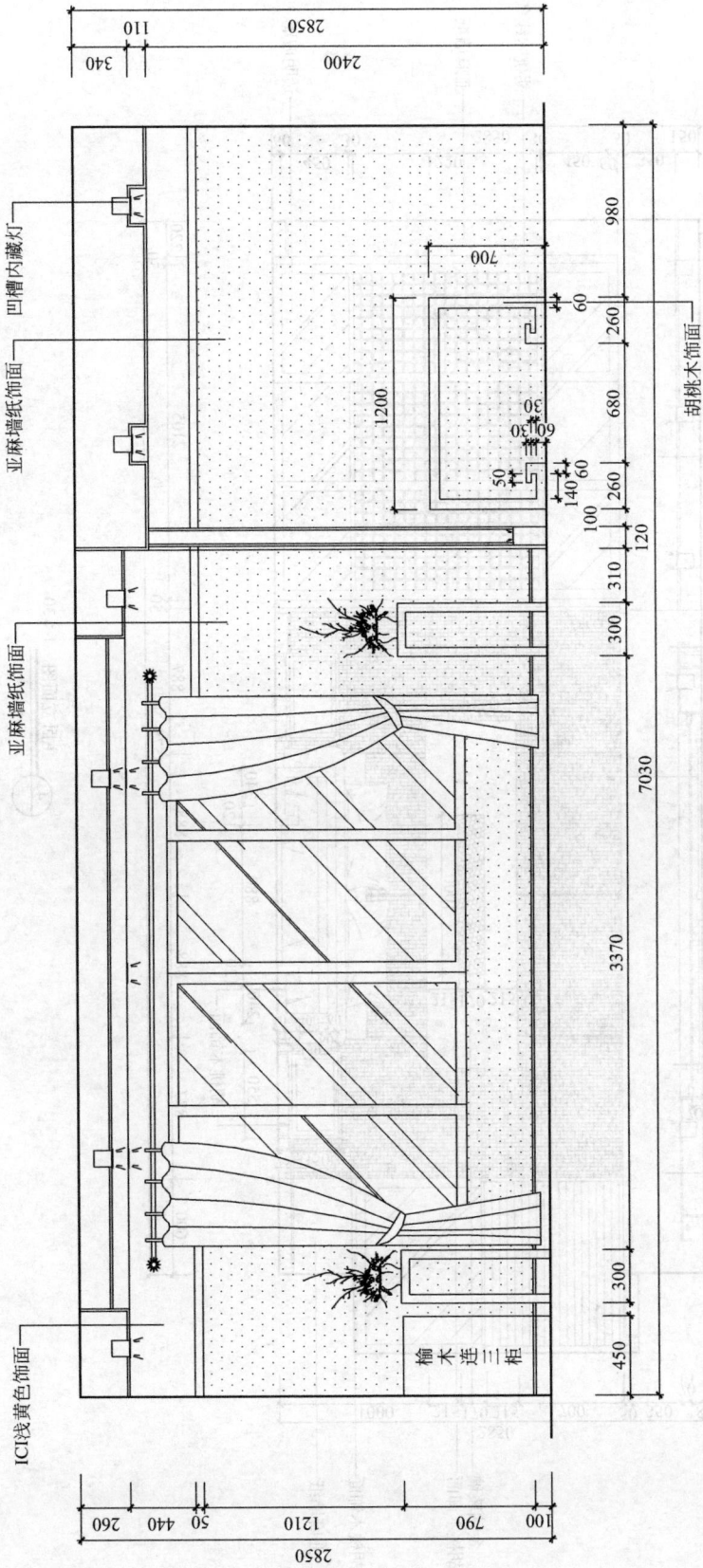

客厅立面图　1 : 30

③

附图 12-15

2850
110

2400
340

980

700

60

260

1200

30

60 30

50

140 60

260

100

120

310

300

7030

3370

300

450

2850

260 440

50

1210

790

100

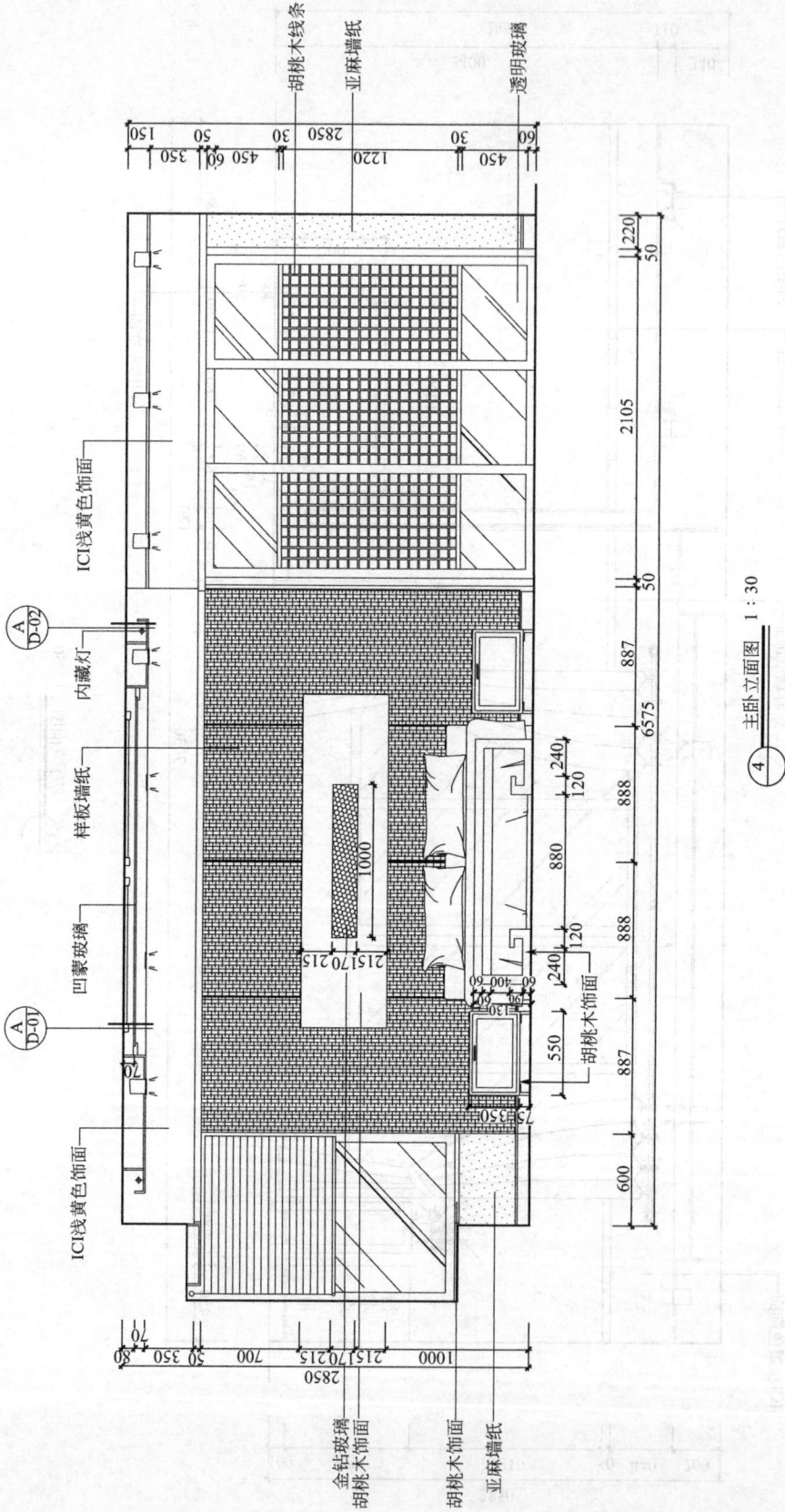

胡桃木线条　亚麻墙纸　透明玻璃

ICI浅黄色饰面

内藏灯　样板墙纸　凹蒙玻璃　ICI浅黄色饰面

金钻玻璃　胡桃木饰面　胡桃木饰面　亚麻墙纸

胡桃木饰面

主卧立面图　1：30

附图 12-16

胡桃木饰面

黑金沙大理石

内藏灯管

亚麻墙纸

凹蒙玻璃

ICI浅黄色饰面

ICI浅黄色饰面

胡桃木线条

胡桃木线条

磨砂玻璃

透明玻璃

80　350　50
1000
760
200　150

70
350
2850
40

1225

200

1000

600

200

1075

350

650

650

60
150

60　350

6600

150

60
350　350

30　400　30

400　60

50

50　400

30

1170

2700

5

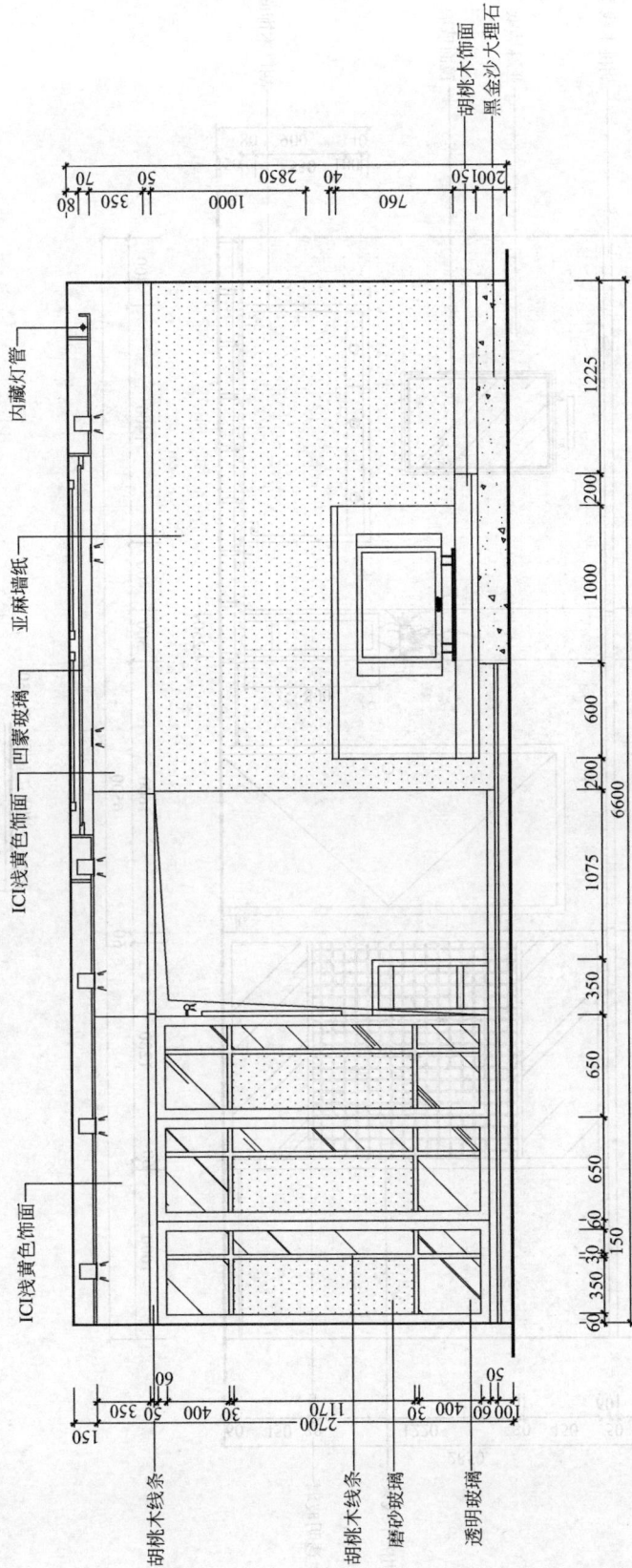

主卧立面图　1:30

附图 12-17

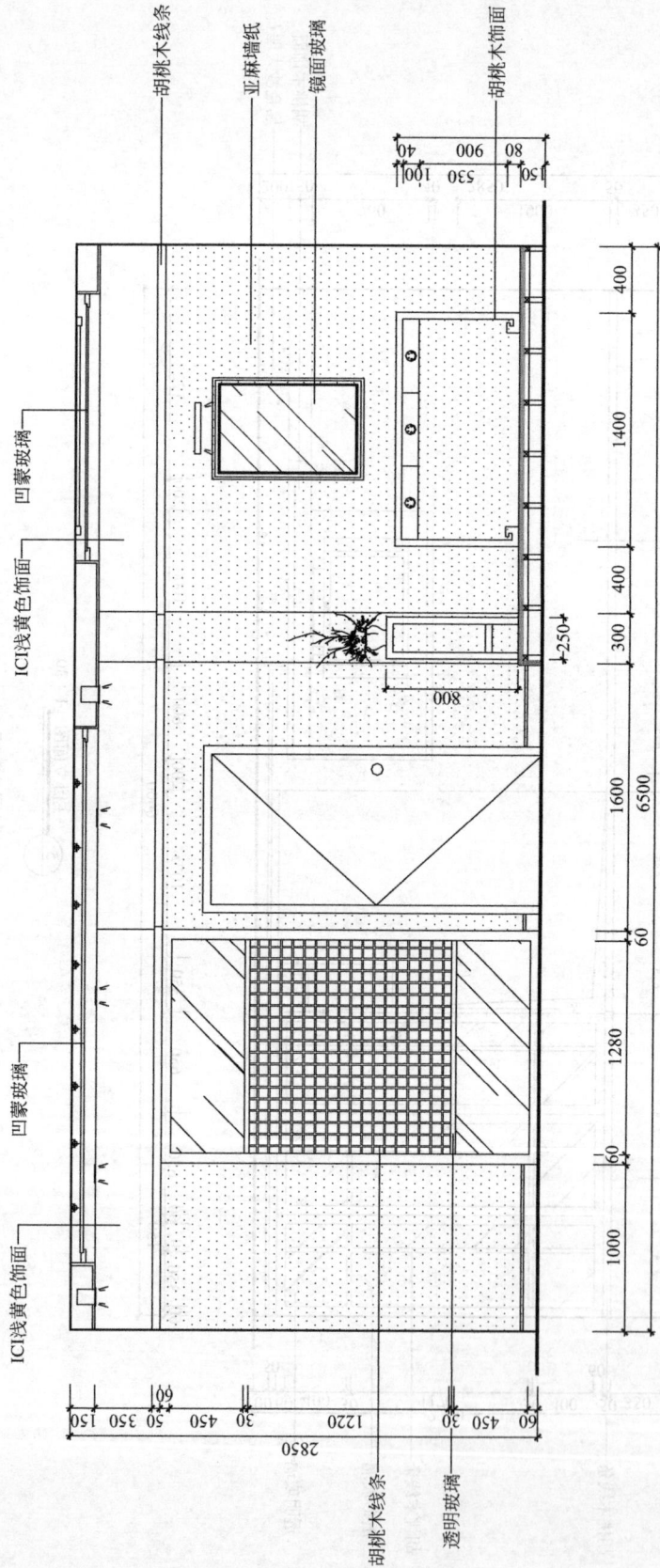

主卧立面图 1:30

附图 12-18

胡桃木线条
亚麻墙纸
镜面玻璃
胡桃木饰面

凹蒙玻璃
ICI浅黄色饰面

凹蒙玻璃
ICI浅黄色饰面

胡桃木线条
透明玻璃

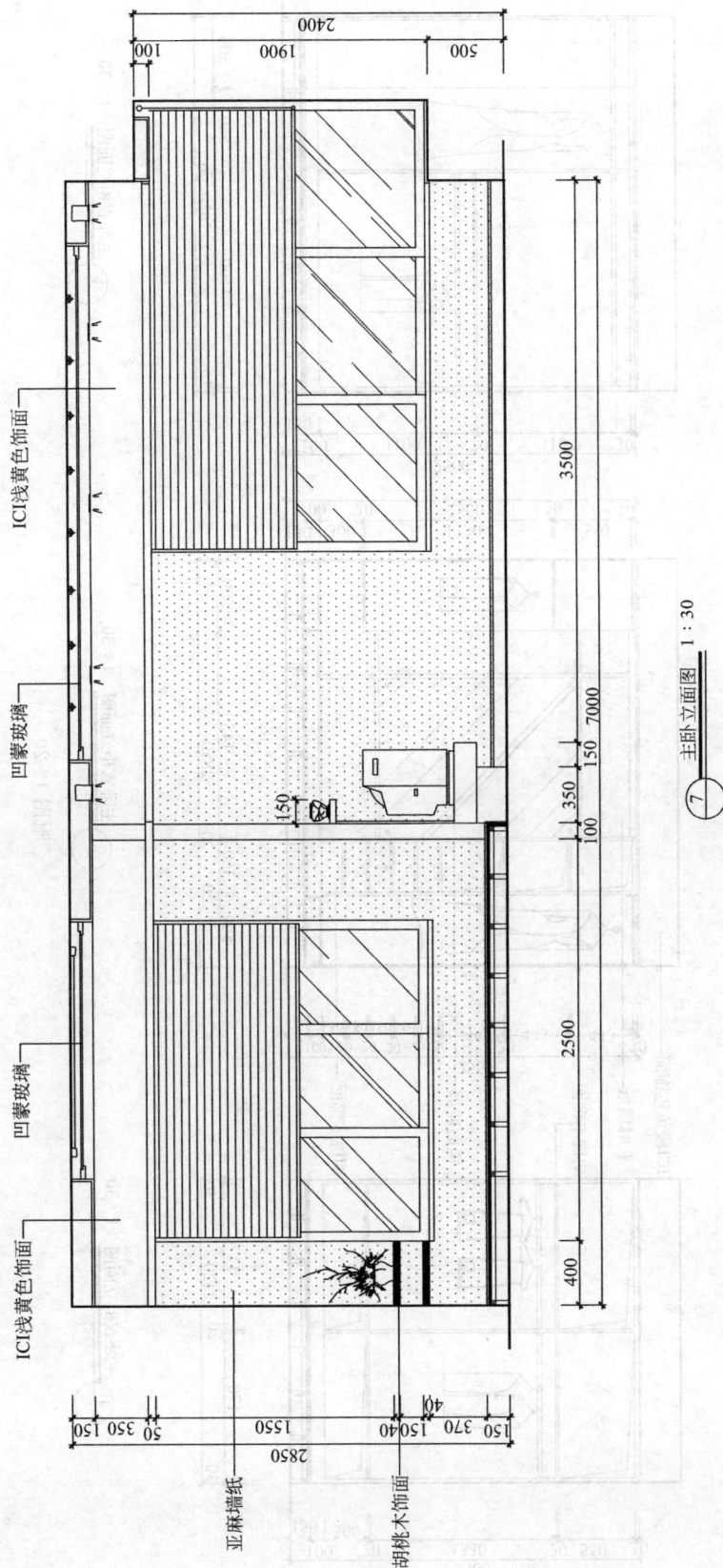

ICI浅黄色饰面

凹蒙玻璃

凹蒙玻璃

ICI浅黄色饰面

亚麻墙纸

胡桃木饰面

主卧立面图　1 : 30

⑦

附图 12-19

2400
1900
100
500

3500

7000
150
150

350
100

2500

400

2850
150
350
150
50
1550
370
150 40 40
150

150

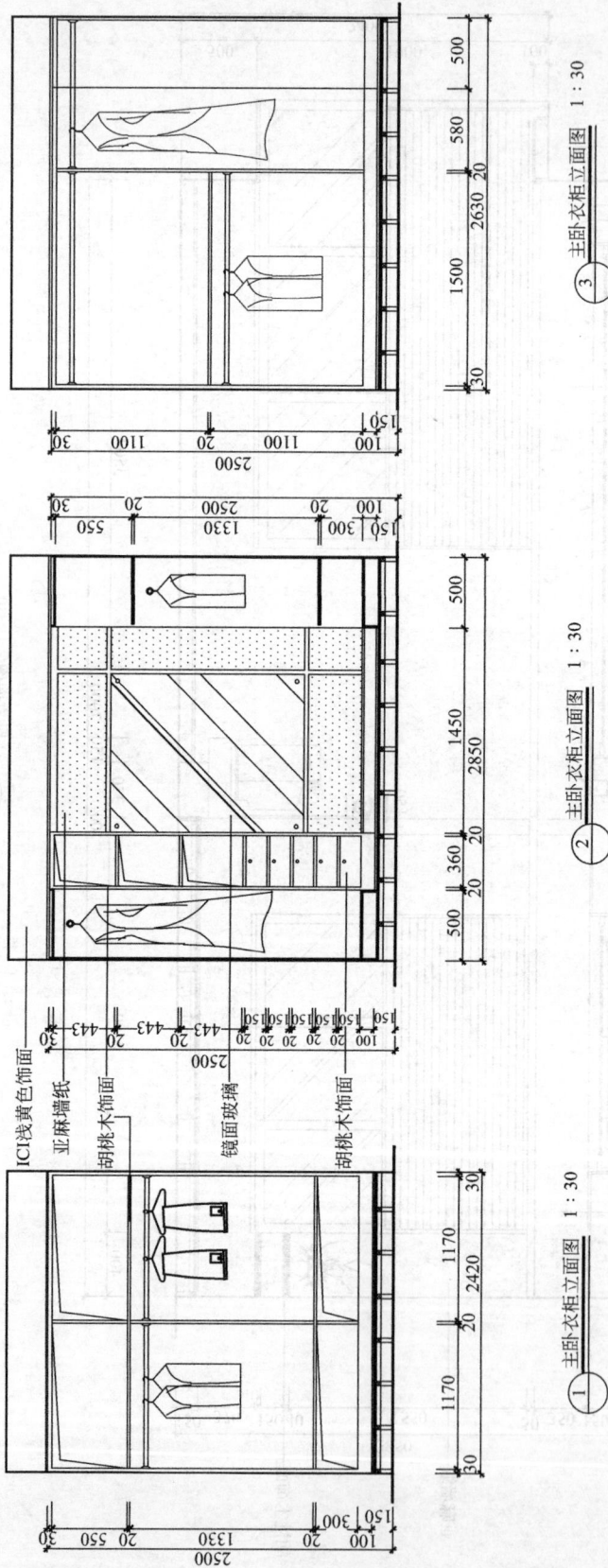

主卧衣柜立面图 1:30 ③

主卧衣柜立面图 1:30 ②

主卧衣柜立面图 1:30 ①

附图 12-20

ICI浅黄色饰面
亚麻墙纸
胡桃木饰面
镜面玻璃
胡桃木饰面

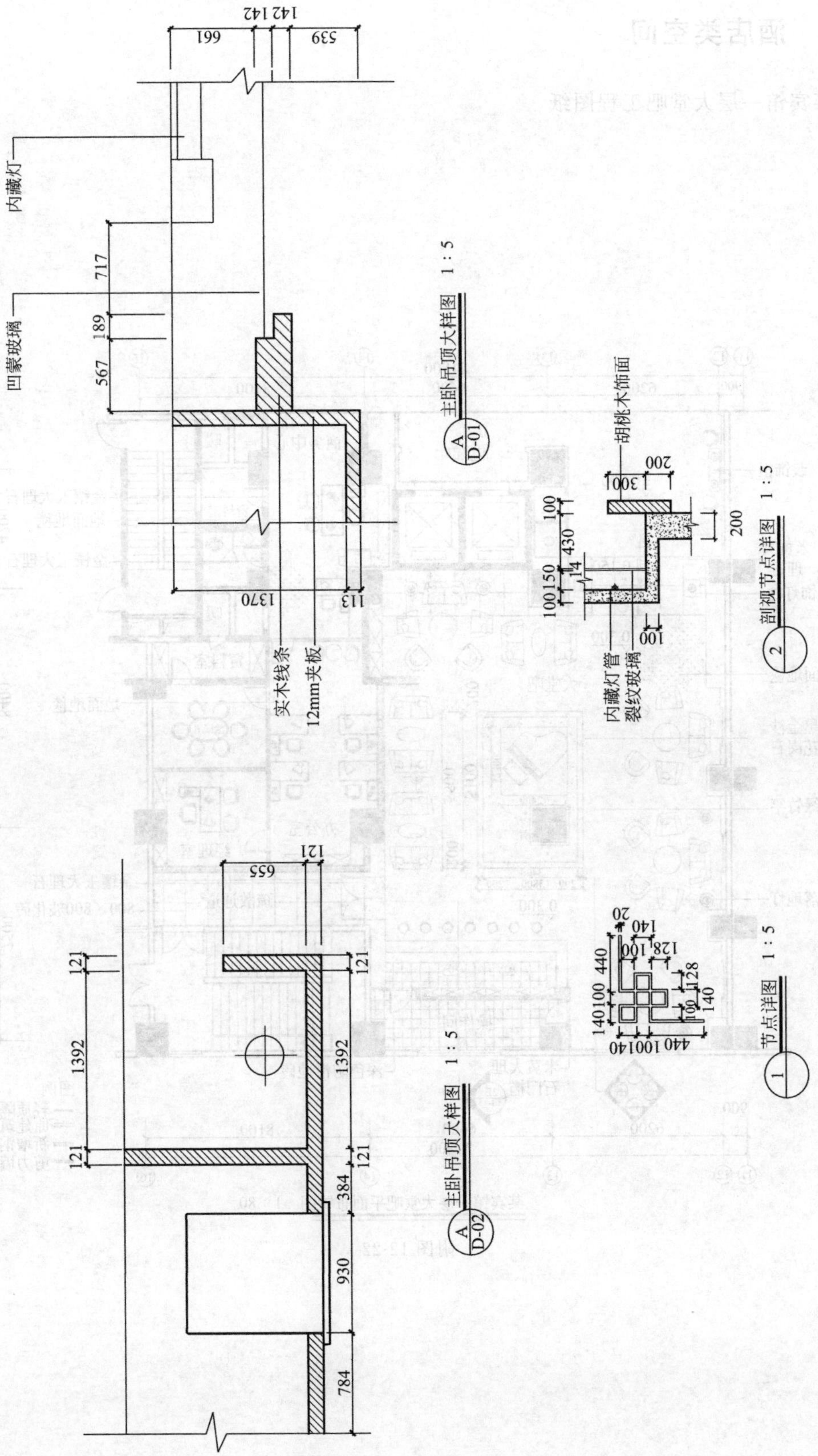

内藏灯

凹蒙玻璃

717

189

567

661

539

142 142

1370

113

实木线条

12mm夹板

主卧吊顶大样图　1:5

A
D-01

胡桃木饰面

300

200

100

430

100 150

14

200

内藏灯管

裂纹玻璃

100

剖视节点详图　1:5

2

20

140

128 100

128

140

140 100 100

440

440 100 140

节点详图　1:5

1

附图 12-21

655

121

121

121

1392

1392

121

121

384

930

784

主卧吊顶大样图　1:5

A
D-02

12.2 酒店类空间

某宾馆一层大堂吧工程图纸

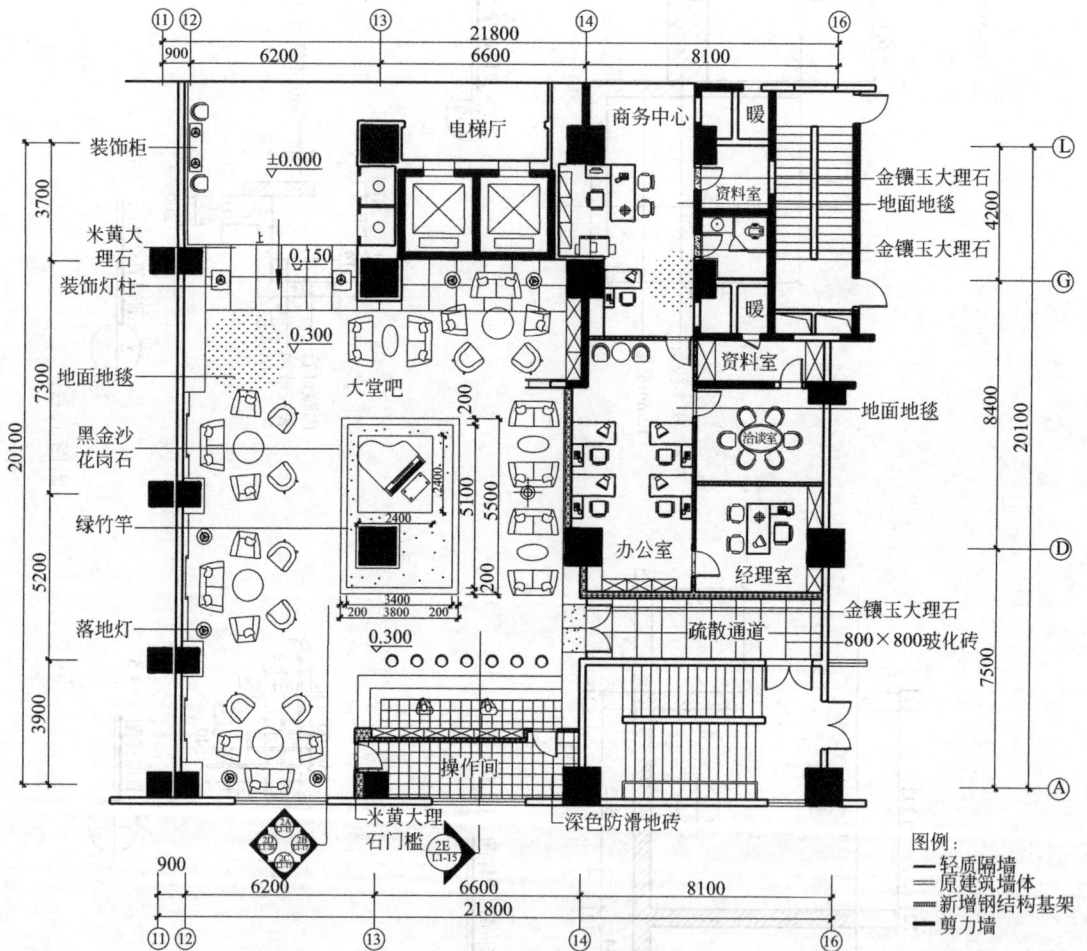

某宾馆一层大堂吧平面布置图 1:80

附图 12-22

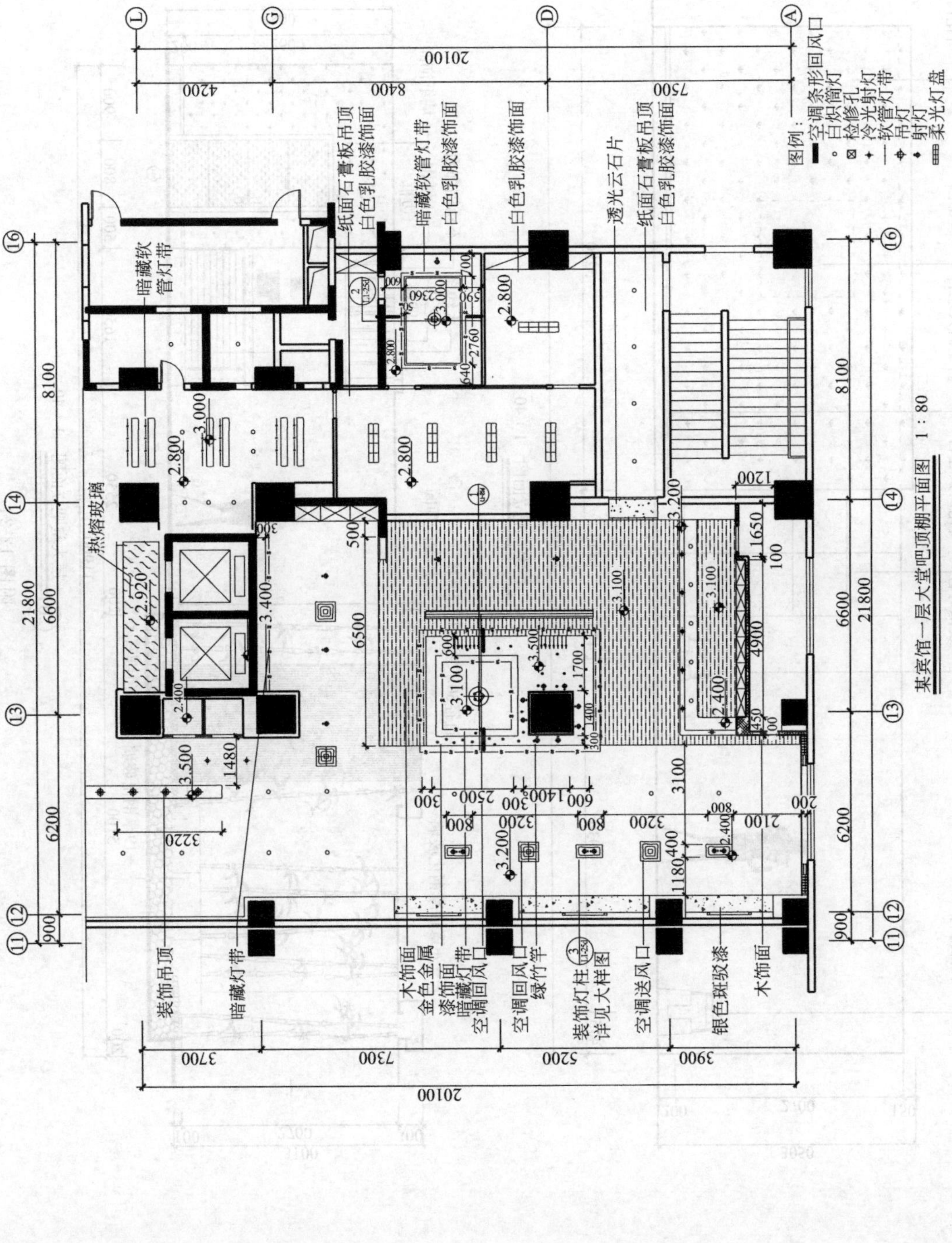
暗藏软管灯带
热熔玻璃
纸面石膏板吊顶
白色乳胶漆饰面
暗藏软管灯带
白色乳胶漆饰面
白色乳胶漆饰面
透光云石片
纸面石膏板吊顶
白色乳胶漆饰面
图例：
空调条形回风口
白炽筒灯
检修孔
冷光射灯
软管灯带
吊灯
射灯
柔光灯盘
装饰吊顶
暗藏灯带
木饰面
金色金属
漆饰面
暗藏灯带
空调回风口
空调回风口
绿竹竿
装饰灯柱
详见大样图
空调送风口
银色斑驳漆
木饰面
20100
21800
8100
6600
6200
900

某宾馆一层大堂吧顶棚平面图　1∶80

附图 12-23

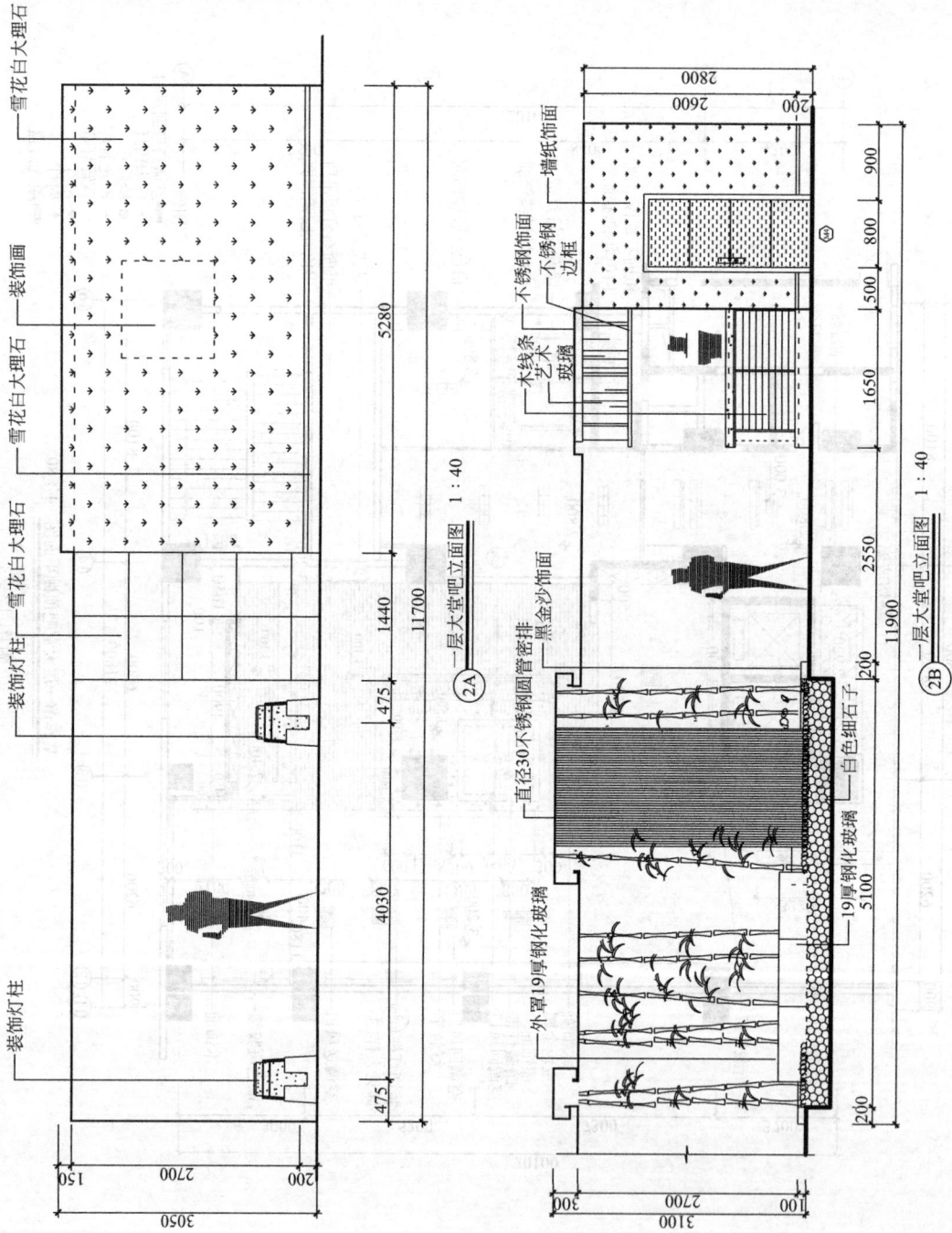

雪花白大理石

装饰画

雪花白大理石

雪花白大理石

装饰灯柱

装饰灯柱

5280

1440

475

4030

475

11700

2A 一层大堂吧立面图 1：40

150

2700

200

3050

墙纸饰面

不锈钢饰面

不锈钢边框

木线条艺术玻璃

2800

2600

200

900

800

500

1650

2550

5100

200

200

直径30不锈钢圆管密排

黑金沙饰面

外罩19厚钢化玻璃

19厚钢化玻璃

白色细石子

2B 一层大堂吧立面图 1：40

11900

300

2700

100

3100

附图 12-24

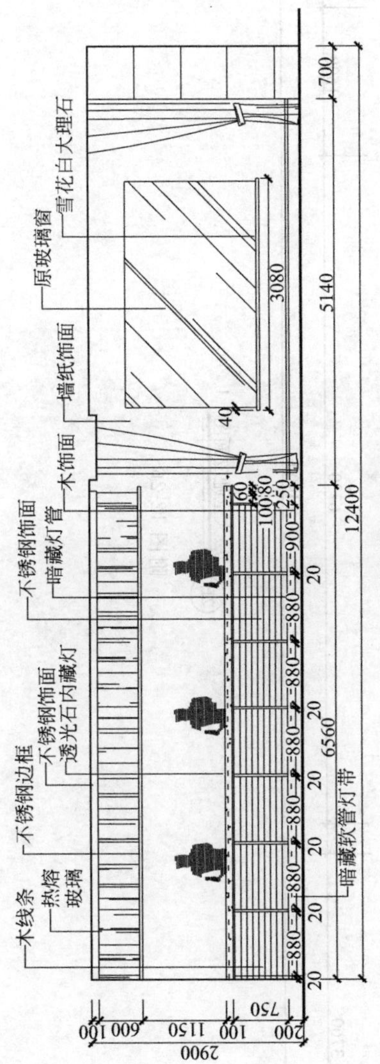

一层大堂吧立面图 1：40

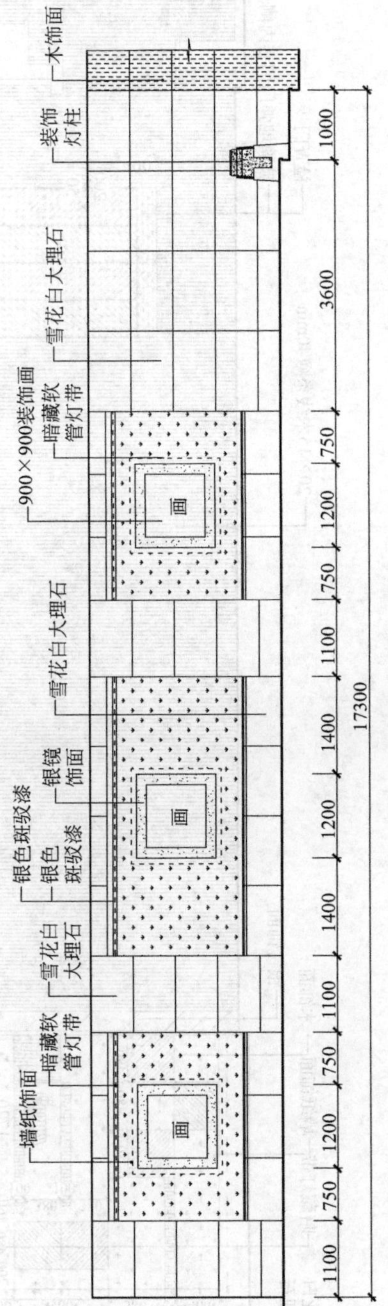

一层大堂吧立面图 1：40

附图 12-25

255

检查门

玻璃地弹门门套内侧透光石饰面

20×15木线条@40mm

2600

1500

6730

14900

银镜饰面

木饰面

墙纸饰面

暗藏灯带

雪花台

大理石

310

3760

200 480 160

300 100 580 960 300

400

200

50

480 480

480

1720

100 100

380 380

300

2400

200

2900

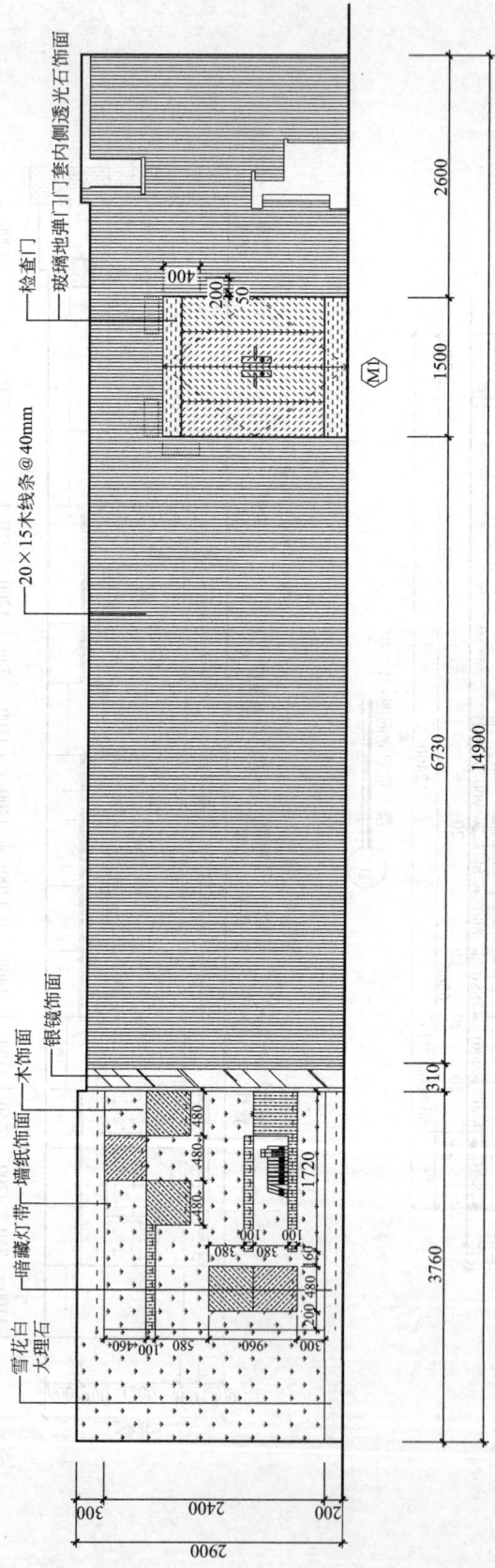

一层大堂吧立面图 1：40

2E

MI

附图 12-26

256

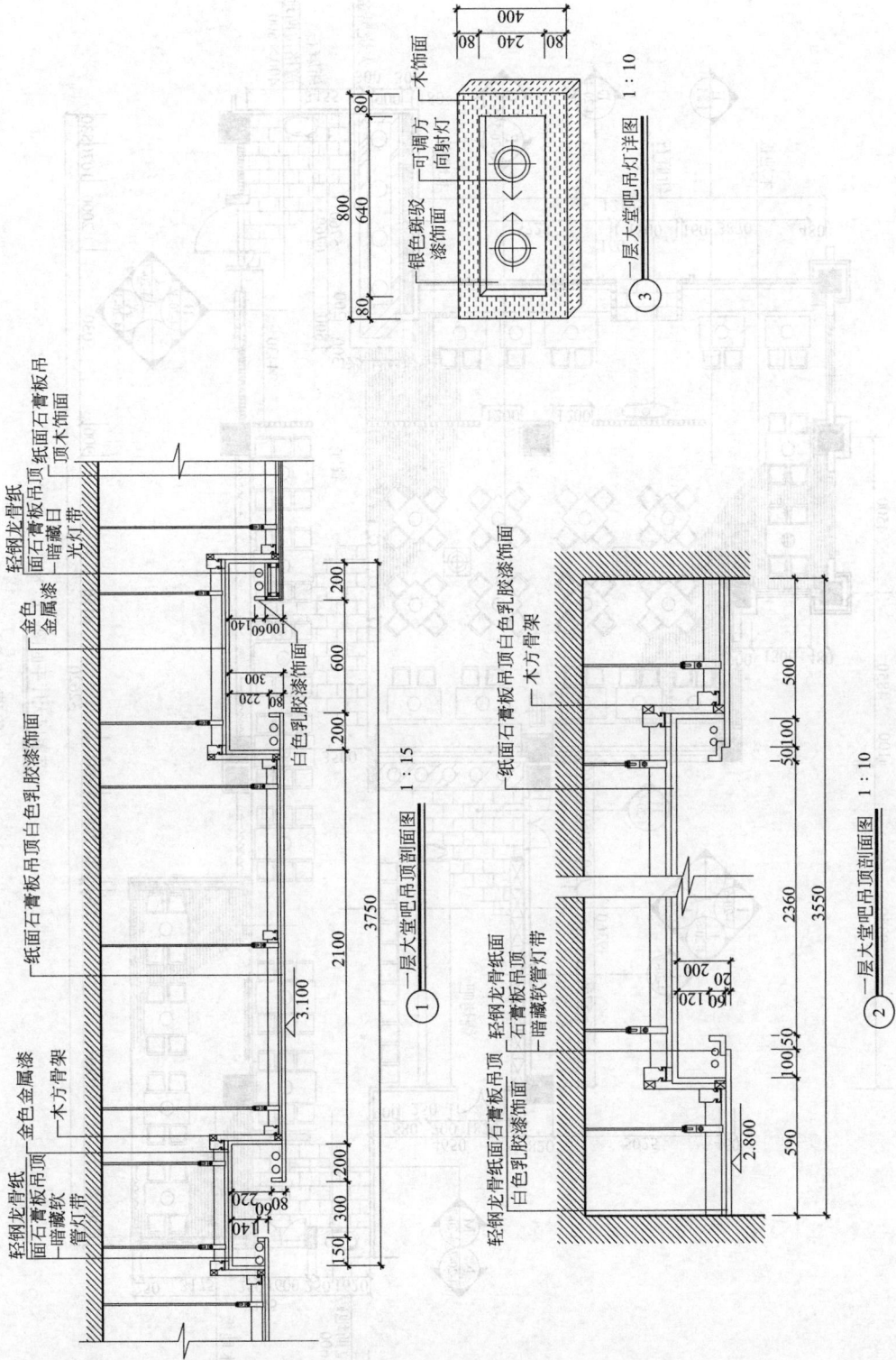

400

80 240 80

木饰面

800
640
80
80

可调方向射灯

银色斑级漆饰面

③ 一层大堂吧吊灯详图　1:10

轻钢龙骨纸面石膏板吊顶 纸面石膏板吊顶木饰面

轻钢龙骨纸面石膏板吊顶暗藏日光灯带

金色金属漆

100 60 140

300
220

600

200

200

纸面石膏板吊顶白色乳胶漆饰面

白色乳胶漆饰面

2100

3750

3.100

金色金属漆

木方背架

轻钢龙骨纸面石膏板吊顶暗藏软管灯带

80 60 220
40

300 200

150

① 一层大堂吧吊顶剖面图　1:15

纸面石膏板吊顶白色乳胶漆饰面

木方背架

500

50 100

轻钢龙骨石膏板吊顶暗藏软管灯带

2360

3550

60 120 200
20

轻钢龙骨纸面石膏板吊顶白色乳胶漆饰面

100 50

590

2.800

② 一层大堂吧吊顶剖面图　1:10

附图 12-27

257

某酒店餐厅工程图纸

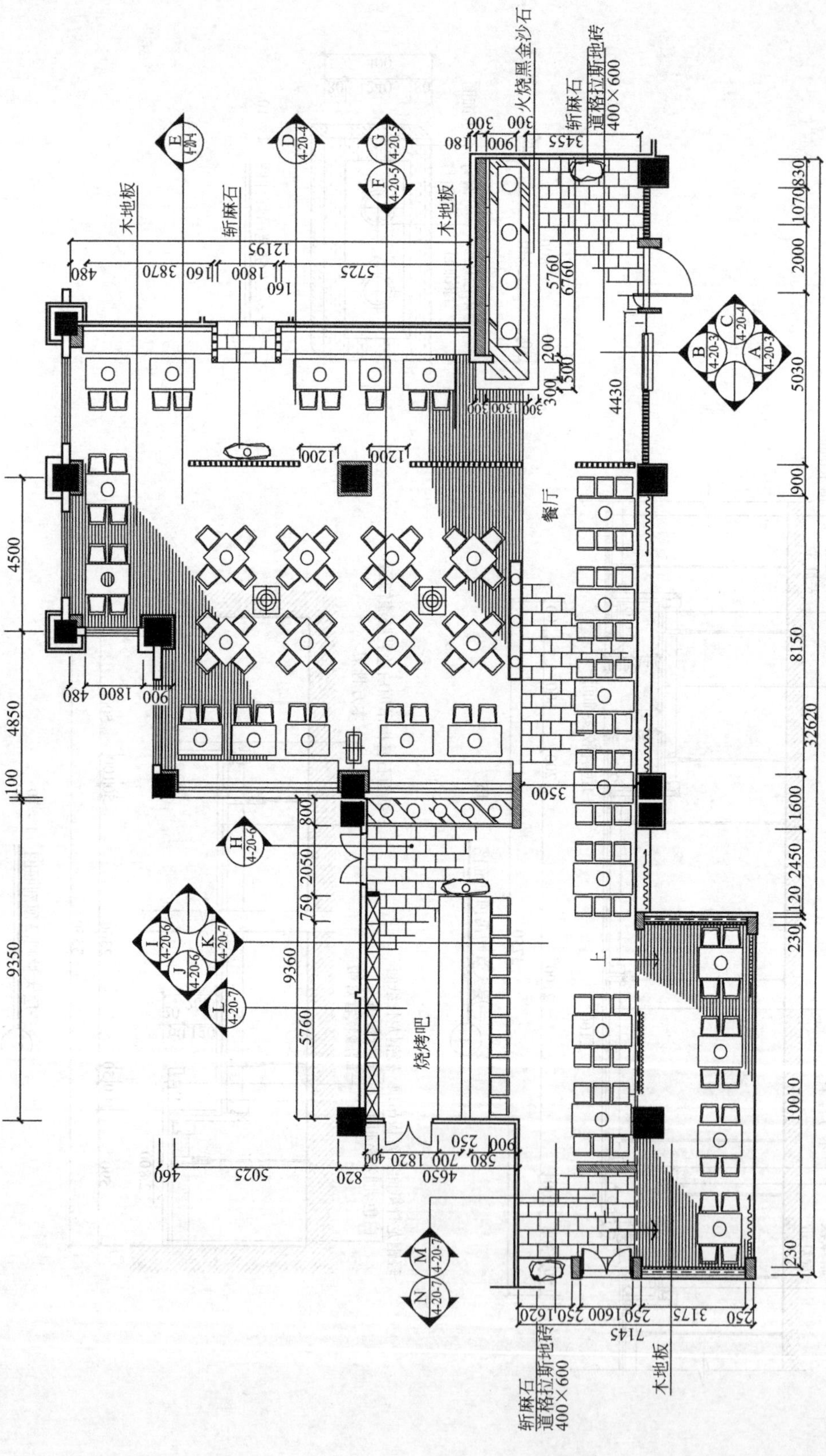

某餐厅大厅平面图 1：80

附图 12-28

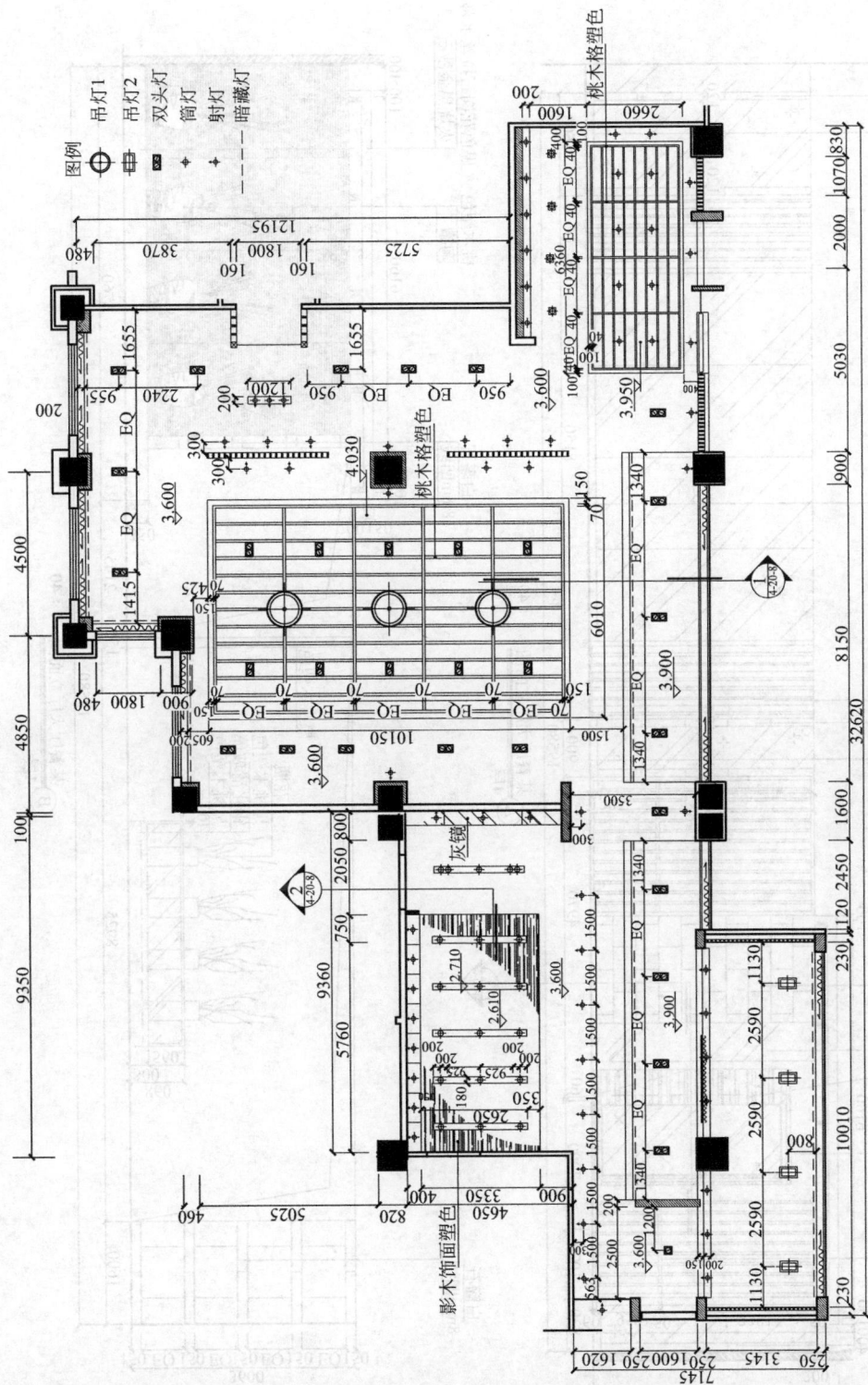

某餐厅大厅顶棚图　1：100

附图 12-29

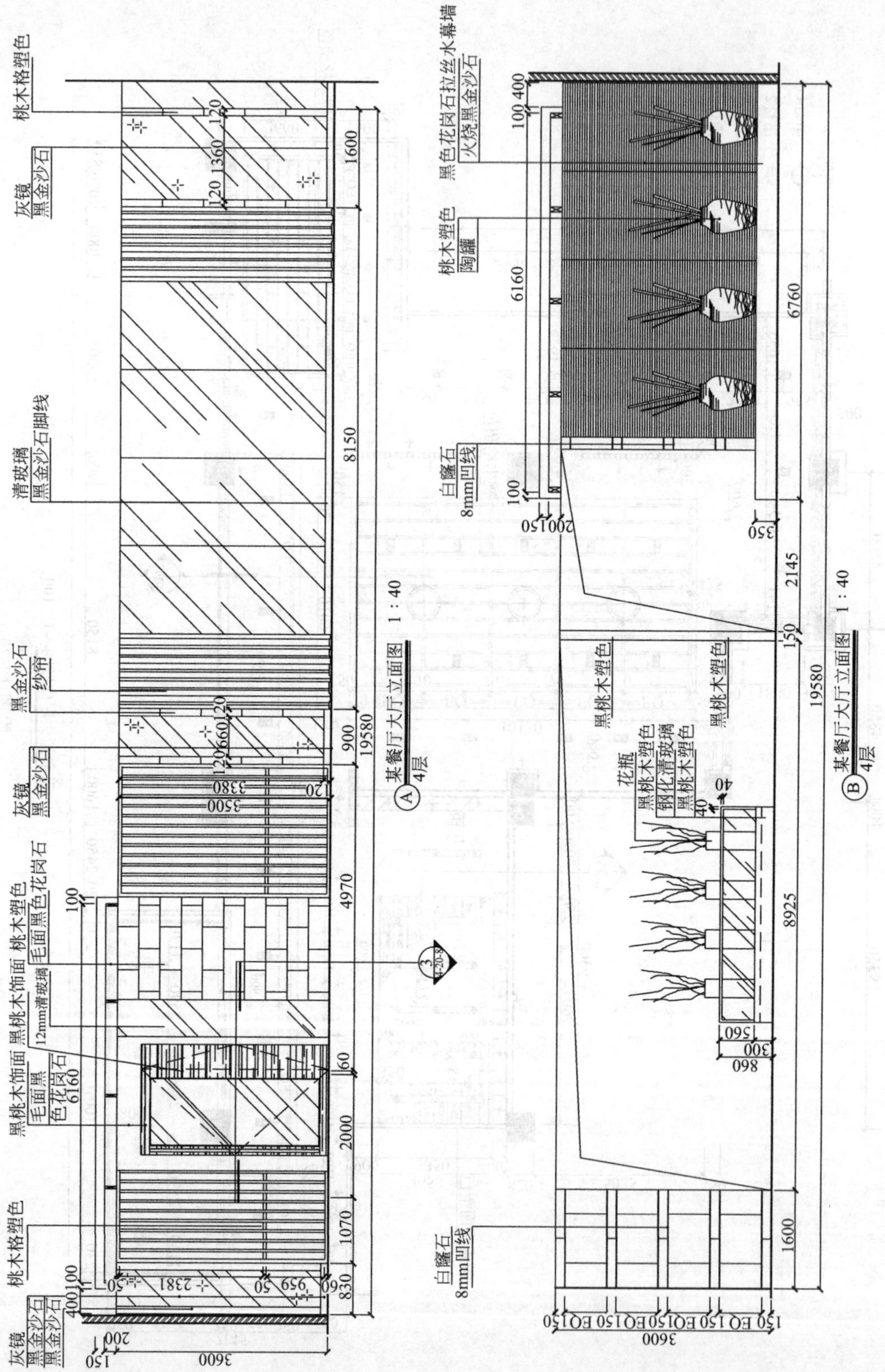

某餐厅大厅立面图　1：40

某餐厅大厅立面图　1：40

附图 12-30

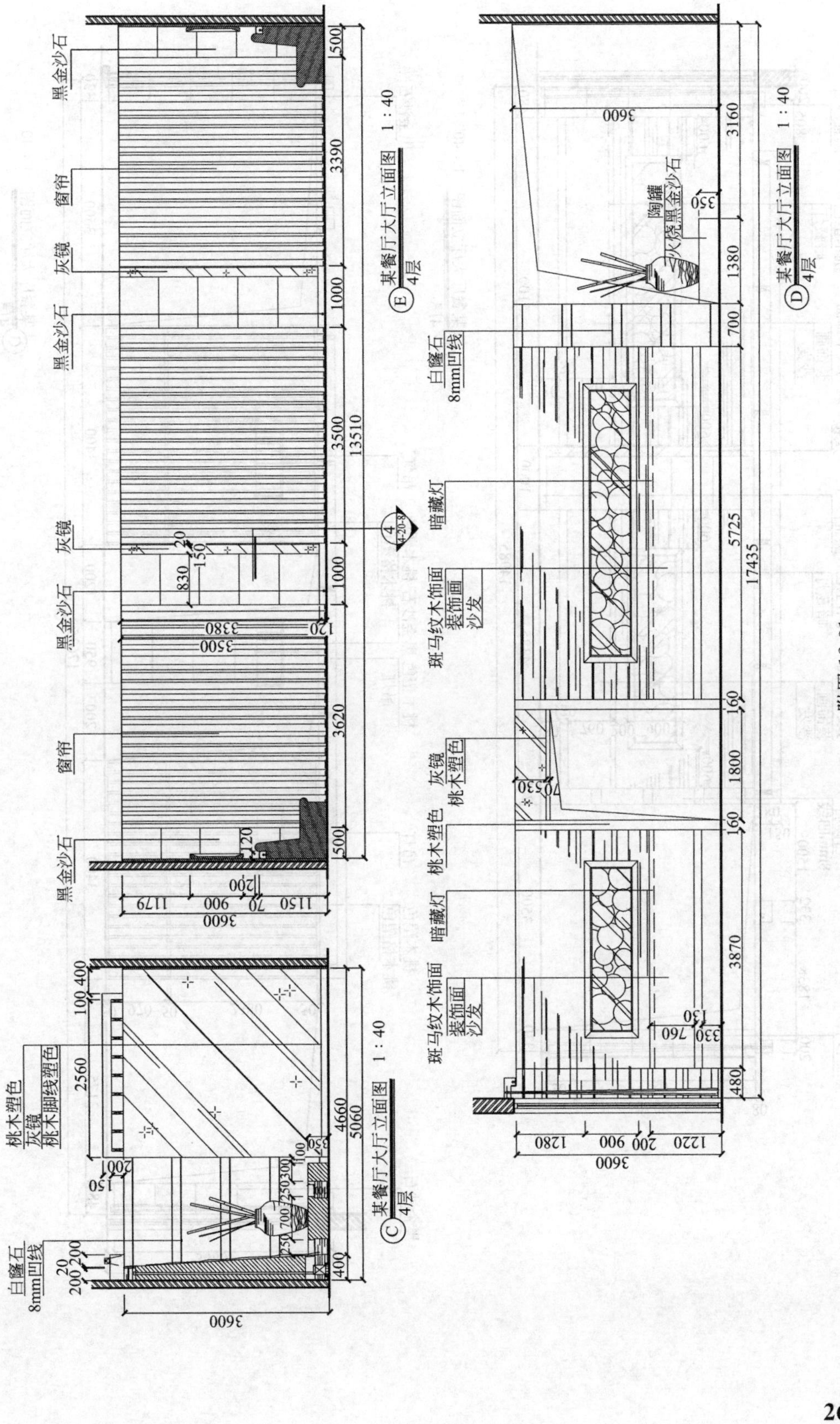
黑金沙石
窗帘
灰镜
黑金沙石
灰镜
黑金沙石
窗帘
黑金沙石
E 某餐厅大厅立面图 4层 1:40
白窿石
8mm凹线
桃木塑色
灰镜
桃木脚线塑色
C 某餐厅大厅立面图 4层 1:40
白窿石
8mm凹线
暗藏灯
斑马纹木饰面
装饰画
沙发
桃木塑色
灰镜
桃木塑色
陶罐
火烧黑金沙石
D 某餐厅大厅立面图 4层 1:40

附图 12-31

黑金沙石

黑金沙石

桃木塑色
暗藏灯

斑马纹木饰面
装饰画
沙发

灰镜

黑金沙石

桃木塑色
暗藏灯

斑马纹木饰面
装饰画
沙发

白麻石
8mm凹线

黑金沙石

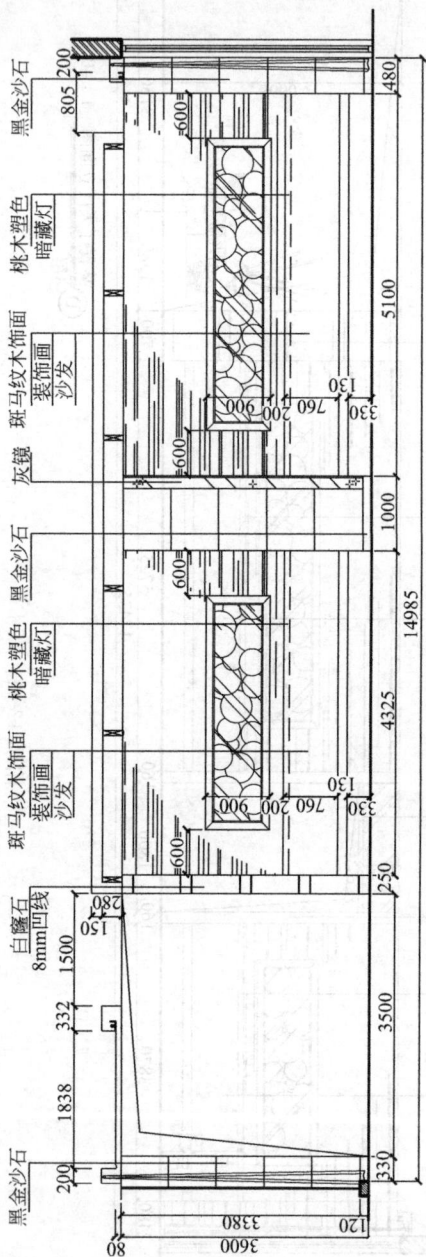

某餐厅大厅立面图 1：40

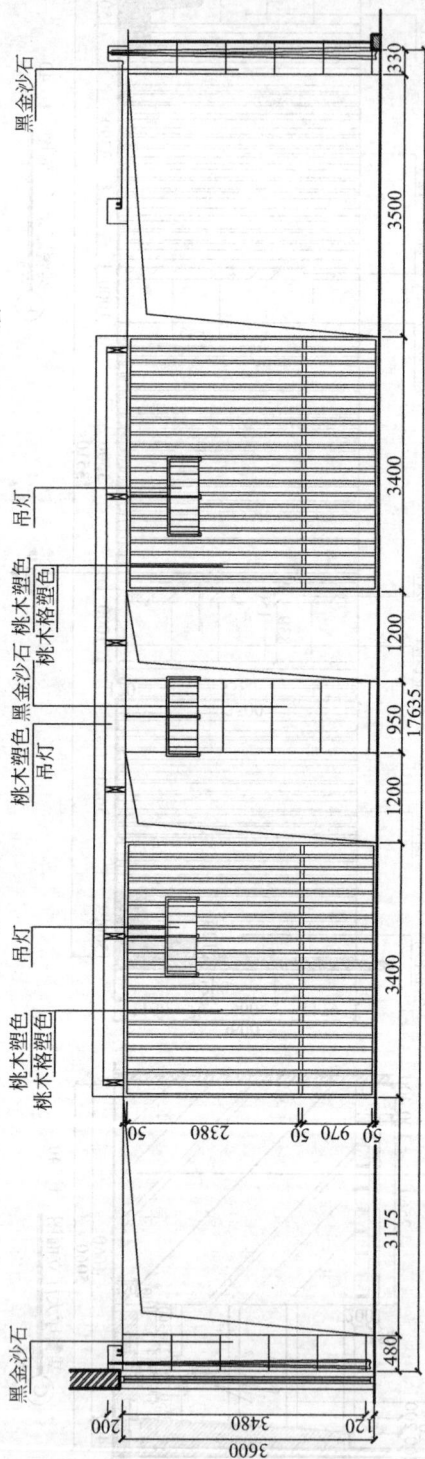

Ⓕ 4层

黑金沙石

吊灯

桃木塑色 桃木塑色
黑金沙石 桃木格珊色

吊灯

桃木塑色
桃木格珊色

黑金沙石

某餐厅大厅立面图 1：40

Ⓖ 4层

附图 12-32

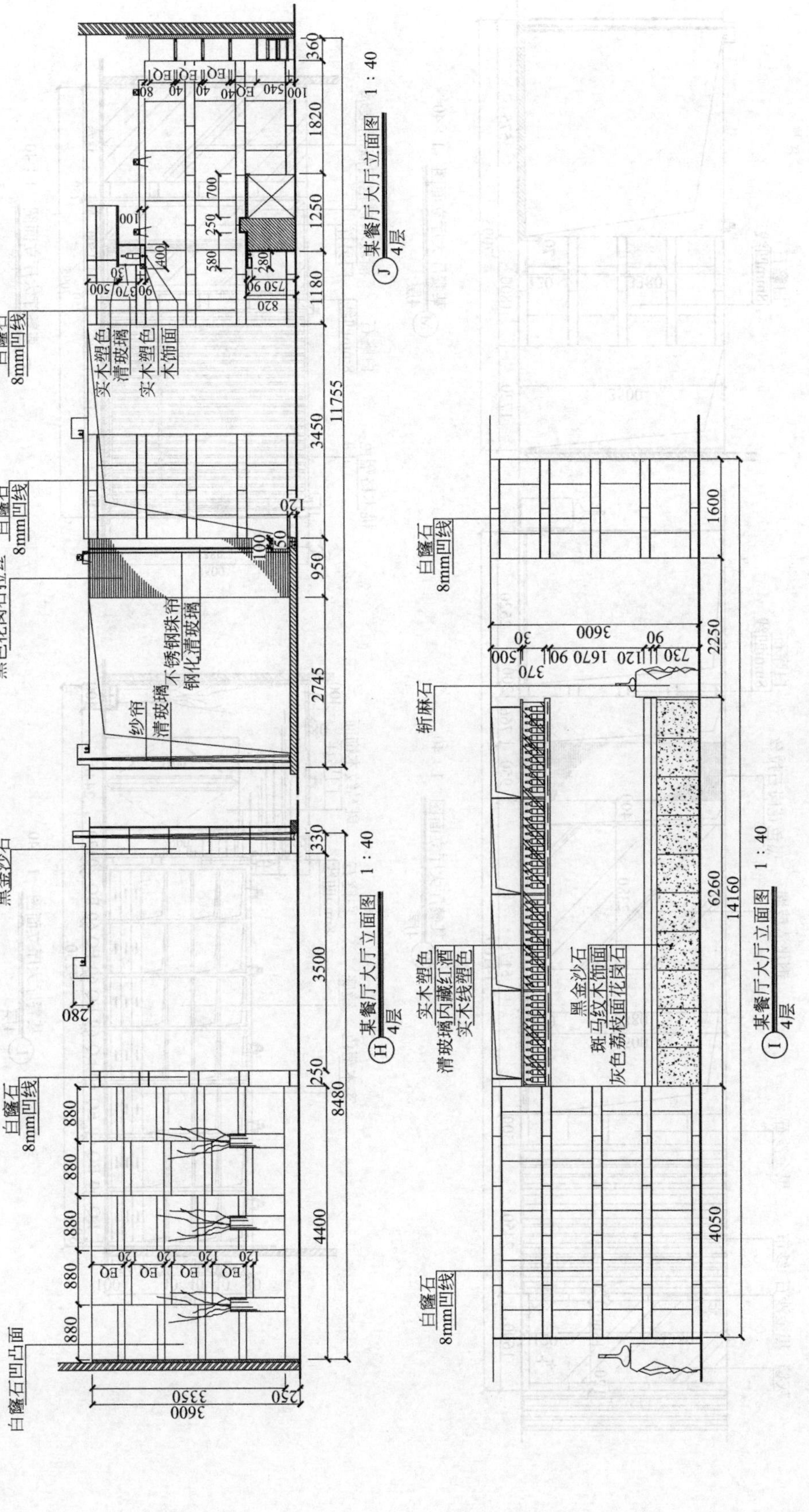

某餐厅大厅立面图 1:40
J 4层

某餐厅大厅立面图 1:40
H 4层

某餐厅大厅立面图 1:40
I 4层

附图 12-33

白麻石
8mm凹线

实木塑色
清玻璃
实木塑色
木饰面

黑色花岗石拉丝
白麻石
8mm凹线

纱帘
清玻璃
木饰面
不锈钢珠帘
钢化清玻璃

黑金沙石

白麻石
8mm凹线

白麻石凹凸面

白麻石
8mm凹线

斩麻石

实木塑色
清玻璃内藏红漆
实木线条塑色

黑金沙石
斑马纹木饰面
灰色荔枝面花岗石

白麻石
8mm凹线

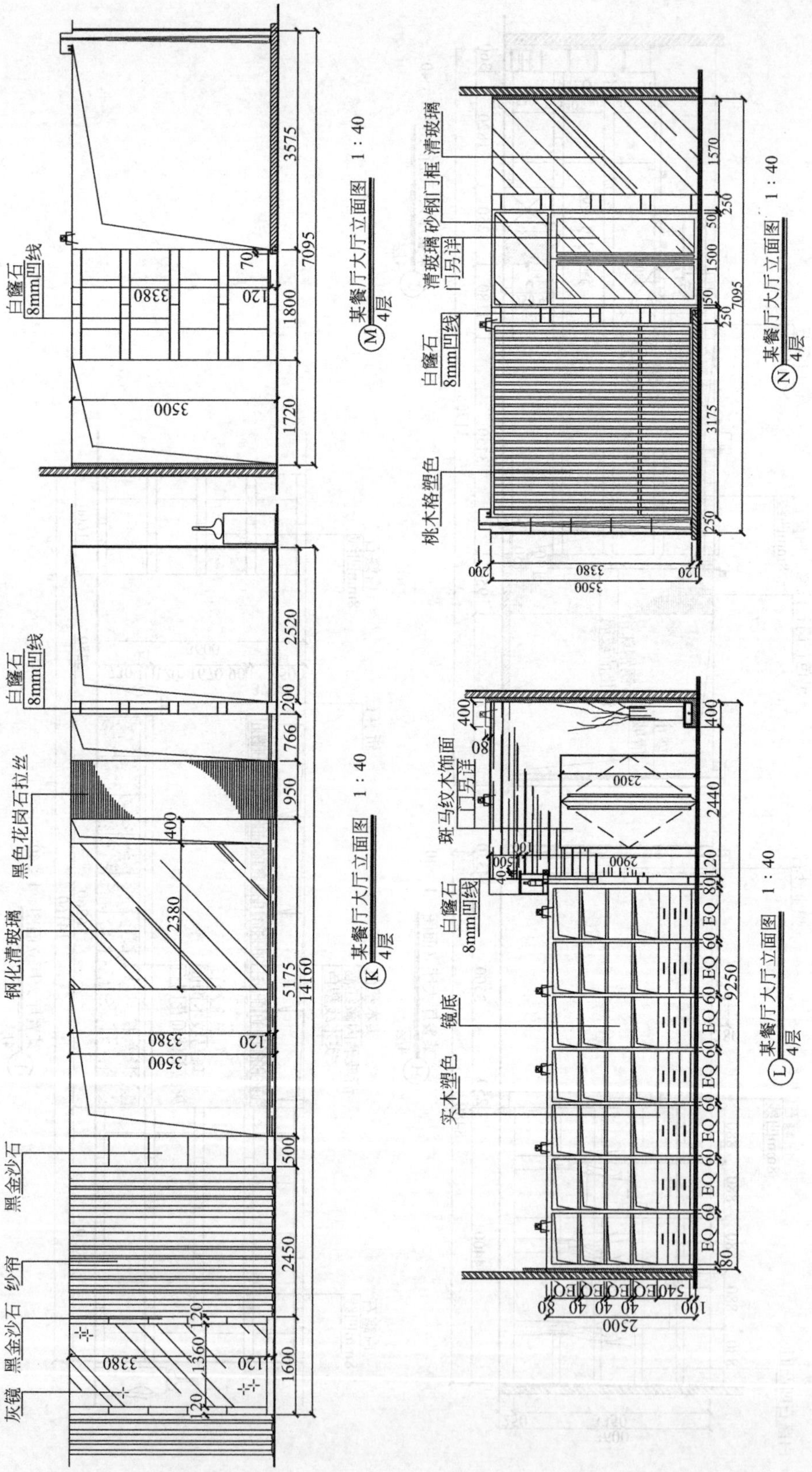

某餐厅大厅立面图 1：40

某餐厅大厅立面图 1：40

某餐厅大厅立面图 1：40

某餐厅大厅立面图 1：40

白麻石
8mm凹线

白麻石
8mm凹线

白麻石
8mm凹线

白麻石
8mm凹线

黑色花岗石拉丝

钢化清玻璃

黑金沙石

纱帘

黑金沙石

灰镜

清玻璃 砂刻门框 清玻璃

清玻璃
门另详

桃木格塑色

斑马纹木饰面
门另详

镜底

实木塑色

附图 12-34

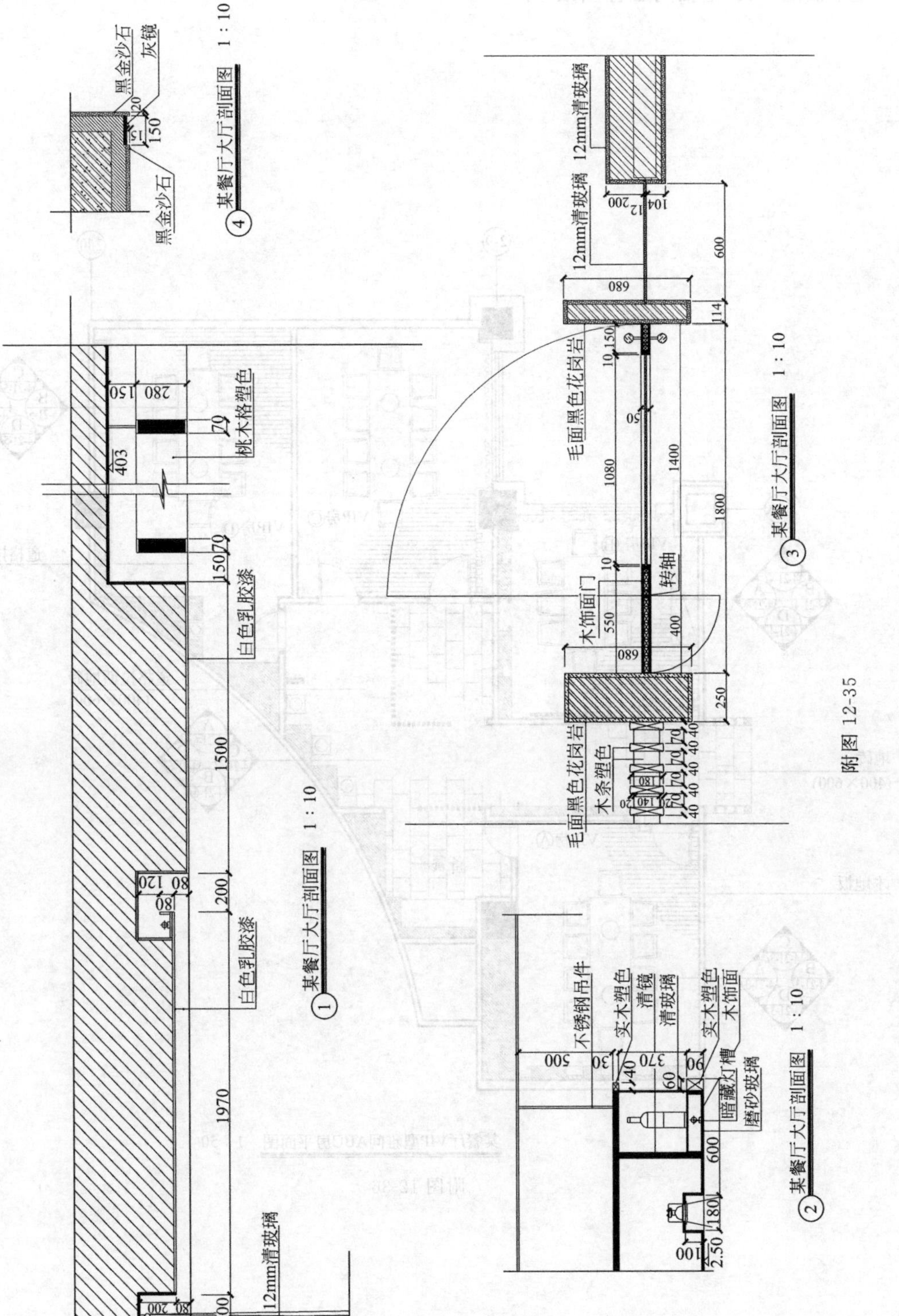

黑金沙石
灰镜
黑金沙石

④ 某餐厅大厅剖面图　1：10

12mm清玻璃
12mm清玻璃

毛面黑色花岗岩

③ 某餐厅大厅剖面图　1：10

附图 12-35

桃木格塑色
白色乳胶漆
白色乳胶漆

转轴
木饰面门
毛面黑色花岗岩
木条塑色

① 某餐厅大厅剖面图　1：10

12mm清玻璃

不锈钢吊件
实木塑色
清玻璃
实木塑色
木饰面
暗藏灯槽
磨砂玻璃

② 某餐厅大厅剖面图　1：10

某酒店 VIP 型雅间工程图纸

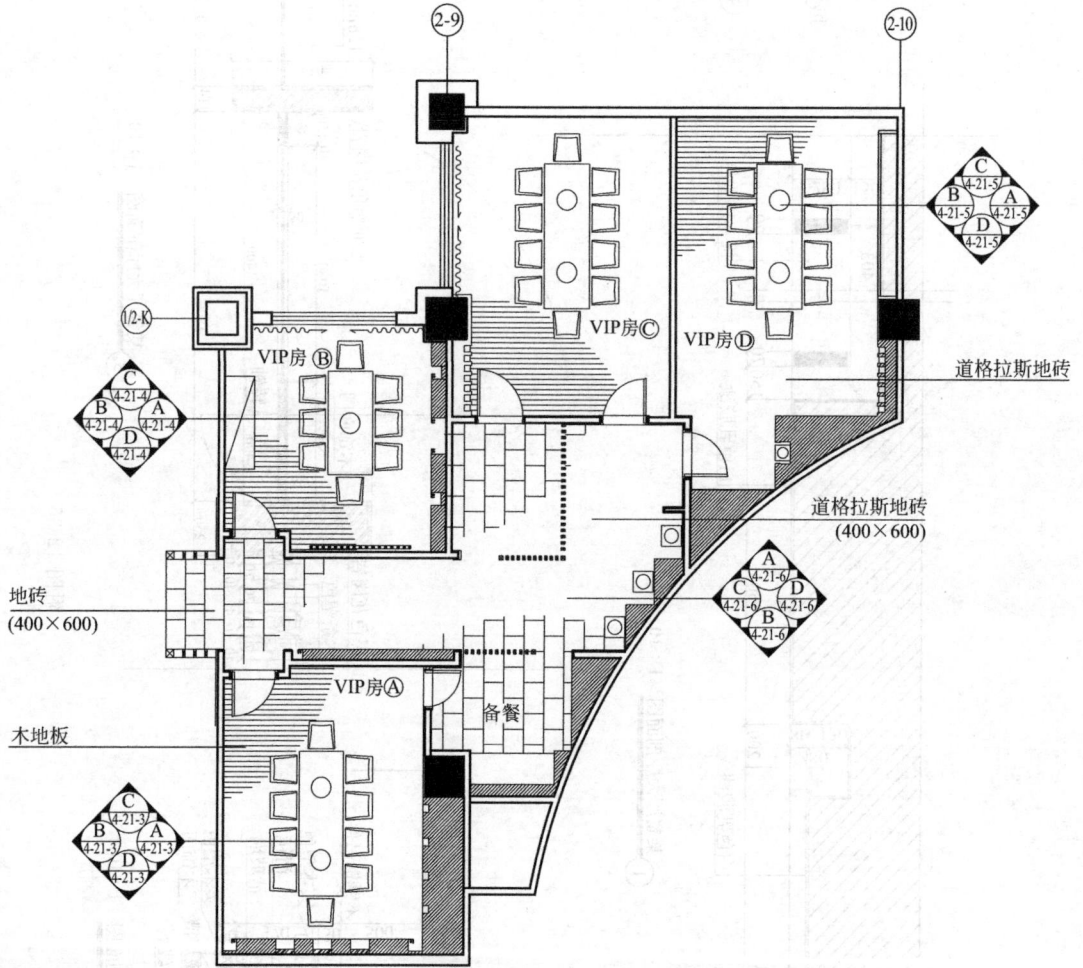

某餐厅VIP型雅间ABC房平面图　1：50

附图 12-36

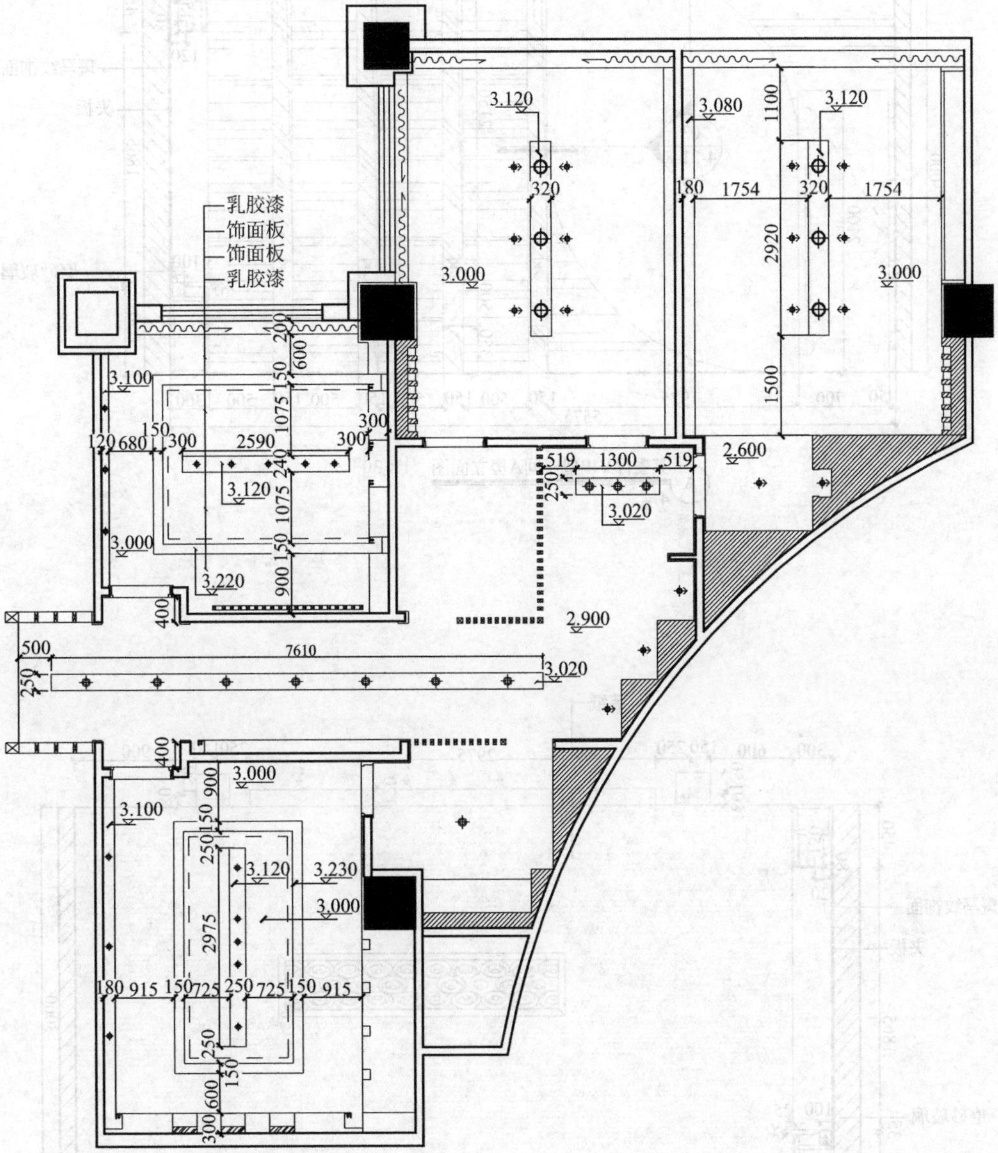

乳胶漆
饰面板
饰面板
乳胶漆

3.120
3.080
1100
3.120
320
180　1754　320　1754
2920
3.000
3.000
320
3.000
1500

3.100
150　200
1075　600
150
150
120 680　300　2590　240　300
300
300
3.120　1075　150
3.000
3.220
900
400

519　1300　519
250
3.020
2.600

2.900
500
250
7610
3.020
400

3.000
900
250
250
3.100
2975
3.120　3.230
3.000
180 915 150 725 250 725 150 915
250
150
600
300 600
150

某餐厅VIP型雅间ABC房顶棚图　1∶50

附图 12-37

267

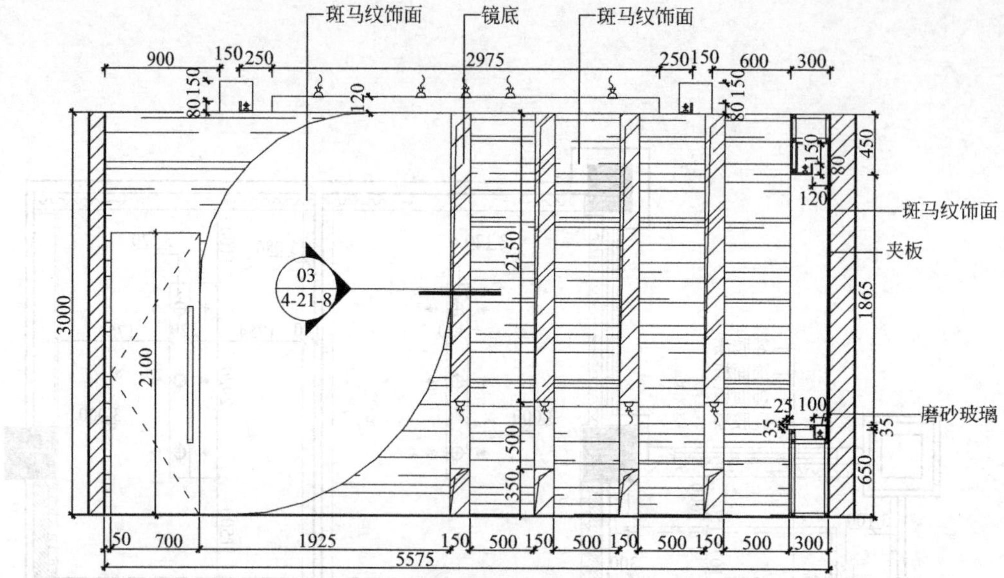

斑马纹饰面　　镜底　　斑马纹饰面

900　150　250　　　　2975　　　　250 150　600　300

80 150

120

斑马纹饰面

夹板

3000

2100

2150

03
4-21-8

1865

450

80

150

120

磨砂玻璃

25　100

35

650

35

2100

500

350

50　700　　1925　　　150　500 150　500 150　500 150　500　300

5575

某餐厅VIP型雅间A房立面图　1∶30
4层

A

墙纸

300　600　150 250　　　　2975　　　　250 150　900

80 150

120

斑马纹饰面

夹板

1865

磨砂玻璃

35

650

450

80

150

20

3000

100　25

35

300　500 150　500 150　500 150　500 150　1925　　　700　50

5575

某餐厅VIP型雅间A房立面图　1∶30
4层

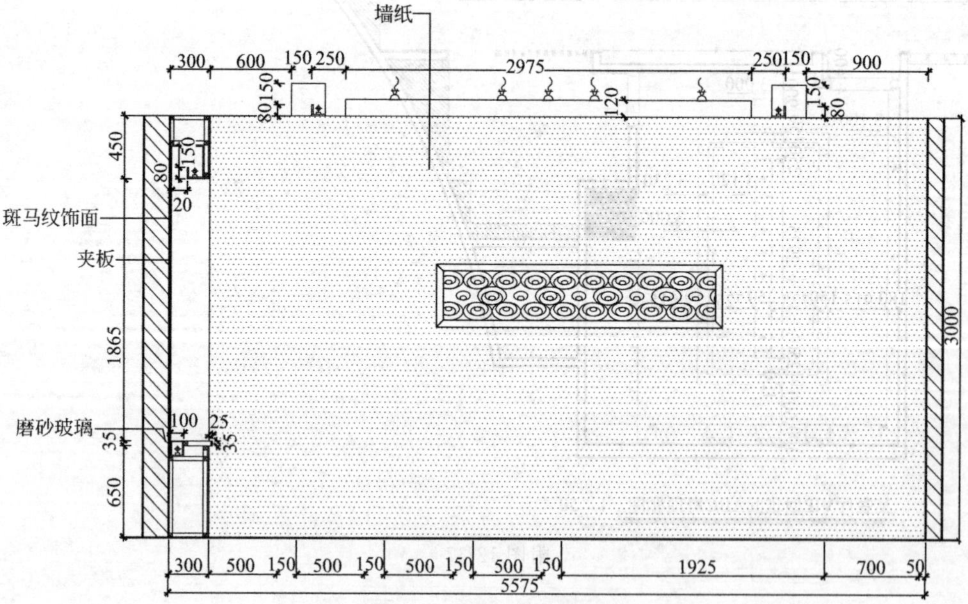

B

附图 12-38

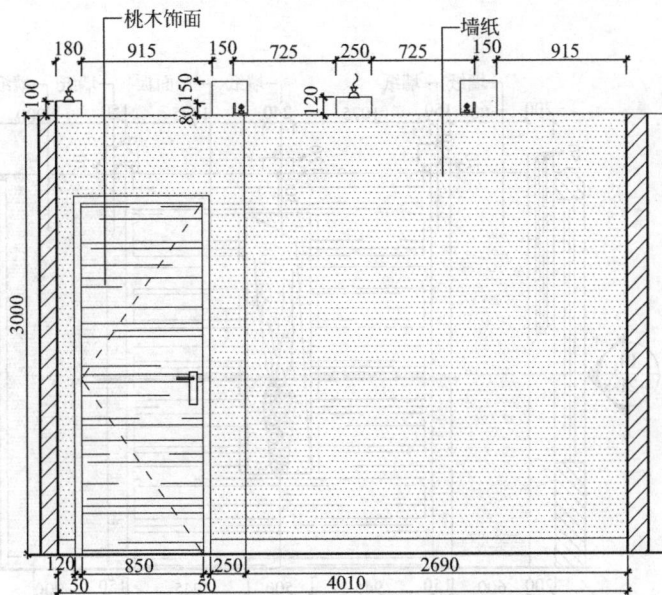

C 某餐厅VIP型雅间A房立面图　1：30
4层

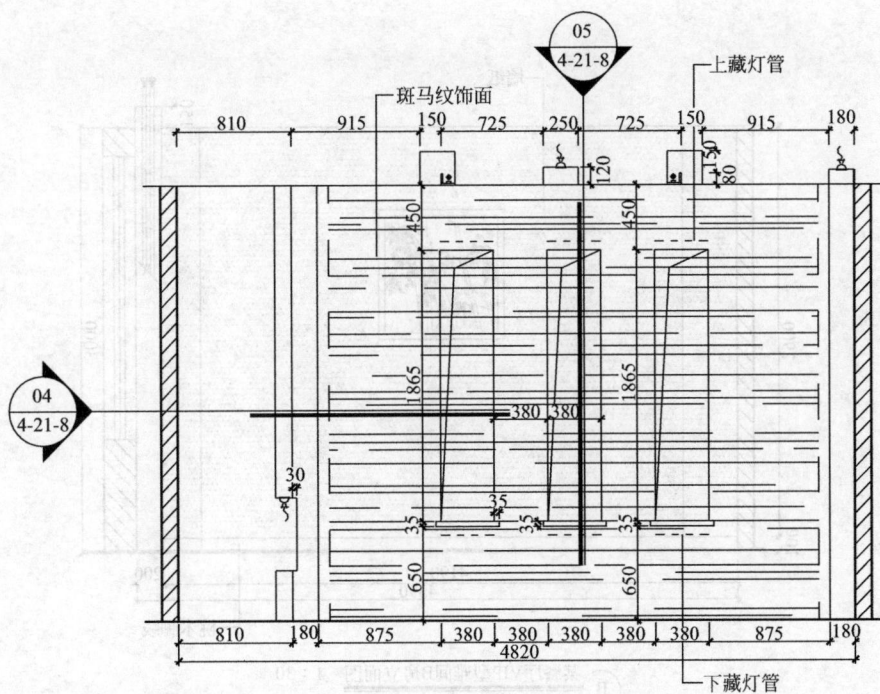

D 某餐厅VIP型雅间A房立面图　1：30
4层

附图 12-39

墙纸　墙纸　　　墙纸　饰面板　　墙纸　墙纸

200　600　150　1075　240　1075　150　900

150　70　50　120　300　150　70

01
4-21-8

2900　3000

720

100

200　600　150　945　500　945　150　900
4390

桃木脚线

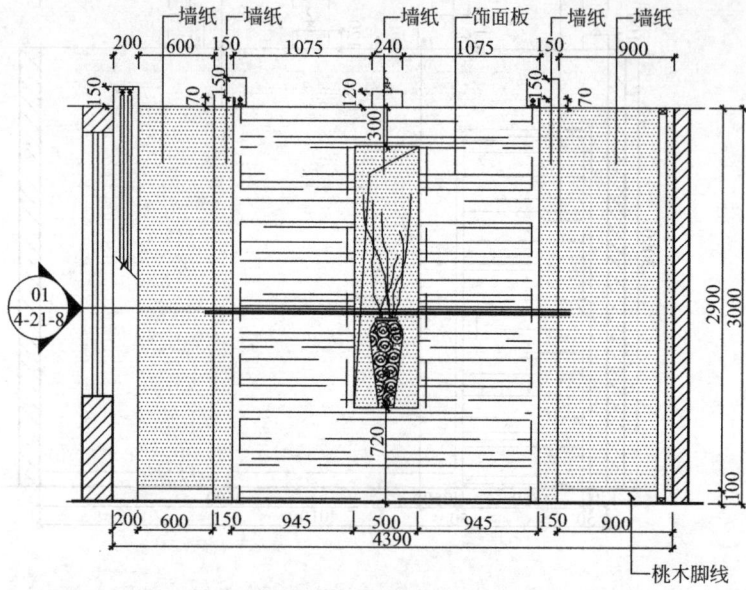

A 某餐厅VIP型雅间B房立面图　1：30
4层

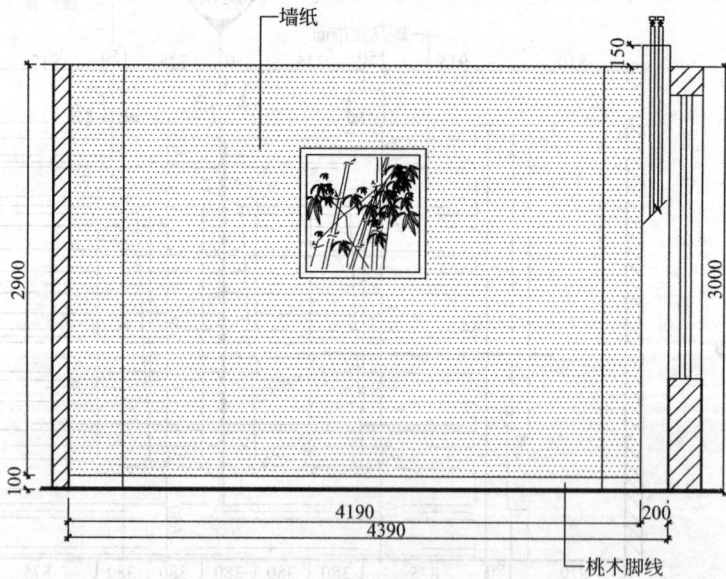

墙纸

150

2900　3000

100

4190
4390

200

桃木脚线

B 某餐厅VIP型雅间B房立面图　1：30
4层

附图12-40

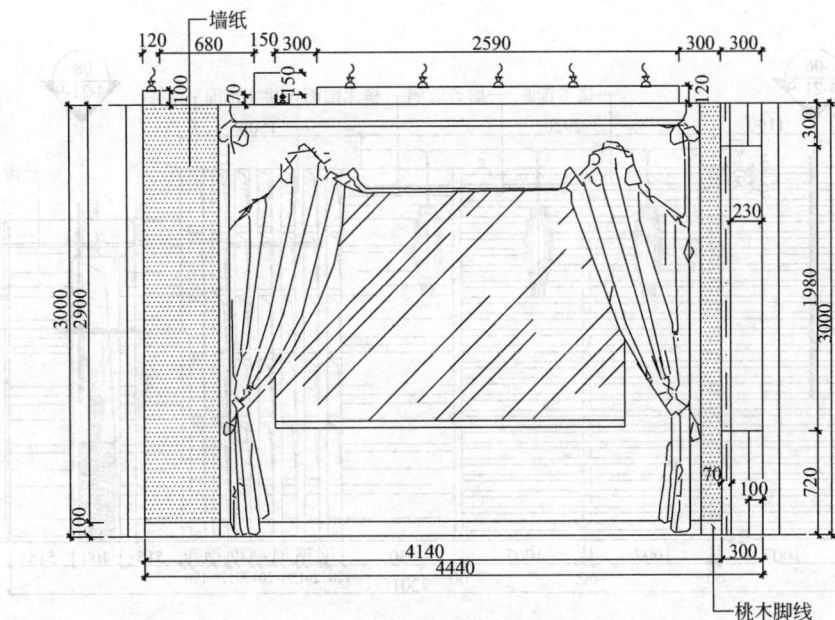

墙纸

某餐厅VIP型雅间B房立面图　1：30

Ⓒ 4层

桃木脚线

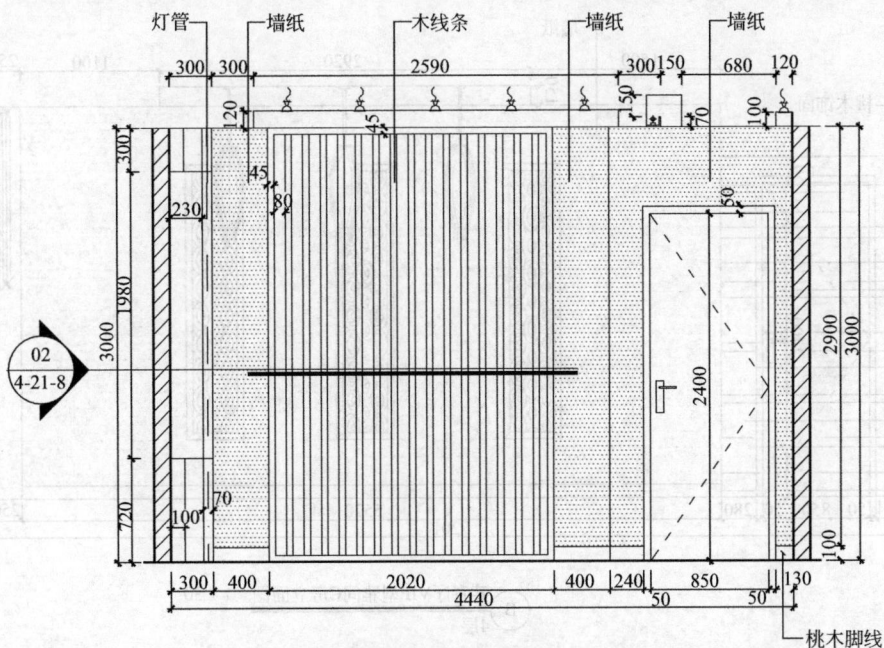

灯管　墙纸　木线条　墙纸　墙纸

02
4-21-8

桃木脚线

某餐厅VIP型雅间B房立面图　1：30

Ⓓ 4层

附图 12-41

271

桃木饰面　磨砂玻璃　桃木饰面　桃木饰面　镜底

斑马纹饰面

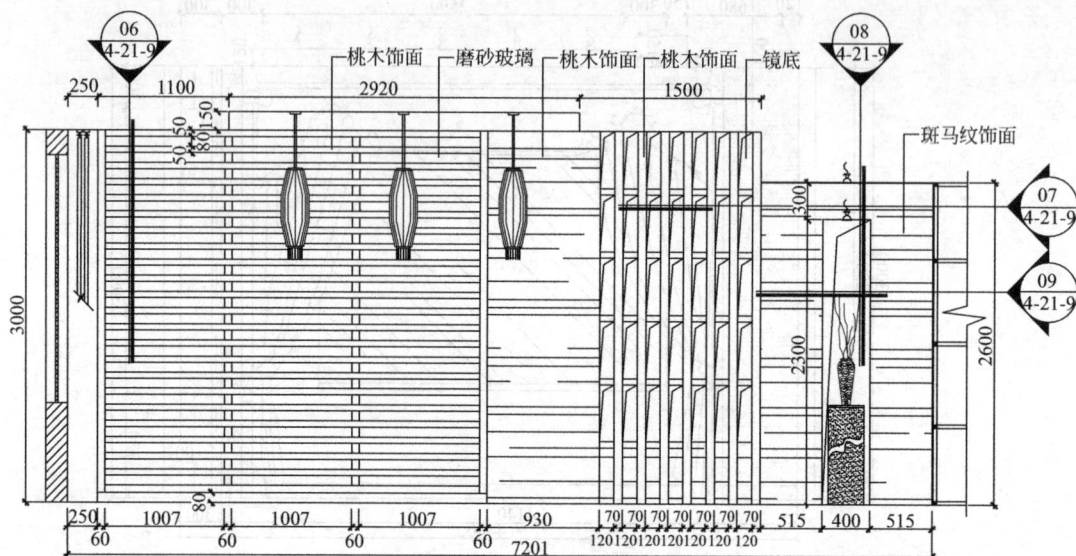

(A) 某餐厅VIP型雅间C房立面图　1：30
4层

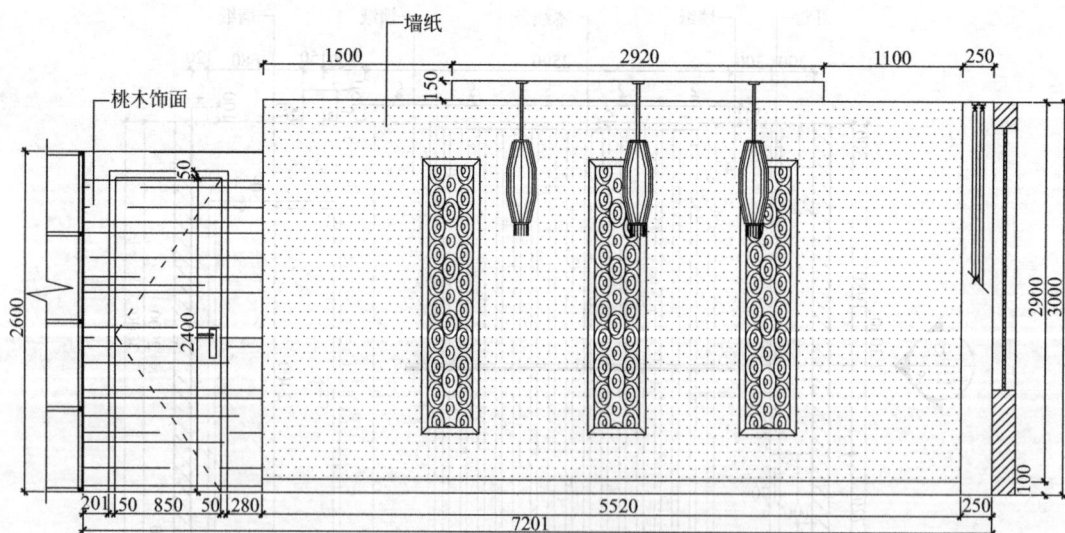

墙纸

桃木饰面

(B) 某餐厅VIP型雅间C房立面图　1：30
4层

附图 12-42

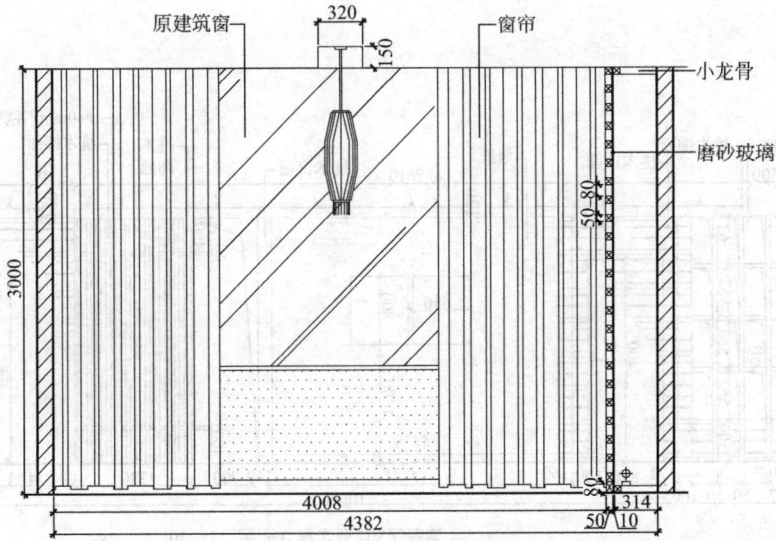

320
150
原建筑窗 窗帘 小龙骨
磨砂玻璃
50~80
3000
80
4008 314
4382 50 10

某餐厅VIP型雅间C房立面图 1∶30
C 4层

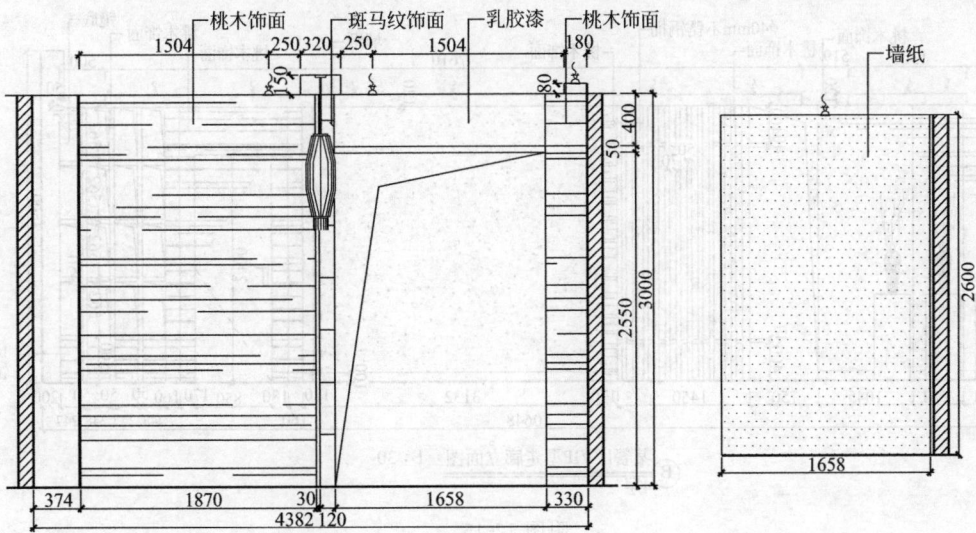

桃木饰面 斑马纹饰面 乳胶漆 桃木饰面 墙纸
1504 250 320 250 1504 180
50 400
50
80
3000 2550 2600
374 1870 30 1658 330 1658
4382 120

某餐厅VIP型雅间C房立面图 1∶30
D 4层

某餐厅VIP型雅间C房立面图 1∶30
E 4层

附图 12-43

273

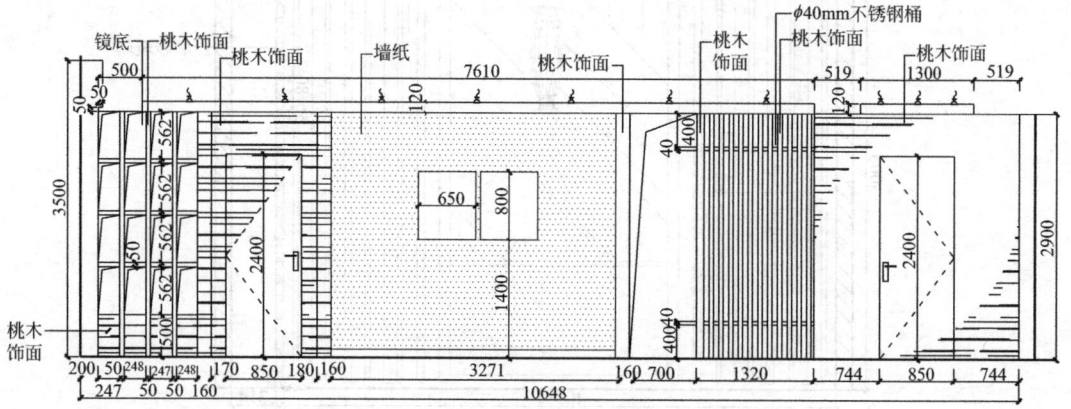

某餐厅VIP型走廊立面图　1：30
Ⓐ 4层

附图 12-44

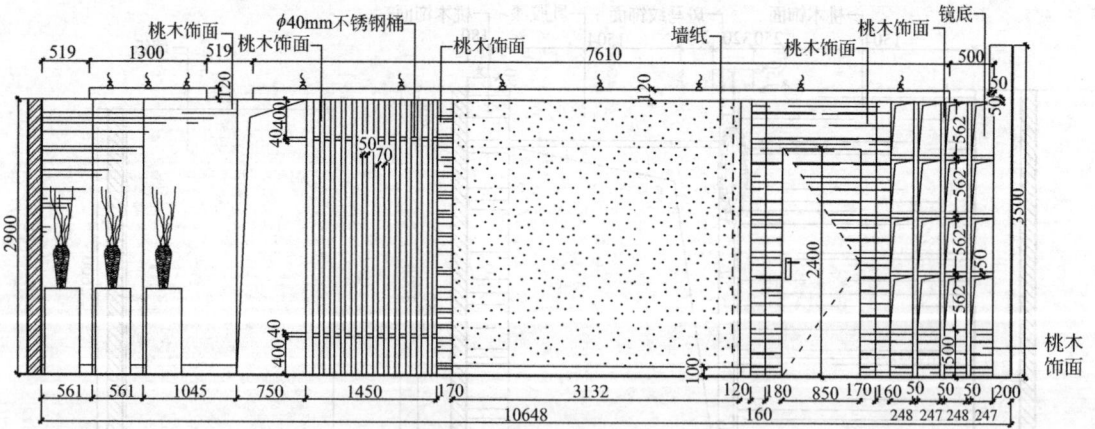

某餐厅VIP型走廊立面图　1：30
Ⓑ 4层

附图 12-45

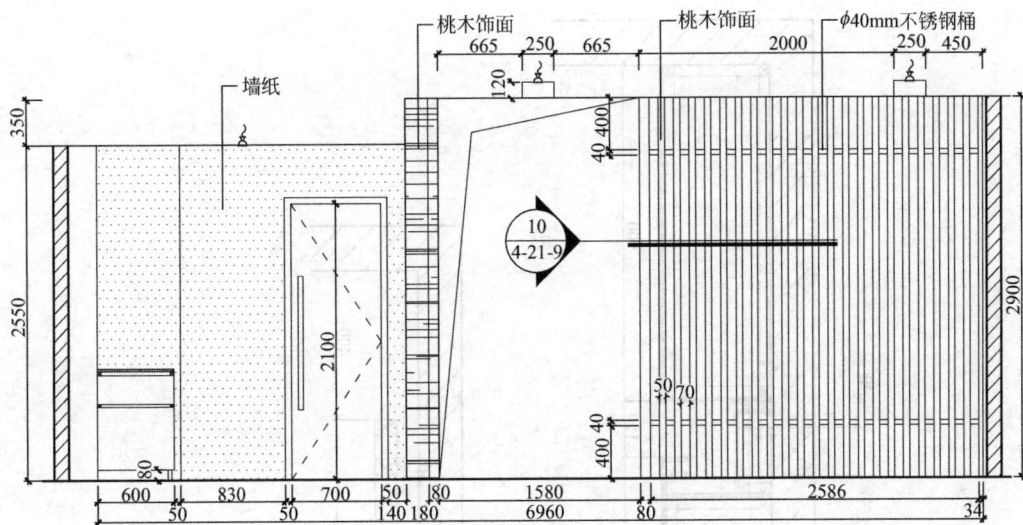

桃木饰面 桃木饰面 φ40mm不锈钢桶
墙纸
墙纸

$\dfrac{\text{某餐厅VIP型走廊立面图}}{4层}$　1∶30
C

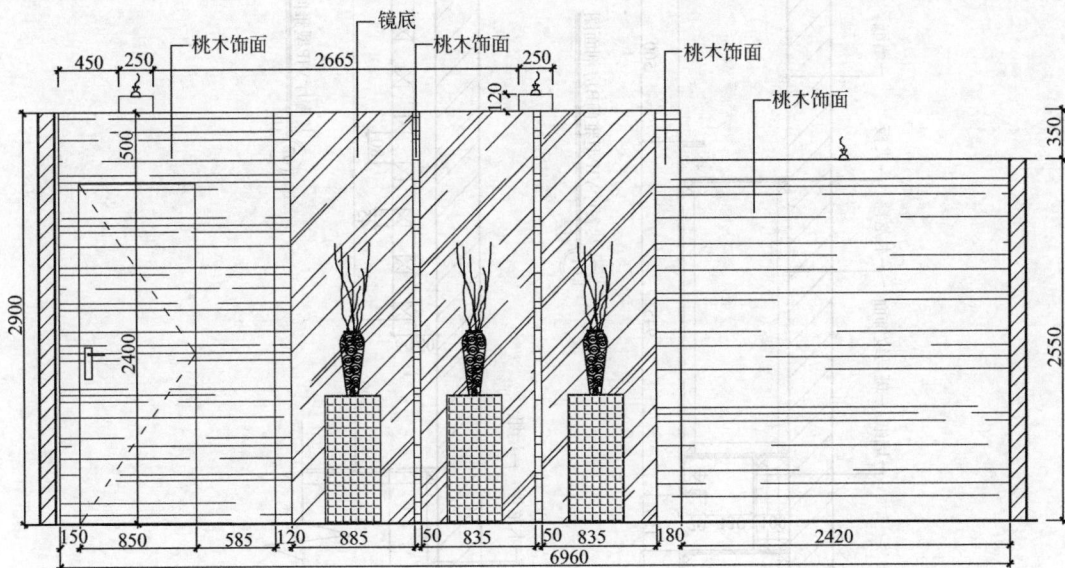

桃木饰面 镜底 桃木饰面 桃木饰面 桃木饰面

$\dfrac{\text{某餐厅VIP型走廊立面图}}{4层}$　1∶30
D

附图 12-46

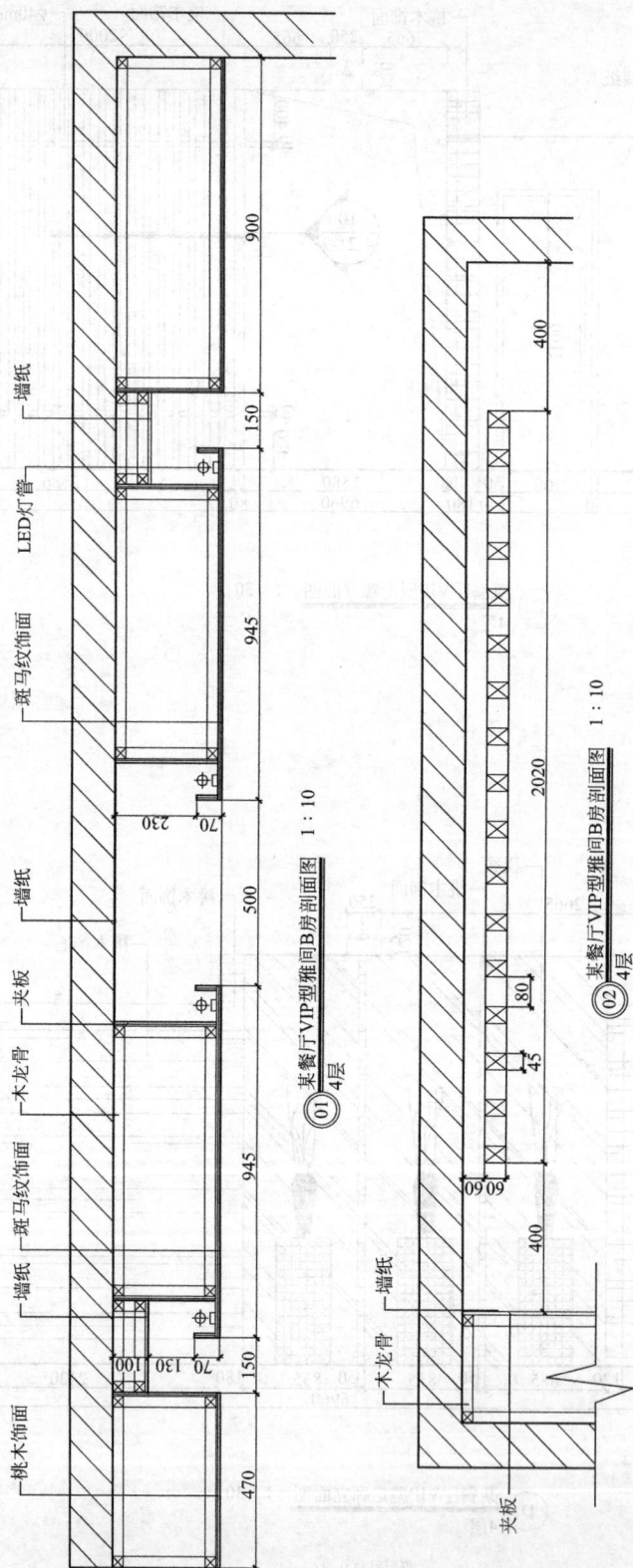

墙纸

LED灯管

斑马纹饰面

墙纸

夹板

木龙骨

斑马纹饰面

墙纸

桃木饰面

900

150

945

230 70

500

945

70 130 100

150

470

某餐厅VIP型雅间B房剖面图 1：10
01 4层

墙纸

木龙骨

夹板

400

2020

80

45

09 09

400

某餐厅VIP型雅间B房剖面图 1：10
02 4层

附图 12-47

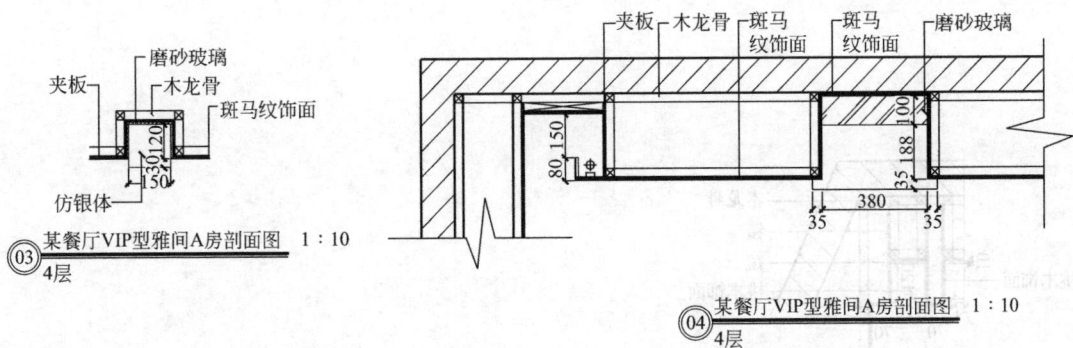

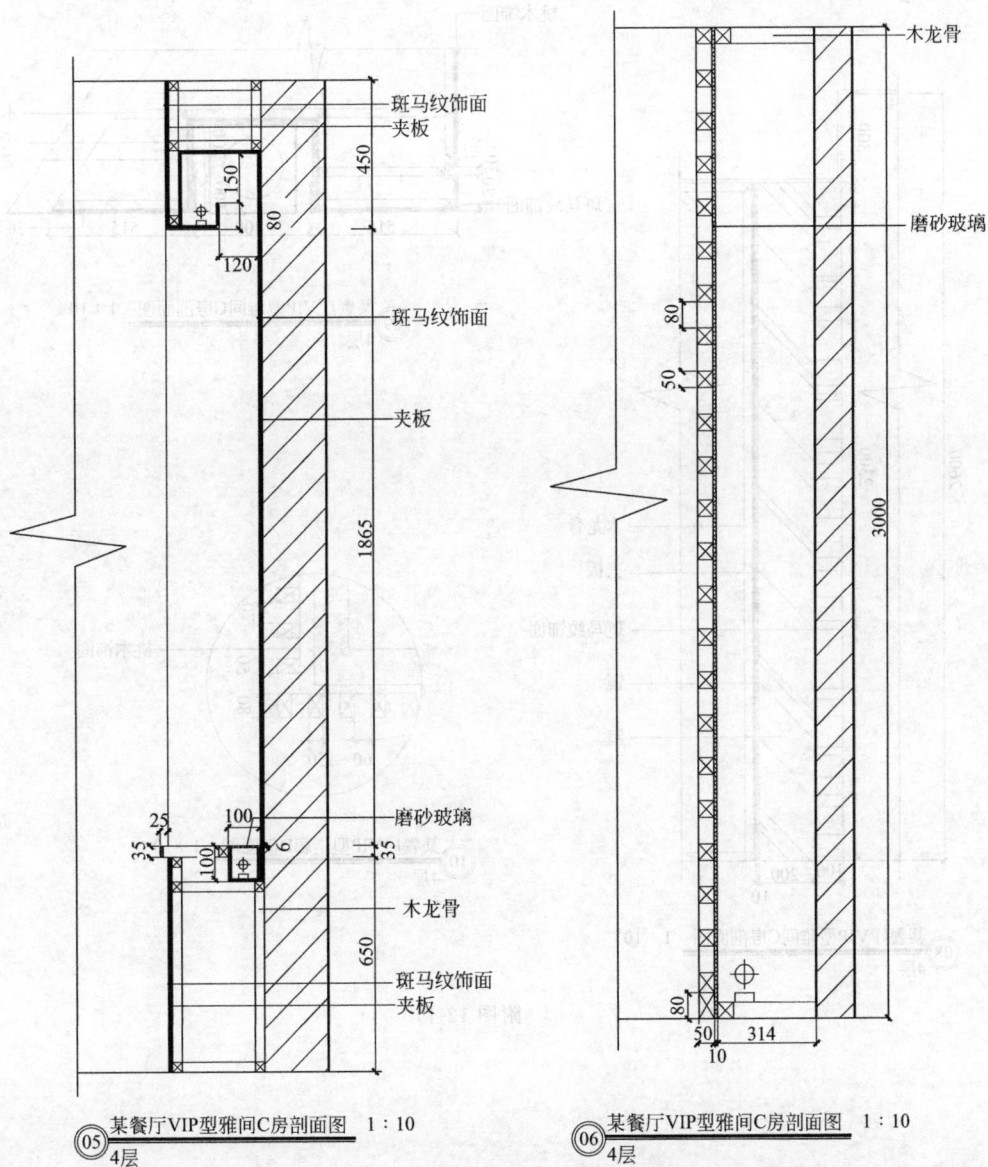

夹板　磨砂玻璃　木龙骨　斑马纹饰面

仿银体

③ 某餐厅VIP型雅间A房剖面图　1∶10
4层

夹板　木龙骨　斑马纹饰面　斑马纹饰面　磨砂玻璃

80 150
100
35 188
35　380　35

④ 某餐厅VIP型雅间A房剖面图　1∶10
4层

斑马纹饰面
夹板

450
150
80
120

斑马纹饰面

夹板

1865

25　100
35　100　6
35

磨砂玻璃

35

木龙骨

650

斑马纹饰面
夹板

⑤ 某餐厅VIP型雅间C房剖面图　1∶10
4层

木龙骨

磨砂玻璃

80
50

3000

80
50　314
10

⑥ 某餐厅VIP型雅间C房剖面图　1∶10
4层

附图 12-48

建筑室内设计——思维、设计与制图（第三版）

木龙骨
镜
镜
桃木饰面
桃木饰面
10
120
25
70 120 70

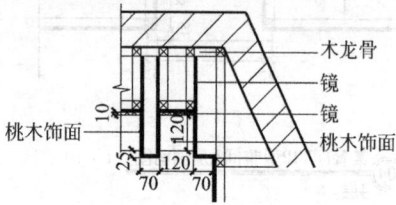

07 某餐厅VIP型雅间C房剖面图 1:10
4层

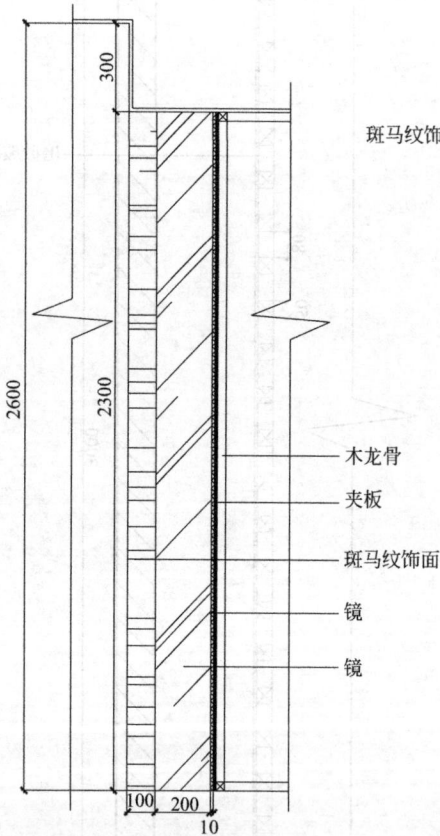

桃木饰面
木龙骨
镜
夹板
斑马纹饰面
斑马纹饰面
20 30
30
100 200
120
515 400 515

09 某餐厅VIP型雅间C房剖面图 1:10
4层

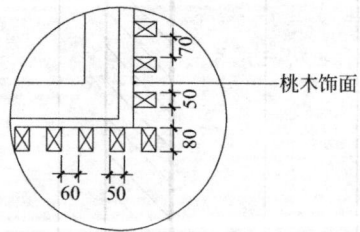

300
2600
2300
木龙骨
夹板
斑马纹饰面
镜
镜
100 200
10

08 某餐厅VIP型雅间C房剖面图 1:10
4层

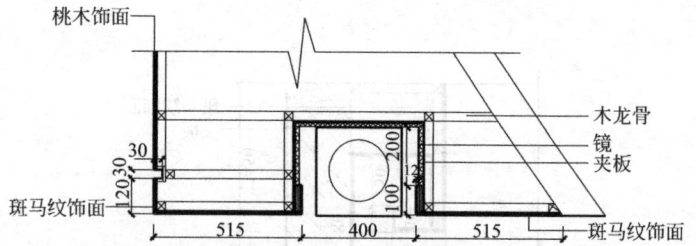

桃木饰面
70
50
80
60 50

10 某餐厅VIP型走廊D剖面图 1:10
4层

附图 12-49

278

12.3　办公类空间
某办公楼工程图纸

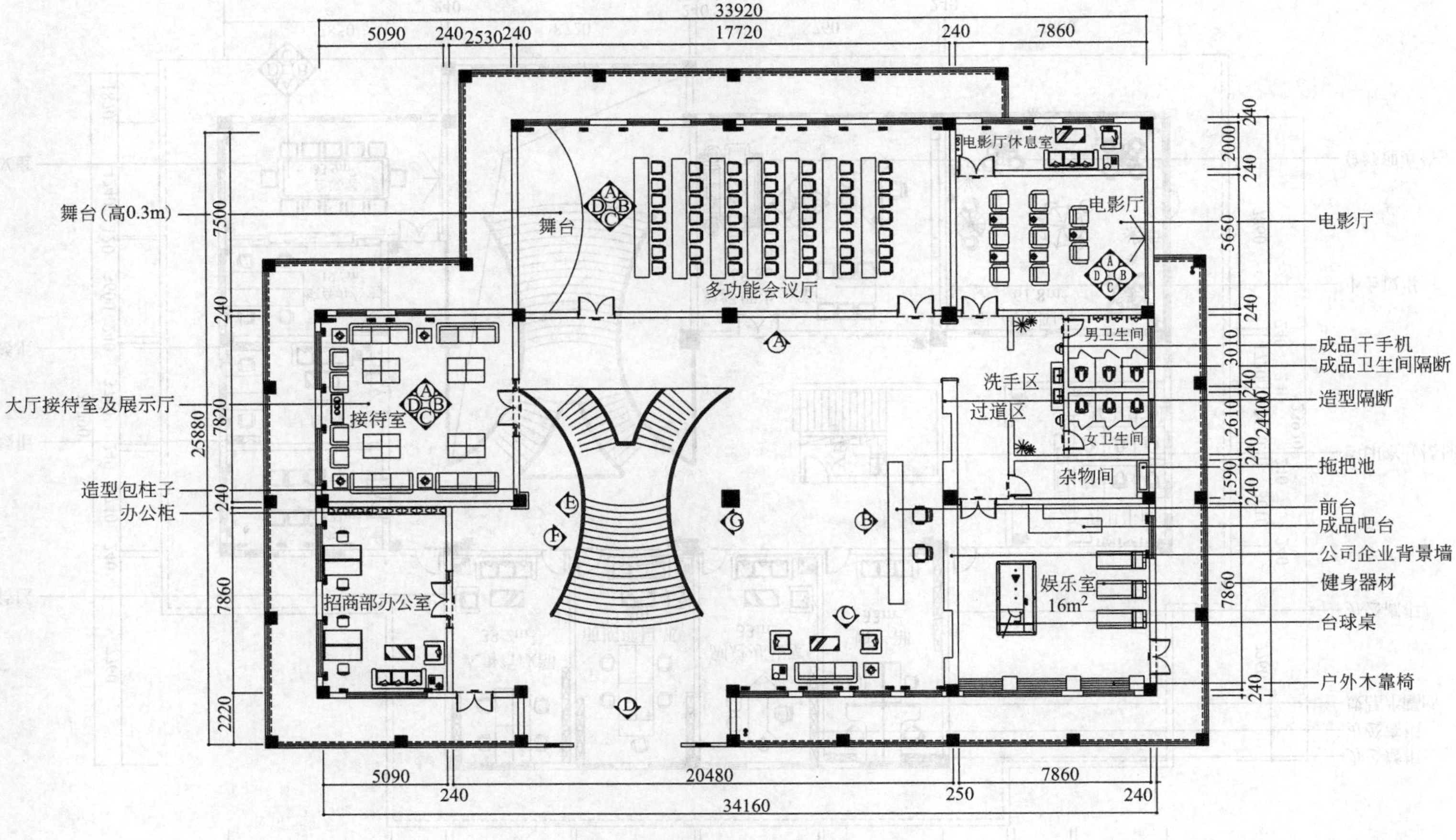

电影厅

成品干手机
成品卫生间隔断
造型隔断
拖把池
前台
成品吧台
公司企业背景墙
健身器材
台球桌
户外木靠椅

电影厅
男卫生间
女卫生间
洗手区
过道区
杂物间
娱乐室 16m²

多功能会议厅
电影厅休息室

舞台

大厅接待室及展示厅
造型包柱子
办公柜
招商部办公室
接待室

舞台（高0.3m）

一楼平面布置图　1：100

附图 12-50

279

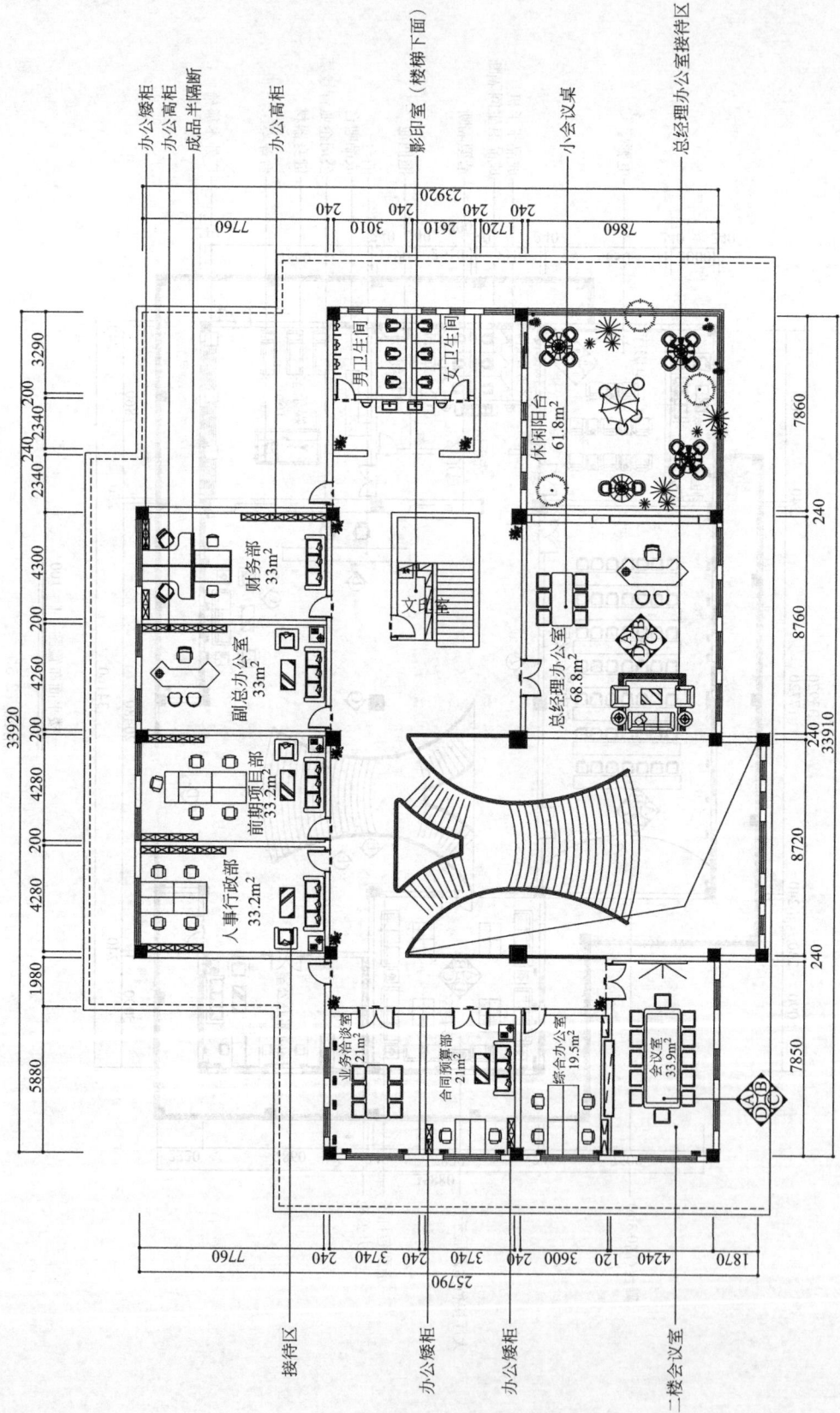

二楼平面布置图 1：100

附图 12-51

办公矮柜
办公高柜
成品半隔断
办公高柜
影印室（楼梯下面）
小会议桌
总经理办公室接待区

男卫生间
女卫生间
休闲阳台 61.8m²

财务部 33m²
副总办公室 33m²
前期项目部 33.2m²
人事行政部 33.2m²

文印

总经理办公室 68.8m²

业务洽谈室 21m²
合同预算部 21m²
综合办公室 19.5m²
会议室 33.9m²

接待区
办公矮柜
办公矮柜
二楼会议室

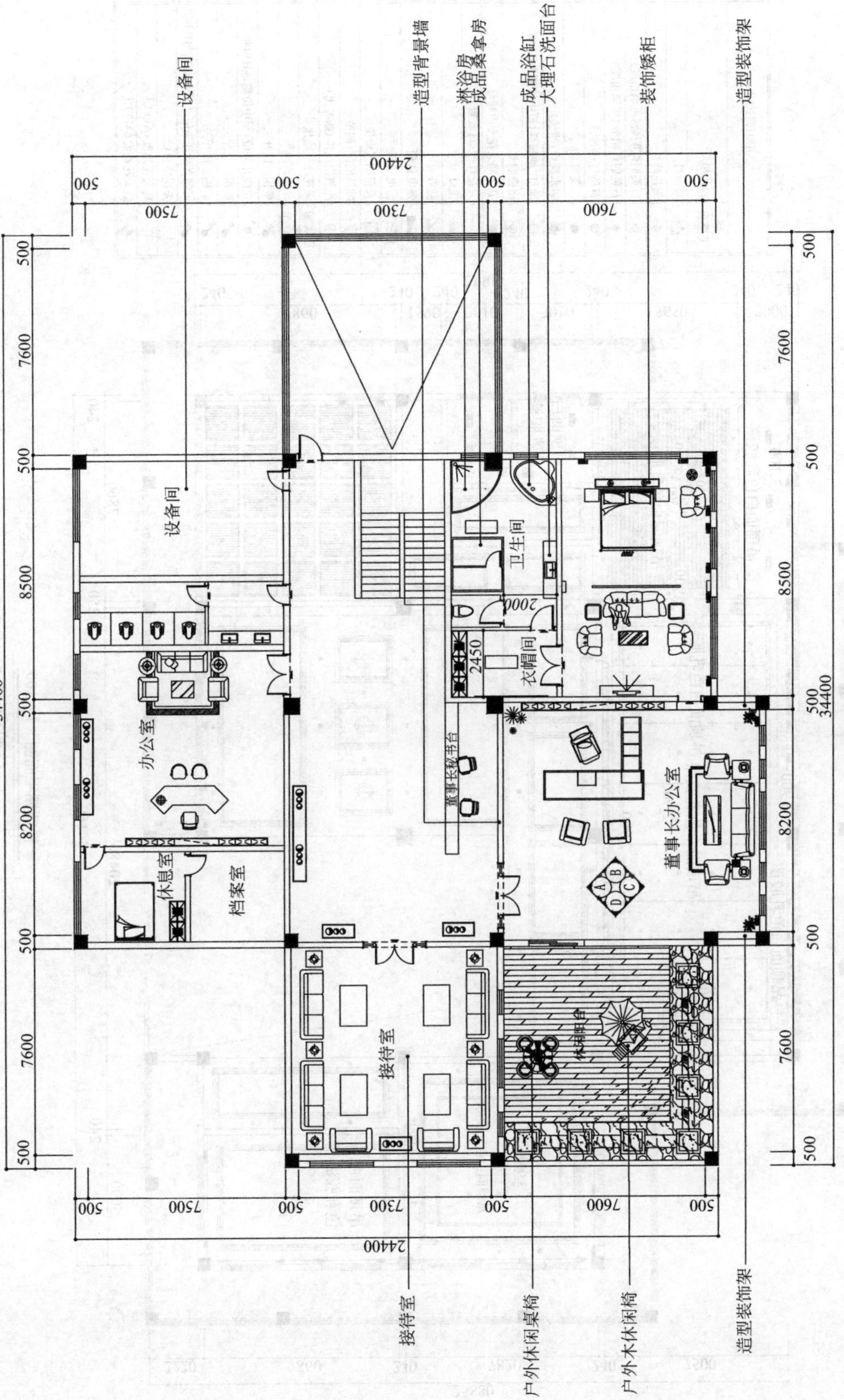

三楼平面布置图　1：100

附图 12-52

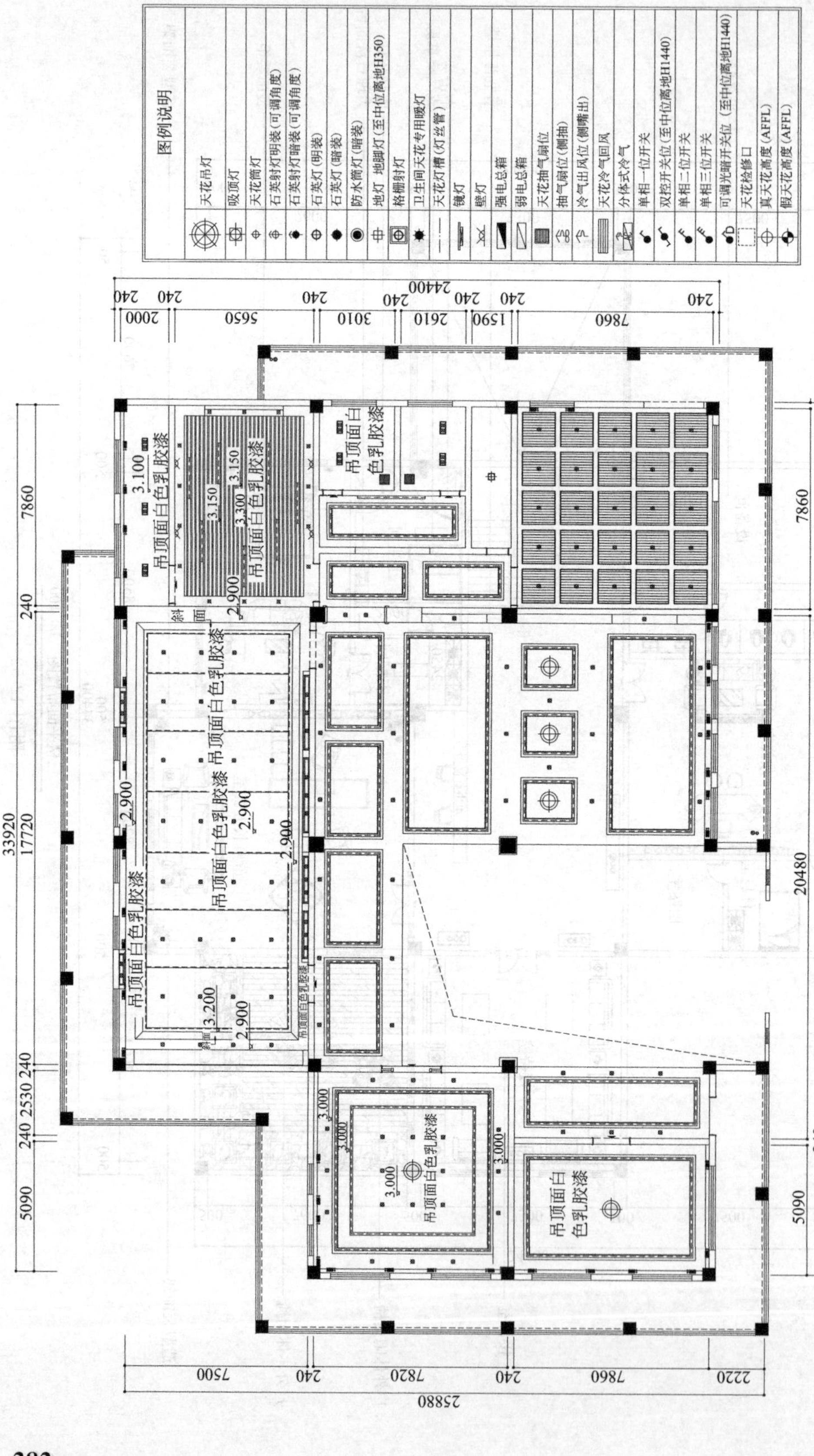

图例说明

⊕	天花吊灯
⊖	吸顶灯
⊕	天花筒灯
⊕	石英射灯明装（可调角度）
⊕	石英射灯暗装（可调角度）
⊕	石英灯（明装）
◉	石英灯（暗装）
◉	防水筒灯（暗装）
⊕	地灯 地脚灯（至中位高离地H350）
⊠	格栅射灯
⊞	卫生间天花专用暖灯
-----	天花灯槽（灯丝管）
▬	镜灯
△	壁灯
◣	强电总箱
◥	弱电总箱
▨	抽气铜位（侧抽）
◇	排气铜位（侧出）
⊟	天花冷气回风
▤	分体式冷气
◣	单相一位开关
◢	双联开关位（至中位离地H1440）
◢	单相二位开关
◢♭	单相三位开关
⊡	可调光暗开关位（至中位高地H1440）
⊕	天花检修口
⊕	真天花高度（AFFL）
⊕	假天花高度（AFFL）

附图 12-53

一楼顶棚平面图　1:100

图例说明

符号	名称
⊕	天花吊灯
⊕	吸顶灯
⊕	天花筒灯
⊕	石英射灯明装（可调角度）
⊕	石英射灯暗装（可调角度）
⊕	石英射灯（明装）
◆	石英灯（暗装）
◉	防水筒灯（暗装）
⊕	地灯 地脚灯（至中位离地H350）
▣	格栅射灯
☀	卫生间天花专用吸灯
▨	天花灯槽（灯丝管）
◣	镜灯
◿	壁灯
⊠	强电总箱
⊟	弱电总箱
⊟	天花抽气风位
⊟	抽气风位（侧抽）
⊟	冷气出风位（侧嘴出）
⋑	天花冷气回风
⊶	分体式冷气
⊶	单相一位开关
⊷	双控开关全中位离地H1440
⊷	单相二位开关
⊶	单相三位开关
⊕	可调光储开关位（至中位离地H1440）
⊡	天花检修口
⊕	真天花高度（AFFL）
⊕	假天花高度（AFFL）

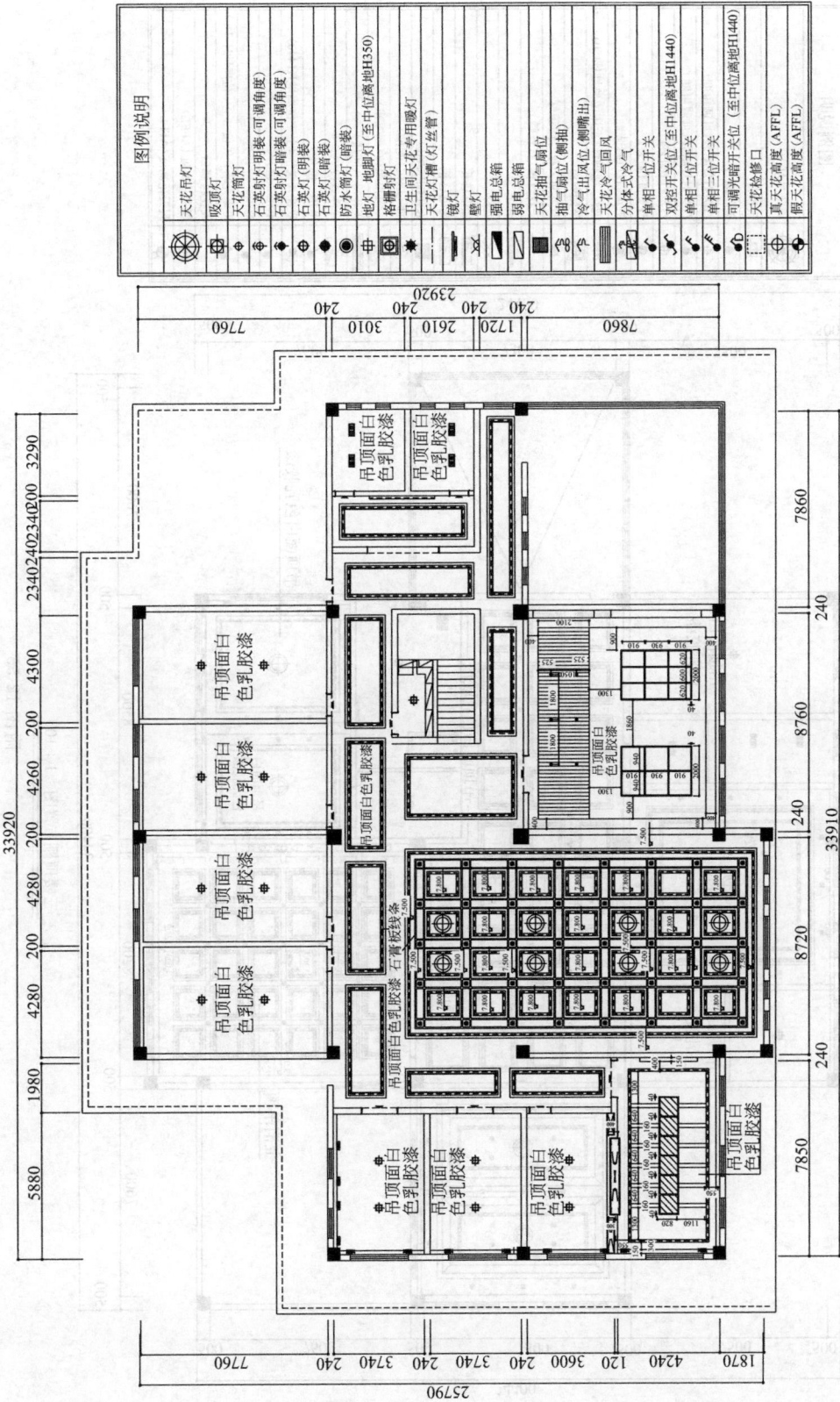

二楼顶棚布置图 1：100

附图 12-54

吊顶面白色乳胶漆
石膏板线条

283

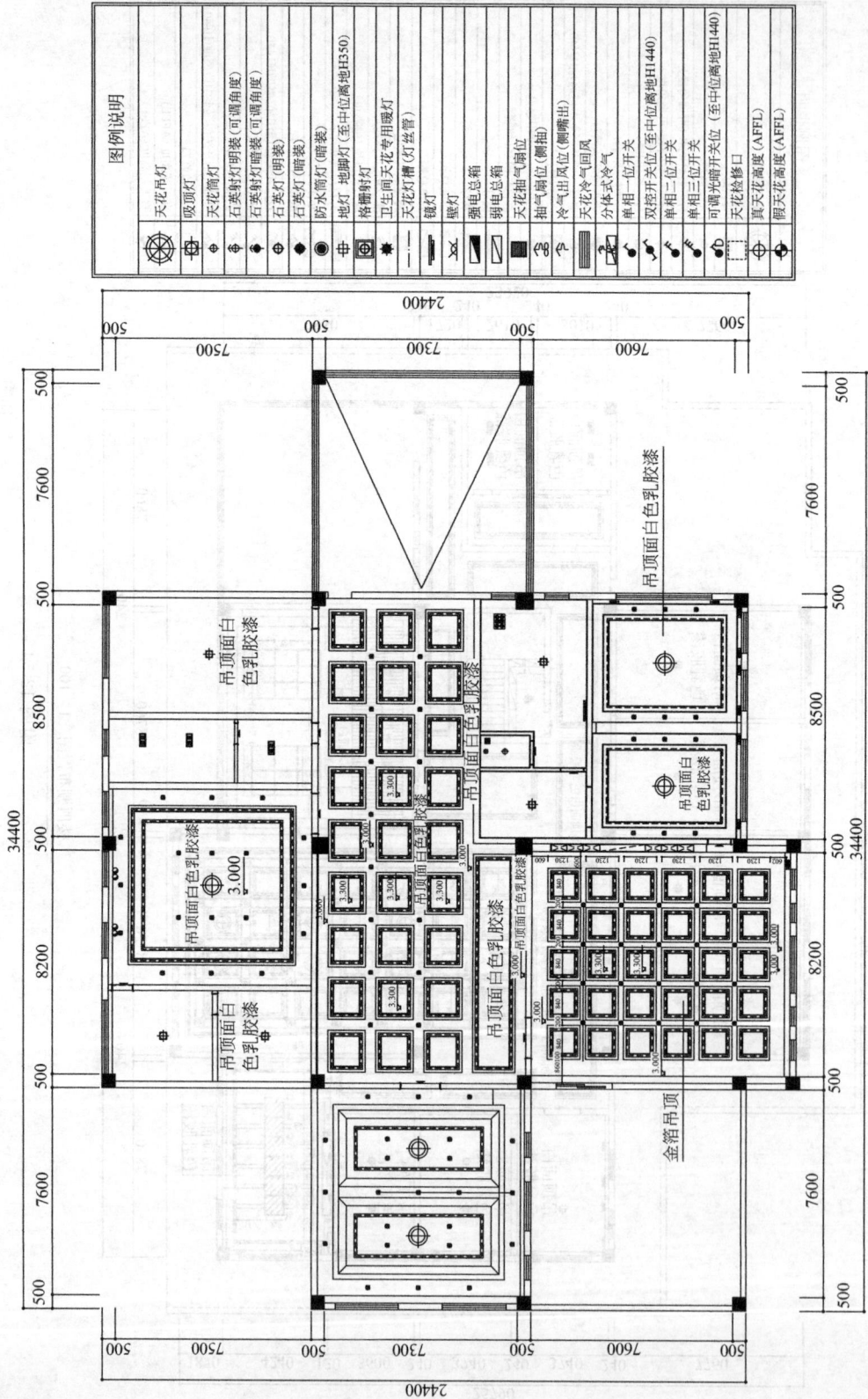

三楼顶棚布置图 1:100

附图 12-55

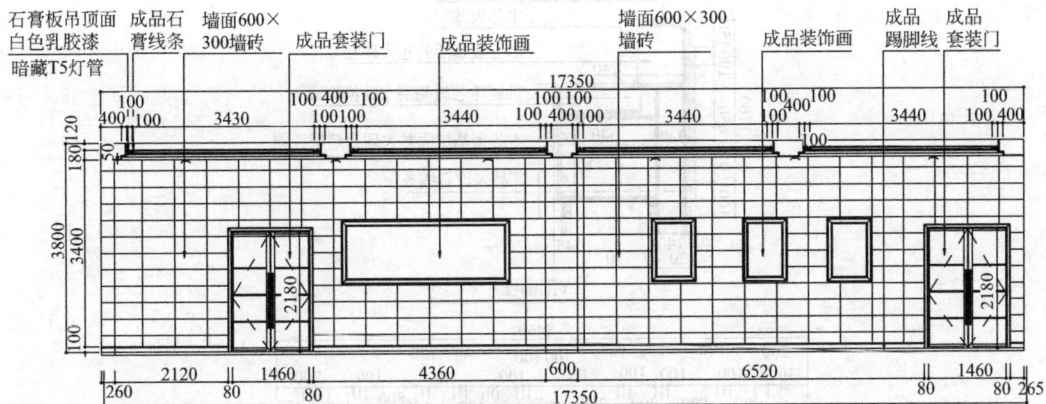

石膏板吊顶面　成品石　墙面600×　　　　　　　　墙面600×300　　成品　　成品
白色乳胶漆　　膏线条　300墙砖　成品套装门　成品装饰画　墙砖　成品装饰画　踢脚线　套装门
暗藏T5灯管

一楼大厅A立面图　1：60

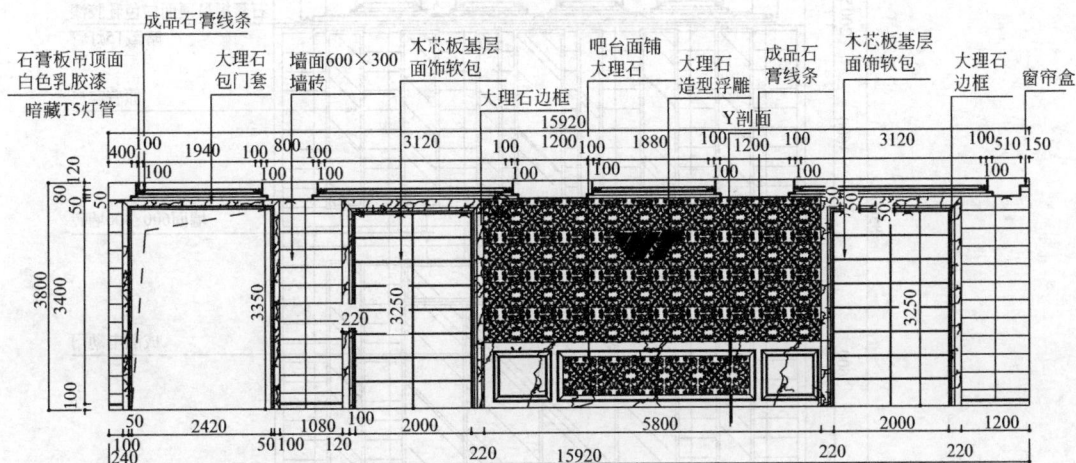

石膏板吊顶面　　成品石膏线条　　　　　木芯板基层　吧台面铺　　　成品石　木芯板基层
白色乳胶漆　　大理石　墙面600×300　面饰软包　大理石　大理石　膏线条　面饰软包　大理石
暗藏T5灯管　　包门套　墙砖　　　　大理石边框　造型浮雕　　　　边框　窗帘盒
　　　　　　　　　　　　　　　　　　　　Y剖面

一楼大厅前台B立面图　1：60

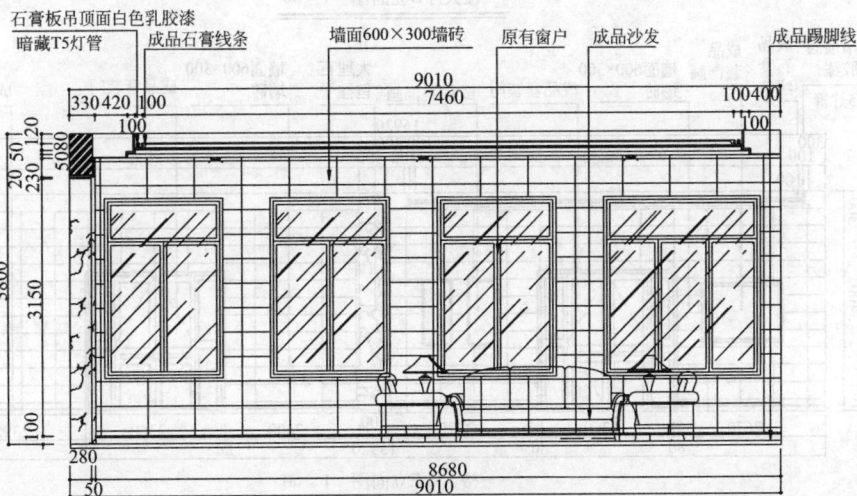

石膏板吊顶面白色乳胶漆　　　　　墙面600×300墙砖　原有窗户　成品沙发　　成品踢脚线
暗藏T5灯管　成品石膏线条

一楼大厅前台C立面图　1：60

附图 12-56

大理石台面
木芯板基层
木芯板基层外包大理石
抽屉木芯板基层水曲柳饰面
木芯板基层面贴大理石造型浮雕
成品大理石线条

Y剖面图　1:15

顶面贴金箔
石膏板吊顶面白色乳胶漆
暗藏T5灯管
原有窗户
墙面600×300墙砖
成品电动门
成品踢脚线

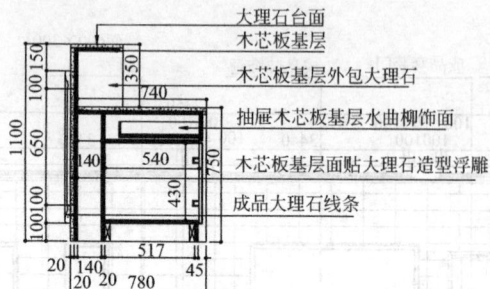

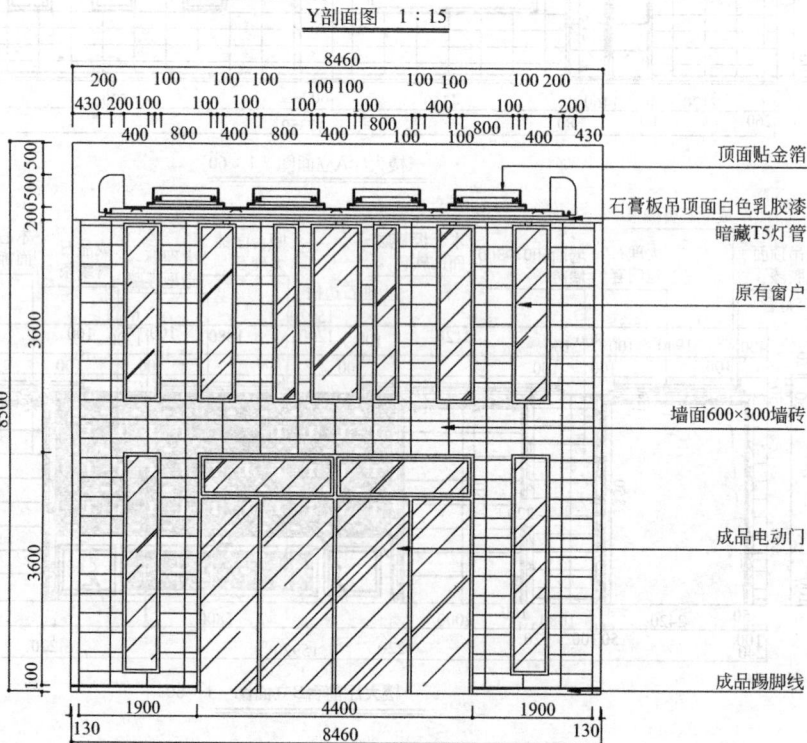

一楼大厅D立面图　1:60

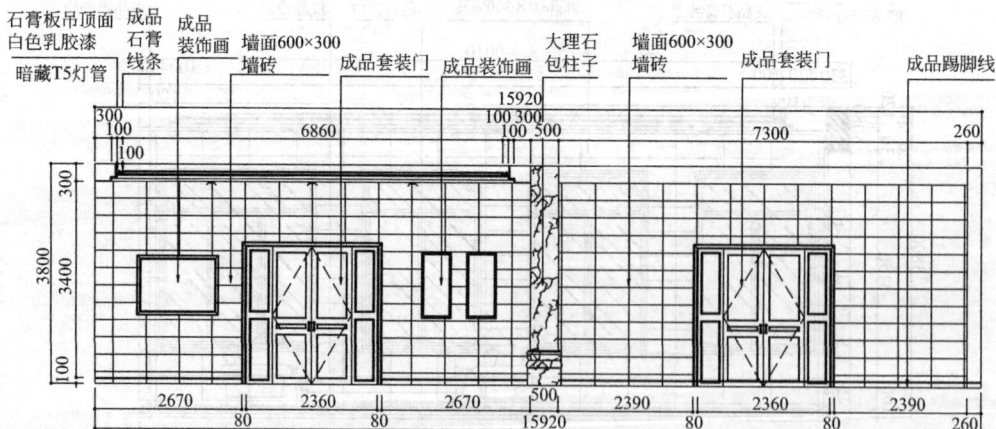

石膏板吊顶面白色乳胶漆
暗藏T5灯管
成品石膏线条
成品装饰画
墙面600×300墙砖
成品套装门
成品装饰画
大理石包柱子
墙面600×300墙砖
成品套装门
成品踢脚线

一楼大厅E立面图　1:60

附图 12-57

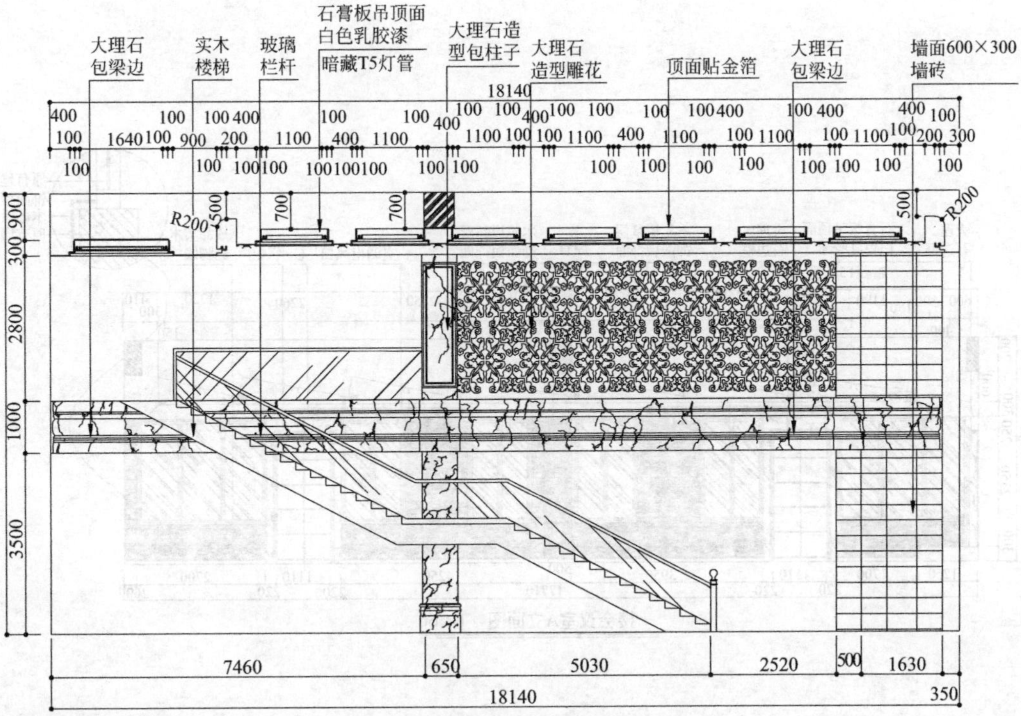

一楼大厅楼梯间F立面图　1：60

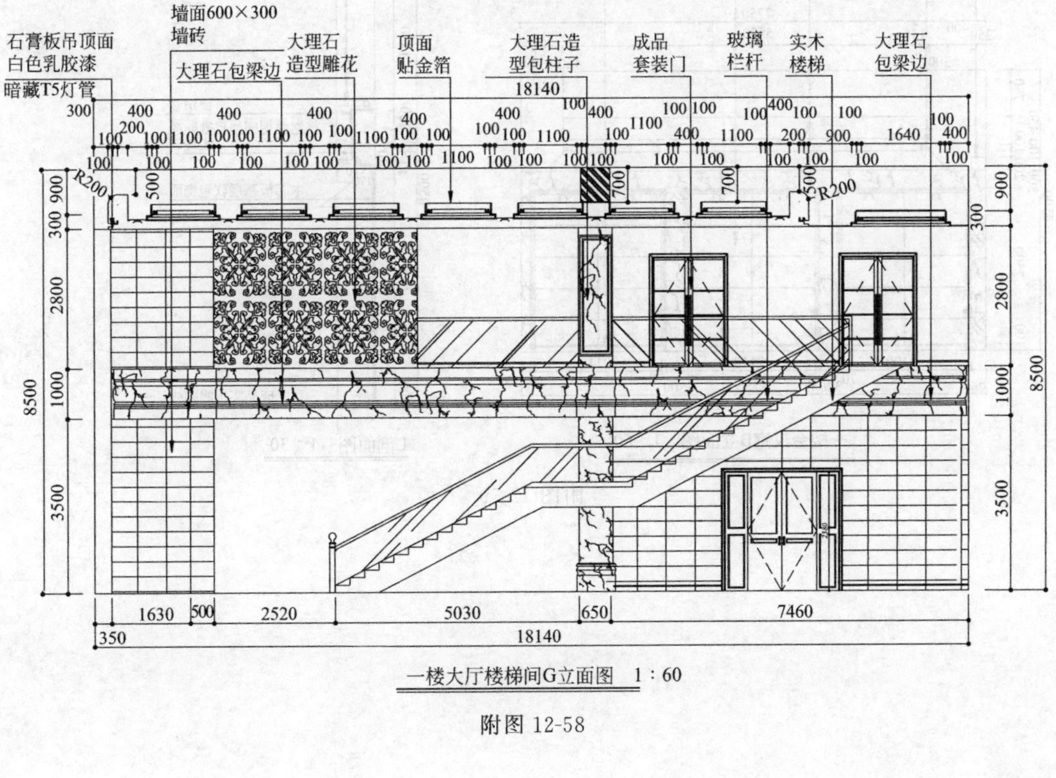

一楼大厅楼梯间G立面图　1：60

附图 12-58

287

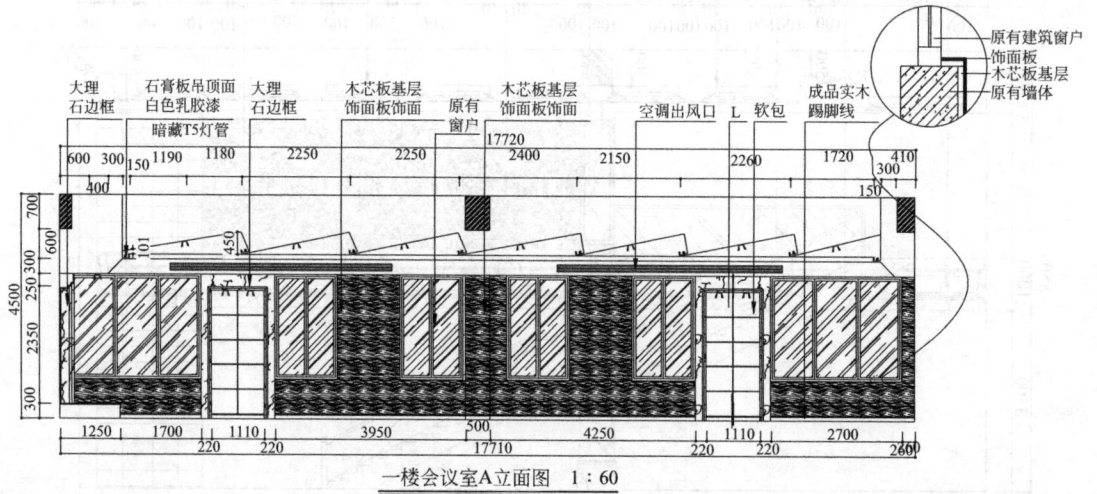

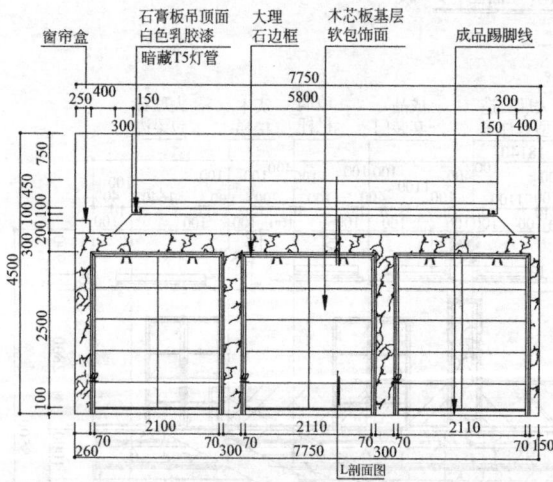

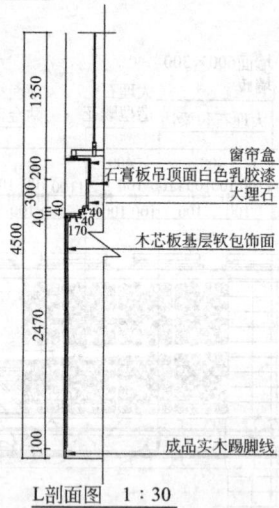

大理
石边框　石膏板吊顶面
白色乳胶漆　大理
石边框　木芯板基层
饰面板饰面　原有
窗户　木芯板基层
饰面板饰面　空调出风口　L　软包　成品实木
踢脚线

原有建筑窗户
饰面板
木芯板基层
原有墙体

暗藏T5灯管

600　300　150　1190　1180　2250　2250　17720　2400　2150　2260　1720　410
400　300
150

700
600　101　450
4500　2350　300

1250　1700　1110　3950　500　4250　1110　2700
220　220　17710　220　220　2600

一楼会议室A立面图　1：60

窗帘盒　石膏板吊顶面
白色乳胶漆　大理
石边框　木芯板基层
软包饰面　成品踢脚线

暗藏T5灯管

1350

250　400　150　7750　5800　300　150　400

300

750
300　100　450
200　100　300
300
4500　2500　100

窗帘盒
石膏板吊顶面白色乳胶漆
大理石
40　300　200　40
40
170

木芯板基层软包饰面

2100　2110　2110
260　70　70　300　70　7750　70　300　70　150

L剖面图

一楼会议室B立面图　1：60

4500　2470　100

成品实木踢脚线

L剖面图　1：30

附图 12-59

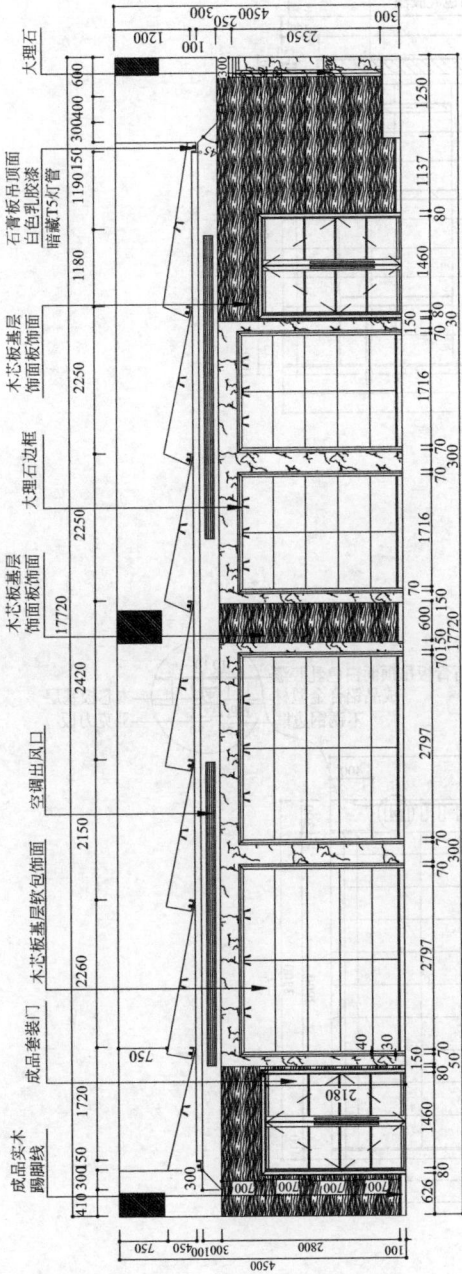

一楼会议室C立面图　1：60

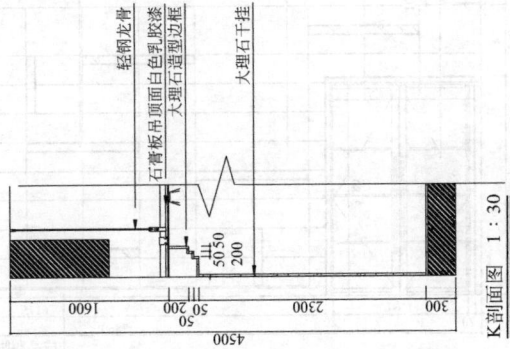

K剖面图　1：30

K剖面图

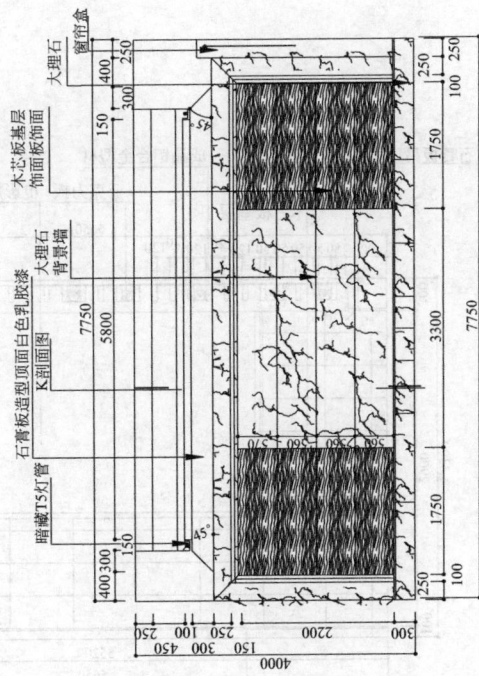

一楼会议室D立面图　1：60

附图 12-60

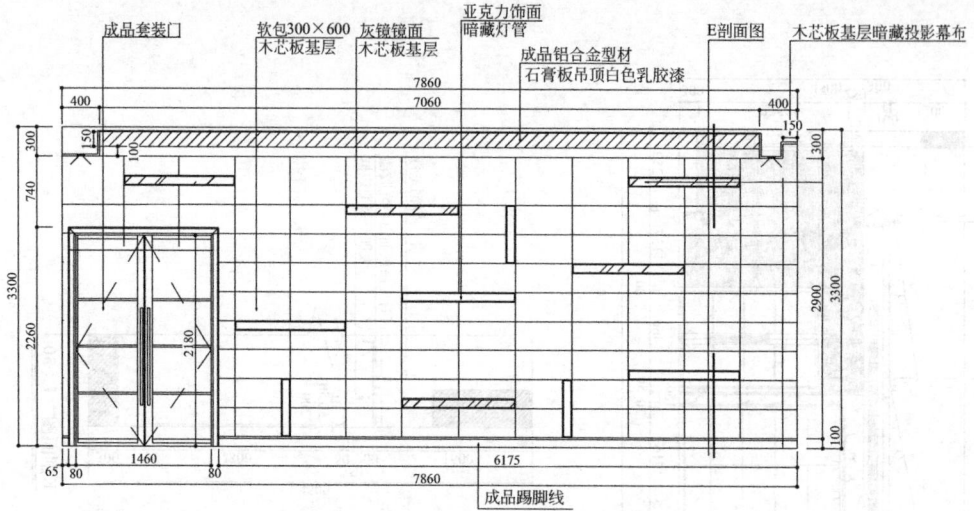

一楼电影厅A立面图 1：60

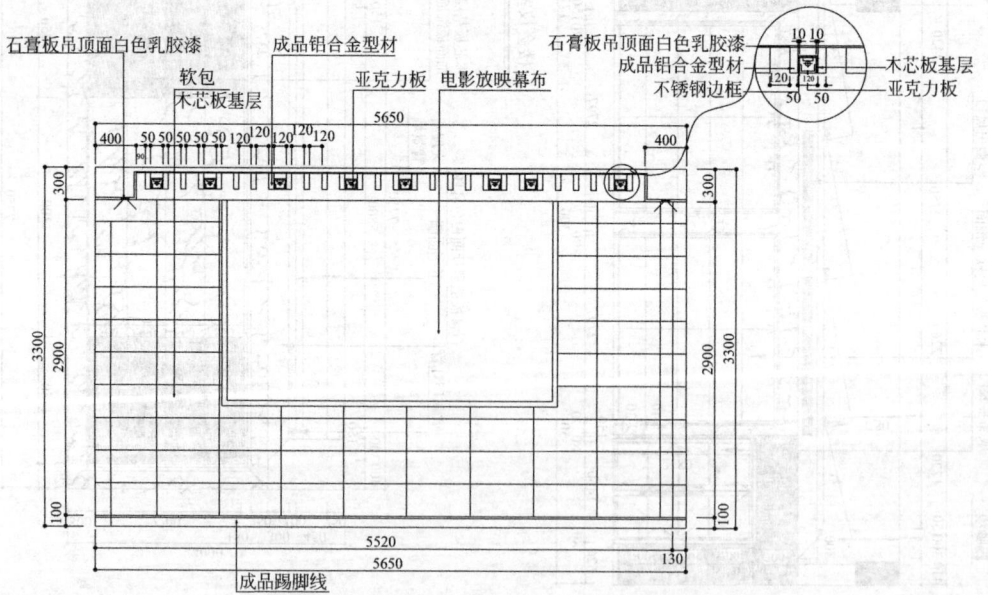

一楼电影厅B立面图 1：60

附图 12-61

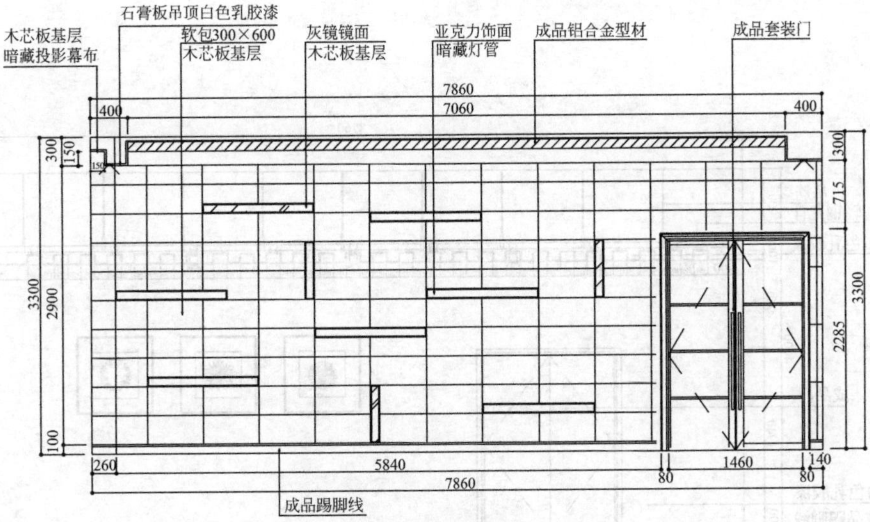

木芯板基层
暗藏投影幕布
石膏板吊顶白色乳胶漆
软包300×600
木芯板基层
灰镜镜面
木芯板基层
亚克力饰面
暗藏灯管
成品铝合金型材
成品套装门

7860
7060
400
400

300
150
150
300
715
3300
2900
3300
2285

100
100
260
5840
7860
80
1460
80
140

成品踢脚线

一楼电影厅C立面图　1∶60

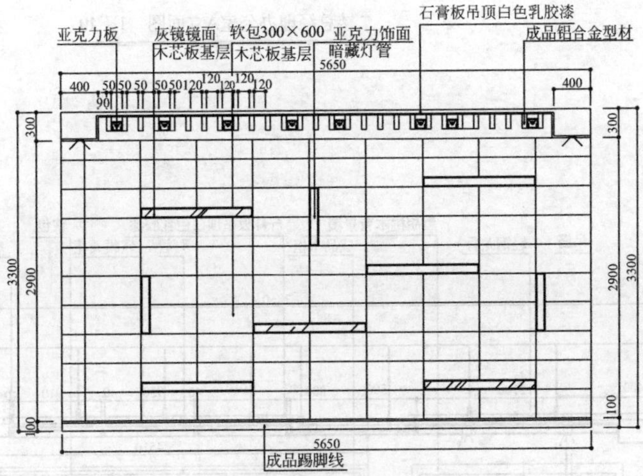

亚克力板
灰镜镜面
木芯板基层
软包300×600
木芯板基层
亚克力饰面
暗藏灯管
石膏板吊顶白色乳胶漆
成品铝合金型材

400
50 50 50
90
50 50 120
120
120
120 20
5650
400

300
300
3300
2900
2900
3300

100
100
5650

成品踢脚线

一楼电影厅D立面图　1∶60

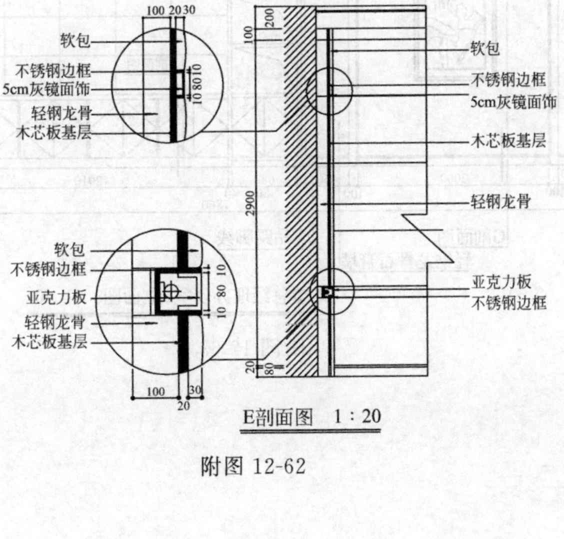

软包
不锈钢边框
5cm灰镜面饰
轻钢龙骨
木芯板基层
软包
不锈钢边框
亚克力板
轻钢龙骨
木芯板基层

软包
不锈钢边框
5cm灰镜面饰
木芯板基层
轻钢龙骨
亚克力板
不锈钢边框

100 20 30
100 200
108010
100
2900
2900
10 80 10
10 80 10
100 30
20
20
80

E剖面图　1∶20

附图 12-62

291

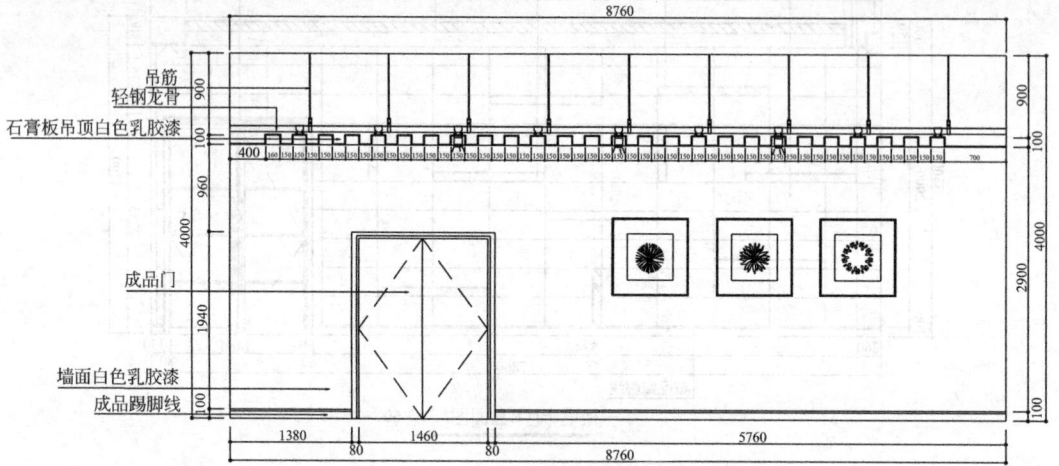

二楼总经理办公室A立面图 1：40

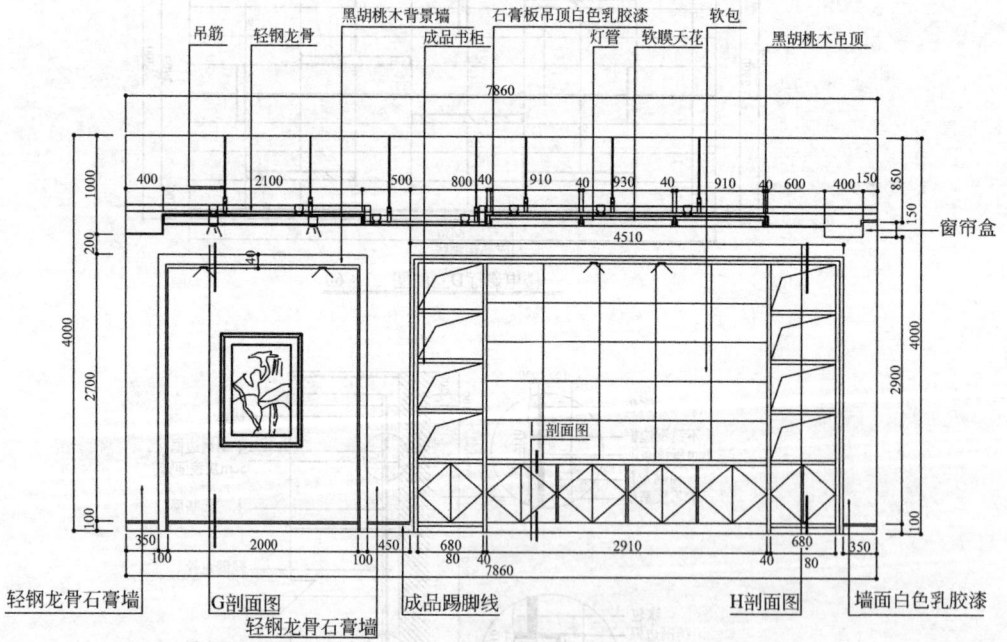

二楼总经理办公室B立面图 1：40

附图 12-63

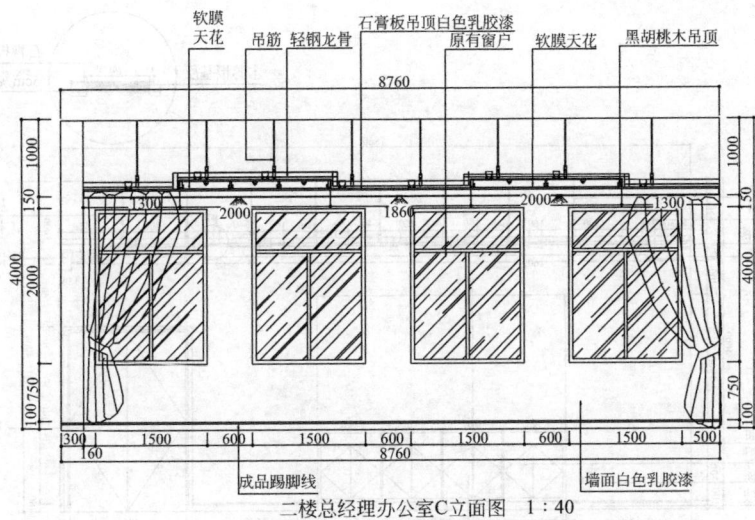

软膜天花　吊筋　轻钢龙骨　石膏板吊顶白色乳胶漆　软膜天花　黑胡桃木吊顶
原有窗户

8760

成品踢脚线　墙面白色乳胶漆

二楼总经理办公室C立面图 1：40

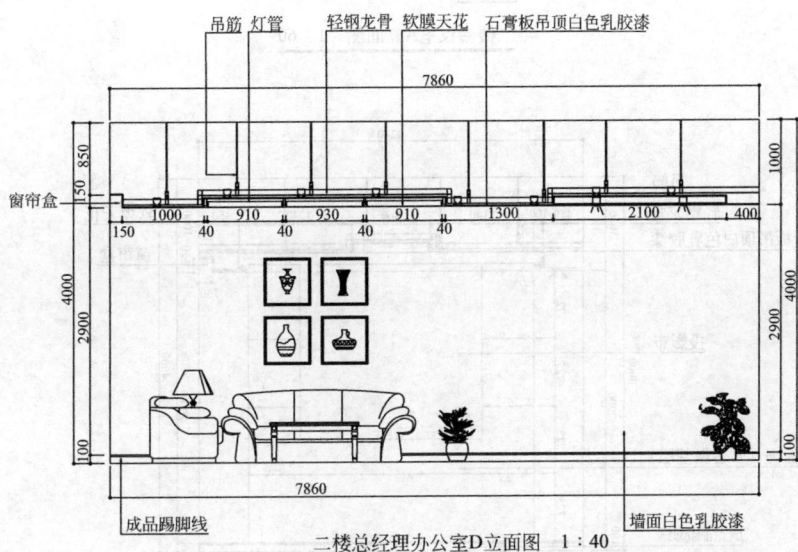

吊筋　灯管　　轻钢龙骨　软膜天花　石膏板吊顶白色乳胶漆

7860

窗帘盒

成品踢脚线　墙面白色乳胶漆

二楼总经理办公室D立面图 1：40

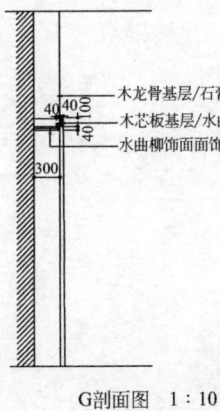

木龙骨基层/石膏板封平/面饰白色乳胶漆
木芯板基层/水曲柳饰面面饰深红色漆
水曲柳饰面面饰深红色漆

G剖面图 1：10

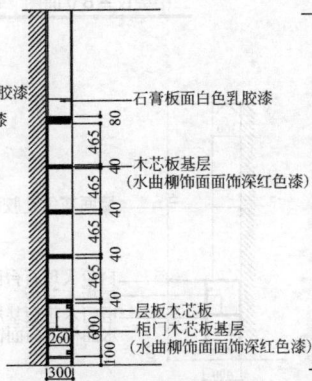

石膏板面白色乳胶漆

木芯板基层
（水曲柳饰面面饰深红色漆）

层板木芯板
柜门木芯板基层
（水曲柳饰面面饰深红色漆）

H剖面图 1：10

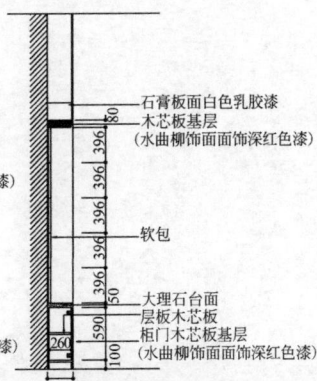

石膏板面白色乳胶漆
木芯板基层
（水曲柳饰面面饰深红色漆）

软包

大理石台面
层板木芯板
柜门木芯板基层
（水曲柳饰面面饰深红色漆）

I剖面图 1：10

附图 12-64

293

木芯板基层

石膏板吊顶白色乳胶漆
5cm灰镜面饰

吊筋
轻钢龙骨
石膏板吊顶白色乳胶漆
窗帘盒

灰镜镜面
（木芯板基层）

隐藏投影布凹槽

白色大理石台面
成品柜
墙面白色乳胶漆
成品踢脚线

成品门

7860

1300   160   640   160   640   160   640   160   640   160   1300   550

160

780   730   730   780

1560   3000   1555   1460
40   40   80   80
7860

F剖面图

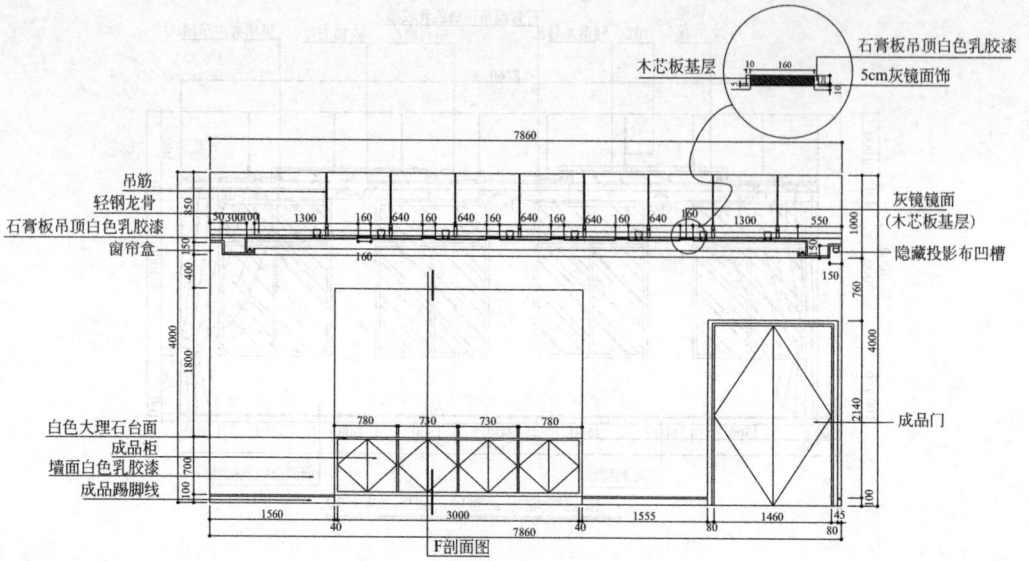

二楼会议室A立面图 1：60

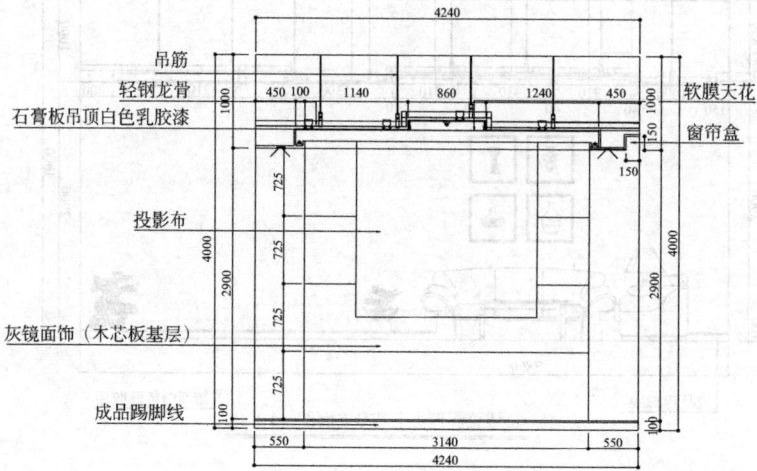

吊筋
轻钢龙骨
石膏板吊顶白色乳胶漆

投影布

灰镜面饰（木芯板基层）

成品踢脚线

软膜天花
窗帘盒

4240

450   100   1140   860   1240   450

725   725   725   725

550   3140   550
4240

二楼会议室B立面图 1：60

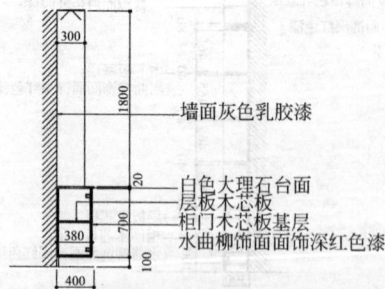

300

1800

墙面灰色乳胶漆

白色大理石台面
层板木芯板
柜门木芯板基层
水曲柳饰面面饰深红色漆

20

380   700   100

400

F剖面图 1：60

附图12-65

吊筋
轻钢龙骨
石膏板吊顶白色乳胶漆
隐藏投影幕凹槽
窗帘盒

墙面白色乳胶漆
成品踢脚线

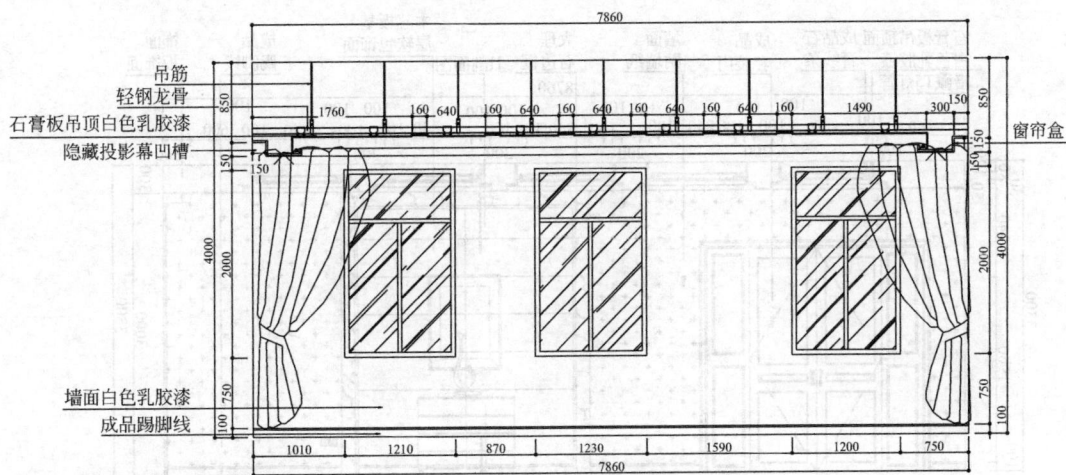

二楼会议室C立面图　1∶60

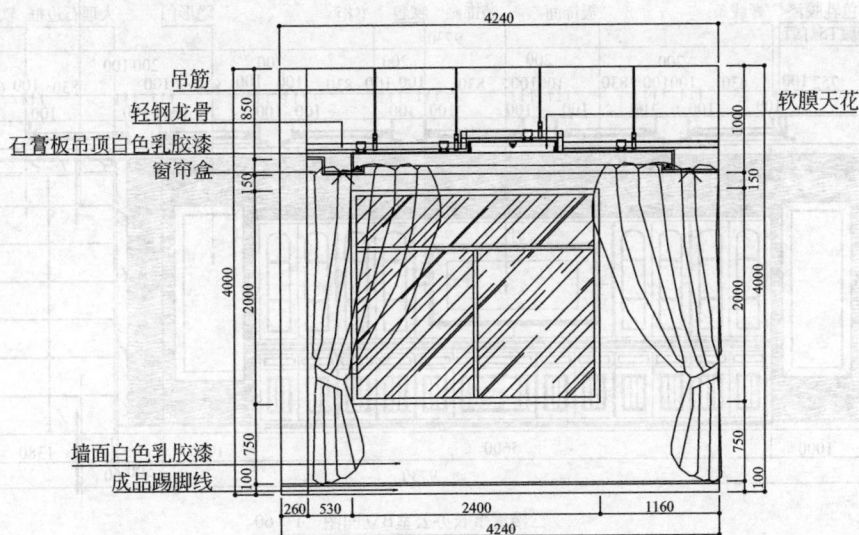

吊筋
轻钢龙骨
石膏板吊顶白色乳胶漆
窗帘盒
软膜天花

墙面白色乳胶漆
成品踢脚线

二楼会议室D立面图　1∶60

附图 12-66

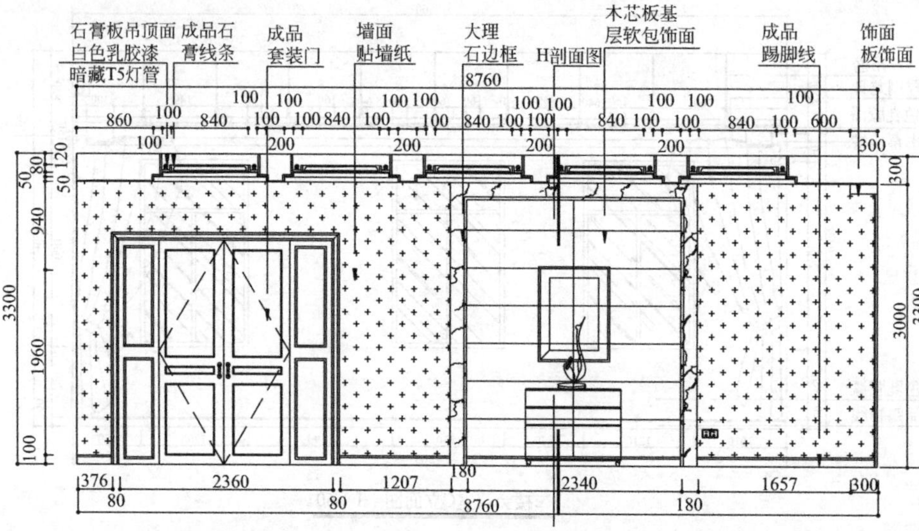

石膏板吊顶面　成品石　　成品　　墙面　　大理　　　　　木芯板基　　　　成品　　饰面
白色乳胶漆　膏线条　　套装门　贴墙纸　石边框　H剖面图　层软包饰面　踢脚线　板饰面
暗藏T5灯管　　　　　　　　　　　　8760

三楼董事长办公室A立面图　1：60

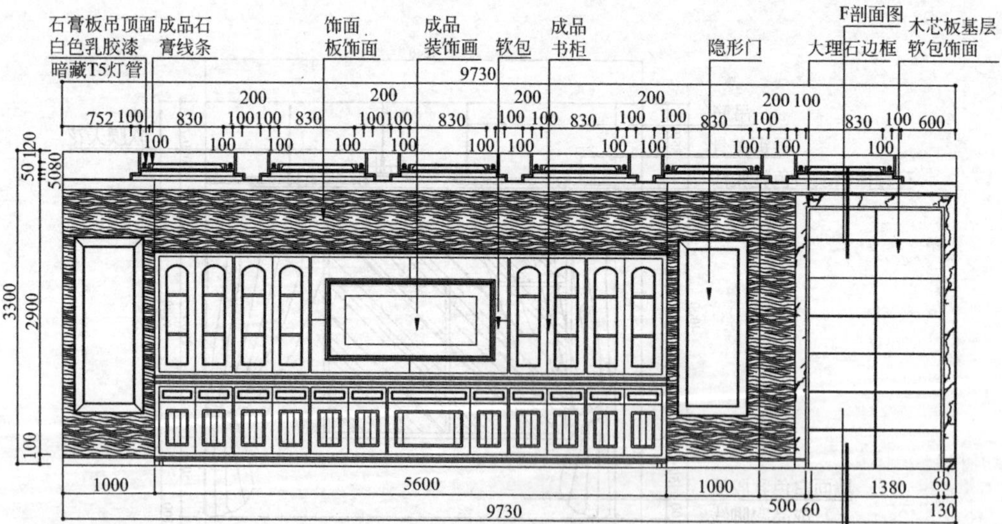

石膏板吊顶面 成品石　　　　　饰面　　　成品　　　　成品　　　　　　　　　　　F剖面图　木芯板基层
白色乳胶漆　膏线条　　　　　板饰面　　装饰画　软包　　书柜　　　　隐形门　大理石边框　软包饰面
暗藏T5灯管　　　　　　　　　　　　　9730

三楼董事长办公室B立面图　1：60

附图 12-67

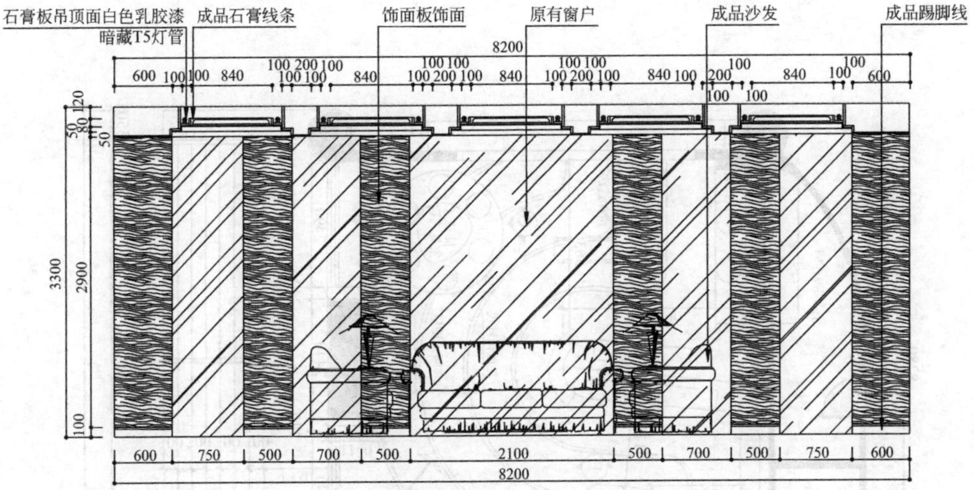

石膏板吊顶面白色乳胶漆
暗藏T5灯管
成品石膏线条
饰面板饰面
原有窗户
成品沙发
成品踢脚线
8200
3300
2900

三楼董事长办公室C立面图　1∶60

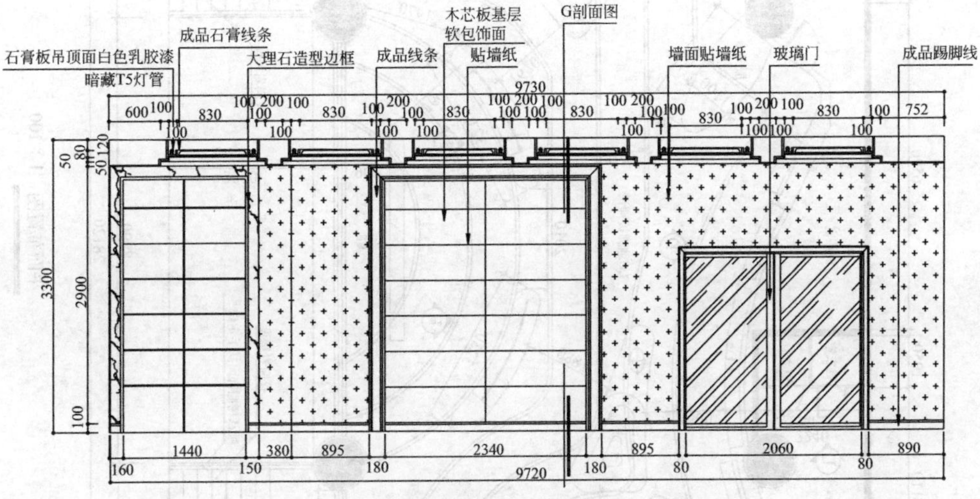

石膏板吊顶面白色乳胶漆
暗藏T5灯管
成品石膏线条
大理石造型边框
成品线条
木芯板基层
软包饰面
贴墙纸
G剖面图
墙面贴墙纸
玻璃门
成品踢脚线
9730
9720
3300
2900

三楼董事长办公室D立面图　1∶60

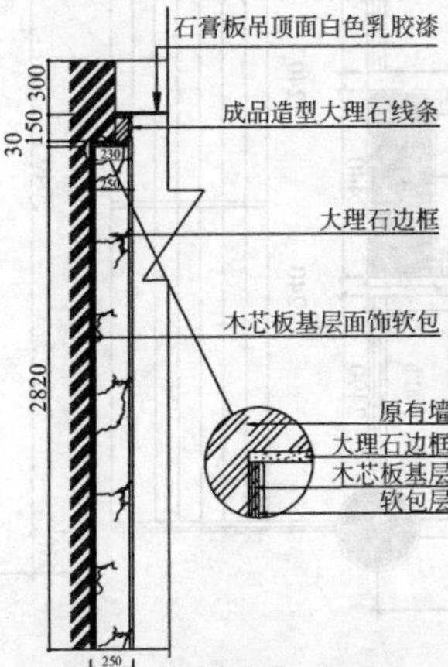

石膏板吊顶面白色乳胶漆
成品造型大理石线条
大理石边框
木芯板基层面饰软包
原有墙
大理石边框
木芯板基层
软包层
2820

H剖面图　1∶20

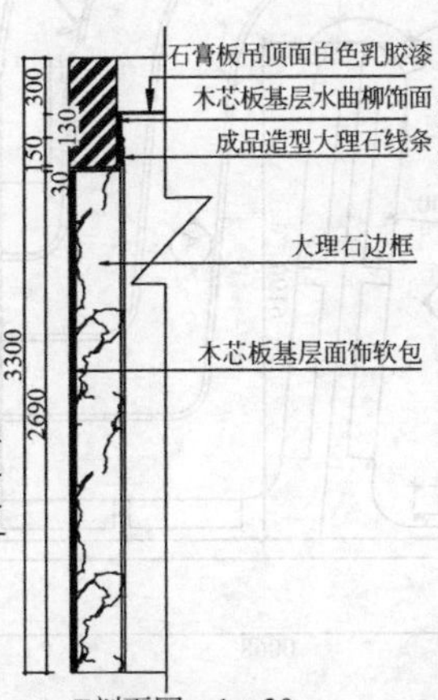

石膏板吊顶面白色乳胶漆
木芯板基层水曲柳饰面
成品造型大理石线条
大理石边框
木芯板基层面饰软包
3300
2690

F剖面图　1∶20

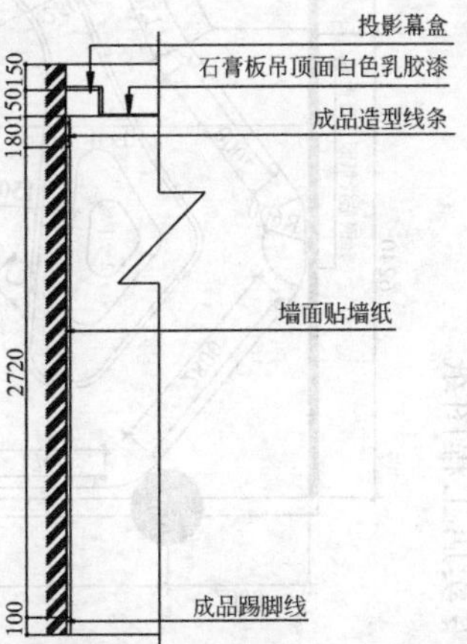

投影幕盒
石膏板吊顶面白色乳胶漆
成品造型线条
墙面贴墙纸
成品踢脚线
2720

G剖面图　1∶20

附图 12-68

12.4 商业类空间

某专卖店工程图纸

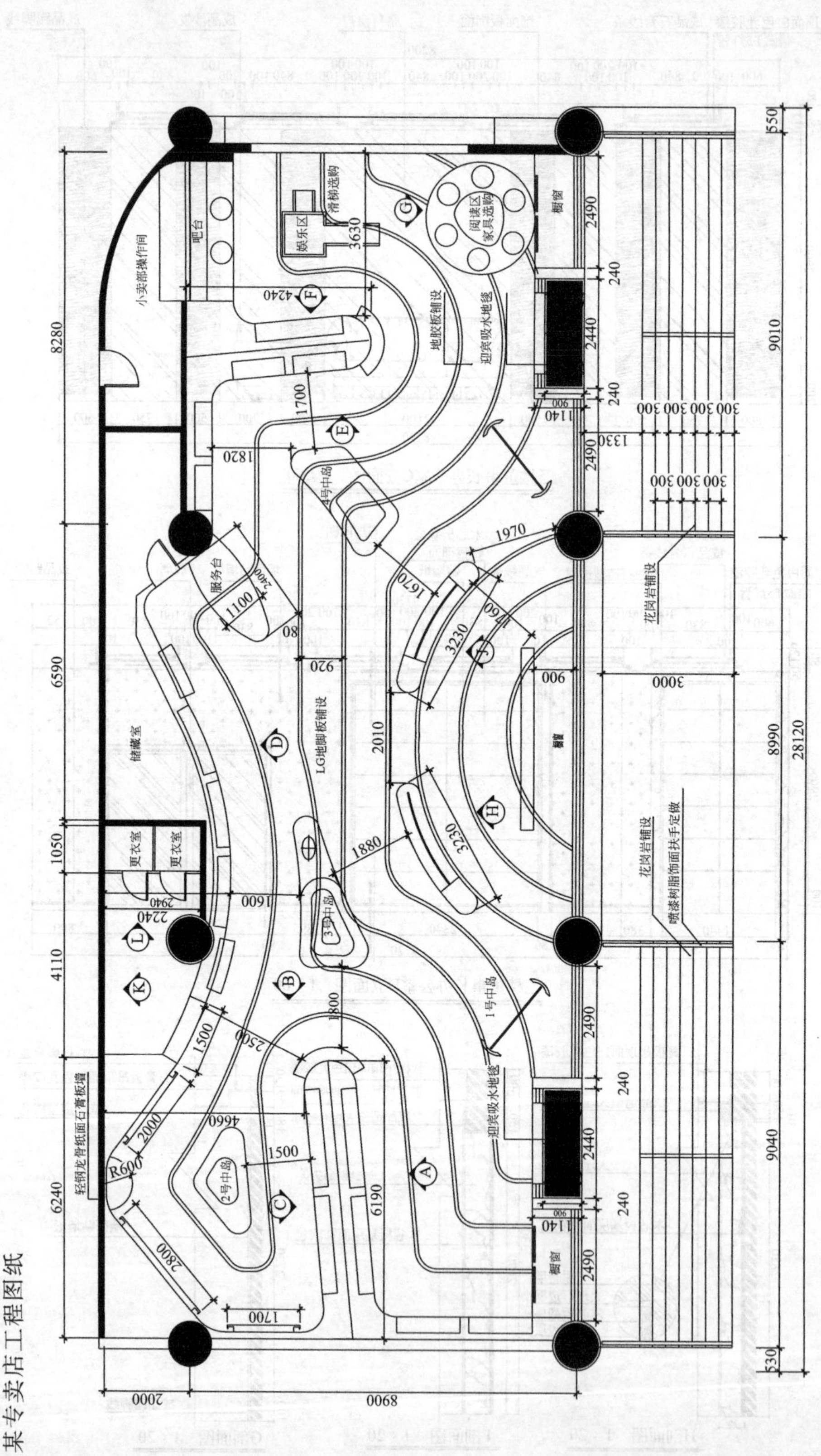

平面布置图 1：100

附图 12-69

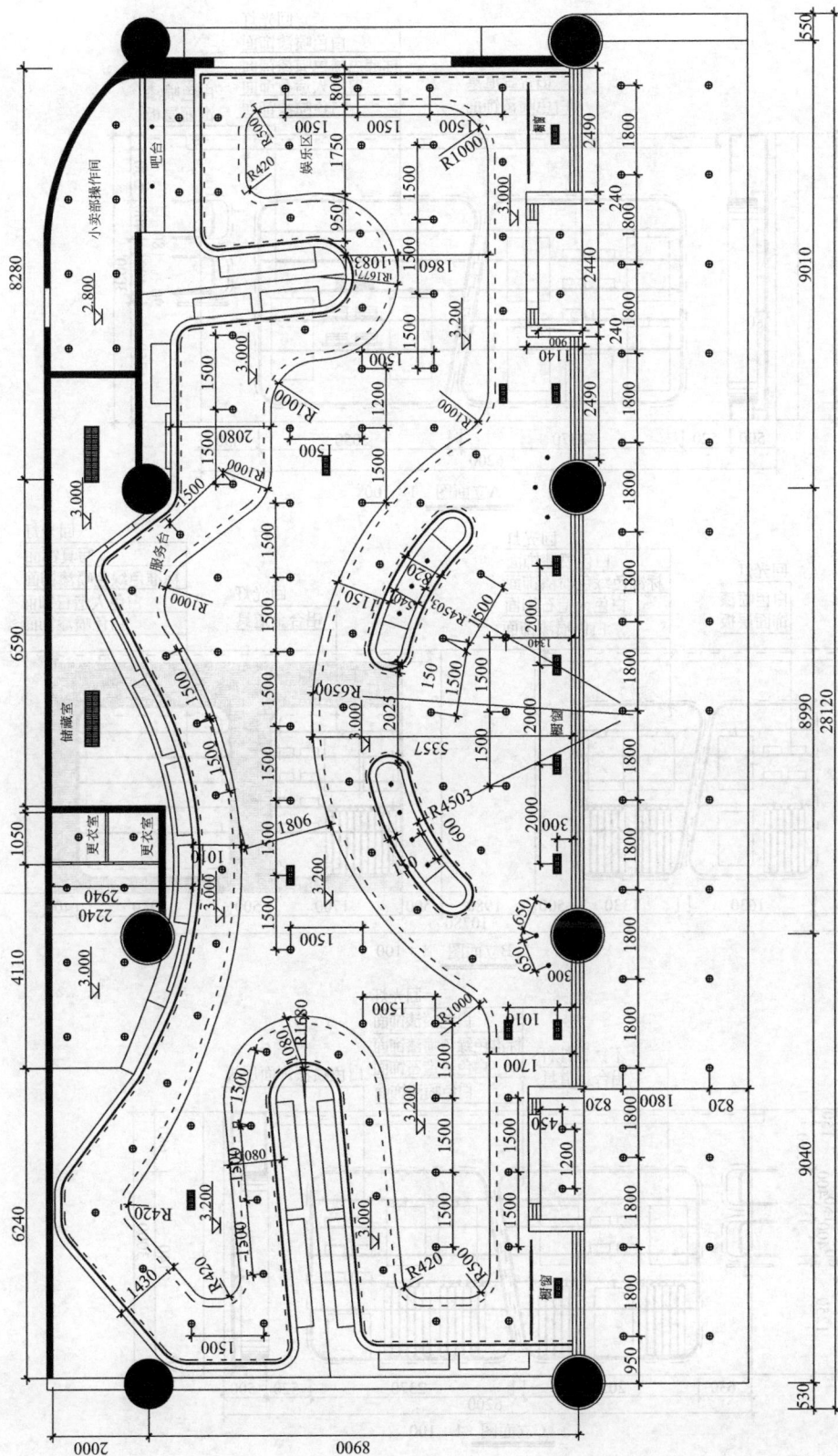

顶棚平面图　1∶100

附图 12-70

299

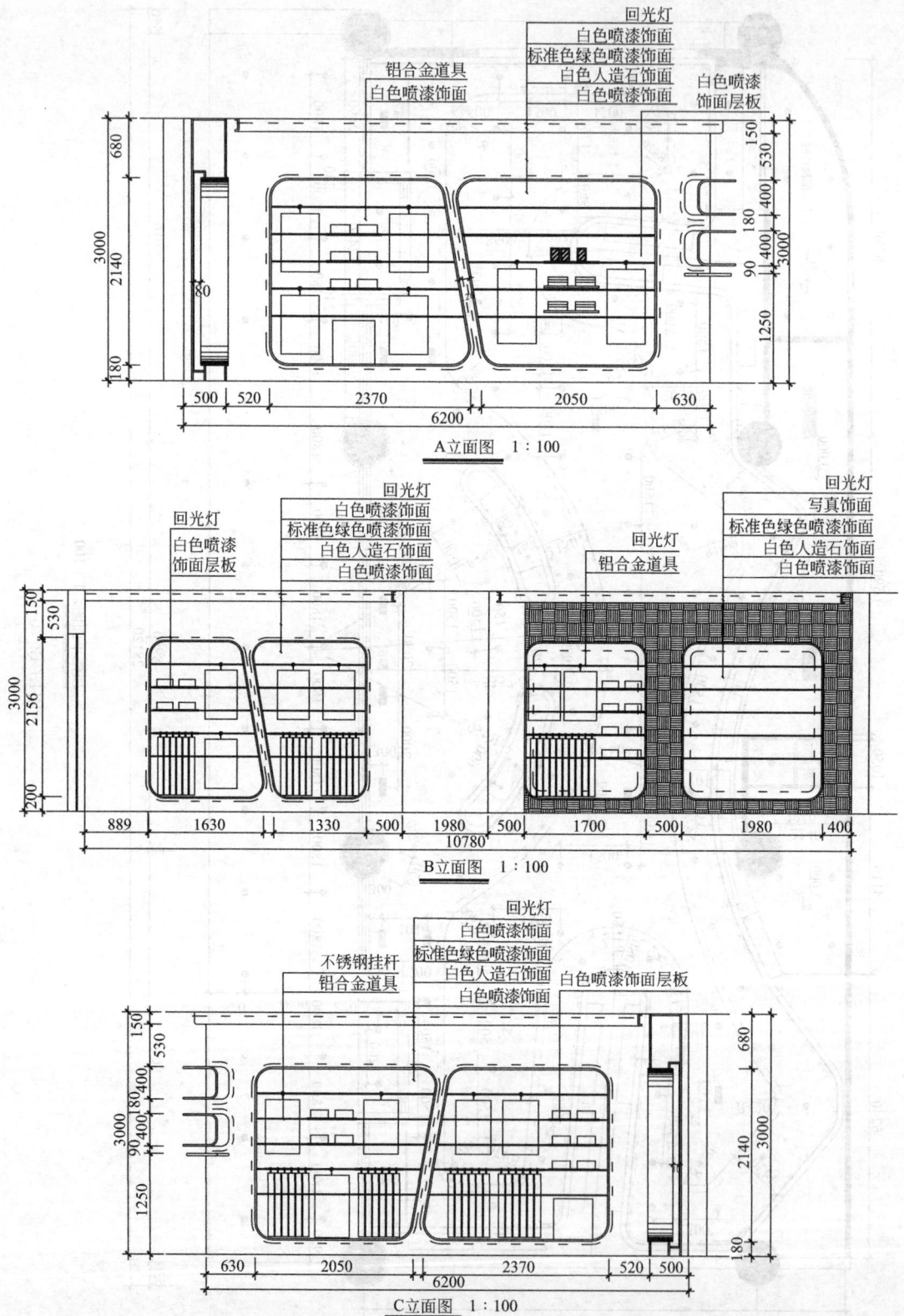

回光灯
白色喷漆饰面
标准色绿色喷漆饰面
白色人造石饰面
白色喷漆饰面

铝合金道具
白色喷漆饰面

白色喷漆
饰面层板

A立面图　1：100

回光灯
白色喷漆饰面
标准色绿色喷漆饰面
白色人造石饰面
白色喷漆饰面

回光灯
白色喷漆
饰面层板

回光灯
铝合金道具

回光灯
写真饰面
标准色绿色喷漆饰面
白色人造石饰面
白色喷漆饰面

B立面图　1：100

回光灯
白色喷漆饰面
标准色绿色喷漆饰面
白色人造石饰面
白色喷漆饰面

不锈钢挂杆
铝合金道具

白色喷漆饰面层板

C立面图　1：100

附图 12-71

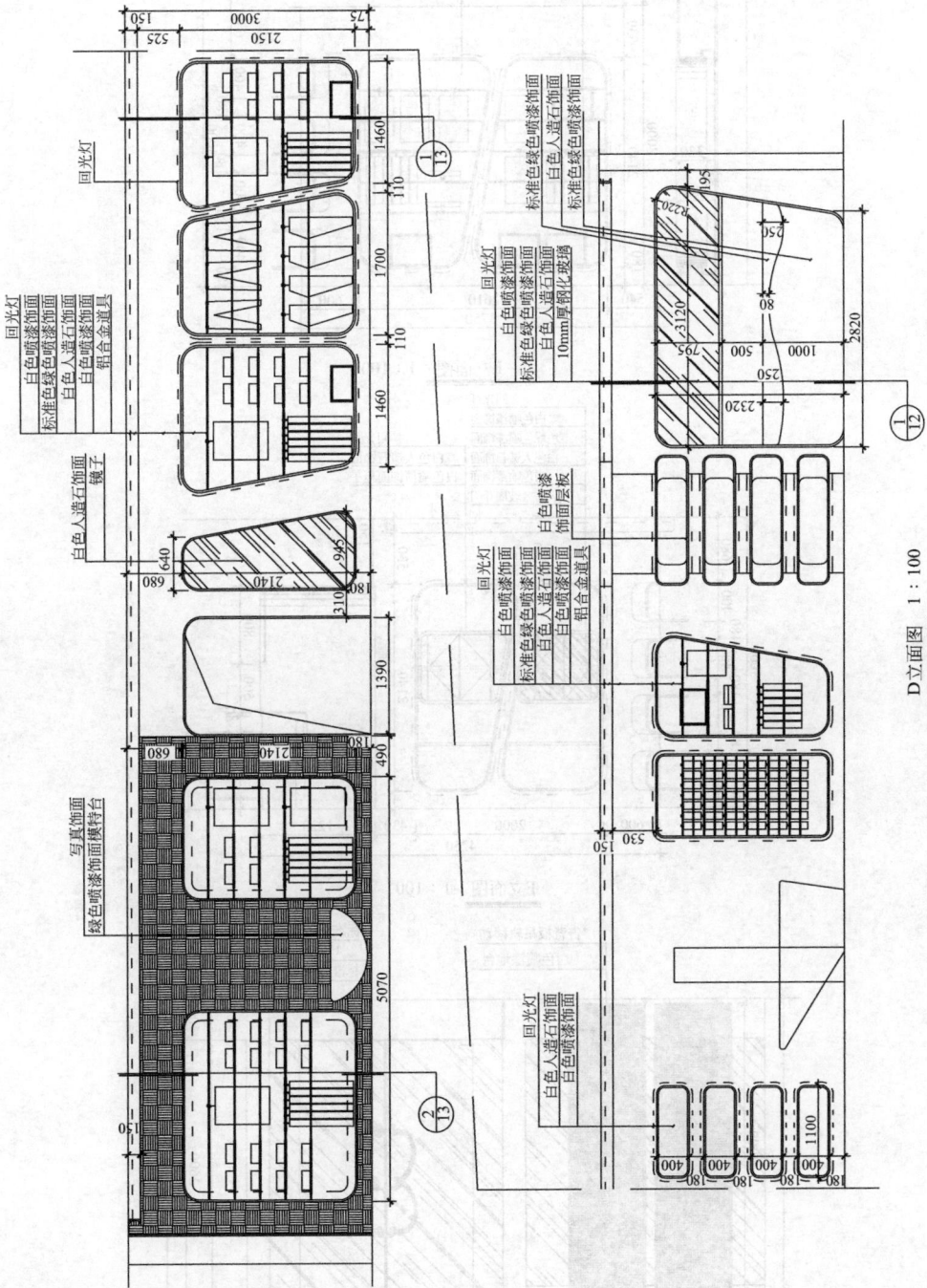

D立面图 1 : 100

附图 12-72

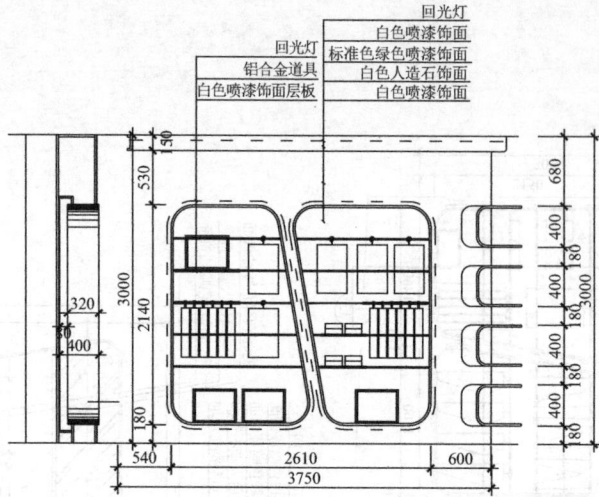

E立面图 1：100

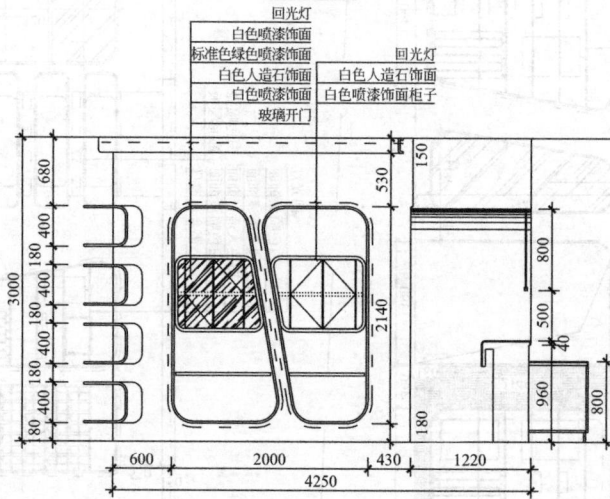

F立面图 1：100

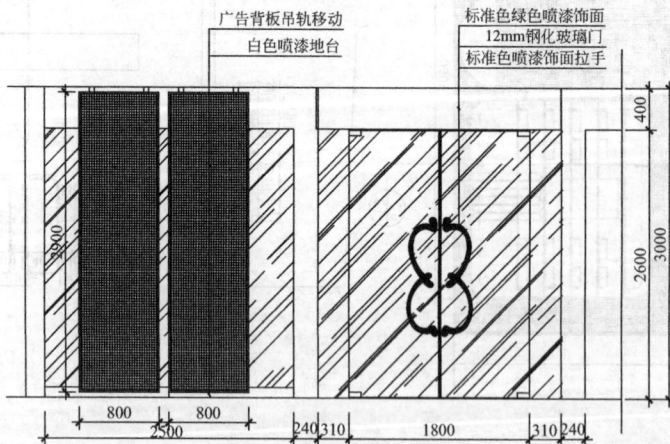

G立面图 1：100

附图 12-73

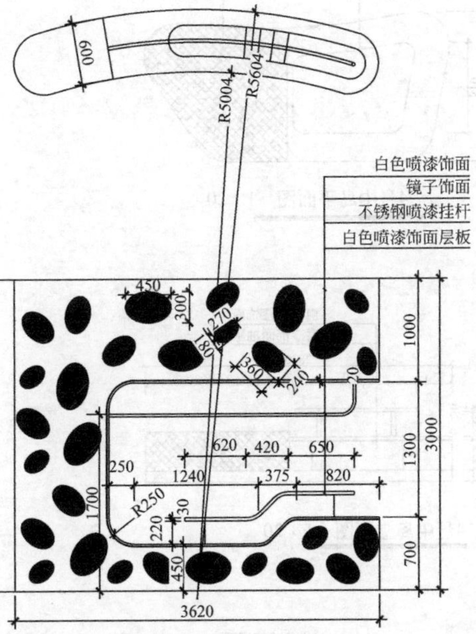

白色喷漆饰面
镜子饰面
不锈钢喷漆挂杆
白色喷漆饰面层板

H立面图　1：100

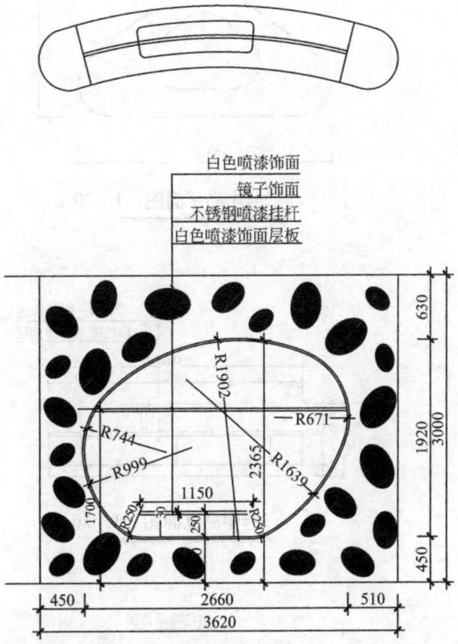

白色喷漆饰面
镜子饰面
不锈钢喷漆挂杆
白色喷漆饰面层板

J立面图　1：100

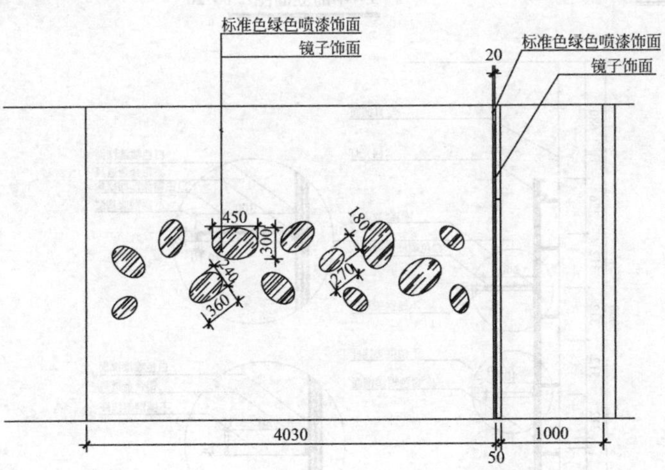

标准色绿色喷漆饰面
镜子饰面

标准色绿色喷漆饰面
镜子饰面

K立面图　1：100

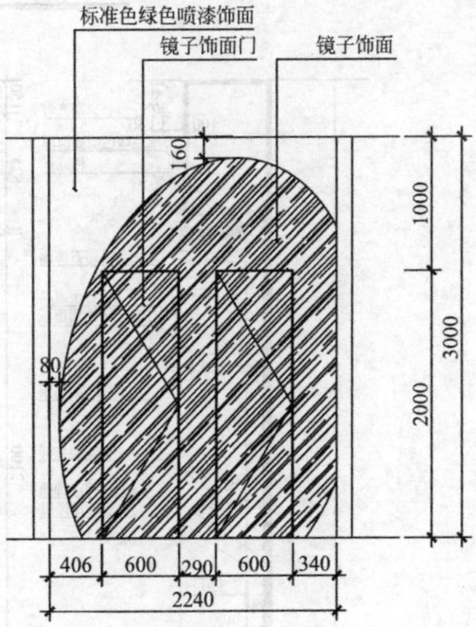

标准色绿色喷漆饰面
镜子饰面门
镜子饰面

L立面图　1：100

附图 12-74

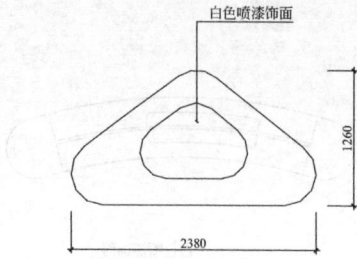

2号中岛平面图 1：20

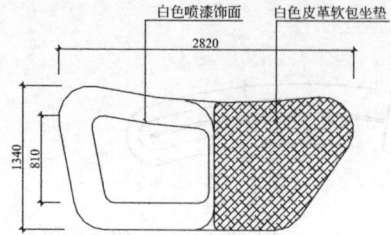

4号中岛平面图 1：20

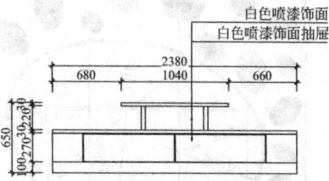

2号中岛立面图 1：20

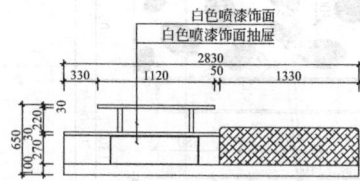

4号中岛立面图 1：20

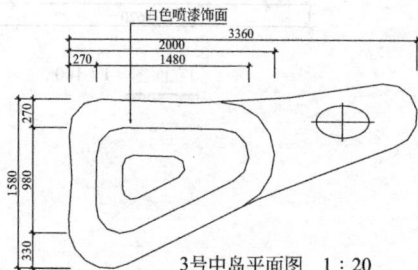

3号中岛平面图 1：20

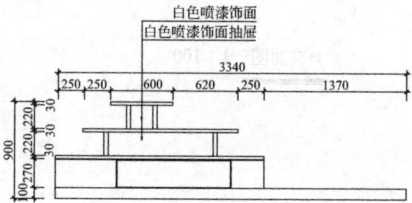

3号中岛立面图 1：20

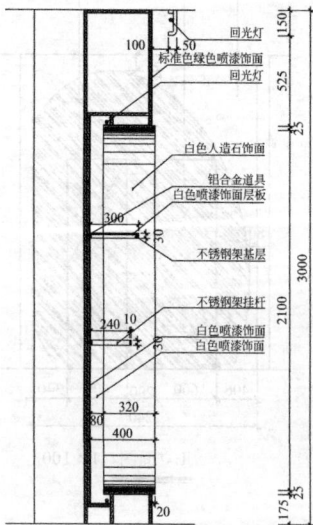

1剖面图 1：15

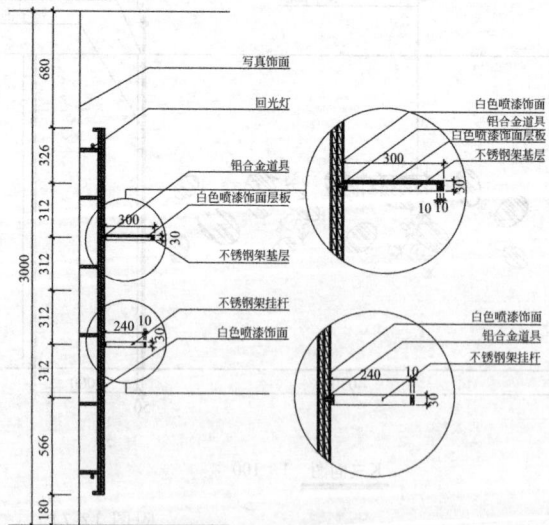

2剖面图 1：15

附图 12-75

参 考 文 献

[1] 孙元山，等 . 现代室内设计制图 [M] . 沈阳：辽宁美术出版社，2011.

[2] 中华人民共和国住房和城乡建设部 . 房屋建筑室内装饰装修制图标准：JGJ/T 244—2011 [S] . 北京：中国建筑工业出版社，2012.

[3] 赵晓飞 . 室内设计工程制图方法及实例 [M] . 北京：中国建筑工业出版社，2008.

[4] 谢建伟，等 . 公共建筑装饰设计实例图集 [M] . 北京：中国建筑工业出版社，2005.

[5] 王萧，邵波 . 室内设计细部图集：家具陈设 [M] . 北京：中国建筑工业出版社，2006.

[6] 王萧，魏伟 . 室内设计细部图集：门窗 [M] . 北京：中国建筑工业出版社，2005.

[7] 王萧，魏伟 . 室内设计细部图集：墙面 [M] . 北京：中国建筑工业出版社，2005.

[8] 逯海勇，胡海燕 . 室内设计——原理与方法 [M] . 北京：人民邮电出版社，2017.